20세기 위대한 현자

레이몽 아롱의 전쟁 그리고 전략사상

– 클라우제비츠 전쟁론 분석과 미래전쟁 방향 –

도응조 지음

20세기 위대한 현자

레이몽 아롱의 전쟁 그리고 전략사상

- 클라우제비츠 전쟁론 분석과 미래전쟁 방향 -

역사사회 속의 인간들이
단기적인 이익의 쟁취가 인간사회 삶의 현장을 지배하고
보다 효과적이라는 생각이 그릇된 것이라는 점을 이해하고,
국제 정치권력은 소유가 아닌 상대적인 관계로서
존재해야만 한다는 점을 깨닫기를 바라며…

사랑하는 소연에게 이 책을 바친다.

목차

감사의 글

이 책은 본인의 박사 논문 "아롱의 클라우제비츠적 전쟁사상과 미래전쟁"을 수정, 보완한 것이다. 먼저 이 책 발간은 커다란 기쁨이자, 본인 스스로 공부를 더해가는 즐거움을 주었다. 무엇보다도 본인의 논문을 책으로 발간할 것을 허락해주신 조성환 지도교수께 인생의 커다란 빚을 졌다. 이 연구의 모든 기초는 조성환 교수의 배려에 있었다. 레이몽 아롱에 대해 전혀 몰랐던 본인에게 그의 사상과 철학에 대해 가장 핵심을 짚어주셨고, 면담, 메일, 전화, 메시지를 통해 언제나 친절한 지도를 해주셨다. 특히 자신이 소장하고 있는 아롱의 저서들을 흔쾌히 빌려주셨으며, 아울러 레이몽 아롱과 관련된 자신의 논문과 에세이, 신문기사 등까지도 제공해주셨다.

아울러 박상철 교수는 이 책의 기본 골격을 이루어 가는 데 매우 중요한 조언을 해주셨다. 차재훈, 김열수, 박영준 교수 역시 이 책을 세심하게 읽어보시고 많은 조언을 주신 분들이다. 박휘락 교수는 이 연구과정 속에서 늘 격려를 아끼지 않으신 분이다. 진심 어린 감사의 뜻을 전한다.

국방대학교 노영구 교수 역시 나에게 큰 도움을 주었다. 정열적인 그의 연구 자세는 나를 스스로 독려하게 했다. 아울러 그는 여러 가지 측면에서 다양한 연구 지원을 아끼지 않았다.

본인이 레이몽 아롱을 연구하기 시작한 시기는 부모님이 모두 돌아가신 시기였다. 야전군인의 삶을 살아왔던 본인이 길을 달리하기 시작했을 때, 부모님의 아파하시는 모습들을 결코 잊을 수 없다. 하지만 그분들의 고귀한 희생에 대한 보답을 생각하면서 연구과정의 장벽들을 뛰어넘을 수 있었다. 나의 부모님은 부모가 해야 할 것을 실천한 분들이다.

아픔과 실의 속에 어려움을 겪는 남편이자 아버지인 본인에게 가장 큰 힘이 된 것은 공부하는 내내 본인을 따뜻하게 사랑해준 아내와 늘 자랑스럽게 생각한 두 딸 희지, 수지였다. 표현할 수 없는 사랑과 감사 그리고 고마움 이상의 것을 전하고 싶다. 그녀들의 사랑 속에 이 연구를 완성할 수 있었다고 고백한다.

제1장
소 개

프랑스가 낳은 세계적인 역사사회학자 레이몽 아롱(Raymond Aron)[1]은 클라우제비츠(Carl von Clausewitz)의 『전쟁론(On war)』에 충실한 해설자로서의 위치를 넘어서 그의 현인(賢人)적 시각으로 전쟁과 전략을 연구했던 석학이자 종합사상가였다. 서구사회가 클라우제비츠의 절대전쟁 사상에서 벗어나지 못하고 혼란을 겪고 있을 때, 아롱은 클라우제비츠를 역사사회적 시각, 국제정치, 지정학, 경제학, 인간행동학 등 제반 지식적 기반을 통해 가장 훌륭하게 해석한 인물이었다. 이러한 그의 지적 업적을 반영한 대표적인 아롱의 저작물은 『클라우제비츠, 전쟁 철학자(Clausewitz Philosopher of War)』였다. 하지만 그는 여기에 머무르지 않고, 클라우제비츠를 넘어서 보

---

1) 아롱은 40권 이상의 책, 600편 이상의 논문을 철학, 사회학, 경제학, 군사전략 및 국제관계에 대하여 썼고, Le Figaro와 후에는 L'Express 誌에 약 4천 편 이상의 프랑스와 세계정치에 대한 칼럼을 썼다. 데이비스(Reed Davis)는 아롱이 대서양 양편 모두에서 선도적인 사회 이론가였으며, 18세기 이후 아롱처럼 뛰어나고 많은 산물을 이루어낸 학자를 프랑스에서 볼 수 없었다는 점을 역설한 바 있다. Reed Davis, "Raymond Aron and the Politics of Understanding," *The Political Science Reviewer* 3(2004), p. 184 참조. https://isistatic.org /journal-archive/pr/33_01/davis.pdf(검색일: 2017. 2. 1).

다 대전략(大戰略)적, 그리고 국제정치적 시각을 기초로 『평화와 전쟁(Peace & War)』이라는 기념비적인 작품을 남겼다. 이 작품은 그에게 있어서 클라우제비츠 전쟁론과 연계하여 그의 종합적 사상을 반영하고 있으며, 국제정치 속의 전쟁, 전략, 외교, 그리고 인간사회의 미래를 다룬 가장 야심작이었다고 할 수 있다.[2)]

특히, 아롱 자신의 저서 『평화와 전쟁』에서 그가 제시한 포용과 인내, 분별지를 지닌 도덕성, 그리고 정치적 이성을 기저로 한 평화로운 공존과 모든 것에 대비하는 유연반응적 방어 및 동맹태세 유지, 그리고 이를 토대로 한 도덕성과 자유주의 사상의 지혜로운 전파라는 소위 아롱 스스로가 말한 "평화의 전략"은 핵 교환(nuclear exchange)의 재앙을 피하고 전체주의 국가였던 소련이 붕괴함으로써 옳다는 것이 판명되었다.[3)] 그럼에도 불구하고 이러한 아롱의 업적이 잘 알려지지 않고 있는 것은 매우 유감이기에 앞서 놀라운 사실이라고 하겠다. 아롱은 국제정치, 전쟁, 그리고 전략에 관한 한 20세기에 극히 드문 현자(sage)에 속하는 인물이었다. 이 책은 아롱의 사상과 전략을 토대로 미래에 요구된다고 판단되는 전쟁, 전략의 방향을 논하면서 제시하는 데 중점을 두고 있다.

---

2) 마호니와 앤더슨의 주장이다. 하지만 이 책은 마치 클라우제비츠에게 있어서 전쟁론이 만족스러운 완성작이 아니었듯이 아롱에게도 완전히 만족스러운 작품은 아니었다고 할 수 있다. Daniel J. Mahoney, and Brian C. Anderson, "Introduction to the Transaction Edition," Raymond Aron, *Peace & War: A Theory of International Relations*(New Jersey: Transaction Publishers, Brunswichk, 2009, Originally published in 1966 by Doubleday & Company, Inc.), p. xvii.

3) 프롬킨(David Fromkin)은 아롱의 강연 기억을 토대로 이를 인정한 바 있다. 그는 그가 만난 사람 중 유일하게 소련 붕괴와 관련하여 옳았던 인물이 레이몽 아롱이라고 했다. 이에 대해서는 David Fromkin, "Nothing Behind Wall," *The New York Times*(November 7, 1999). http://www.nytimes.com/1999/11/07/opinion/nothing-behind-the-wall.html(검색일: 2017. 2. 22).

자유주의의 승리 전략을 제시하고, 그것이 옳다는 것을 증명해 보인 아롱의 업적에도 불구하고, 한국에서는 지난 20년간 이와 관련하여 레이몽 아롱에 대해 연구한 논문이 단 한 편도 없었다.[4] 반면, 최근 영미계와 유럽 대륙의 학자들은 학회를 구성하여 아롱에 대한 연구를 진행하기도 했다. 그들이 연구한 이유는 냉전이 종식되고 영구평화를 기대했던 세계 속에서 테러와의 전쟁과 같은 끊이지 않는 분쟁과 갈등이 지속되는 현상은 아롱이 말한 역사사회적 철학을 그대로 나타낸다는 것에 있었다. 따라서 그들은 아롱의 사상과 전략의 연구가 오늘날 더 요구된다고 보았다. 그리고 그가 전쟁론을 바라본 시각이 지금과 앞으로도 중요한 영향을 미칠 것이라고 평가했다.[5] 이 책은 위와 같은 논점을 반영하고 있다.

아롱은 정치권력에 입각하여 인간사회의 전쟁을 바라본 정치현실주의를 뛰어넘는 인물이었다. 왜냐하면, 레이몽 아롱이 역사사회학에 기초를 두고 있지만, 깊이 보면 철학, 정치, 경제, 사회, 군사, 문화, 사상 등 제 분

---

4) 레이몽 아롱 관련 국내 학위 논문으로 국회도서관에 등재된 것은 1985년 서울대 조성환의 석사논문 「레이몽 아롱의 전쟁 및 전략사상 연구,」 1997년 고려대 이현휘의 석사논문 「레이몽 아롱과 국제정치의 사회학적 이해」 단 두 편뿐이다.

5) 예를 들어, 2015년 『레이몽 아롱의 동반자(The Companion to Raymond Aron)』가 있다. 이 책에서는 테러와의 전쟁이 있는 오늘날 국제사회에서의 레이몽 아롱의 사상이 여전히 의미를 갖고 있다는 점을 다루고 있다. 특히, 마넹(Pierre Manent)은 말하기를 냉전종식과 함께 민주주의의 영구적 안전이 존재하는 새로운 세계를 기대했지만, 911 사건이 이를 가지고 사라졌다고 했다. 오늘날 인류는 새로운 비극의 역사를 맞이했다는 것이다. 아롱은 평화를 가져오는 다양한 과정을 알았지만, 항상 불확실성과 우연 그리고 인간역사의 무질서한 드라마를 경고했으므로 이러한 오늘날 세계의 모습이 아롱의 사상에서 벗어난 것이 아니라고 본다. Pierre Manent, "Foreword," Jese Colen and Elisbeth Dutartre-Michaut(eds.), *The Companion to Raymond Aron*,(New York: Palgrave Macmillan, 2015), p. ix. 참고로 *The Companion to Raymond Aron*은 아롱의 사상의 주된 세 가지 가닥(국제관계의 이론과 역사, 정치적 사회학과 철학, 사상의 역사)을 논한 책이다.

야를 망라한 종합적 학문을 다룬 사상가였기 때문이다.[6] 이러한 거대한 사상의 영역에도 불구하고, 단순하게 그의 사상을 압축한다면 "역사의 개연성"과 "절제(moderation)"라고 할 수 있다. 그는 어떤 극단을 반드시 피하는 것이 가장 정치적이라고 본다.[7] 이러한 사상과 클라우제비츠의 절대전 그리고 폭력의 무제한 사용 개념은 양립할 수 없는 것이다.

그의 사상의 출발은 1938년 박사학위논문 「역사의 철학 서설(*Introduction á la philosophie de l'histoire. Essai sur les limites de l'objectivité historique*)」에 있다. 여기서 그는 인간 역사사회의 미래에 대해 매우 비관적 시각을 제시하고, 이성의 취약성을 지적한다. 더욱이 무제한 폭력성을 가지는 핵무기 출현, 인간의 열정을 토대로 한 프롤레타리아 혁명의 위기, 국가들의 자국 이익에 집착하는 권력 추구를 본 그에게 극단을 피하고 장기적인 절제와 완화를 통해 인간의 도덕성을 회복하는 것, 더 나아가 분별지를 지닌 도덕성을 갖는 것이 가장 "정치적인 것(the political)"이었다고 할 수 있다.

그러므로 그가 클라우제비츠를 해석한 핵심은 전쟁의 본질적 성향인 폭

---

6) 아롱에게 역사사회학은 종합사회학이었다. 이것은 현대의 사회에 만족하지 않고 인류의 미래라는 관점에서 분석하고 해석하는 것이다. 그러므로 여기서의 역사사회의 의미는 역사 속의 계속성을 포함한다. 마르크스주의적인 결정성을 의미하지는 않는다. 아롱은 사회학은 "역사적 사회의 영구한 조직의 틀 속에서의 근대사회에 대한 분석, 이해 및 해석을 그 목적으로 삼고 있다"고 정의한다. 사회학을 곧 역사사회학으로 본다고 이해할 수 있다. Raymond Aron, *Main Currents in Sociological Thoughts*, New York: Basic Books, 1965: 이종수 역, 『사회사상의 흐름』(서울: 홍성사, 1982), pp. 13-14, p. 18. 그리고 극단을 피하려는 아롱의 지식적 토대를 이해하기 위해서는 Raymond Aron, 심상필 역 "사회학의 방법론," 『정경연구』, 제8권 통권88호(1972년 5월), pp. 165-177 참조.

7) 이에 대해서는 Stanley Hoffmann, "Raymond Aron and the Theory of International Relations," International Studies Quarterly, Volume 29, Number 1(March 1985)를 볼 것.

력의 무제한적 사용과 인간 열정에 의한 극단 그리고 결정론적 역사관을 반드시 피해야 한다는 것이었다. 그럼에도 불구하고 오늘날 클라우제비츠의 전쟁철학은 리델 하트나 아롱이 표현한 "힌덴부르크-루덴돌프 파트너"가 이해한 것과 같이 군사력을 최대한 사용하여 조기에 결정타를 가하는 것으로 보는 경향이 있고, 이러한 생각을 대부분의 국가들은 교리에 반영하고 있다.

이 책은 이러한 시각과 경향이 아롱의 사상과는 명확하게 차이가 있다는 것을 밝히고자 한다. 클라우제비츠와 아롱적 개연성과 마찰을 무시한 전쟁의 '정치적 수단'으로서의 의미에 대한 오해와 잘못된 해석이 서양이 지배해오고 있는 세계 속에서 역사사회를 피로 물들인 것은 아닌가 하는 점도 분석 제시하게 될 것이다.[8]

아롱의 원초적 열정에 대한 우려 역시 중요한 주제로 다루고 있다. 아롱은 인간집단의 열정이 이성을 와해시키는 것을 목격하면서, 지성의 무력함을 확인한 사람이었다. 그럴수록 그는 인간 이성의 회복을 강조해야 했다. 특히, 핵무기 등장으로 인해서 인류를 파멸시킬 수 있는 공포는 그에게 칸티안(Kantian)적인 사상의 틀을 절대로 포기할 수 없게 만들었다. 도덕성 같은 가치 추구가[9] 없는 인간의 열정은 세계를 파멸시킬 수 있다고 보았다.

---

8) 특히, 독일의 경우가 대표적이라고 할 수 있다. 강진석은 "클라우제비츠의 명저 전쟁론에 대한 곡해가 독일로 하여금 제1차, 2차 대전의 무모한 재앙을 가져오는데 일익을 담당했던 듯하다."고 분석한 바 있다. 그는 대 몰트케를 제외한 대부분 독일군 장교들이 클라우제비츠를 절대전의 창시자, 피의 화신으로 섬겼다고 본다. 그러면서 만일 유럽(특히 독일)의 정치지도자들과 군지휘관들이 클라우제비츠를 제대로 읽었다면 두 차례의 세계대전을 피할 수 있었을지도 모른다고 평가했다. 강진석, 『전략의 철학: 클라우제비츠의 현대적 해석 전쟁과 정치』(서울: 평단문화사, 1996), pp. 15-16 참조.

9) 물론, 아롱은 끊임없이 "가치들의 추구는 반드시 존재의 우발성을 존중하고 주의해야 한다."고 경고했다. 이점이 권력을 추구하고 국가이익을 우선시하는 현실주의 정치가와 아롱을 구분하는 아주 핵심적인 부분이라고 할 수 있다. 그는 어떤

따라서 핵시대에 존재하지 않았던 시대의 클라우제비츠적 인간 열정을 기초로 한 절대전의 우려를 아롱적 시각에서 분석하는 것 역시 의미가 크다고 하겠다.

아롱은 현실주의와 이상주의를 합친 종합사상가이다. 모겐소, 키신저가 국가 중심의 사상을 가지고 권력과 국가이익을 우선시했고, 월츠는 권력을 일반화시킨 시스템으로 이해했으며, 케난은 권력 기반의 지정학으로 봉쇄정책을 주장했지만, 그의 시각은 하나의 역사적 패턴으로서의 이론(특히, 지정학), 권력과 이익이 관련된 역사학, 인간사회의 매우 다양한 요소를 고려한 사회학, 그리고 가치 추구를 포함한 인간 행동학을 포괄하는 종합적 시각에서 세계의 문제를 권력, 영광, 그리고 사상의 틀 속에서 이해했다는 점을 고려할 때, 정치현실주의자들과는 비교의 대상이 되기 어렵다고 본다. 아울러 마르크스주의자들의 역사의 결정성에 대해 그는 완강하게 거부한다. 역사는 상황의 상대주의, 예측할 수 없는 개연성을 무시할 수 없다고 본다. 그래서 그는 혁명을 거부한다. 보다 정치적인 것으로 사회를 점진적으로 보다 나아지게 이끄는 것을 갈망한다. 인간 지식의 한계로[10] 이론-예를 들어, 마르크스적 이론-의 위험함을 경고한다. 이 책은 또한 일반적으로 그를 현실주의자로 보는 시각에 대해 재검토하면서 그의 위와 같은 주요 사상을 병행하여 다루고자 한다.

아롱과 클라우제비츠의 시각 차이를 제시하는 것도 이 책의 중요한 부분을 차지한다. 클라우제비츠가 전쟁 그 자체 현상만을 인식적으로 분석하

이상을 현실화하는 데 있어서 맹목적이고 외골수적 결정만을 필요로 한다고 보지 않았다. 따라서 전쟁에서 마찰, 개연성을 강조한 클라우제비츠의 철학과 병행되는 철학을 지녔다고 할 수 있다. Reed Davis(2004).

10) 본질적으로 지식이 일시적이고(provisional) 모호한 것이라면, 정치적 행동은 반드시 모든 시간에 측정되어야 하고 절제되어야 하는 것이었다고 아롱은 믿었다. Reed Davis(2004). p. 187.

려 했다면, 아롱은 이것을 국제 외교, 전략적으로 확대하여 국가 간의 막무가내식의 권력 추구가 아닌 장기적이고 전략적 시각의 "힘의 관계," 보다 더 나아가서 "사상"적 틀에서 이해하려고 했다는 점을 다루고자 할 것이다.

오늘날 국내적으로는 북한의 핵 위협, 세계적으로는 군사 및 경제적, 종교적 및 인종적 갈등, 그리고 무자비한 테러가 상존하는 이 시기에[11] 외국과 마찬가지로 한국에서도 종합적 사상가인 아롱연구는 필요하다고 본다. 더욱이 아롱의 시각에서 볼 때 미래가 비관적이라면, 이러한 복잡한 인간사회 속에서 아롱적 분별지를 어떻게 미래전쟁 방향에 적용할 수 있을 것인가를 제시하는 것은 충분히 의미 있을 것이다.

이 책은 논지의 범위를 설정하기 위해서 아롱의 방대한 사상 중 전쟁과 관련하여 우선 "역사의 개연성"을 고려했다. 아롱의 이러한 사상을 기초로 할 때 클라우제비츠의 전쟁철학과 가장 대조되는 것은 무제한 폭력성을 지닌 전쟁수행 방법이 될 것이다. 원하는 대로 전쟁이 수행될 수 없다는 개연성의 존재는 따라서 다음과 같은 논제의 범위를 이끈다고 생각했다.

첫째, 단기결전이 항상 효과적인 전쟁형태이고 이것이 클라우제비츠가 가장 강조했던 전쟁의 유형일 것으로 아롱이 보았을까 라는 점이다. 이점은 역으로 보면, 장기적인 전략은 국제사회에서 어떤 의미를 갖는가와 연계된다.

둘째는 중심(center of gravity) 개념이 갖는 모호함에 있다. 단기전을 수행하기 위해서는 중심 설정은 당연히 결정적으로 중요할 수 있다. 하지만 개

11) 예를 들어, 2000년 초 dot.com 붕괴, 911 테러, 아프가니스탄에서 탈레반 격멸을 위한 전쟁, 이라크, 시리아에서의 전쟁, 코소보와 여기서 나타난 나토 내부 국가 간의 갈등, 우크라이나 사태, 인도와 파키스탄 사이의 핵 브링크만쉽(nuclear brinkmanship) 정책, 그리고 북한의 핵 위협의 심각성, 오늘날 나타나는 경제적 보호주의 등장은 아롱이 바라본 역사사회 그 자체이다. Daniel J. Mahoney and Brian C. Anderson(2009), p. xi.

연성과 연계하고, 또한 만일 중심의 실체를 발견하기 어렵거나 상대가 중심을 형성하지 않는다면 단기결전이 불가능하게 될 것이라는 모순을 낳게 된다는 점도 다루고자 한다.

셋째는 클라우제비츠의 공격, 방어는 본질적으로 집중과 분산으로 구분되지만, 이것도 결정론적 사고에 불과할 수 있다는 점을 다룰 필요가 있다고 본다. 개연성의 존재를 인정하는 철학 속에서 공격과 방어는 반드시 집중과 분산으로 나타나는 것이 아닐 수 있다. 결국 개연성으로 인해, 공격과 방어에 의한 군사적 승리가 아닌 정치적 목적의 변증법 속에 전쟁의 형태가 다양하게 존재하게 될 수밖에 없다는 점을 논하고자 한다.

이어서 아롱의 핵심 사상 중 하나인 "절제"를 고려했을 때 논할 수 있는 바를 다루고자 한다. 다시 말해서, 이성을 누를 수 있는 인간의 원초적 열정 문제를 논하는 것이 중요한 논제라고 보았다. 이것은 절대전이 존재할 수 있는가 라는 문제를 이끌어 낸다.[12] 역으로, 이것은 클라우제비츠나 아롱의 해석과 같이 절대전이 관념론 상으로만 존재할 수 있는 것이라면, 실제 전쟁에서 말한 클라우제비츠의 논지대로 절대전쟁 수준의 현실전쟁을

---

12) 이에 대해 생각하게 된 본래의 배경은 전쟁론 본문에 있다. 하지만 원저의 다음과 같은 언급도 유효했다. "절대전쟁은 무력 및 적 부대의 격멸에 의한 전쟁의 행위를 정의하는 것이다. 따라서 작전적 기준은 전쟁의 절대전의 모습으로 일원적인 경향이 되는 것이다. 그러나 경험과 숙고를 통해 보면 대부분의 전쟁은 (특히 나폴레옹 전쟁과 그 이전의 유럽에서 있었던 고전적인 전쟁의 대비를 한 결과) 그렇지 않았다. 전쟁은 의도에 있어서 제한되었다. 왜냐하면 부분적으로는 양자는 서로를 은연중에 이해했고 최초 목표하던 것을 낮추어 해결하려고 준비했었기 때문이다. 또한 부분적으로는 정치적 상황은 그들이 생각했던 것보다 더 절대전쟁으로 향하는 경향에 대해 제약을 가했기 때문이다… 젊은 클라우제비츠는 전쟁에서 이미 정치적 요소에 대한 명확한 생각을 가지고 있었다는 것을 암시하는 것이다." Philip Windsor, "The Enigma of a Gifted Soul: Aron on Clausewitz," in Mats Berdal,(eds), *Studies in International Relations: Essays by Philip Windsor*(Brighton; Portland, Or: Sussex Academy Press, 2004), p. 130.

어떻게 수행할 것인가 라는 미래를 생각하게 할 것이다. 하지만 절대전쟁이 가능하다면, 이것을 피하고 완화하기 위해서 아롱의 전략적 시각을 어떻게 적용해야 할 것인가를 논하지 않을 수 없다고 보았다.

이 책에서 사용하는 분석 도구는 클라우제비츠의 인식론적 접근과 아롱의 역사사회학, 인간행동학적 시각이 주를 이룬다. 거시적으로는 아롱적 현상학에 기초를 두고 있다. 아울러 체계적인 틀로 분석을 진행한다. 먼저 제2장에서 아롱의 사상과 대조될 수 있는, 이 책에서 설정한 범위로서 네 가지 클라우제비츠 전쟁론의 주요 쟁점을 다룬다. 이어지는 장에서 이러한 논제는 계속 상호 연계성을 가지고 있다. 다시 말해서, 이 책은 제2장, 제3장, 제4장의 하위 절(chapter, 節)들이 상호 연계성을 가지고 분석되었다는 것이다. 예를 들어 제2장 제1절 '단기결전과 장기전, 정치적 목적의 변증법'은 제3장 제1절 '에코 채임버 속의 전쟁, 정치적 목적' 그리고 제4장 제1절 '기동전 교리와 단기결전 추구' 이어서 제5장 제1절 '정치적 목표 그리고 전략'과 연계성을 가지고 작성되었다. 다른 절(chapter, 節)들도 마찬가지이다.

크게 보면 2장과 3장에서는 클라우제비츠와 아롱의 사상적 틀을 위에서 제시한 범위를 기초로 하여 비교한다. 이어지는 4장은 사실상 사례분석이다. 이것은 특히 2, 3장에서의 대조를 기초로 한 아롱의 입장으로 현대 전쟁의 사례를 분석하여 제시한 것이다. 현대 전쟁 사례분석이 주는 교훈을 확인할 수 있다면, 자연스럽게 미래전쟁과 연관된 아롱적 시각의 방향을 제시할 수 있다고 보았다.

이 책에서 논지를 증명하기 위한 방법은 역사적 사례 그 자체를 그대로 분석한 것이다.[13] 다시 말해서 상황에 의거 분석했다는 말이다. 아롱의 "의

---

13) 이것은 아롱의 분석 방법과 다르지 않다. 아롱은 역사의 어떤 패턴을 발견하기 위해 역사를 분석했다.

지적 상황주의"[14] 입장을 견지했다는 의미이다. 이 책은 이론적 분석 수단 사용을 가급적 피했다. 아롱은 자신의 '평화와 전쟁'에 대해 전쟁 이론서가 아니라고 말했다. 아롱이 이론을 만드는 것은 사실상 매우 어렵다는 점을 이 책에서도 그대로 적용하고 있다.[15] 영미계가 선호하는 사례를 종합하여 데이터베이스를 이용한 과학적 분석 방식을 적용하는 방법은[16] 아롱의 사상을 분석하는 수단으로써 활용하기에는 완전히 배치된다고 하겠다. 아롱은 상황의 다양성, 수많은 요소의 작용성을 강조했기 때문이다.

이 책은 아래와 같은 두 가지 연구의 한계를 갖는다는 점을 밝혀 둔다.

첫째, 언어적 장벽으로 인해서 프랑스어 원본을 중점적으로 연구하지 못했다. 주로 영미계의 자료에 의존했다는 것이다.

둘째, 사례 분석은 주로 미국의 전쟁경험을 중점적으로 분석했다는 점에 있다.

변명일지 모르지만, 여전히 미국이 세계의 주요 전쟁을 수행하고 또한 주도적으로 전쟁 개념과 교리 그리고 전력을 개발하고 있으므로 영미계의 참고자료만으로도 논리를 전개하고 연구하는 데 충분할 것이라고 말하고 싶다. 현재 세계 속에서 전체적으로 과학기술과 인간의 열정 및 이성이라는 사실상 밀접하면서도 철학적 논란을 낳는 문제를 다루는 데 있어서 미국의 사례보다 더 나은 사례를 찾기는 쉽지 않을 것이다. 현대전을 고려하고 미래를 생각했을 때, 인간사회가 안고 있는 본질적인 문제를 논한다는 점에서 당연히 의미를 가질 것이다.

---

14) 조성환은 아롱의 역사 분석 시각을 상황에 기초한 것으로 본다. 조성환, "난세의 현자, 레이몽 아롱," 『세계시민』 9호(2017 여름). 참조.

15) 단, 아롱은 지정학이 이론으로서의 가치를 갖는 것으로 본다. 하지만 일반적으로 그는 이론에 대해 회의적이다. Raymond Aron, *Peace & War*(2009), pp. 1-4.

16) 본 책에서 추후 언급할 막스 부트의 게릴라전 분석을 예로 들 수 있겠다.

제2장
클라우제비츠 전쟁론의 주요 쟁점 분석

제1절 단기결전과 장기전, 정치적 목적의 변증법

1. 단기전과 장기 지구전의 관계

클라우제비츠의 전쟁론은 이해가 쉽지 않다고 알려져 있다. 자신도 언급했듯이 그의 논문은 제1편 제1장 부분만이 만족스러운 것이었고,[1] 다른 원고들은 미완성된 내용이었으며 개작하고 있는 상태였다. 나머지 부분은 "화려한 모순된 생각(brilliant incoherence)"을 가지고 있었다.[2] 클라우제비츠를 해석하는 것은 실제로 쉽지 않다. 하워드(Michael Howard)의 쉽게 접

1) 전쟁론의 서문 격인 '알리는 글'보다 나중에 작성된 것으로 보이는 미완성 원고를 류제승은 그의 전쟁론 번역서에 소개하고 있다. 이 미완성 원고에서 클라우제비츠는 "제1편 제1장은 전체 원고 중에서 내가 완성했다고 간주하는 유일한 부분이다. 최소한 제1편의 제1장은 전체 내용에 대해 일관된 방향을 제시해주는 역할을 할 것이다."라고 적고 있다. Carl von Clausewitz, *Vom Kriege*(Berlin: Dümmlers Verlag, 1991; Reinbek: Rowohlt Taschenbuch Veriag, 1992): 류제승 역, 『전쟁론』(서울: 책세상, 2014), p. 16.

2) Philip Windsor(2004), p. 130.

근할 수 없다는 비유나[3] 심프킨(Richard Simpkin)의 18세기 풍자시인 포르슨(Richard Porson)의 '대륙 방문기'라는 4행시로 비유한 것은[4] 이해의 어려움을 매우 잘 나타낸 것이라고 하겠다.

우선, 클라우제비츠의 단기결전과 장기전에 관한 혼란스러움을 발견할 수 있다. 이것은 아롱의 입장에서 볼 때, 역사의 개연성과 전쟁과 정치의 관계 속에서 가장 중요한 쟁점이 될 수 있다고 판단할 수 있다. 예를 들어, 조성환이 그의 논문 「레이몽 아롱의 전쟁 및 전략사상 연구: 현대전쟁의 클라우제빗츠적 해석을 중심으로」에서 공격과 방어의 변증법을 논하면서 독일의 섬멸론자들의 군사적 편의성에 기초한 단기결전 사상과 정치적 목적

---

3) 하워드는 다음과 같이 언급했다. "노다지 위를 지나가는 금맥은 접근하기 쉬운 평평한 강바닥에 있는 것이 아니라 거대한 개념으로 둘러싸인 협소한 산악 계곡에 있다. 그리고 문전에서 거대한 사람이 검을 든 보초를 세우고 개념의 게임에서 쉽게 들어가려 하는 모든 사람들을 돌려보내고 있다." 매우 이해하기 쉽지 않다는 것을 비유한 것이다. Michael Howard, "The Influence of Clausewitz," in Michael Howard and Peter Paret,(eds.), Carl von Clausewitz, *On War*(New Jersey: Princeton University Press, 1989), p. 27 참조. 한글 번역본은 육군본부, 『클라우제비츠의 전쟁론과 군사사상』(대전: 육군인쇄창, 1995), p. 99.

4) 심프킨은 "수수께끼의 인물 클라우제비츠"라는 부분에서 클라우제비츠 이론의 혼란스러움을 말하고 있다. 그는 포르슨의 다음과 같은 내용의 시를 인용하여 표현했다. "나는 프랑크푸르트에 가서 흠뻑 취하였네. 가장 박식한 교수인 브룬크와 함께! 나는 보르츠에 가서 더 흠뻑 취하였다네. 그보다 더 박식한 교수인 룬켄과 더불어!" 심프킨의 논지는 클라우제비츠에게서 어떤 이론의 일관성을 찾는 것이 어렵다는 것이었다. 그리고 그의 유혈의 전투에 대한 지속적인 강조에 대해 비판적인 입장을 보인다. 하지만 어차피 이론은 전쟁을 잘 치르거나 이를 회피하기 위하여 정신을 훈련시키는 데 필요한 자료를 제공하는 것이므로 클라우제비츠의 이론에 지나치게 집중할 필요는 없다고 본다. Simpkin, Richard, *Race to the Swift: Thoughts on twenty-first century warfare*(London; Washington, DC: Brassey's Defence Publishers, 1985); 연제욱 역, 『기동전』(서울: 책세상, 1999), pp. 60-69 참조.

에 기초한 모택동의 지구전론 즉 장기전 사상으로의 전환을 다룬 것은 올바른 해석이었다고 판단된다.[5)]

공격과 방어는 그의 말대로 시간적인 요소의 상대성을 갖는다. 일반적으로 현대의 방어 교리는 지형의 이점을 많이 강조하고 있고 지형분석을 매우 중요하게 다루고 있으며, 시간적 요소는 전술적 수준에서 방어준비를 위한 가용시간의 의미로 다루고 있다.[6)] 조성환이 논했던 것은 공격과 방어의 일반적으로 추구하는 모습을 제시한 것과 다르지 않다. 다시 말해서, 작전적 수준의 빠른 공격과 전략적 수준의 수세적 지구전(방어)을 의미한다. '공격 대 방어의 변증법'에서 생각의 틀을 더 앞으로 가져간다면 '공세적

---

5) 조성환은 다음과 같이 언급했다. "클라우제비츠적인 공격과 방어의 변증법은 어느 분석가도 이 부분에 대한 엄격하고 세부적인 고찰을 하지 않고 있었다. 그러나 아롱은 이러한 방어와 공격의 변증법, 즉 이들 간의 불균형성은 클라우제비츠적 사상의 핵심을 이루는 것의 하나이고 그것은 그의 만년에 있어서 성숙된 사고체계에 있어서도 마찬가지라고 한다… 공격은 時, 空이라는 현실적 제약에 따라 방어가 필수적이 된다… 아롱은 공격에 대한 방어의 본질적인 우위라는 클라우제비츠적 논지는 독일의 섬멸전론자들이 이를 역전시켜 전격전의 작전개념에 도달한 반면 현재에 있어서는 Mao의 지구전론을 비롯한 인민전략의 교리적 원천이 되고 있다고 한다." 조성환, 「레이몽 아롱의 전쟁 및 전략사상 연구: 현대전쟁의 클라우제빗츠적 해석을 중심으로,」(석사학위 논문, 서울대, 1985), pp. 34-37.

6) 미 육군의 『작전(Operations)』 야전교범에서 방어준비를 다음과 같이 서술하고 있다. "방어 측은 지형을 연구하고 진지를 선정한다. 이를 통해 적이 접근하리라고 예상하는 곳에 화력을 집중할 수 있다. 이들은 자연 및 인공 장애물을 설치하여 공격 부대를 교전 지역(engagement areas)으로 유도하게 된다. 방어 부대는 지상에서의 예행연습 행동을 협조하고, 지형에 대한 친숙성(intimate familiarity)을 얻어야 한다. 이들은 경계 및 정찰부대를 작전지역에 위치시킨다. 이러한 준비는 방어 효과성을 배가시킨다." 이 내용에서 보듯이 방어에 대한 내용은 지형(자연 장애물 포함) 활용에 집중되어 있다. 시간은 방어 준비와 관련하여 전술적 수준에서 다루고 있다. Headquarters Department of the Army, *FM 3-0 Operations*(Washington: Headquarters Department of the Army, June 2001), p. 8-2, 8-15 참조.

단기결전 대(對) 방어적 장기전의 변증법'이 클라우제비츠가 남긴 숨은 의미로 발견될 수 있을지 모른다.

수단–목적의 구도는 단기전과 장기전의 선택이 간단한 것이 아니라는 점을 보여준다. 클라우제비츠의 이러한 수수께끼를 비판적으로 접근하기 위해서 우리는 클라우제비츠 전쟁론의 완성된 부분(제1편 제1장)에 대한 원칙적이고 직설적인 해석을 할 필요도 있다고 본다. 아울러 나머지 "화려한 모순된 생각(brilliant incoherence)" 부분을 퍼즐 맞추듯이 찾아서 이해할 수밖에 없을 것이다.[7] 특히, 직설적 해석을 위해서는 아롱이 사용했던 인간행동학 그리고 클라우제비츠의 인식론적 접근으로 다룰 필요가 있다.[8] 1986년 판

---

7) 클라우제비츠를 논하면서 그의 이니그마(Enigma)를 아롱이 풀어냈다는 점에 대해 언급한 사람은 필립 윈저(Philip Windsor)이다. 그의 에세이 "천부적 영혼의 이니그마: 아롱의 클라우제비츠에 대해(The Enigma of a Gifted Soul: Aron on Clausewitz)"에서 그는 이니그마를 아롱이 해석했다는 입장을 보이고 있다. 그것은 아롱의 업적이 가장 크다는 것을 의미한다. 아롱이 클라우제비츠의 사상을 분석하고자 했던 노력을 이해하기 위해서는 Raymond Aron, *Clausewitz: Philosopher of War*, translated by Christine Booker amd Norman Stone(London: Routledge & Kegan Paul, 1983), pp. 1–7 참조.

8) 1810년 10월 황태자 군사 분야 개인교수 당시 클라우제비츠가 전쟁의 과학적 분석에 관심을 가지면서 이론은 "인식적 기능"을 가진다는 주장을 한 바 있다는 점도 위의 논지를 더욱 보강해 줄 것이다. 이와 관련하여 레이몽 아롱은 클라우제비츠가 "항상 과학과 철학 간의 구분을 하지 않았다"고 주장하고 있다. *ibid*, p. 3. 그에게 있어서 인식적 기능이란 정토웅의 주장을 인용한다면, "어떤 사물이 다른 사물과 어떤 관련이 있는지 그리고 중요한 것과 중요하지 않은 것을 어떻게 구분하는지를 밝히고 전쟁 현상의 필수적 요소를 분석하고 그 요소들을 포괄적인 구조 내에 결합시키는 논리적이며 동태적인 연결고리를 발견하기 위하여 과거와 현재의 실제를 지적으로 짜 맞추는 것"이다. 클라우제비츠는 이론은 세 가지 기능을 가진다고 주장했다. 첫째가 인식적 기능이고, 둘째는 교육적 기능이다. 이것은 "논리적으로 역사적으로 옳고 또한 현재의 실제를 반영할 수 있는 이론"을 말한다. 끝으로 이론적 기능은 "시대를 초월하여 모든 측면을 수용할 수 있어야" 하는

프랑스 정치서적 사전(Dictionnaire des oeuvres politiques)에 의하면 인간행동학(praxeology)을 "규범적 결과에 대한 한 논쟁"으로 풀이하지만,[9] 아롱을 연구한 마호니(Daniel J. Mahoney)와 앤더슨(Brian C. Anderson)에 의하면 "옳고 그른 것"과 관련되어 있으며,[10] 좀 더 구체적으로 본다면 선호(preference), 선택(choice), 수단-목적[11] 구도와 관련 있다고 하겠다. 그리고 이것은 경제학과 사회과학의 분석 기초로 사용된다.[12] 이러한 측면에서 볼 때, 죽어도 끝장을 보는 전쟁을 한다는 것은 사실상 경제적이지도 못하고 선호되는 것도 아닐 것이다. 그러나 수단-목적 구도의 측면은 단기결전과 장기전의 관계는 어떤 목적을 위한 수단으로서의 전쟁 형태를 선택할 것인가의 문제를 이끌게 된다.

클라우제비츠의 완성된 전쟁론 부분의 결론은 사실상 아주 간결하게 정리될 수 있다. 즉, 단기결전은 무제한적 폭력을 가져올 개연성이 크다. 그리고 전쟁을 군사가 주도적으로 이끌 수 있다. 그러나 개연성과 마찰로 인해서 단기결전에 실패하고 국가가 장기전으로 돌입하게 되면 양자는 어떠한 작용에 의해 정치적 목적을 전면에 내세우게 된다는 것이다. 여기서 어

것이다. 따라서 사실상 이 세 가지 기능은 연관성을 가지지만, 여기서 인간행동학적 의미로 가장 중요한 것은 인식적 기능이라고 할 수 있다. 정토웅, "클라우제비츠," 온창일 등, 『군사사상사』(서울: 황금알, 2006), pp. 105-106 참조.

9) 이창조, "평화와 전쟁: 레이몽 아롱의 이론을 중심으로," 『平和硏究』(1988. 6월), p. 84.

10) Daniel J. Mahoney and Brian C. Anderson(2009), *op. cit*, p. xii.

11) 사실상 목적-수단에 대해 아롱은 클라우제비츠를 이해하는 데 상당히 중요하게 다루었다. 아롱은 그의 저서에서 클라우제비츠 전쟁론의 변증법을 다루면서 목적과 수단의 관계를 가장 먼저 논하고 있다. Raymond Aron, *Clausewitz: Philosopher of War*(1983), pp. 95-116 참조.

12) http://praxeology.net/praxeo.htm(검색일: 2016. 12. 22).

떤 작용은 예를 든다면 아마도 상호 간의 공포, 피로, 희망, 양보, 이해 등으로 말할 수 있을 것이다. 이렇게 생각할 수 있는 이유를 갖는 퍼즐은 제1편 제4장에서 발견하여 맞출 수 있다. 클라우제비츠는 위험을 무릎 쓰는 열광과 승리와 명예욕이 지배하는 순간은 극히 드문 것으로 보았다.[13)]

일반적으로 인간은 보다 경제적이고 선호되는 것(승리)을 얻으려는 경향 그리고 보다 옳은 것(명예)을 취하려는 경향을 가지고 있지만, 클라우제비츠에게 있어서 인간의 행동은 반드시 보다 좋은 것, 옳은 것만을 선택하는 것은 아니라는 것이었다. 인간의 역사는 무모한 전쟁도 수행할 수 있다는 사례를 분명하게 보여준다. 예를 들어, 투키디데스의 『펠로폰네소스 전쟁사』에서 볼 수 있듯이 멜로스와 같은 작은 도시국가는 강력한 아테네와의 결전을 결심하게 되고 그들은 완전한 패배에 이은 죽음과 노예로의 전락을 맞이하게 된다.[14)] 시장중심 경영에서도 인간행동학과 클라우제비츠의 인식론

---

13) 클라우제비츠는 "일반적으로 그 위험을 알기 전에는 전쟁을 두려운 것이라기보다는 매력적인 것으로 상상한다… 만일 황금 같은 목표인 승리와 명예욕이 갈망하는 맛있는 열매를 눈앞에 두고 있다면 이 모든 것이 실현하기 어려운 일인가? 이것은 어렵지 않을 것이며… 그러나 이러한 순간들은 생각하는 것처럼 그렇게 일회적인 맥박 활동이 아니다. 오히려 이러한 순간들은 시간이 지나면 희석되고 부패한 상태로 복용해야 하는 조제약과 같다. 그러나 이러한 순간들은 극히 드물게 존재한다고 말할 수 있다."고 언급했다. Carl von Clausewitz, *Vom Kriege*(1991, 1992), pp. 95 인용. 이 부분은 제1편 제4장 '전쟁에서의 위험' 파트에 기술된 내용이다. 물론 이 장에서의 논지는 전쟁에서의 위험은 전쟁의 마찰에 속한다는 점을 소결론 짓기 위한 것이었다. 하지만 바로 이 마찰이 전쟁의 기간과 관련되는 것이며, 정치적 목적과 밀접한 관련을 갖는다는 점이 매우 중요하다고 본다.

14) 김주일, 『소크라테스는 '악법도 법이다'라고 말하지 않았다. 그럼 누가?』(서울: 프로네시스, 2006), pp. 53-54. 아테네와 멜로스의 대화와 전쟁 결과에 대해서는 Robert B. Strassler(eds.), *The Landmark Thucydides: A Comprehensive Guide to the Peloponnesian War*(New York: Free Press, 1996), pp. 351-357 참조.

적 접근을 고려한다면, 인간이 자신의 행동을 통해 최고의 결과를 얻는 것에 대한 해답을 찾는 것이 문제라고 하겠다.[15] 하지만 멜로스의 무모함을 따라서는 안 된다는 투키디데스의 경고와는 달리 클라우제비츠에게는 그러한 행동을 하는 것이 실제로 전쟁에서 나타나므로 아이러니하게도 전쟁은 무제한 폭력과 당연히 연관될 수밖에 없는 것이 되었다.

그럼에도 불구하고, 클라우제비츠는 사회학적인 측면에서 볼 때, 무모한 전쟁은 야만적인 사회에서 가능하다고 보았다.[16] 이러한 측면을 고려하여 윈저(Philip Windsor)는 클라우제비츠의 사상 구성은 전쟁의 변혁을 사회의 변화가 선도한다고 표현했다.[17] 이 말의 의미를 해석하자면, 클라우제비츠에게 있어서 폭력의 무한한 사용은 사실상 문명화된 국가에서는 찾기 어려워야 하고 또 해서도 안 되는 것이었다고 할 수 있다. 그래야만 시대에 앞서 사회적으로 변혁을 선도하는 것이 된다.[18] 어쨌든 위의 주장과 관련된 증거는 그의 완성된 제1편 제1장에서 명확히 찾을 수 있다.

클라우제비츠는 그의 완성된 전쟁론 제1편 1장에서 "단일한 것에서 복

---

15) Charles G. Koch, *The Science of Success: how market-based management built the world's largest private company*(New Jersey: Hoboken, 2007): 문진호 역, 『시장중심의 경영』(서울: 시아출판, 2008), p. 41.

16) 클라우제비츠는 문명국가의 전쟁은 야만 국가보다 덜 파괴적인 전쟁을 수행할 것으로 본다. Carl von Clausewitz, *Vom Kriege*(1991, 1992), p. 35 참조. 하지만 핵이 등장한 이후 이 의미는 다시 검토되어야 할 것이다. 이 문제는 본 책 제3장 제4절 그리고 제5장 등에서 다시 다룬다.

17) 윈저는 "그가(아롱) 제기한 증거는 클라우제비츠의 사상 구성은 전쟁의 변혁을 먼저 선도한 것이었고 클라우제비츠가 통속적으로 이에 응한 것이었다. 그리고 이것은 사회의 변화로부터 나타난 것을 제시한다."라고 했다. Philip Windsor(2004), p. 130.

18) 아롱의 역사사회적 철학 그리고 "정치적인 것(the political)"과 연계시켜 생각할 필요가 있다.

합적인 것으로 진전되는 연구방법론"을 말하고 있다.[19] 따라서 '2. 정의'에서부터 '28. 전쟁이론을 위한 결론'까지는 개별적으로 보아서는 안 될 것이다.[20] 일단 클라우제비츠는 "전쟁은 우리의 의지를 구현하기 위해 적에게 강요하는 폭력행동"[21]이라고 정의한다. 여기서 폭력은 극단적으로 운용할 때, 당연히 폭력을 무자비하게 사용하지 않는 적보다는 우위를 차지할 것이다. 당연히 무자비한 폭력을 사용하는 단기결전은 보다 강력한 방법으로 보이게 된다. 이러한 이유로 아마 핸들(Michael I. Handel)은 손자의 병력은 클라우제비츠의 병력을 만나면 패배했을 것으로 보았을 것이다.[22]

클라우제비츠는 이것을 "극단적 상승작용"이 일어나는 예로 제시하고 있다. 실제로 이러한 예는 역사상 쉽게 찾을 수 있다. 칭기즈칸이 유럽을 정복할 때 초기에 무자비한 폭력을 사용한 것이 대표적이다.[23] 그리고 이것과 관련하여 류제승은 코헨하우젠의 연구를 참고할 것을 제시한 바 있다.[24] 클라우제비츠는 야만적 전쟁에 대해 문명화된 인간이라는 이유로 자신의

---

19) Carl von Clausewitz, *Vom Kriege*(1991, 1992), p. 33 인용. 이것은 소위 변증법적 분석이라고 할 수 있다. 이에 대해서는 정토웅(2006), p. 112 참조.

20) 아롱 역시 동일한 견해를 가졌었다.

21) 여기서 그는 폭력을 일단 물리적 폭력으로 한정하고 이것을 수단이라고 했으며, 우리의 의지를 적에게 강요하는 것을 전쟁의 목적으로 말하고 있다. Carl von Clausewitz, *Vom Kriege*(1991, 1992), p. 33-34 참조.

22) Michael I. Handel, *Masters of War: classical strategic thought, 3rd revised and expended edition*(London; Portland, OR: Frank Cass, 2001), p. 152.

23) 이와 관련해서는 구종서, 『칭기스칸에 관한 모든 지식: 칭기스칸이즘: 세계를 정복한 칭기스칸의 힘은 무엇인가 그의 철학과 전략』(파주: 살림, 2009), pp. 331-338 참조.

24) 류제승은 코헨하우젠의 "승리에의 의지. 전쟁에 내재된 평형력과 그 평형력의 극복에 관한 클라우제비츠의 이론(1814년 프랑스 전역의 사례)을 예로 제시한다. Carl von Clausewitz, *Vom Kriege*(1991, 1992), p. 34의 '주 12)'를 참조.

주장을 반대하는 것은 전쟁의 실제적 본질을 잘못 이해한 것으로 본다.

클라우제비츠는 여기서 매우 중요한 문제를 다시 이끌어 낸다. 그것은 문명화된 국가는 다를 수 있다는 것이다. 그는 문명국가의 이성을 강조한다.[25] 여기서 우리는 인간행동학과 사회학적 관점이 전쟁을 이해하는 데 반드시 고려되어야 함을 이해해야 한다.[26] 특히, 사회적 관점에서 문명화된 정부의 전쟁 지도역할이 매우 중요한 것은 당연한 것이다.[27] 클라우제비츠는 확실히 사회학적 시각을 가졌다. 정토웅은 과거에는 전쟁이 끝나고 연구가들이 전략 및 전술의 표면만 손댔지만, 전쟁 자체의 현상, 구조, 내재

---

25) 클라우제비츠는 제1편 제1장 '3. 폭력의 극단적 운용'에서 "문명국민 간의 전쟁은 야만국민 간의 전쟁에 비해 참혹하고 파괴적인 성격을 훨씬 약하게 띤다. 그 원인은 국가 내부와 국가 상호 간의 사회적 상황에서 찾아볼 수 있다. 전쟁은 이러한 상황과 환경의 결과로서 나타나며 이러한 상황을 통해 제약, 제한, 완화된다. 그러나 이러한 상황과 환경은 전쟁 자체에 종속된 것이 아니라 단지 주어진 것이다… 야만국민들은 감성에 치우친 의도에 의해 지배되고 문명국민들은 이성에 치우친 의도에 의해 지배된다."고 언급했다. Carl von Clausewitz, *Vom Kriege*(1991, 1992), p. 35.

26) 이것이 아롱의 독특함이었다고 할 것이다. 파렛은 "클라우제비츠의 첫 번째 전쟁 참여는 프랑스 공화국에 대항한 것이었다… 클라우제비츠는 전략을 기술한 초안에서… 최초 의도는 몽테스키외가 그의 주제를 다룬 방식이었다."고 했다. Peter Paret, "Clausewitz,": 육군본부 역, "클라우제비츠," 『클라우제비츠의 전쟁론과 군사사상』(대전: 육군인쇄창, 1995), p. 187. 전쟁을 겪었던 아롱에게 몽테스키외는 사실상 최초의 사회학자, 즉 사회학의 선구자로 간주되었다. 사회학이라는 용어는 비록 콩트가 최초로 사용했지만, 아롱은 그의 저서 『사회사상의 흐름』에서 이와 같이 밝히고 있다. Raymond Aron(1965), p. 21.

27) 클라우제비츠가 정부의 역할을 중요하게 다룬다고 본 것은 서머스의 이론에서 두드러지게 나타났다고 본다. 이것에 대해 반대하는 입장도 있다. 이에 대해서는 Zenonas Tziarras, "Clausewitz's Remarkable Trinity Today," *The GW Post* 참조. https://thegwpost.com /2011/11/09/claus ewitz%E2%80%99s-remarkable-trinity-today/(검색일: 2017. 5. 26)

적 역학, 그리고 전쟁과 사회의 관계 등에 관한 연구는 별로 하지 않았다고 하면서 클라우제비츠도 처음에는 전략과 전술 개발에 역점을 두었으나 나중에는 보다 본질적인 요소들을 파헤치기 위해 노력했다고 주장했다.[28] 이것은 클라우제비츠가 사회학적 시각으로 전쟁을 분석했다는 의미이다.

클라우제비츠는 샤른홀스트(Scharnhorst)가 각별히 발탁한 인물이라고 할 수 있다. 파렛(Peter Paret)이 언급했듯이 샤른홀스트에게 있어서 장기적인 개혁은 군대를 혁신적으로 변환(transformation)시켜야 하는 것이었고, 이것은 귀족이 독점했던 장교 지위를 혁파하고 계급을 개방하며, 프레데릭의 가혹한 훈련 체계를 바꾸는 사회적인 변화이자 국가 경제에 영향을 미치는 것이었다.[29] 따라서 샤른홀스트의 영향을 받은 클라우제비츠가 아롱이 최초의 사회학자였다고 말했던 몽테스키외의 『법의 정신(The Sprit of the Laws)』의 서술방식을 택했던 것은 당연할지도 모르며,[30] 따라서 클라우제비츠는 아롱과 마찬가지로 사회학적 시각으로 전쟁을 보게 된 것이라고 말할 수 있을 것이다.

더욱이 클라우제비츠가 사망한 이후 사회적 현상이 전쟁과 관련성을 보여주었다. 1885년 버클(Henry Thomas Buckle)이 그의 저서에서 언급했듯이 애덤 스미스의 자유무역이 새로운 상업정신을 만들었고 이것은 국가들로 하여금 서로 의존하게 했다.[31] 이러한 문명화된 국가는 당연히 전쟁의 극단

28) 정토웅(2006), p. 99.

29) 육군본부(1995), p. 192. Peter Paret 논문 참조.

30) 정토웅은 '법의 정신'을 모델로 삼은 이유를 법과 정치의 기본 문제에 대한 사고에 도움이 되기 때문이라고 주장한다. 정토웅(2006), p. 100.

31) Geoffrey Blainey, *The Causes of War*(New York: Free Press, 1973); 이웅현 역, 『평화와 전쟁』(서울: 지정, 1999), p. 40. 블레이니는 Henry Thomas Buckle, *History of Civilization in England*, 3 vol.(Lonon, 1885)에서 버클이 한 말을 제시한다. 버클은 서구의 호전적 정신의 쇠퇴를 지적했다고 했다. 그에 의하면 이것은 도덕적

으로 갈 수 없을 것으로 보였을 것이다.

클라우제비츠의 수수께끼는 정치적 목적의 이성적 설정으로 귀속될 때만이 해결될 수 있을 것이다. 천평칭(beam balance)의 구조로 비유하자면, 단기결전과 장기지구전이라는 전쟁방식은 정치적 목적이-아롱적으로는 "정치적인 것(the political)"을 기반으로 한-분동으로서 작용하는 저울대 양측에 위치한 저울판이라고 비유할 수 있겠다. 저울대는 인간의 이성-또는 역으로 원초적 열정-이 된다. 저울대의 부재는 저울대 역할 자체를 의미 없게 만든다. 왜 클라우제비츠에게 정신력이, 아롱에게 사상이 중요했었는지 생각해보자. 이러한 관계 속에서 국가는 수단으로서 단기전을 수행할 것인가 아니면 장기전을 수행해야 할 것인가를 결정하여 수행하게 된다고 이해할 수 있다.

역사의 개연성의 존재를 볼 때도 실제 역사의 현장에서 이러한 관계가 작용함을 발견할 수 있다. 부시(Georgy W. Bush)의 테러와의 전쟁은 클라우제비츠의 단기전과 장기전의 관계를 보여주는 대표적인 사례라고 할 수 있다. 이유는 부시의 테러와의 전쟁에 대한 연설은 모호한 정치적 목적 속에서 이성과 열정 간의 혼란스러운 대립을 보였기 때문이다.[32] 부시는 두 가

원인보다는 지식과 지적활동의 발달에 원인이 있다는 것이다. 이 점은 클라우제비츠 사망 이후 나온 이 저서가 클라우제비츠의 영향을 받았을 수 있다는 생각을 하게 된다.

32) 부시는 이 연설에서 알카에다의 목적은 돈을 버는 것이 아니라 세계를 그들의 급진적 신앙을 갖도록 만들어 변화시키는 것으로 보면서 테러와의 전쟁은 알카에다와 시작할 것이고 이 전쟁은 세계의 모든 테러활동이 멈추고 그들이 패배할 때까지 지속될 것이라고 했다. 美 국민들은 한 번의 전투가 아니라 테러리스트들이 피할 곳이 없을 때까지 장기적 작전을 준비해야 할 것이라고 했고 대외적으로는 테러행위를 수용하거나 지원하는 국가는 어떤 국가라 할지라도 미국의 적대 국가로 간주한다고 했다. John W. Dietrch(eds.), *The George W. Bush Foreign Policy Reader: Presidential Speeches with Commentary*(Armonk, NY:

지 대립되는 전쟁형태를 동시에 추구했다. 선제타격을 적용한 확고한 의지는 마치 한방에 적을 보내버리겠다는 단기결전의 각오를 보인 것이었고, 테러리스트를 끝까지 추적하겠다는 확고한 의지는 장기전을 적용한 것이었다. 어떻게 보면 부시는 절대적인 전쟁 목표, 다시 말해서 테러리스트들을 완전히 제거할 때까지 전쟁을 수행하겠다는 목표를 설정했다고도 할 수 있다. 확고한 정치적 목적이 저울대로 서지 않는 한 저울판은 의미가 없어진다. 아롱적으로 보자면 정치적 목적은 "정치적인 것"을 기반으로 해야 한다. 부시는 이러한 기반이 없었던 것으로 생각된다. 이러한 면을 잘 이해하는 것이 양개 전쟁방식의 관계를 이해하는 열쇠일지 모른다.

2. 마찰의 작용과 공방의 변증법

전쟁에서 마찰이 작용하여 이것을 완화하는 것은 클라우제비츠가 볼 때 오직 한 가지 전쟁습관이었다. 그리고 이러한 전쟁습관은 신중한 것이어야 했다.[33] 어떻게 보면 이것은 손자의 병문졸속과는 대립되는 개념이다. 왜 이러한 개념의 차이가 있는 것인지 생각해보자. 아마도 손자 시대는 중국에서 거대한 세력들이 전면적인 전쟁을 한 시기가 아니었다는 것에 있을 것 같다. "제후국들의 난투극" 속에서 19세기와 20세기의 이데올로기에 의한 그리고 패권적인 총력전적 전쟁을 수행한 것이 아니었다. 고대 중국 왕조간의 제한된 목적의 전쟁 시대에서는 신속한 전쟁 종결을 필요로 했고 싸우

M.E. Sharpe, 2005), pp. 51-53.

33) 이와 관련하여 클라우제비츠는 제1편 제8장 결론부분에서 다음과 같이 언급하고 있다. "그러면 마찰을 완화시키는 윤활유는 없는 것일까? 오직 한 가지가 있다. 그것은 군의 전쟁 습관이다… 전쟁습관은 기병과 보병으로부터 사단장에 이르기까지 고귀한 신중성을 부여해주며 최고사령관의 행동을 용이하게 해준다." Carl von Clausewitz, *Vom Kriege*(1991, 1992), p. 105.

지 않고 이겨야 했을지 모른다.[34]

여기서 중요한 것은 춘추시대의 시기는 단 1회만의 전쟁으로 중국이 재편되고 모든 것을 끝낼 수 있는 시대가 아니었다는 점이다. 국제적인 힘의 균형이 재편되는 국제사회 속에 국가들이 존재하는 한 전쟁은 단 1회만의 회전으로 끝날 수 없고 그래서 장기전을 준비하는 것은 역사적 패턴인 것이다. 장기전 속에서는 단기전의 신중함을 능가하는 보다 높은 수준의 신중함이 당연히 필요할 것이다. 이렇게 될 때, 정치적 목적은 클라우제비츠가 강조했듯이 더욱 전면에 부상하게 되고, 정치적 협상을 이끌게 되면 불완전하지만 새로운 평화 시기를 만들고자 노력하게 될 것이었다.

물론, 클라우제비츠도 승리의 신속한 결정이 중요하지 않다고 보지 않았다. 문제는 전투의 지속시간이 가져오는 효과에 있는 것이었다. 이것이 사실상 클라우제비츠의 수수께끼를 풀 두 번째 문제라고 할 수 있다. 클라우제비츠는 제4편 '전투', 제6장 '전투의 지속시간' 부분에서 전투의 지속시간이 전쟁의 성공에 영향을 미친다고 보았다. 만일 신속히 승리하면 좋지만 그렇지 않다면 방어하는 측이 유리하다고 보았다.[35]

아롱은 성공의 불가능성 증대와 적과의 전투비용을 고려하면서 이러한 문제를 공격과 방어의 관계에서 다루었는데, 이러한 아롱의 분석은 클라우

34) 당시 춘추시대에는 130개가 넘는 국가들이 존재했고, 약 4-500회의 크고 작은 전쟁이 있었다. 강성학, 『전쟁신과 군사전략: 군사전략의 이론과 실천에 관한 논문 선집』(서울: 리북, 2012), p. 45 그리고 p. 59 참조.

35) 클라우제비츠는 이와 관련하여 다음과 같이 언급했다. "전투의 지속시간은 거의 부차적인 제2의 성공으로 간주될 수 있다… 승리의 규모는 승패가 신속히 결정될수록 커지며 패배로 인한 손실은 승패결정이 지연될수록 많이 보상된다. 이것은 원칙적으로 정당하며 전투의 목적이 상대적 방어인 경우에 더욱 중요할 것이다." Carl von Clausewitz, *Vom Kriege*(1991, 1992), p. 200 인용.

제비츠의 생각과 다른 것이 아니었다.[36] 여기에서 부시 전쟁계획의 모순을 또다시 발견할 수 있다.

마찰과 관련하여 우리는 시간의 문제를 논하지 않을 수 없다. 아롱에게 있어서 사실상 방어라는 것은 시간을 끄는 것으로 이해되어야 하며 이러한 문제를 게릴라 전쟁 형태와 연관시키려 한 것으로 보인다. 다시 언급하겠지만, 이 문제는 공격의 한계정점문제와 직접적으로 연관된다. 만일 공격자가 자신이 원하는 시간 내에 원하는 성공을 달성하지 못한다면, 그리고 방어자에 의해 심각한 손실을 보게 된다면 공격자는 일반적으로 협상을 추구하게 될 것이다. 바로 이것은 정치적 목적을 전면에 등장시키는 모습이 된다.

이와 관련된 역사적 사례는 무수히 많으며, 우리 나라의 임진왜란 전쟁사도 한 예이다. 당시 일본의 공격력은 효과적인 이순신의 해상방어로 인해서 심각한 손상을 입었고 그 결과 침략 1년 만에 강화협상을 시도했다.[37]

---

36) 아롱이 본 시각은 적보다 오래 견디기 위해서 이를 목적 달성과 함께 실행해야 한다는 것이었다. 그 목적은 가능한 한 제한된 것이었다. 아롱은 근본적으로 "낙관적인 의도가 없는 전투"를 강조했다. 이러한 소극성(negativity)은 단지 순수한 인내를 이끌 수 있는 것이어야 했다. 누구든지 적을 소모시키고자 의도하는 자는, 소위 보다 오래 견디면서 적을 격퇴시키고자 하는 자는 반드시 위험을 제한해야 한다고 했다. Raymond Aron, *Clausewitz: Philosopher of War*(1983), pp. 144-145.

37) 1592년 4월 전쟁이 발발하고 이어 겪게 되는 피해와 군수보급지원의 차단은 일본군에게 상당한 물리적, 심리적 피해를 입혔다. 당시 일본의 기록에 의하면 다이묘들이 굶주림으로 얼굴이 검어졌을 정도였고, 고니시 유키나가는 침략 1년 만에 전쟁 목적을 강화하려는 노선으로 달리했으며 이 노력은 처절할 정도였다. 일본의 협상과정 등에 대해서는 김시덕, "선조 vs 도요토미 히데요시 3," 『조선비즈』(2015. 6. 5) 참조.

1차 대전의 현상은 말할 것도 없다.[38] 2차 대전 당시 히틀러의 러시아 전선에서의 성공 좌절은 히틀러에게 병적일 정도로 협상을 갈구하게 만들었다. 구데리안 장군이 그의 측근에서 바라본 히틀러의 모습은 이루 말할 수 없는 처절함을 보였다.[39] 러시아의 성공적인 방어는 실제로 정치적 목적의 변화를 가져왔다. 정치적 목적 변화는 전쟁 방식을 좌우한다.

나폴레옹 전쟁도 같은 부류의 사례다. 물론, 나폴레옹 전쟁에 대해서 클라우제비츠는 절대전 수준으로 표현하기도 했다. 전쟁을 장기화하면서 적에게 손실을 강요함으로써 정치적 목적을 등장시키는 것은 사실상 현실전쟁이기 때문에 절대전 수준이라면 여기서의 사례로서는 적합하지 않다는 생각을 가질 수도 있다. 혼란스럽게도 클라우제비츠는 완성된 제1편 제1장에서는 절대전은 이상적인 전쟁이었고 제한전이 현실전쟁이라고 결론지었지만, 제8편 제2장에서는 나폴레옹 전쟁을 "절대전 수준"이라고 묘사했다.[40]

이와 관련하여 클라우제비츠가 죽음을 앞둔 시점에서야 유명한 정치적

---

38) 이에 대해서는 Michael Howard, *The First World War*(Oxford; New York: Oxford University Press, 2003): 최파일 역, 『1차 세계대전』(파주: 교유서가, 2015) 참조. 특히, pp. 166-171을 볼 것. 독일 제국의회가 강제적인 영토획득 등이 아닌 상호 이해를 바탕으로 한 평화를 요구하는 강화결의안을 1917년 7월 19일 통과시킨 예는 너무나 대표적인 역사적 사례이다.

39) 이에 대해서는 Heinz Guderian, *Panzer Leader*(New York: Dutton, 1950): 민평식 역, 『기계화부대장』(서울: 한원, 1990) 참조. 히틀러의 측근에 있으면서 히틀러의 처절할 정도의 유리한 협상 조건을 얻으려는 심리적 불안에 대해 잘 기술한 저서이다.

40) 클라우제비츠는 다음과 같이 기술하고 있다. "프랑스 혁명의 짧은 서막이 끝난 후 보나파르트는 전쟁을 신속하고 무자비하게 절대적 전쟁의 수준으로 끌어올려 놓았다. 그는 적이 굴복할 때까지 쉴 새 없이 전쟁을 수행했다."라고 언급한 바 있다. Carl von Clausewitz, *Vom Kriege*(1991, 1992), pp. 369-370.

명제를 전쟁론에 추가시켰다는 점을 이해할 필요가 있다. 전쟁론의 수정을 클라우제비츠가 마무리하지 못한 것을 생각해 보자. 최초 클라우제비츠는 나폴레옹 전쟁을 절대전의 완성 단계로 끌어올렸지만, 1827년 이후 집필한 제7편과 제8편 그리고 수정한 제1편에서 절대전쟁의 생각을 벗어나 나폴레옹 전쟁에 참여한 두 진영을 관찰하면서 여러 가지 형태의 제한전쟁으로 서술을 확대했다는 점은[41] 그의 생각을 이해하는 데 중요한 참고사항이 된다.

전쟁을 현실적으로 제한하는 것은 마찰 자체가 본래적으로 작용하는 것을 넘어서 인위적으로도 작용된다고 보아야 할 것이다. 클라우제비츠에게 있어서 마찰은 첫째, 위험에 따른 공포로 인해 신념을 잃고 판단을 잘못하는 것. 둘째, 의지의 문제. 셋째, 다수의 행동이 일치될 수 없다는 점. 넷째, 우연으로 종합될 수 있다.[42] 특히, 클라우제비츠는 "엄청난 마찰은 역학에서처럼 몇몇 지점에만 국한되지 않는다."고[43] 함으로써 마찰은 역학과는 다르다는 점을 느끼게 한다. 하지만 역학과는 완전히 무관하다고 볼 수는 없다. 그가 전쟁의 능률을 언급했고 의지의 한계를 지적했기 때문이다.[44]

---

41) 베아트리체 호이저는 클라우제비츠의 절대전과 현실전 또는 제한전에 대해 모두 부정해서는 안 된다고 주장한다. 인간사회의 법칙을 깨는 것과 혼란 및 살육을 제한하는 것 사이의 대립은 존재한다는 의미라고 하겠다. 이에 대해서는 Beatrice Heuser, *Reading Clausewitz*(London: Pimlico, 2002): 윤시원 역, 『클라우제비츠의 전쟁론 읽기: 현대 전략사상을 만든 고전의 역사』(서울: 일조각, 2016), pp. 104-108 참조. 이 부분은 사실상 아롱이 이미 분석한 내용으로 보인다. 이에 대해서는 Raymond Aron, *Clausewitz: Philosopher of War*(1983), p. 146.

42) Carl von Clausewitz, *Vom Kriege*(1991, 1992), pp. 100-103.

43) Carl von Clausewitz, *Vom Kriege*(1991, 1992), p. 103 인용.

44) 클라우제비츠는 전쟁 능률과 의지의 한계와 관련하여 다음과 같이 언급했다. "전쟁에서도 계획단계에서는 결코 정확히 고려될 수 없는 무수한 작은 상황들의 영향으로 말미암아 모든 것의 능률이 저하되고 결국 목표에 훨씬 못 미쳐 좌절하게 된다. 강철 같은 의지는 이러한 마찰을 극복하고 각종 장애물도 분쇄하지

클라우제비츠의 정신력과 아롱의 사상과 관련하여 의지의 문제는 중요하다. 의지의 문제는 또한 변증법적 접근에서도 매우 중요하다. 그러므로 역학적 관계로 완전히 해석할 수 없지만 의지의 대결은 결국 힘의 사용을 통해서 구현되는 것이므로 힘의 관계를 완전히 논외로 다루는 것도 합리적이지 못할 것이다. 예를 들어, 베트남에서 미국은 지속적인 물리적 저항을 받았다. 그리고 지나친 의지는 미국의 혼란만을 가중시켰다고 할 수 있다. 로버트 디바인(Robert A. Divine)에 의하면 해링(George C, Herring)의 월남전 패인 분석은 특히 하노이에서의 결정, 전쟁에 대한 국제적 상관관계, 그리고 미국의 두 명의 주요 리더에 의한 분쟁의 에스컬레이션화와 장기화에 두고 있음을 주목하고 있다.[45] 이 사례를 볼 때, 전쟁은 마찰로 인해서 장기화될 수 있으며 의지가 꼭 마찰을 극복하는 것은 아니라는 교훈을 제공한다고 할 수 있다.

클라우제비츠의 논문에서 언급하지 않았지만, 상식적인 선에서 공격으로 시작하는 전쟁과 방어에서 공격으로 전환하는 전쟁을 수행하는 측의 관계는 시간적인 문제가 따른다. 공격만으로 전쟁을 종결하려는 측보다는 방어에서 공격으로 전환하려는 측의 전쟁기간은 더욱 길게 고려되어야 한다. 공격이 1이라는 기간으로 결정적 승리를 계획했다면, 방어는 1이라는 기간 동안 견디어 낸 후에 다시 어떤 기간 동안 공격한 측에 대해 역공격하여 격퇴하거나 또는 스스로 물러나게 해야 하므로 최초부터 장기간의 전쟁을 계획해야 할 것이다. 그러므로 방어에 의해 전쟁이 결정된다면 전쟁 계획은

만 다른 한편으로는 이러한 의지가 자신의 군사조직을 붕괴시킬 위험도 상존한다." *ibid*, p. 102 인용.

45) 해링은 월남전을 미국이 치른 매우 긴 전쟁으로 묘사하고 있다. George C. Herring, *America's Longest War: The United States and Vietnam, 1950-1975*(Boston: McGraw-Hill, 2002) 참조. 특히 Robert A. Divine의 Forward를 볼 것.

길게 잡는 것이 논리적일 것이다. 역으로 공격하는 측도 공격에 실패하는 경우를 반드시 고려해야 한다. 이것은 하나의 우발계획이 될 것이다.[46] 그러므로 전쟁의 기본 전제조건은 장기화를 무시해서는 안 된다는 것으로 귀결된다. 더욱이 클라우제비츠가 주장했듯이 공격의 한계정점(culmination point)[47]은 이를 더욱 뒷받침해 주는 이론이다.

위의 내용과 연계했을 때, 아롱에게 있어서 방어는 격퇴하는 것(abwehren)과 기다리는 것(abwarten)으로[48] 구분할 수 있는 것이다. 클라우제비츠는 더욱 일반적인 의미로 기다리는 것을 방어라고 했지만, 실제로 클라우제비츠는 기다리는 것과 격퇴하는 것을 구분하여 사용하지 않았다. 아롱의 분석에 의하면 클라우제비츠의 방어는 기다리고, 계속 유지하면서 견디어 내는 것이었다. 첫 번째의 의미는 개념(Begriff), 두 번째의 의미는 특성(Merkmal), 세 번째의 의미는 목표였다.[49] 따라서 기다리는 것, 견디어 내는 것은 아롱에게 있어서 더욱 포괄적이고 올바른 의미였다면, 공격의 한계정

---

46) 1차 대전 당시 쉴리펜 계획을 근간으로 한 독일의 공격계획은 사실상 우발계획이 존재하지 않았음을 보여준다. 여기에는 정치적 이유도 존재했다. 독일은 당시 장기전을 주장하는 것에 대해서 받아들일 수 없는 입장이었다. 왜냐하면 장기전을 치르는 것은 독일의 군사독재체제 약화 가능성을 낳을 수 있기 때문이었다. 또한 장기전에 대비하기 위해서는 사회에 대한 투자를 우선해야 되는데 이것은 독일군의 전투력을 당장 약화시킬 수 있는 우려를 가져왔기 때문이다. 도응조, 『기계화전』(서울: 연경, 2002), p. 71.

47) 클라우제비츠는 제7편 '공격', 제5장 '공격의 한계정점'에서 "대다수의 전략적 공격은 잔여 전투력이 방어할 수 있고 평화를 기다릴 수 있는 점까지만 이루어진다. 이 점을 넘어서면 상황이 반전되면서 방자의 반격이 시작된다. 이 반격력은 일반적으로 공자의 타격력보다 훨씬 강하다. 이 점을 공격의 한계정점이라고 부른다."라고 주장했다. Carl von Clausewitz, *Vom Kriege*(1991, 1992), p. 343.

48) 스스로 지쳐서 물러나게 하는 것으로 이해해 보자.

49) Raymond Aron, *Clausewitz: Philosopher of War*(1983), pp. 146-147 참조.

점까지 방어를 하는 측이 기다리고 견디는 것은 당연히 장기적인 시간 소요와 연관되는 것이며, 더욱이 국민무장을 통한 총력적인 전쟁을 전개할 때는 그 의미가 더욱 확연해진다고 하겠다.[50] 따라서 본질적으로 단기결전만을 고집하는 것은 클라우제비츠의 변증법적 시각, 아롱의 역사사회적 시각을 벗어나는 것이다. 의지(意志) 간의 대결과 너무 많은 요소가 작용하는 개연성의 역사를 무시한 것으로 볼 수밖에 없겠다.

3. 정치적 목적에 의한 방어적 태세로의 회귀성

클라우제비츠가 본 방어가 유리하다는 이유는 간단히 정리된다. 공격하는 측은 적 지역으로 전진하면서 소모된다. 이유는 먼저 지형에 의한 마찰 요소들의 저항에 의해서다. 이러한 방어 전구는 국민에 의해 지원을 받는다. 공격 측이 기습과 전투력 집중을 통해 승리한다고 주장할 수 있지만, 기습은 적의 심각한, 결정적인 그리고 유례없는 실수를 전제로 하는 것이다. 더욱이 방어할 때 방어 국가의 국민들에 의한 지원이 있다면 방어가 유리하지 않을 수 없을 것이다.[51] 방어하는 국민이 스스로 무장하여 각종 전투 저항을 지속하게 된다면, 공격하는 측이 격멸해야 하는 소규모 적은 상당

---

50) 왜냐하면 아롱의 언급에 의하면 클라우제비츠는 방어(defence)와 수세적(defensive)이라는 용어를 개념적으로 구분하지 않았기 때문이다. 방어는 공간, 지역 또는 전구에 따른 행동이고, 수세적이란 태세(position), 시간, 전쟁, 전역, 또는 전구를 의미하는 것이다. 그러므로 시간적 요소까지 총괄한다면 위에서 제시한 논점은 타당한 것이다. 아롱은 방어가 보다 강한 전쟁형태인 이유를 두 가지로 정리했다. 첫째 "소송과 마찬가지로 시간을 이용한다"는 것. 둘째 역사적 경험을 보더라도 그리고 이성적으로 판단해도 (방어는) "점차로 상대적 전투력이 뒤바뀌는 시점까지 도달하는 것에 의존하는 것"이기 때문이다. Raymond Aron, *Clausewitz: Philosopher of War*(1983), p. 147, 149–150 참조.

51) Raymond Aron, *Clausewitz: Philosopher of War*(1983), p. 152.

히 많아지게 될 것이고, 그러므로 공격하는 측은 전투력을 분산하여 작전할 수밖에 없고, 이것은 공격자 스스로가 의존하는 공격 속도와 기세를 늦추게 될 것이며, 작전의 기간은 연장될 것이다.

역사적 사례는 국가 간의 세력 균형의 틀 속에서 전쟁이 예상하지 못하는 수준으로까지 장기적으로 지속된다는 편향성(deviation)을 보여주는 경향이 있다는 것을 보여준다. 대표적인 사례는 비스마르크의 전쟁과 관련이 있다. 아롱은 비스마르크가 히틀러를 낳게 되었는가를 분석한 바 있다.[52] 비스마르크는 전쟁이 정치술에 의해 지도되어야 한다는 사상을 가지고 있었다. 대표적으로 몰트케와 파리를 포격하고 이후 점령할 것인가를 놓고 논쟁했을 때,[53] 그는 왕의 지원 하에 정치인으로서 우위를 달성했다. 이 전쟁이 남긴 의문 중 중요한 것은 알사스-로렌을 얻은 것이 증오의 씨앗을 남겼고 언젠가는 삶 속에서 폭발할 수 있다는[54] 것이었다.[55] 제1, 2차 세계대전은 이 연속선상에 놓이게 되었다는 의미이다.

---

52) 이와 관련하여 아롱은 비스마르크의 다음과 같은 말을 인용하고 있다. "정치술(statecraft)은 전쟁을 이용하여 그것의 목표를 달성하고 전쟁을 결정적으로 시작하고 끝내는 것을 만든다. 반면 전쟁의 목표를 확대시킬 정당성을 만들거나 역으로 그 대신 적대행위가 지속되면서 이것을 작게 만드는 정당성을 만든다… 군 지휘관의 과업은 적 부대를 격멸하는 것이다; 전쟁의 목표는 다툼을 통해서 평화를 국가 정책에 맞도록 얻어내는 것이다." Raymond Aron, *Clausewitz: Philosopher of War*(1983), p. 242 인용.

53) 비스마르크는 전쟁을 조기에 끝내기를 원했다. 반면 몰트케는 프랑스가 기아로 항복하도록 만들기를 원했다. 이에 대해서는 최영진, "보불전쟁 막판 파리시민들의 130일 항쟁," 『국방일보』(2015. 1. 27) 참조.

54) Raymond Aron, *Clausewitz: Philosopher of War*(1983), p. 244.

55) 아롱은 알사스-로렌의 의미를 정치에 있어서 사상과 관련하여 언급하고 있다. 그는 이것을 사회학적 수준에서 다룬다. Raymond Aron, *Peace & War*(2009), p. 74-76 참조.

아롱이 비스마르크를 비난하는 방법은 두 가지였다. 힘을 자기 마음대로 사용했던 독일 제국이 다음 세대가 '세계정치(world politics)'라고 불렀던 상황에 다시 개입될 것이라는 것. 두 번째는 세계정치의 파워 게임에서 비스마르크의 '절제(moderation)' 정책은 장기간에 걸쳐서는 성공할 수 없다는 것이었다.[56] 그의 이성이 왕의 열정에 굴복할 수 있는 것이었다. 비엔나체제는 비록 1세기 동안 유럽 사회를 지켰지만, 이것은 과도적 국제합의였고,[57] 민족주의의 원리와 국민 무장은 혁명적 다이나미즘으로 등장할 것으로 보았다. 그리하여 전면적인 전쟁이 없는 독일 통일과 이탈리아의 통일은 미라클이나 다름없었다.[58] 세계 정치적 구조 속에서 프랑스와의 단 한 번의 전쟁 승리로 모든 것이 종결될 것이라는 생각은 사실상 환상인 것이었다. 1차 그리고 2차 세계대전의 씨앗이 이미 뿌려진 것이나 다름없었다.

빨리 승리하기 위한 조급한 공격이 정교한 방어에 직면하면 쉽게 성공하기 어려웠다는 점을 부인할 수 없다. 1차 세계대전에서 포쉬의 공격 사

56) 아롱이 *War & Peace*에서 "생존하는 것이 곧 승리하는 것"으로 주장했던 점에 대해 스스로 의문을 가졌던 것(그는 회고록에서 이를 언급했다. 이창조(1988), p. 97.)은 이와 연계성을 가질 것으로 보인다.

57) 이 점에는 다소 논란이 있을 수 있다. 예를 들어 마이클 하워드의 역사관은 비엔나 체제를 중요시 여긴다. Michael Howard, *The Invention of Peace: reflections on war and international order*(New Haven: Yale University Press, 2000); 안두환 번역, 『평화의 발명: 전쟁과 국제 질서에 대한 성찰』(서울: 전통과 현대, 2002)를 참조. 오웬의 경우도 세 가지 역사의 대립기간을 제시한다. 첫째는 1520년에서 18세기 초로 캐톨릭과 프로테스탄트의 체제 싸움, 둘째는 절대왕조, 입헌군주, 공화제 간의 대립으로 1770년에서 19세기 후반부까지, 1910년에서 1980년대까지 자유민주주의 공화주의 및 전체주의 간의 대립이 그것이다. John M. Owen, *Clash of Ideas in World Politics: transnational networks, states, and regime change, 1510-2010*(Princeton, New Jersey: Princeton University Press, 2010) 참조.

58) Raymond Aron, *Clausewitz: Philosopher of War*(1983), p. 246 참조.

상과 쉴리펜의 공격 사상이 정면충돌했다. 공격만이 결정적 승리를 가져올 것으로 보았지만, 그렇지 않았다.[59] 아롱은 프랑스에 대해서는 포쉬를 비판한다. 포쉬는 공격만을 인정했고 클라우제비츠의 전략적 방어를 고려하지 않았다고 비판한다. 오히려 그는 안토니 그로우어드(Antonie Grouard)의 사상에 손을 들어준다.[60] 이와 관련하여 더글라스 폴크(Douglas Porch)는 아롱의 지적을 짧게 요약하고 있다. "만일 그들의 열정이 안토니 그로우어드 그리고 에밀 메이어(Emile Mayer) 같은 더욱 합리적인 사람들의 반대 소리를 삼켜버린다면, 클라우제비츠가 책임을 질 수 있을 것인가?" 결국, "방어의 우위성, 특히 약자에게 있어서 우위성, 적의 정신전력(moral forces)을 깎아내리는 소모 전략(a strategy of attrition)의 가치, 그리고 전쟁 수행에서 정치가 우선해야 한다는 것"은 빼놓을 수 없는 것이었다.[61]

공격으로 빠르게 승리하겠다는 생각은 군사를 정치의 위에 올려놓는 무모함을 낳는 경향을 보였다. "전쟁과 정치는 모두 국민의 생존에 봉사하는데, 그중에서도 전쟁은 민족생존의지의 최고의 표현"[62]이라고 주장했던 루덴돌프의 사례는 이를 입증하는 것이다. 국민의 생존에 봉사하기를 원했다면 루덴돌프는 방어를 택해야 했고, 정치적 목적을 추구하는 제한전쟁을 수행해야 했다. 아롱이 루덴돌프에 대해 자세히 다루지 않는 이유를 논할 필요도 없을 것이다.

---

59) Michael Howard, "Men against Fire: The Doctrine of the Offensive in 1914," Peter Paret,(eds.), *Makers of Modern Strategy: from Machiavelli to the nuclear age*(Princeton, N.J.: Princeton University Press, 1986) 참조.

60) Raymond Aron, *Clausewitz: Philosopher of War*(1983), p. 246-251 참조.

61) Douglas Porch, "Clausewitz and the French," Handel, Michael I.(eds.), *Clausewitz and Modern Strategy*(New Jersey: Frank Cass, 1989), p. 288.

62) 김광수, "제1차 세계대전과 루덴도르프의 총력전 사상," 온창일 등 『군사사상사』(서울: 황금알, 2006), p. 192 재인용.

독일의 경우에 쉴리펜과 루덴돌프(Erich Ludendorff)가 아닌 팔켄하인(Erich Von Falkenhayn) 군사력 운용과 델브뤼크(Hans Delbruck)의 사상을 생각할 필요가 있다.[63] 델브뤼크는 19세기 중반 소모전략(strategy of attrition)을 주장했던 사상가로 쉴리펜과 같은 결정적 전투를 주장한 사상가가 아니었다.[64] 그는 전략을 소모전략과 섬멸전략(strategy of annihilation)으로 나누었다. 쉴리펜은 단기 결전을 추구했던 반면, 델브뤼크는 소모전략에 큰 의미를 부여했다.[65] 아롱에게 있어서 팔켄하인은 더욱 클라우제비츠적인 사람이었다. 1916년 팔켄하인의 베르덩 공격을 보자. 이곳은 요새지로서 프랑스에게 심볼적 가치를 가지고 있었고 프랑스는 자신들의 모든 것을 쏟아부어 여기를 지켜야 했던 곳이었다.[66] 테일러(A. J. P. Taylor)는 베르덩 공격은

---

63) 아롱은 팔켄하인의 군사력 군용과 델브뤼크 사상에 손을 들어주었다고 할 수 있다. 세부 내용은 Raymond Aron, *Clausewitz: Philosopher of War*(1983), p. 252-264 참조.

64) 배스포드에 의하면 델브뤼크가 미국에 소개된 것은 2차 대전 이후 1943년 에드워드 미드 얼(Edward Mead Earle)이 편찬한 *Makers of Modern Strategy*의 크레이그(Gordon A. Craig)의 중요한 에세이를 통해서였다. 사실상 델브뤼크는 클라우제비츠를 해석한 매우 혁신적 역사학자이다. 그는 전략을 Niederwerfungsstrategie(the "strategy of annihilation") 그리고 Ermattungsstrategie(the "strategy of exhaustion or attrition")로 구분했다. 섬멸전략가들은 거의 예외 없이 전투에 의존하는 반면 소모전략가들은 기동과 전투라는 양극 간에서 팽팽하게 유지하고 있다고 보았다. Christopher Bassford, "Chapter 19. New German Influences: Delbrück and the German Expatriates," *The Reception of Clausewitz in Britain and America*(Oxford: Oxford University Press, 1994). https://www.clausewitz.com/readings/Bassford/CIE/Chapter19.htm#Delbruck(검색일: 2017. 1. 27.)

65) Carter Malkasian, *A History of Modern Wars of Attrition*(Westpoint. Conn: Preager, 2002), pp. 24-25 참조.

66) 폴리는 팔켄하인의 베트먼 홀베그와의 대화를 통해 그가 협상에 의한 평화를 추구했음을 보여주고 있다. 이에 대해서는 Robert T. Foley, *German Strategy*

(군사)전략이 아니었고 소모시키기 위한 정치(a policy of attrition)라고 언급하기도 했다.[67] 이러한 노력은 델브뤼크가 언급한 강요된 평화가 아닌 협상되어진 평화를 가져올 수 있는 것이었다. 소모를 기초로 한 방어적 전략의 보다 큰 의미를 부각시킨 것이다. 결국, 군사를 앞세운 1차 대전은 역사상 엄청난 참화로 기록되었다.

여기서 왜 아롱이 2차 대전에서의 독일의 전격전을 전혀 논하지 않았을까를 생각해볼 필요가 있다. 독일은 전격전을 통해 단 6주 만에 프랑스와 강요된 조약을 체결했다. 섬멸전략의 부활이나 다름이 없었다.[68] 상식적으로 우리는 아롱이 이에 대해 언급하지 않는 것은 클라우제비츠를 분석하는데 초점을 맞추었기 때문이라고 주장할 수 있겠다. 하지만 아롱도 마치 클라우제비츠가 남겼던 것과 같이 수수께끼를 남겼다고 생각할 수 있다. 다시 말해서 두 사람의 주장을 통해 함의적(含意的)으로 수수께끼를 남긴 것 같다는 생각을 지울 수 없다. 첫 번째, 아롱은 보불전쟁 이후 'La France Nouvelle 誌'의 저널리스트 말을 제시한다. "또 다른 전쟁이 있을 것이고, 그 전쟁에서 프랑스는 패배할 수도 있을 것이다. 그리고 새로운 등장 세력에 대해 다시 새로운 동맹이 형성될 것이다. 동맹에는 영국, 미국, 러시아를 포함하게 될 것이다."[69] 두 번째는 안토니 그로우어드(Antonie Grouard)의 주장으로 제시했다고 본다. "전쟁은 반드시 정치적으로, 군사적으로 모두

---

and the Path to Verdun: Erich Von Falkenhayn and the development of attrition, 1870–1916(Cambridge: Cambridge University Press, 2005), p. 107 참조.

67) A. J. P. Taylor, *The First World War: An Illustrated History*(London: Penguin Books, 1966), p. 121.

68) 2차 대전 당시 독일은 아르덴느 지역으로 주력이 지향하여 기습을 달성하여 전격전의 신화를 만들었다. 이것은 섬멸전략의 표본이었다. 도응조(2002), pp. 151–155.

69) Raymond Aron, *Clausewitz: Philosopher of War*(1983), p. 246 인용.

방어적이어야 한다. 왜냐하면 정치적으로는 이렇게 해야만 프랑스는 동맹들의 개입에 의존할 수 있기 때문이다. 군사적으로는 동원된 군대는 마치 벽돌이 마주 대하듯이 서로를 명백히 맞대고 있으며, 원래부터 국경을 가진 국가는 프랑스를 방어적으로 만들게 될 것이다. 이것은 방어적 전쟁 즉 저항이 수동적인 것을 따르는 것을 의미하지 않는다. 반대로 이것은 능동적으로 적극적(active) 이어야 한다… 그래서 거대한 전진이 국경을 넘어서는 안 된다. 아르덴느(Ardennes) 그리고 보주(Vosges) 산지에 대한 돌파는 현명하지 못한 것이 될 것이다. 즉각적인 프랑스 부대의 집중은 고려되어서는 안 된다."[70] 생각해보자. 2차 대전시 독일은 대불전역에서 아르덴느를 통과했다. 프랑스와의 휴전협정은 전쟁의 종말이 아니었다. 독일의 초기 승리는 2차 대전이라는 장기전을 이끌었다. 2차 대전의 종결은 많은 전쟁의 씨앗을 낳았다. 공격행위가 존재하는 한 전쟁은 끝나지 않는다. 이것은 역사적 패턴이다.

방어는 자유주의 입장에 보다 적합한 것으로 보인다. 방어란 어떤 태세인지 생각해보자. 비교적 평화적인 태세일 것이다. 그렇다면 공격은 비교적 침략적인 태세라고 말할 수 있다. 공격 없이 전쟁이 일어날 수 없을 것이다. 클라우제비츠의 수수께끼는 명확하다. 폭력적이고 적을 격멸하는 것은 당연히 공세적이고 전쟁의 본질이다. 그들은 가급적 손실을 최소화하기 위해서 단기결전(decisive battle)을 추구해야 한다. 공격행위 없이 전쟁이 성립될 수 없다. 침략은 곧 전쟁으로 이어지는 것이다. 그렇다면 침략받은 측에서 전쟁은 당연히 방어적으로 수행하되, 클라우제비츠의 입장에 의하면, 그것은 공세로 이어지는 적극적인 방어이어야 한다. 단기결전이 불가능하다면 장기적인 전쟁이 불가피하고 그렇게 될 때 공격자와 자신 정부와 국민 모두에게 정치적 목적을 전면에 대두시킬 필요성을 인식시키게 될 것이다.

---

70) Raymond Aron, *Clausewitz: Philosopher of War*(1983), p. 251 인용.

전략적으로 침략적인 태세를 방관할 앵글로색슨은 없을 것이다. 이것은 수 세기를 좌우해왔던 유럽에서의 앵글로색슨의 전략이었고 리델 하트(Liddell Hart)에게는 제한된 개입(Limited Liability) 사상이었다.[71] 아울러 전략적인 이점을 고려한다면 안토니 그로우어드(Antonie Grouard)의 주장처럼 적극적인 방어를 해야 한다. 이러한 사상은 드골(De Gaulle)의 기동방어(Mobile Defense) 사상과 맥을 같이 하는 것이다.[72] 상식적으로 정치 및 군사 전략적으로 방어적 또는 수세적 태세가 우월한 위치를 점한다고 말하지 않을 수 없을 것이다.

지금까지의 논의를 종합해보았을 때, 우리는 공격 대 방어의 변증법에서 한 단계 더 앞으로 나아가야 할 필요를 인정해야 한다. 그것은 단기결전 대 장기전의 변증법이라는 클라우제비츠가 남긴 수수께끼인 것이다. 궁극적으로 이것은 싸우는 의지 간의 변증법과 관계된다는 것에 변함이 없다. 이유는 폭력과 이성 간의 변증법이 존재한다는 것에 있을 것이다.[73]

---

71) 프리드먼은 리델 하트가 전략에 대해서는 간접접근을, 그리고 영국의 특별한 정책으로서는 제한된 개입을 주장했다고 한다. '제한된 개입'은 리델 하트가 영국이 장기적으로 추진해야 할 국가적 접근법을 제시한 것이었다. 리델하트는 이러한 주장을 '영국의 전쟁방식'에서 제시한다. Lawrence Freedman, "Alliance and the British Way in Warfare," *Review of International Studies*, Vol. 21, No. 2(April 1995), p. 145.

72) 이에 대해서는 Brian Bond and Martin Alexander, "Liddell Hart and De Gaulle: The Doctrines do Limited Liability and Mobile Defense," Peter Paret,(eds.), *Makers of Modern Strategy: from Machiavelli to the nuclear age*(Princeton, N.J.: Princeton University Press, 1986) 참조.

73) 하워드는 다음과 같이 언급하면서 전쟁의 장기화를 암시하고 있다. "모든 전쟁의 핵심적인 모순, 즉 폭력 요인과 이성요인 간의 변증법적 관계를 강조하고 있다고 말할 수 있다. 즉 산소 아세칠렌 화염에 대한 정확한 조작이 그 열을 줄이지 못하는 것과 같이 합리적 통제를 위한 정치적 필요성은 본질적인 수단을 갖고 있는 폭력성을 제거하지 못한다는 것이다." Michael Howard, *War in*

만일 전쟁이 내가 원하는 대로 단기간에 결정된다면 본질적인 폭력성을 제거할 방법이 없을지도 모른다. 하지만 장기화된다면 정치적 목적을 전면에 부상시킬 수밖에 없을 것으로 보인다. 이것은 참혹할 정도로 피할 수 없는 것이 될 수 있다. 극단적으로 표현했을 때, 칭기즈칸 사후, 도요토미 히데요시 사후에 정치적 상황은 변화되었다. 아롱이 생각했듯이 인간이 피할 수 없는 죽음조차 정치적 목적의 변화를 피할 수 없다면,[74] 민주주의 국가에서 정치적 변화는 당연히 자주 발생할 수 있는 것이라고 보아야 한다. 아이젠하워의 한국전쟁 종결 의지는 사실상 최고의 정치적 이슈였다고 해도 과언이 아니었다는 사례가 그 의미를 부각시킬 것으로 보인다.[75]

지금까지의 분석에 반대하는 입장은 아마도 단기결전에 대한 손자의 강조, 4차에 걸친 아랍-이스라엘 전쟁에서 이스라엘이 남긴 신화 등을 들 것이다. 더욱이 기동전을 추구했던 그들에게 단기결전은 손자의 사상에 대한 연구를 부추기는 결과가 되었을 것이다.[76] 단기결전을 수행하기 위해서는, 클라우제비츠를 고려했을 때, 중심(center of gravity)에 대한 직접적인 타격을

European History(New York: Oxford University Press, 2009): 안두환 역, 『유럽사 속의 전쟁』(파주: 글항아리, 2015), p. 102 참조.

74) 이에 대한 아롱의 생각은 프레데릭 2세의 전략에서 이해할 수 있다. 이에 대해서는 Raymond Aron, *Peace & War*(2009), p. 30 참조.

75) 이에 대해서는 도응조, "미국의 대한반도 정책: 휴전협정 체결 전후를 중심으로,"(석사학위 논문, 고려대 정책대학원 2001); Ohn Chang-Il, "The Joint of Staff And US Policy And Strategy Regarding Korea 1945-1953,"(University of Kansas Dissertation, 1982) 등 참조.

76) 크레몬과 산타마리아는 손자가 최초로 기동전을 주장했다고 언급하고 있다. Eric K. Clemons and Jason A. Santamaria, "Maneuver Warfare: Can Modern Military Strategy Lead You to Victory?," *Harvard Business Review*(April 2002). 또한 Elinor C. Sloan, *Modern Military Strategy: an introduction*(New York: Routledge, 2012), pp. 20-22를 볼 것.

필요로 했다. 하지만 중심(重心)이 물리적인 실체가 아니라면, 그리고 물리적 실체라 하더라도 국민의 저항정신이 계속 유지된다면, 클라우제비츠의 단기적 결전사상은 이에 의존하는 정치적 목적과 중심(center of gravity) 간에 안티노미로 부각될 수 있다는 의문을 자연스럽게 가져오게 된다.

제2절 정치적 목적과 중심(重心) 간의 안티노미

1. 역학적 중심과 공세의 관계

지금까지 단기결전보다는 장기적인 방어가 사실상 정치적 목적을 전면에 내세우는 데 보다 현실적이었다는 것이 하나의 역사적 패턴으로 보인다는 점을 설명하고자 했다. 그리고 이것은 클라우제비츠가 남긴 하나의 수수께끼라고 생각하면서 첫 번째 쟁점으로 다루었다. 하지만 여기서 생각의 틀을 완전히 뒤집어 볼 필요가 있을 것 같다. 예를 들어, 공격하는 측이 단기에 결정적인 전투를 통해 승리를 거두려면 어떻게 해야 할 것인가라는 점이다. 단기간에 전투에서 승리를 하고 나의 의지를 강요할 수 있다면 당연히 공격을 주저할 이유가 없을 것이다. 국제사회 속에 동맹체제가 존재한다고 하더라도 그 동맹의 중심(重心, center of gravity)을 찾아 무너뜨리면 될 것이다. 이러한 생각들은 검토할 가치를 갖는다.

단기결전을 추구하게 되면, 중심(重心) 문제는 사실상 방어보다는 공격과 더 밀접하다고 생각할 수 있다.[77] 중심은 상식적으로 생각했을 때도 공

77) 에체버리아는 이러한 목표달성을 추구하는 것은 야만적인 스타일의 소모전을 추구하는 덜 매력적인 상대로부터 기동전을 구분하는 것이라고 주장한다. 기동전은 기본적으로 공격적인 작전방식이라는 것을 함축하는 표현이라고 하겠

격으로 타격해야 할 핵심 대상으로 보이기 때문이다. 만일 방어 측이 중심을 효과적으로 타격한다면 클라우제비츠의 중심(重心) 사고를 생각했을 때, 공격 측은 곧바로 붕괴할 것이다. 그런데 클라우제비츠에게 있어서 방어는 기다리는 것에서 출발했다.[78] 그래서 방어하는 측이 적의 중심(重心)을 직접 타격할 때에는 가급적 타격에 성공하기에 적합한 정도의 적은 전투력만으로 하는 것이 타당할지도 모른다.[79] 중심(重心)이란 힘의 근원적인 것이고 말 그대로 중력(重力)으로 잡아당기는 뭔가 핵심적인 근원이다. 그렇다면 비록 방어 측이라고 하더라도 중심(重心)을 빨리 찾아 무력화하는 것이 중요하다. 그래서 수세적 방어가 아닌 적극적인 공격행동을 해야 한다. 이러한 모순은 당연히 정치적 목적과 중심 간의 안티노미를 형성할 수밖에 없을 것이다.

클라우제비츠의 중심에 대한 생각은 원래는 역학적인 것이었으므로, 사실상 클라우제비츠의 전쟁 본질에 대한 철학과는 모순되는 경향이 있다. 물론, 중심(center of gravity; Schwerpunkt)이라는 용어는 클라우제비츠의 책에서 대략 40회 정도 사용되고 있다. 하지만 항상 특정한 동일 의미로 사용되

다. Antulio J. Echevarria II, *Clausewitz's Center of Gravity: changing our warfighting doctrine—again!*(Carlisle Barracks, PA: SSI, September, 2002, p. 2.)

78) 본장 1절의 아롱의 방어에 대한 정의를 다룬 부분 참조.

79) 클라우제비츠는 이와 관련하여 집중과 분산의 관계로 설명한다. 그는 다음과 같이 언급했다. "한편으로 타격의 목표인 적 전투력이 우리 전투력의 최대한 집중을 강요한다면 다른 한편으로는 이러한 과도한 집중은 하나의 심각한 불리 점으로 간주되어야 한다. 왜냐하면 이러한 과도한 집중은 힘의 낭비를 초래하고 다른 장소에서 운용될 힘이 부족해지는 결과를 야기하기 때문이다… 이상의 고찰을 통해 전투력 분할의 일반적 원인을 파악하게 되었다. 근본적으로 두 가지 상반되는 이해관계가 존재한다. 그 하나는 영토의 점유로서 전투력의 분산을 요구하며 다른 하나는 적 전투력의 중심에 대한 타격으로서 전투력의 집중을 요구한다." Carl von Clausewitz, *Vom Kriege*(1991, 1992), pp. 320-321.

지는 않았다.[80] 특히, 전쟁론 제6편 제27장에서 자세히 다루고 있는데, 클라우제비츠 자신도 중심을 우선 공격과 연관 있다고 주장한다.[81] 그리고 그는 중심은 역학적인 특성을 가진다고 본다.[82] 따라서 그는 중심의 효과는 각 부분의 응집력에 의해 좌우되며, 결국 중심에서 결전을 해야 함을 강조한다.[83] 이러한 내용을 종합해보면 클라우제비츠가 최초에는 중심을 역학적 의미로 분석했다는 것이 타당한 것으로 보인다.

그는 가장 밀도 높게 무게가 집중되는 중심(重心)이라고 언급한다. 또한 그가 강조한 것은 중심들의 운동방향은 다른 장소의 전투력을 좌우한다

---

80) 클라우제비츠를 전문적으로 연구하고 있는 외국 홈페이지 The Clausewitz Homepage, "Clausewitz, On War, excerpts relating to term 'Center[s] of Gravity.'" 참조. https://www.clausewitz.com/opencourseware/Clausewitz-COGexcerpts.htm(검색일: 2017. 6. 6)

81) 이와 관련해서 클라우제비츠는 다음과 같이 언급했다. "한 승리의 영향범위는 당연히 승리의 크기에 비례하며… 이러한 이유로 대규모 적 전투력이 집중되어 있는 지역에 대해 공자의 타격이 가해지며 이 타격은 가장 광범위하고 유리한 영향을 미친다. 이 타격에 운용된 전투력의 규모가 클수록 그 성공은 더욱 확실해진다. 이러한 연관 사고를 통해 승리의 영향범위를 더욱 명확하게 유추할 수 있다. 이것이 역학에서 말하는 중심의 본질과 효과이다. Carl von Clausewitz, *Vom Kriege*(1991, 1992), p. 320.

82) 이것과 관련해서는 "항상 대부분의 무게가 가장 밀도 높게 집중되어 있는 곳으로 중심이 존재한다. 이 중심은 가장 효과적인 목표를 제공한다… 나아가 가장 강력한 타격은 힘의 중심에 의해 가해지는 타격이다. 중심을 유추하는 방법은 응집력이 있는 곳에만 적용될 수 있다. 따라서 전투력에는 일정한 중심들이 존재하며 이 중심들의 운동과 방향은 다른 장소의 전투력을 좌우한다."라고 언급했다. Carl von Clausewitz, *Vom Kriege*(1991, 1992), pp. 320-321.

83) 클라우제비츠는 "전쟁과 같은 무생물의 세계에서 중심의 효과는 각 부분의 응집력에 의해 결정되고 제한된다… 이러한 중심에서 결전이 추구되어야 한다. 이 지점에서의 승리는 의미상 본질적으로 전구방어의 궁극적 승리와 동일시된다."고 했다. Carl von Clausewitz, *Vom Kriege*(1991, 1992), p. 321.

는 것이었다. 이러한 의미에서 본다면, 중심을 "center of gravity"로 번역하지 않고 "center of mass"로 번역한 것도 틀린 것은 아니다. 역학적으로 볼 때, 중심(center of mass)의 이동은 당연히 다른 질량(mass), 즉 전투력을 좌우할 것이다.[84] 한 기동전 이론가 주장은 중심(重心)으로부터 기동부대가 멀어질수록 기동의 효과가 더욱 좋아진다는 것이었다. 그 이유는 기동전, 예를 들어 전격전의 핵심은 적의 중심(重心)을 직접 타격하는 것이 아니라 간접적인 접근을 통하여 심리적인 붕괴를 이끌어야 하기 때문이다.[85] 다시 말해서 기동전 이론을 기초로 할 때 클라우제비츠의 역학적인 사고는 제한점을 갖는 면이 있다. 기동전은 중심으로부터 멀어질 때 효과를 나타내기 때문이다. 꼭 중심을 타격한다고 조기에 승리를 쟁취할 수 있는 것이 아니라는 의미가 된다. 이것이 중심(重心)과 전쟁에서 공세적 개념이 갖는 첫 번째 모순이다.

정치적 목적과 연관시켰을 때 중심 개념은 혼란을 초래한다. 전격전은 신화적이었다. 이러한 신화는 이스라엘의 '6일 전쟁(Six Day War)'으로 부활되는 모습이었으며, 그래서 간접접근 전략을 주장했던 리델 하트는 장군을 가르친 대위로 알려질 정도로 그 유명세를 타게 되었다.[86]

---

84) 특히 하워드와 파렛의 번역에 의하면 클라우제비츠의 중심은 "모든 힘과 이동의 허브로서 모든 것이 이것에 의존한다… 항상 질량이 가장 밀도 있게 집중된 곳에서 발견된다. 이것은 타격하기 위해서 가장 효과적인 표적이다." Michael Howard and Peter Paret(eds.), Clausewitz, Carl von, *On War*(New Jersey: Princeton University Press, 1989), p. 485.

85) 리차드 심프킨(Richard E. Simpkin)이 이러한 주장을 하는 대표적인 이론가이다.

86) 이 부분에 대해서는 최근 이견이 등장하고 있다. 이스라엘의 주장에 대해서는 Tuvia Ben-Moshe, "Liddell Hart and the Israel Defence Forces - a reappraisal," *Journal of Contemporary History* Vol. 16, No. 2(April 1981), pp. 369-391. 리델 하트가 독일군 기갑부대에 영향을 미쳤다는 점에 대해서 반박하고 있는 자료가 있다. 대표적인 자료는 John J. Mearsheimer, *Liddell Hart*

리델 하트의 군사사상은 인간을 덜 죽이고 파괴를 덜 하며 보다 인간적으로 싸우기 위한 것이라고 극찬받기도 했다.[87] 하지만 마치 섬멸전략이 반드시 전투에 기우는 것이건 또는 소모전략이 기동과 전투 양극단 사이에 팽팽하게 존재하는 것이건, 다시 말해 기동전을 수행하건 소모전을 수행하건 클라우제비츠에게 중요했던 것은 정치적 목적에 부합도록 전투를 수행하느냐 여부였다고 할 수 있다. 이것이 중심 개념이 갖는 두 번째 모순이다.

중심은 수단으로서 존재하는 것이다. 따라서 중심의 타격보다 정치적 목적 달성이 우선되어야 한다. 클라우제비츠나 아롱이나 모두 정치적 목적이 우선해야 한다고 생각했다.[88] 그렇다면, 클라우제비츠의 주장과는 다르게 중심(重心)은 반드시 타격되어야 할 대상으로 보아서는 안 된다고 할 수 있다. 다시 말해서, 공격의 대상이 반드시 되어야 하는 것이 아니게 된다.

국가가 전쟁을 오래 수행한다는 것은 결코 쉬운 일도 아니고 원하는 일도 아닐 것이다. 강대국의 흥망은 사실상 지나친 군사비의 사용에 원인이 있었다고 해도 과언이 아니다.[89] 때문에 단기결전으로 승리하고자 하는 것

---

and the Weight of History(Ithaca: Cornell Universitoy Press, 1988): 주은식 역, 『리델하트 사상이 현대사에 미친 영향』(서울: 홍문당, 1998)이 있다.

87) Michael Howard, *Causes of Wars*(London: Counterpoint, 1983), pp.237-247. "Three People" 부분을 볼 것.

88) 아롱은 정치적 목적이 우선이라는 점을 매우 강조했다. 이에 대해서는 Raymond Aron, *Peace & War*(2009), pp. 21-24를 볼 것.

89) 케네디는 경제력과 군사력 간의 함수관계를 설명한다. 즉, 주변 국가들을 압도할만한 군사력을 유지하려면 충분한 경제력이 필요하고, 경제력을 유지하기 위해서는 또한 군사력이 필요하다는 것이다. 강대국의 지위는 영원불변한 것이 아니고 강대국들은 흥하기도 하고 망하기도 하는데 과도한 군사적 팽창은 이득에 비해 훨씬 더 큰 비용을 치르게 하는 경제적 모순을 유발한다고 주장한다. Paul Kennedy, *The Rise and Fall of the Great Powers: economic change and military conflict from 1500 to 2000*(London: Fontana, 1989): 한국경제신문 역,

은 군사이론가들의 소망이자 정치지도자들에게도 정말 매력적인 것이 될 것이다. 그러한 소망은 정치적 의미보다 군사적 의미를 더 앞에 세우기에 충분한 매력이었을지도 모른다.[90] 쉴리펜 계획이라는 단기 섬멸전략이 1차 대전 이후 그렇게 아쉬움으로 남았던 이유 역시 이와 관계된 것인지도 모른다. 심지어 이러한 아쉬움이 쉴리펜 계획이 사실상 존재하지 않았음에도 불구하고 존재했던 것처럼 포장했을 수 있다.[91] 그것은 군사적 단기결전으로 승리할 수 있었다는 것에 대한 강한 열망을 나타낸 것이라고 볼 수 있을 것이다.

일반적으로 기동전은 단기결전을 추구하고, 그러므로 국가에 유리하다는 생각 그리고 장기전은 국가에 해가 된다는 생각이 지배한다면, 사실상 공세적인 군사 지도자가 정치 지도자를 일방적으로 선도해야 할지도 모른다. 루덴돌프를 생각해보자. 그러나 일례로 중심(重心)을 찾기 힘든 게릴라전의 경우가 존재한다. 그들은 분산하므로 역학적 중심(重心)의 의미는 사실상 희미해지게 된다. 따라서 기동전 사상을 연구하면서 이러한 문제를 해결하기 위해 공격하는 측의 중심(重心)과 원거리에 분산될수록 분산된 게릴라들은 오히려 안전하고 위치에너지가 높아진다는 물리적 해석을 시도하기도 했다.[92] 오늘날 핵무기 사용도 단기결전을 꿈꾸기에 충분한 의미를 갖는다.

『강대국의 흥망』(서울: 한국경제신문사, 1997).

90) 양차대전 당시의 독일 군부를 생각하면 될 것이다.

91) 일반적으로 쉴리펜 계획은 존재했고 그것의 변경으로 인해서 독일이 1차 대전의 마르느 전역에서 실패를 가져왔다고 보고 있지만, 주버는 그와는 달리 쉴리펜 계획이라는 것은 애초부터 없었다고 주장한다. 그러한 자세한 계획을 사실상 발견할 수 없었다고 분석했다. Terence Zuber, *Inventing Schlieffen Plan: German war planning, 1871-1914*(Oxford: Oxford University Press, 2002) 참조.

92) 도응조(2002), p. 473.

아롱의 생각도 이와 같았다.[93] 하지만 핵무기 사용은 중심의 타격이 꼭 중요한 것이 아니다. 그러므로 아롱적으로 볼 때, 극단을 항상 피해야 한다.

일단 클라우제비츠는 역학적인 것을 먼저 언급했지만, 다음으로 언급한 내용의 의미 역시 매우 중요하다. 그것은 다음과 같다. "근본적으로 두 가지 상반되는 이해관계가 존재한다. 그 하나는 영토의 점유로서 전투력의 분산을 요구하며 다른 하나는 적 전투력의 중심에 대한 타격으로서 전투력의 집중을 요구한다."[94] 이 부분은 뒤에서 다시 다루어야 할 중요한 부분으로 특히 모택동이 이 문구를 실제로 매우 잘 적용했다고 보인다.[95]

그러므로 클라우제비츠의 역학적 중심(重心)은 정신적으로 해석되면 안 된다고 보아야 한다.[96] 역학적으로 보았을 때, 적 주력은 당연히 중심(重心)으로 보아야 하므로 적 주력, 즉 역학적 중심(重心)이 격멸된다면 나머지 적은 분산해서 영토 내에서 소규모 게릴라전으로 대항하는 모습이 일반적인

---

93) 아롱은 "모든 것을 결정할 수 있는 단일 교전 준비는 절대전쟁으로 이어진다고 클라우제비츠는 말했다. 20세기 현대무기는 이와 같은 정확한 상황을 만들 위험성을 갖는다."고 말한 바 있다. Raymond Aron, *Peace & War*(2009), p. 22, 각주 7을 볼 것.

94) Carl von Clausewitz, *Vom Kriege*(1991, 1992), p. 321 인용.

95) 1948년 9월 12일부터 1949년 1월 31일까지 중국공산군의 중국국민당 정부군에 대한 공세는 사실상 집중적인 전면적 공세였다고 할 수 있다. 다시 말해서 그는 최초에는 게릴라전을 전개했지만, 결정적인 순간에는 전면전으로 전환했다. 이건일, 『모택동 vs 장개석』(서울: 삼화, 2014), pp. 383-387 참조.

96) 헤인즈는 명확히 클라우제비츠의 중심은 뉴턴의 물리학에서 출발했다고 주장한다. 그러나 그는 양자역학으로 이를 발전시켜서 생각해야 한다고 주장한다. 즉, 이것은 질량과 질량의 관계가 아니라 이를 구성하는 분자들의 흐름으로 이해하고 그 속에서 이끌리는 구심력을 찾아야 한다고 본다. John Haines, "Strategy: Deos the Center of Gravity Have Value?," *War on the Rock*(July 15, 2014). https://warontherocks.com/2014/07/strategy-does-the -center-of gravity-have-value/(검색일: 2017. 6. 6)

모습으로 나타날 것이다. 따라서 중심(重心)은 주력과의 교전까지만 중요한 것이 된다. 적 주력이 없으면 중심(重心)이 없는 것이고, 또 역으로 집중하지 않으면 나의 중심(重心)을 노출시키지 않게 되는 것이다. 이 상태가 되면 정치적 의지를 구현하려는 측은 당연히 분산하여 작전하면서 상대를 소탕하고 최종적으로는 저항의지를 없애는 것으로 전쟁은 진행되어야 한다. 그렇게 되면 이것은 다시 "절대전 수준화(化)" 되는 경향을 보이게 된다. 이러한 안티노미는 결국 중심(重心)을 타격한다고 하더라도 전쟁이 끝난다는 생각을 포기해야 한다는 것을 의미하게 되며, 따라서 정치적 목적의 전면 대두가 다시 중요한 위치로 부상되게 만드는 현상을 이끈다.

2. 인간의지 그리고 정치적 목적의 개입

중심(重心)을 잘못 이해함으로써 중심(重心)과 단기결전을 연관시킨 것은 전쟁의 모습, 특히 인간의 의지를 간과한 것이라고 보아야 한다. 클라우제비츠가 인간의 정신을 중요시했고, 기하학적인 전쟁술에 반대했던 이유는 사실상 중심(重心) 타격이론과의 또 다른 안티노미를 형성하는 것이라고 보고 싶다. 따라서 한 전략 연구가는 클라우제비츠의 중심(重心)에 대해 부정적인 의견을 매우 강렬하게 보이는데 이것은 당연한 것일지 모른다. 그는 전역의 개시부터 무엇이 적의 중심(重心)인가를 묻는 것은 잘못된 질문이라고 간결하게 결론 내린다.[97] 인간의 대응 의지와 마찰을 무시했다는 말이다. 사실을 말하자면, 클라우제비츠가 중심(重心)을 설명한 부분은 완성된

---

97) John Haines(2014), 헤인즈는 로렌스 프리드먼의 미해대원(US Naval War College) 인터넷 강의 내용을 제시했다. 프리드먼은 이 강연에서 중심과 같은 다시 말해서 이것을 타격하면 적이 무너지는 것을 발견하기 어렵다고 하면서 위와 같이 모호함을 설명했다. Lawrence Freedman, *Classical Military Strategy: the 65th annual current strategy forum*(June 17, 2014) 참조. https://www.youtube.com/watch?v=wKRSKh888go(검색일: 2017. 5. 8).

부분이 아니었다. 그럼에도 여기에 집착하는 것은 아이러니다.

최근의 전쟁 사례분석을 보면 혼란된 현상을 명확하게 보여주는 경향이 있다. 예를 들어 최근 연구결과에 의하면 중심(重心)은 물리적인 대상이 될 수도 있고, 추상적인 것이 될 수도 있으며, 전쟁을 수행하는 동안 바뀔 수도 있다고 주장한다. 심지어 전략적, 작전적, 전술적 중심(重心)이 각각 따로 존재한다고 주장하기도 한다.

코소보에서 전략적 중심(重心)은 지도자의 정치적 기구였다고 보았다. 이유는 세르비아 사람들에게 코소보가 세르비아 유산의 심장이라는 믿음을 만들었기 때문이었다. 작전적 중심은 유고슬라비아의 기반시설과 군대이며, 전술적 수준의 중심은 발전소, 변전소, 통신시스템, 도로 및 교량, 전선의 기동부대, 포병 집단 그리고 지대공 미사일 기지라고 했다. 이 연구에서 성공적이라고 자랑했던 걸프전에 대해서도 중심(重心)에 대한 분석은 다양했다. 예를 들어 각 군종 간의 중심(重心)도 달랐다. 육군은 공화국수비대를, 공군은 와든(John Warden)의 이론을 기초로 동심원의 시스템으로 다양하게 제시되었다. 그것도 지휘관에 의해 다시 변경되기도 했다.[98] 실제로 전역 개시부터 중심을 묻는 것은 너무 어려운 것이었다.

미국의 경우 각 군종 간에 중심(重心)에 대한 상이한 해석으로 인해 혼란이 발생했던 것은 사실이라고 판단된다. 미국은 통일된 중심 개념을 도입하려 했기 때문이다. 미국 합참은 1995년 작전술의 핵심은 적의 힘의 근원

98) 블로젯의 주장은 중심이 다양하다는 것으로 요약할 수 있다. 재미있는 것은 와든(John Warden) 대령이 이끌었던 체크메이트 팀이 동심원 원리에 의거하여 제시한 중심에 대해 글로선(C. Buster Glosson) 공군 준장이 동의하지 않았다는 것이다. 이렇듯 중심은 선정 자체도 어렵지만, 그것에 대한 공감대 형성도 어렵다는 것을 보여준다. Brian Blodgett, "Clausewitz and the Theory of Center of Gravity As It Applies to Current Strategic, Operational, and Tactical Levels of Operation," *Blodgett's Historical Consulting* 참조. https://sites.google.com/site/blodgetthistoricalconsulting/(검색일: 2017. 5. 8).

또는 중심(重心)에 집중의 효과를 낼 수 있어야 함을 강조하면서, 중심을 군사력이 행동의 자유와 물리적 힘 또는 전투의지를 이끌어 낼 수 있는 특징, 능력 또는 위치라고 정의했다.[99] 하지만 이 정의는 여전히 논쟁거리가 되었다. 아울러 역으로 이 개념은 각 군종에 상이한 영향을 미쳤다. 예를 들어, 해병대는 상대적으로 규모가 작기 때문에 적의 강력한 전투력이 아니라 취약점을 중심으로 선정해야 했다.[100]

중심(重心)과 관련하여 클라우제비츠의 정설이 무엇인지를 클라우제비츠의 본질적인 사상과 연계해서 생각해보면, 그의 정설은 인간의 저항의지를 결코 무시해서는 안 된다는 것이었다고 판단된다. 예를 들어, 전복전은 중심(重心)을 만들려 하지 않을 것이고 구심적이 아니며 원심적인 것이다. 따라서 중요한 안티노미는 결전을 하지 않으려면 중심(重心)이 필요 없게 되는 것이고, 중심(重心)이 필요하지 않고 존재하지 않으면 기다리는 전투, 특히 게릴라전이 존재해야 하는 것이다. 클라우제비츠가 언급했듯이 "방어는 두 가지 상이한 요소, 다시 말해서 결전과 기다리는 것으로 구성되어 있는 것"이다.[101]

하지만 많은 군사이론가들에게 있어서 클라우제비츠의 중심에 대한 혼란을 가중시킨 것은 제8편 전쟁계획, 제4장 '군사적 목표에 대한 상세한 규정 I (적의 타도)' 에서의 중심(中心, Zuntrum)에 대한 언급 때문이라고 판단된다.[102] 헤인즈는 클라우제비츠가 중심(Schwerpunkt)과 중심(中心, Zuntrum)을

---

99) U.S. Dept. of Defense, *Doctrine for Joint Operations, Joint Publication 3-0*(Washington, DC: Dept. of Defense, February 1, 1995) 참조.

100) Antulio J. Echevarria II, "Clausewitz's Center of Gravity: it's not what we thought," *Naval War College Review*, Vol. LVI, No. 1(Winter 2003) 참조.

101) Carl von Clausewitz, *Vom Kriege*(1991, 1992), p. 322 인용.

102) 클라우제비츠는 다음과 같이 언급하면서 중심(重心 center of gravity)과 중심(中心, Zuntrum)의 개념을 혼용했다고 할 수 있다. "양국 간의 상황의 지배적 특성을

혼용했다고 하면서 중심(重心)은 뉴턴의 역학으로는 설명할 수 없고 양자역학으로 설명해야 한다고 본다. 다시 말해서 구성원의 관계와 이끌림이 중요하다는 것이고, 이렇게 해야 오늘날의 전복전(insurgency)을 설명할 수 있다는 것이다.[103] 힘의 관계성은 아롱의 사회학적 시각이다. 인간사회 속에서 영광과 사상(인간의지) 추구를 역학적으로 보기 힘들다.

제6편 '방어', 제27장 '전구의 방어 I'에서와는 다르게 클라우제비츠는 역학적 중심에서 벗어나 실재적(實在的) 중심을 다시 언급하고 있다. 물론 클라우제비츠는 군사적 목표에 대해 상세히 다루고자 했을 것이다. 그러므로 '군사적 목표에 대한 상세한 규정'이라고 장을 편성했다고 할 수 있다. 여기서 또 다른 모순은 역학적 수준에서는 적의 주력이 중심이고 그것은 단일한 중심이어야 하지만,[104] 실재적(實在的)인 모습은 다양할 수 있다는 것

염두에 두는 것이 무엇보다 중요하다. 이 지배적 상황의 특성하에서 전체가 의존하는 일정한 중심(重心 center of gravity), 모든 힘과 기동의 중심(中心, Zuntrum)이 형성된다. 이러한 적의 중심에 모든 전투력의 타격력이 통합 집중되어야 한다… 알렉산더, 구스타프 아돌프, 카를 12세, 프리드리히 대왕 등의 중심(中心)은 군이었다. 따라서 군이 붕괴되었더라면 이들의 역할은 실패로 끝났을 것이다. 예컨대 내부 분쟁을 겪고 있는 국가들의 중심(中心)은 대체로 수도이다. 강대국에 의존하는 소국가들의 중심은 후원국의 군이다. 동맹체제의 중심은 공동이익이다. 국민무장군의 중심(中心)은 최고지도자의 인격과 여론이다. 이러한 중심들에 타격이 지향되어야 한다. 만일 적이 자신의 중심에 타격을 받아 균형을 잃는 경우, 균형을 회복하도록 시간이 허용되어서는 안 된다." Carl von Clausewitz, *Vom Kriege*(1991, 1992), p. 395.

103) John Haines(2014).

104) 실제로 클라우제비츠는 중심은 단일한 중심이 되어야 한다는 견해를 보인다. 그는 "중심에서 결전이 추구되어야 한다. 이 지점에서 승리는 의미상 본질적으로 전구방어의 궁극적 승리와 동일시된다. 그러므로 한 작전전구와 운용된 전투력은 그 규모에 관계없이 하나의 단일한 중심으로 동일시될 수 있는 통일성을 띤다."고 했다. Carl von Clausewitz, *Vom Kriege*(1991, 1992), pp. 321–322.

에 있다. 클라우제비츠도 중심에 대해 혼란스러움을 보이고 있는 것이다. 실제로 분석해 보면, 군사적으로 물리적 타격을 가해야 하는 목표가 물리적 대상이라는 가정을 전제로 할 때, 여기서 나타나는 모순은 클라우제비츠가 중심(中心)이 될 수 있다고 한 최고 지도자의 인격과 여론에 대해서는 물리적 타격을 가할 수 없다는 것에 있다. 그리고 우리가 시각을 다소 돌리게 된다면, 여기서 언급한 중심(重心) 중 대부분은 정치적 협상의 대상이 될 수 있다는 것이다. 예를 들어 후원국도 그렇고, 공동이익도 그렇다. 최고지도자의 인격과 여론 역시 그렇게 볼 수 있다. 그런 이유 때문에 아마도 아롱은 클라우제비츠가 언급했던 중심(重心)은 낮은 수준이라고 언급했을지도 모른다.[105] 결국, 정치적 협상의 대상으로서 중심은 정치적 인간, 정치적 인간 의지와 연계된다.

3. 중심(重心)의 안티노미

중심(重心)의 난해함으로 인해 특히, 미국이 엄청난 혼란에 빠졌다는 것을 부인할 수 없을 것이다. 미국은 중심(center of gravity)이라는 개념을 미국 군대가 적용하기 위해서 20년 넘는 기간 동안 많은 논쟁을 해왔다고 지적한 연구결과가 있다. 이 연구서에서는 본래의 의미를 기초로 중심(重心)을 정의하고 이용해야 한다고 주장한다.[106] 클라우제비츠의 본래의 의미는

---

105) 아롱은 다음과 같이 언급한 바 있다. "그러나 군사 목표의 수적 제한은 가능한 정치적 목표의 다양성과 대조된다. 그리고 클라우제비츠는 다양한 해결에 동요되고 있다. 그는 모든 전쟁의 행위의 목표를 세 개로 들고 있다-군사력, 자원, 의지-그리고 낮은 수준의 분리로는 다양한 중심을 구분해 낸다.-군, 수도, 동맹, 지도자의 대중적 배반." Raymond Aron, *Clausewitz: Philosopher of War*(1983), p .213.

106) Antulio J. Echevarria II,(2002), p. v.

역학적인 것이었다.[107] 하지만 이 연구서에서는 원천(source)이라는 독일어(Quelle)가 사용되지 않았다는 점을 들어 중심(重心)을 힘의 원천으로 보아서는 안 되고, 적은 단일체로서의 다양한 부분이 연결되어 있으므로, 클라우제비츠가 특별한 효과를 얻으려고 했던 만큼, 특별한 효과를 보기 위해 중심(重心)을 선정하고 공격해야 한다고 주장한다.[108] 그러나 클라우제비츠 전쟁론 논문 중에서 후반에 작성된 글에서는 힘의 원천 또는 중요한 능력 등으로 해석할 수 있게 설명하고 있으므로 혼란스러움만을 보여주는 것이라고 하겠다.

또 다른 연구에서도 혼란은 매우 커 보인다. 이 연구서는 클라우제비츠의 중심(重心)의 진정한 의미는 정신적 그리고 물리적 힘이며, 또한 동적이고 파워풀한 요소라고 했다. 그리고 미국과 나토의 정의는 옳지 않다고 주장했다. 왜냐하면 힘의 근원(source)이라고 암시했기 때문이고 이러한 잘못된 정의로 인해 오늘날 많은 혼란을 가져왔다고 주장했다.[109]

이 연구서는 보다 더 나아가 사례분석을 통해서 중심(重心)의 존재를 입증하고자 했다. 제시한 사례는 5가지로 요약된다. 1940년 프랑스 전역에서 중심은 프랑스-영국의 기동군이었고, 1943년 4차 중동전에서는 이집트의 제3군, 1943년 아틀랜틱 전투(the Battle of Atlantic)에서는 독일의 U-보트, 그리고 1942년과 43년 동부전선의 스탈린그라드 전투에서는 독일의 제6군과 제4팬저군 및 쿨스크 전투(the Battle of Kursk)에서는 잔여 팬저사단들을 중심으로 보았다. 더 나아가 1991년 걸프전에 대해서는 전략적, 작전적, 전

107) Carl von Clausewitz, *Vom Kriege*(1991, 1992), p. 320.

108) Antulio J. Echevarria II,(2002).

109) Joe Strange and Richard Iron, "Understanding Center of Gravity and Critical Vulnerabilities,"(1996), p. 1. http://www.au.af.mil/au/awc/awcgate/usmc/cog2.pdf(검색일: 2017. 5. 8)

술적 중심으로 구분하여 설명하고 있다.[110)]

흥미로운 것은 결국 전략적 수준의 중심에서는 정신적인 측면을 고려한다는 공통점을 발견할 수 있다는 점에 있다. 예를 들어, 1991년 걸프전에서는 전략적 중심을 사담 후세인으로 식별하였다. 후세인에 대한 대중적 지지와 이라크군이 쿠웨이트에서 지탱하는 근원이 후세인의 존재 때문이라고 보았다. 즉, 저항의지와 연결시킨 것이다.[111)] 그렇다면 실체적(實體的)인 중심(重心)은 없다고 보아야 할 것이다. 사담 후세인을 사전에 제거했다고 해서 반드시 이라크가 스스로 붕괴했으리라고 장담할 수도 없다. 아마 이러한 논리에 의하면 다시금 중심(重心)을 사실상 발견할 수 없다는 결론에 도달하게 된다. 이러한 이유 때문에 중심 개념은 기껏해야 작전적 수준의 영역에서만 필요성을 언급할 수 있을 것으로 보인다.[112)]

결론적으로 중심(重心)은 클라우제비츠가 감추어 놓은 또 하나의 수수께끼로 볼 수도 있지만, 그것보다는 더 합리적으로 표현한다면, 오류일 가능성이 크다. 클라우제비츠가 다시 자신의 논문을 고쳐 썼다면 그는 정치와 군사의 중간 영역을 선정했어야 했을 것이다. 만일 이렇게 했다면 독일의 군인들로 하여금 자신이 제시했던 중심(重心)에 대한 오해를 덜었을지도 모른다. 이에 따라, 만일 중심을 정치와 전략의 하위 수준인 작전적 수준으로 한정하였다면,[113)] 중심의 오해가 야기한 것으로 볼 수도 있는 총력을 기울인 세계대전의 참사를 회피하게 해주었을지도 모른다.

---

110) Joe Strange and Richard Iron(1996), pp. 1-4 참조.

111) Joe Strange and Richard Iron(1996), p. 4.

112) 프리드먼의 이와 관련된 주장은 매우 의미있는 부분이다. 특히, 작전술에 관해 기술한 부분을 볼 것. Lawrence Freedman, *Strategy: a history*(Oxford: Oxford University Press, 2013); 이경식 역, 『전략의 역사: 3,000년 인류 역사 속에서 펼쳐진 국가, 인간, 군사, 경영전략의 모든 것. 1』(서울: 비즈니스북스, 2013), pp. 424-447.

113) 군사가 정치에 종속됨을 의미한다.

그러나 군사가 정치에 귀속되어야 하더라도 군사라는 영역이 어느 정도 군인들에게 독자적 활동영역으로 보장될 필요가 있는 점을 부인하기는 쉽지 않다. 특히 루덴돌프의 총력전 사상과 같은 클라우제비츠의 수수께끼에 대한 잘못된 해석을 벗어나기 위해서는 분명히 전략과 전술로만 구분했던 클라우제비츠의 수수께끼를 해결할 수 있는 작전적 영역을 도입했어야 했다. 그렇게 했다면 작전적 영역에서의 중심(重心)은 정치인과 군인 간의 끊임없는 논쟁을 어느 정도 정리해주었을지도 모른다. 오늘날 미국의 교리가 정치 및 전략적 수준에서는 전략지시만 간략히 하달하고 작전적 수준에서는 전략지시에 의거 작전사령관이 작전을 수립하며, 자신의 작전이 정치적 의도에 부합되는지 확인받음으로써[114] 군인들의 작전적 영역을 보장해주는 모습을 갖게 된 것은 우연한 결과가 아니라고 볼 수 있다.

전략적 수준에서 중심(重心)을 단일 실체적 대상으로 고려하는 것은 분명히 무리가 따른다. 물론, 중심이라는 개념을 도입하는 것은 전쟁을 수행하면서 치명적인 문제가 되지 않아 왔다. 그러나 중심의 타격 자체가 전쟁을 종결지을 수 있다는 사고가 지배한다면, 군사가 정치와 대등한 수준 또는 그 이상의 수준이 될 수 있다는 오해를 가져올 수 있다. 바로 이 점이 클라우제비츠의 중심(重心)이 갖는 가장 치명적인 안티노미라고 하겠다.

앞서 언급했듯이 루덴돌프의 총력전 사상의 등장은 미완성된 클라우제비츠의 저서에서 충분히 나올 수 있는 역사적 개연성의 적중 이상의 것이었다. 정치적 목적과 중심(重心)은 그 자체에 안티노미를 형성한다. 정치가 군사를 지배하기 위해서는 중심(重心)은 당연히 작전적 수준에 머물러 있어야 한다. 전쟁사를 보았을 때, 작전적 수준을 뛰어넘는 전략적 수준의 중심

---

114) 미 교리에 의하면 정치적 전략적 수준에서는 전략지시를 하달하고 이를 기초로 작전적 영역에서 작전사령관이 작전기획을 시행하게 된다. U.S. Dept. of Defense, *Doctrine for Joint Operations, Joint Publication 5-0 Joint Operation Planing*(Washington, DC: Dept. of Defense, August 11, 2011) 참조.

(重心)은 사실상 규정하기가 거의 불가능해 보인다. 중심이 전략적 수준에서 존재한다면 공격을 하는 측이건 방어를 하는 측이건 모두 단기결전에 총력을 기울이고 오로지 중심을 타격하는 데 최우선적인 노력을 해야 할 것이다. 논리적으로 공격과 방어의 변증법은 존재할 수 없게 되는 것이다. 이러한 심각한 안티노미를 클라우제비츠 전쟁론은 담고 있다.

한편, 클라우제비츠가 생각한 중심(重心)은 방어적인 면이 강했다는 느낌도 든다. 제6편 '방어'의 제27장 '전구방어'를 논하면서 중심(重心)을 도입했기 때문이다. 방어를 다루면서 중심을 언급했기 때문에 클라우제비츠에게 있어서 중심은 원래 방어를 위한 것이 아닐까 하는 의문이 든다. 그래서 그가 이것을 공격과 방어의 변증법 속에 두고자 한 것은 아니라는 생각을 지울 수 없다. 아마도 미국이 중심을 찾고 중심을 타격하여 효과를 보고자 했던 노력, 그리고 지금도 그러한 노력을 하고 있는 이유는 전쟁을 단기간 결정적으로 끝내고 싶은 그들만의 강력한 희망이 오늘날에도 이것을 여전히 공격 속에 남겨놓고 있는 것인지도 모른다. 확실히 중심은 클라우제비츠가 남긴 주요 논점 중 하나이다.

제3절 공격과 방어 변증법 속의 집중과 분산

1. 정규전에서의 공격과 방어

전쟁을 시작하자마자 단 몇 주 안에 승리하는 것은, 특히 군대를 움직이는 사람으로서 누구나 소망할 수 있는 사항이 될 것이다. 럼즈펠드의 소망 역시 다르지 않았다. 럼즈펠드는 저항의지가 존재하는 세상 속에서 클라우제비츠의 공격과 방어의 변증법 관계를 정치직 수준에서 이해하지 못한 21세기의 대표적인 인물일 수 있다.

럼즈펠드는 강력한 미국의 힘, 특히 군사력이 어떠한 상황에서도 패배할 수 없을 것이라고 장담했을 것이다. 그래서 그는 다급히 전략을 수립했고 강력하게 밀어붙였다. 그 결과 그는 이라크에서 실패했고 많은 비난을 받아야 했다. 이러한 비난은 소위 처칠의 전략을 제대로 이해 못한 것이라고 보기에 충분하다.[115] 클라우제비츠는 국가관을 권력의 역학과 드라마로부터 떼어서 생각하지 않고 국가를 역사적 주체로서 그리고 생존하고 번영 발전하기 위하여 무엇보다도 힘을 응집하고 유지하며 향상시켜 가는 유기체로 보았다.[116] 럼즈펠드도 세계 최강국으로서의 미국에게는 이러한 국가관이 제격이었을 것이며, 따라서 클라우제비츠의 전쟁의 본질적인 특성을 따질 필요가 없었을지도 모른다.

럼즈펠드는 보다 작지만 변혁된(transformed) 부대가 과거의 보다 커다란 부대와 동일한 결과를 얻을 것으로 기대했다.[117] 더욱이 2004년 4월, 미래

---

115) 드레흘(David Von Drehle)이 '타임'에 기고한 글에 의하면 처칠의 전략은 기본적으로 얻을 것은 얻지만 포기할 것은 포기하는 것이라고 했다. 다시 말해서 모든 것에서 이기는 전략이 아니었다는 것이다. 반면 럼즈펠드는 심지어 국무부 대표도 참석시키지 않고 전쟁계획을 했고, 그 결과 전쟁 이후의 계획을 고려하지 않았다. 이 결과 이라크 시민 사회를 복구시키지 않았고, 후세인의 군인들을 방치시켰으며, 누가 이라크를 통치할지를 고려하지 않았다고 주장하면서 럼즈펠드의 노선을 비판했다. David von Drehle, "Donald Rumsfeld, You're No Winston Churchill," *Time*(January 26, 2016). http://time.com /4193324 / donald-rumsfeld-winston-churchill/(검색일: 2017. 5. 8).

116) Peter Paret, *Understanding War: essays on Clausewitz and the history of military power*(New Jersey: Princeton University Press, 1992): 육군본부 역, 『클라우제비츠의 전쟁론과 군사사상』(대전: 인쇄창, 1995), p. 88.

117) 실제로 전쟁을 계획할 당시에 프랭크스 장군은 중사단(heavy divisions)이 많이 필요하다고 했지만, 럼즈펠드는 이것을 무시했다. 증언에 의하면 이러한 요구에 대해 럼즈펠드는 계속 보다 작고, 가벼우며, 보다 빠른 부대를 원했다고 한다. 반면 공군과 특수부대에 대해서는 더 커다란 역할을 부여하고자 했다. 전역 장

군사작전을 위한 '신속 목표(speed goals)'를 명령했다. 즉, 10일 이내 원거리에 투사되어 30일 이내 적을 격멸시키고, 추가적인 전투를 다시 30일 이내 준비하는 것이었다. 하지만 이라크의 전복전(insurgency) 형태의 저항은 미군의 발목을 잡았다.[118] 적어도 공격과 방어의 변증법에 관한 클라우제비츠적 철학을 이해했더라면 이러한 결과가 나오지는 않았을 것이다.

클라우제비츠는 잘 알려져 있는 바대로 방어가 적을 보다 확실히 이기기 위한 보다 강력한 전쟁 형태라고 주장했다.[119] 방어가 강한 이유를 개념적으로 다시 요약해보면, 첫째, 방자는 지형의 이점을 누릴 수 있고, 둘째, 국민의 지원을 받을 수 있으며,[120] 셋째, 동맹국의 참여를 이끌어 낼 수 있다는 것이다. 이것은 세력균형의 차원에서 국가들의 이익이 균형을 이루게 되면 방어자에게 유리한 상황이 된다는 것을 의미하는 것이라고 판단된다.[121] 특히 두 번째 이점은 방어의 수단으로 구체화되어 나타난다. 우선 방위군이라는 방어 수단이 있다. 클라우제비츠는 방위군의 고유의 장점을 국민정신 및 정서에 의해 전투력의 범위가 강하게 나타나는 것이라고 주장했다. 둘째, 방어하는 측은 요새를 잘 구축할 수 있다. 이러한 요새가 내륙 종

성들은 이라크의 저항이 강해질 경우를 매우 우려했다고 알려져 있다. 이러한 부대구조의 문제를 잘 기술한 내용은 Joseph L. Galloway, "Rumsfeld's War Strategy Under Fire," *Knight Ridder Newspapers*(March 25, 2003). 그리고 Ewen MacAskill, "Donald Rumsfeld's Iraq strategy was doomed to failure, claims John McCain," Guardian(February 3, 2011) 참조.

118) Hew Strachan, and Andreas Herberg-Rothe,(eds.) *Clausewitz in the Twenty-First Century*, Oxford(New York: Oxford University Press, 2007), p. ccxviii.

119) Carl von Clausewitz, *Vom Kriege*(1991, 1992), p. 276 참조.

120) Carl von Clausewitz, *Vom Kriege*(1991, 1992), p. 279.

121) Carl von Clausewitz, *Vom Kriege*(1991, 1992), p. 71. 참고로 아롱이 국제관계를 분석한 중요한 틀이 이것과 밀접하게 관계되는 것으로 판단된다.

심 깊게 편성될 경우 공격자의 요새와는 비교할 수 없는 이점이 있다는 것이다.[122] 이런 측면에서 본다면 북한이 전국토의 요새화를 추진한 것은 괜한 일이 아닌 것이다.[123] 셋째, 국민이다. 국민의 지원이 자발적으로 이루어지지 않더라도 적어도 시민적 복종이 존재하고 더욱이 나폴레옹 전쟁 시대의 스페인처럼 국민전쟁(Volkskrieg)으로 승화된다면 단순한 지원을 넘어서 새로운 힘의 원천으로 작용하게 된다. 또한 정보수집 면에서 당연히 방자에게 유리하다.[124] 넷째, 국민무장군 또는 향토방위군 제도를 도입하면 방어에 더욱 유리하다.

현대적인 시각에서 본다면 특히 정규군을 편성하고 향토방위체계를 갖추는 것 그리고 방어적 입장에서의 국내적 방어시스템을 갖추는 것 등은 매우 중요하다. 이것은 거시적으로는 작전적 군수의 형태로 사회 시스템에 반영되게 된다.[125] 특히 방어자가 자국 국민의 지지를 얻기 위한 노력을 고려한다면, 역으로 공격자가 상대 국민으로 하여금 자신의 국가에 대한 충

---

122) Carl von Clausewitz, *Vom Kriege*(1991, 1992), p. 269.

123) 차영구는 전국토의 요새화를 "방방곡곡에 광대한 방위시설을 축성하여 철벽의 군사요새로 만드는 것"이 기본내용이라고 분석했다. 차영구, 『국방정책의 이론과 실제』(서울: 오름, 2009), p. 162 참조. 강대국에 인접해 있는 국가인 스위스, 핀란드도 전국토를 요새화한 것으로 분석되고 있다.

124) Carl von Clausewitz, *Vom Kriege*(1991, 1992), p. 271.

125) 모세 크레스는 군수문제를 논하면서 작전적 군수의 중요성을 분석했다. 특히, 1장, 2장과 3장에서는 일반적인 군사적 군수를 논하면서 사회적으로 군대를 지원할 수 있는 기반적인 준비가 필요하다는 점을 제시한다. 전체적으로 작전적 군수는 전술적 수준의 군수보다 어렵다는 것을 언급한다. 따라서 정확한 군수량을 판단하는 것이 중요하다. 이것은 국가 기반적 바탕을 필요로 한다는 것을 의미하는 것이라고 하겠다. Moshe Kress, *Operational Logistics: The art and science of sustaining military operations*(Boston: Kluwer Academic Publications, 2002); 도응조 역, 『작전적 군수』(서울: 연경, 2008) 참조.

성심을 잃게 하려면 당연히 심리전 측면의 노력이 중요하게 된다.[126)]

아롱은 클라우제비츠의 방어와 공격의 변증법을 클라우제비츠 사상의 핵심을 이루는 것 중 하나로 보고 의도, 승리의 정도와 안전보장과의 상충적 관계, 방어 방법, 열세한 쪽에서 원용되는 순수한 저항 개념 등으로 다루었다. 방어는 기본적으로 격퇴(repousser), 지연(attendre), 보존(conserver)으로 구성되어 있는 것으로 보고, 이러한 방어는 지연이라는 순수한 방어와 적의 격퇴를 위해 실시하는 반격이라는 이중의 복합체로 이해했다. 특히 조성환에 의하면 공격에 대한 방어의 우위가 정상적인 위치를 확보하는 것은 결국 모든 방어는 공격적인 성향을 가질 수밖에 없다는 것에 있다고 제시하고 있다.[127)]

하지만 방어는 본질적으로 평화적 개념이라는 의미와 연관시켜 다시 생각해 보아야 한다. 국제관계에 있어서 '공격-방어 이론(offense-defense theory)'은 방어에 이점이 있다면 대규모 전쟁을 피할 수 있다는 입장이었다. 반대로 공격에 이점이 있다면, 국가는 높은 수준의 안정을 유지하기 어렵다는 것이다. 비록 이러한 이론에 대해 많은 비판이 있을 수 있지만, 이러한 이론의 본질을 근본적으로 바꾸기는 어렵다고 보인다.[128)] 경험적으로도

---

126) 오늘날 사이버의 세계로 묶여 있는 대부분의 국가를 고려한다면 사이버 공간상에서의 노력이 중요한 이슈로 떠오르고 있다. 사이버 관련 미 국방성의 최근 시나리오는 다음과 같다. 1단계 공격은 컴퓨터 바이러스를 적국에 뿌리는 것이며, 2단계에 이르러서는 심리전을 수행하는 것이다. 특히, 심리전을 통해 국민들이 정부에 반기를 들도록 선동한다. 이인식, 『미래교양사전』(서울: 갤리온, 2006), p. 197.

127) 조성환(1985), pp. 34-36.

128) 린-존스는 공격-방어 이론에 대한 많은 비평은 잘못된 가정에 의존하고 있다고 평가한다. 예를 들어, 국제 정치는 공격-방어 균형으로 설명할 수 있다는 것, 그리고 이러한 균형을 평가하는 데 사용하는 변수를 이분법적으로 고려했다는 것 등이다. 공격적 또는 방어적 능력과 전략은 본질적으로 경험적으

소위 미국의 공격력이 강해지면, 앞에서 논했듯이 상대를 쉽고 빠르게 굴복시킬 수 있다는 자신감을 갖는 것은 당연한 역사사회적 현상일 것이다.[129]

클라우제비츠는 리델 하트와 같은 사람들이 평가했듯이 호전적인 섬멸전 주장자라고 보기 어려우며, 세력균형의 국제관계 속에서 현실전쟁의 세계관을 가진 군사사상가이자 철학자로 보아야 한다. 또한 전쟁은 역사적 대립을 이끌었던 역사적인 이질성을 갖고 있을 뿐만 아니라 당연히 정치적 고려의 다원성에 의해서 그 자체가 절대적일 수 없다. 다시 말해서, 정치가 개입하게 되고 현실세계에서 다양한 모습으로 나타나는 불완전하고 개연성이 작용하는 사회적 현상이라고 보아야 하므로 조성환의 평가대로 공격에 대한 방어의 우위가 전쟁의 궁극적 목적이 군사적 승리에 국한된 것이 아니라 정치적 차원의 협상 그리고 이것을 통해 평화를 창조하고 유지하는 점을 확고히 하는 부분적 논지를 펼친 것으로 보아야 할 것이다.[130]

로 분류 가능한 것이라고 할 수 있다. Sean Lynn-Jones, "Offense-Defense Theory and Its Critics," *Security Studies*, Volume 4, Issue 4,(1995), pp. 660-691.

129) 예를 들어, 펠로폰네소스 전쟁사가 역사사회적 현상을 설명해줄 수 있다고 본다.

130) 조성환의 이러한 분석은 매우 중요한 논지를 가진다. 결국, 한 국가와 다른 국가 간의 일대일의 대결로 전쟁이 끝날 수 없는 것이고, 비록 내전이라고 하더라도 전쟁은 국제사회의 세력균형 속에서 그 향방이 좌우될 수 있다는 점을 제시한 것이다. 여기서 느낄 수 있는 것은 클라우제비츠의 전쟁 그 자체에 대한 분석을 아롱이 국제적 수준, 그리고 외교적 수준으로 끌어올렸다는 점이다. 이 점은 다음 장에서 논하고자 한다. 조성환(1985), pp. 36-37.

2. 비정규전과의 변증법적 관계

정규전의 영역을 벗어나서 비정규전으로 눈을 돌릴 필요가 있다. 제6편 '방어' 제28장 '전구의 방어 Ⅱ'에서 클라우제비츠는 방어의 구성을 두 가지 상이한 요소, 즉 결전과 기다리는 것으로 평가했다.[131] 우리는 이 부분을 중요한 수수께끼로써 다루어야 할 필요가 있다고 본다. 결전을 하지 않으려면 앞서 분석한 중심(重心)이라는 개념이 필요하지 않을 수 있을 것이다. 그리고 만일 중심(重心)이 필요하지 않다면 그리고 사실상 존재하지 않는다면 기다리는 것, 즉 게릴라전과 같은 비정규적인 방어술이 당연히 필요하게 될 것이다. 특히 국민 무장과 연관시켰을 때, 방어자에게 있어서 이러한 전략적, 전술적 방어술은 절대로 배제되어서는 안 되는 것이라고 보아야 한다. 실제로 중심(重心)에 대한 언급 중 매우 중요한 내용이었지만, 사실상 많은 군사이론가들이 놓친 부분이 있었다. 그것은 클라우제비츠의 다음과 같은 주장이었다. "결전의 사고가 사라지면 중심(重心)들은 물론 어떤 의미에서는 전체 전투력이 사실상 무효화되는 것이다. 이렇게 되면 모든 작전에서 두 번째 중요한 목적인 영토의 점유가 직접적인 목적으로 부각된다… 방자는 그가 점유하고 있는 모든 것을 지키기 위해 더욱 노력하며 공격자는 전진하면서 점유 지역을 확장하기 위해 더욱 노력할 것이다."[132]

이라크 전쟁이 미군에게 있어서 그리고 역으로 이라크 군에게 있어서도 사실상 중심(重心)이라는 개념을 처음부터 설정하지 않았다면, 쌍방은 영토 점유의 필요성을 인정했을 것이고, 그렇게 되었다면 점령한 지역의 시민의 마음을 사는 것이 당연히 요구되었을 것이다. 그리고 이러한 전략을 추진했다면, IS와 같은 세력이 등장한 원인을 제공했다는 비난을 면할 수 있었을지도 모른다. 클라우제비츠는 이라크 전쟁을 단 한 달 만에 끝내겠다는

131) Carl von Clausewitz, *Vom Kriege*(1991, 1992), p. 322.

132) Carl von Clausewitz, *Vom Kriege*(1991, 1992).

생각이 얼마나 잘못될 수 있는지를 간접적으로 가르쳐준 것이나 다름없다.

이라크 군에게 있어서는 사실상 미군의 중심(重心)이 존재했다고 하더라도, 자체 능력으로 타격할 능력도 없었거니와 실제 그러했기에 이라크는 최초부터 국민무장과 연계된 향토방위체제를 근간으로 한 게릴라전 태세로 대응했어야 했을지도 모른다. 또한 미국의 침공 후에는 미국에 의해 수립된 정부에 대한 반정부적 활동을 펼치는 것도 적합할 수 있는 방법이라고 하겠다. 따라서 어떻게 보면 IS의 출현은 클라우제비츠 입장에서 생각했을 때, 당연한 것이었다고 보인다. 실제로 IS는 2003년 미국의 이라크 침공 후 다음 해에 등장했다.[133] 다시 말해서 어떤 세력이라 하더라도 반드시 방어의 비정규적인 속성과 그것에서 얻어야 하는 전략적 의미를 잃어서는 안 되는 것이다.

더욱이 IS와 같은 조직은 종교적 정신무장을 한 매우 극단적인 조직이라는 점도 고려해야 한다. 이것은 클라우제비츠가 다루지 않았고, 또한 그의 논리를 전개시키기 위해서 다룰 수 없는 것이었을지도 모른다. 만일 국민무장이 클라우제비츠적인 시민의 국가에 대한 충성을 기반으로 한 것이 아닌 비이성적인 종교적 믿음을 기초로 한 것이라면 이것은 현실전쟁과 절대전쟁의 관계를 다시 변증법적으로 이끌게 된다. 실제 IS 단체가 매우 잔학한 이유는 그들의 종교적 믿음 때문이라고 할 수 있다. 그들은 자신들을 제외한 나머지 세계의 사람들은 이슬람을 파괴할 것으로 생각한다. 그리하

---

133) 이명구, "IS 출현의 배경과 전망," 『군사저널』(2015. 5월), p. 17 참조. 그리고 우드워드의 유명한 작품 'The War Within'은 중요한 내용을 폭로했다. 그가 취재한 바에 의하면, 이라크는 사전에 이러한 전복전을 계획했었다고 한다. 그는 하비(Derek Harvey)라는 미 국방정보부에서 일했던 전문가의 일화를 언급한다. 하비는 이라크에서 문서를 발견했는데, 성전(Holy War)라고 써져 있었으며 이 문서에 저항하는 계획이 들어있었다고 했다. Bob Woodward, *The War Within: A Secret White House History 2006-2008*(New York: Simon & Schuster, 2008), p. 19를 볼 것.

여 코란의 설법을 근거로 무자비한 공격을 정당화한다.[134] 아이러니하게도 이러한 현상은 클라우제비츠가 전제로 했던 문명화된 국가 간의 무력 싸움으로 보기는 어렵다.

테러 행위가 방어적인지 아니면 공격적인지 생각해보자. 클라우제비츠적으로 본다면 테러 행위의 모습은 사실상 방어적이라고 보아야 한다. 두 가지 측면에서 생각할 수 있다. 첫째, 클라우제비츠가 주장했듯이 국가의 운명, 존망이 단일 회전의 승패로 결정될 수 없다는 것에 있다. 방어자는 한 번의 패배 후에도 새로운 전투력을 동원하고 공격자를 지속적으로 괴롭히며 약화시키고, 외부의 지원을 통해 반전을 꾀할 것이다. 인간의지로 표출되는 사상이 존재하는 인간의 사회 속에서 가치를 추구하는 인간행동학적으로 생각할 때, 적국에 의해 정규적인 군사작전에서 패배당한 측의 국민이 저항의지를 갖는다면 계속 저항하는 것이 자연법칙적이라고 할 수 있다.[135] 둘째, 클라우제비츠가 말했듯이 자국의 보존과 적국의 타도가 전구방어의 궁극적 목적이라면 그리고 이어서 평화조약을 체결하는 것이라면[136] 테러 행위를 추구하는 조직 역시 자국 또는 이슬람세계의 보존과 비이슬람세계의 타도라는 점에서 방어적이라고 인식될 수밖에 없다. 물론 수니파의 경우 극단적이라는 문제가 있지만, 이슬람이 단지 수니파로만 구성된 것이 아니라는 점을 고려한다면 커다란 영역 속에서는 평화조약 체결이라는 구상이 결코 잘못된 것은 아닐 것이다.[137]

---

134) "What is 'Islamic State'?," *BBC*(December 2, 2015). http://www.bbc.com/news/world- middle-east-29052144(검색일: 2017. 2. 4).

135) Carl von Clausewitz, *Vom Kriege*(1991, 1992), p. 317.

136) Carl von Clausewitz, *Vom Kriege*(1991, 1992), p. 318.

137) 예를 들어, 미국과 이란의 2016년 협력 약속과 같은 것이다. 몰닌 이코노믹스 기사를 보면, 추정되는 이란의 핵 프로그램의 중요성이 미국과 이란 모두에게 감소되었는데 그것은 극단적 수니파의 활동 때문이라는 것이다. 이란

비정규전은 정규전에서의 공격과 방어에 대한 변증법적인 또 하나의 전쟁형태가 된다. 이들은 분산한다. 집중한 상태로 분산한 상대를 각개격파할 수 있다고 쉽게 단정할 수 없다. 육중한 몸체로는 파리를 잡기 위해서 여기저기 뛰어다닐 수 없다. 에어로졸과 같이 분산된 대응책이 효과적인 수단이 된다. 정규전과 비정규전 속에서 집중과 분산은 각각 공격과 방어와의 결정적 관계성을 띤다고 볼 수 없다.

3. 집중과 분산의 상보적 현상, 정치적 목적

공격은 집중하여 적을 타격하는 것이 일반적으로 중요하다고 인정된다. 그래서 항상 집중의 원칙을 강조한다. 하지만 그 자체의 약점을 가지고 있다. 클라우제비츠는 이와 관련하여 공격의 약점을 두 가지로 언급했다. 첫째, 공격은 단일한 기동만으로 끝낼 수 없고, 전투력을 복원할 휴식 기간이 필요하게 된다. 둘째, 이렇게 전투력이 전방으로 전진하면서 후방에 남는 공간은 항상 공격에 의해 지켜지는 것이 아니기 때문에 별도의 방호가 필요하다.[138] 결국 공격은 전투력 손실이 커지므로 평화를 이룰 수 있는 어떤 시점까지만 수행될 수 있는데 이것을 달성하지 못하면, 그 이후에는 방어자의 반격력이 공격자보다 커지게 될 것이다. 이것을 그는 공격의 한계정점

은 이미 1980년대 이라크와의 전쟁을 통해 수니파를 다루는 것이 얼마나 힘든가? 하는 것을 알았고, 미국과 싸우는 것보다 강력한 수니와 싸우는 것이 더 어려운 시나리오라는 점을 알고 있다고 했다. 결국 미국은 지속적인 지상작전의 한계를 알기 때문에 지역 주민의 마음을 얻는 것이 중요하다는 것을 다시 일깨워서 지역의 지배세력과의 협력으로 지역을 통제하고자 한다는 것이다. George Friedman, "ISIS is bringing the US and Iran closer together," *Mauldin Economics*(January 25, 2016). http://www.businessinsider.com/isis-bringing-us-and-iran-closer-together-2016-1(검색일: 2017. 2. 4).

138) Carl von Clausewitz, *Vom Kriege*(1991, 1992), p. 338.

이라고 말했다.[139] 따라서 공격자는 공격의 한계정점에 다다르기 전에 적어도 적의 주력을 격멸해야 할 것이다. 문제는 적이 분산되어 비정규적인 방어적 태세를 유지하는 경우라고 하겠다. 바로 이것이 이라크와 아프가니스탄에서 미국이 겪은 문제였고, 앞서 언급했던 기술적으로 뛰어난 소규모 부대가 매우 효과적이지 못했던 이유가 된다.

하지만 바로 이러한 이유로 인해서 공격자는 발견된 적에 대항하여 보다 집중하고 격멸하기 위해 지역을 점령해야 한다. 이라크 전쟁에서 미군의 위력이 강하다는 것을 알았던 적은 분산했고, 그래서 미국의 합동화력의 위력은 제 능력을 발휘할 수 없었다. 따라서 미군은 다시 상대에게 중요한 지역을 선정하여 집중적인 공격을 해야 했다. 이것은 분산된 상대로 하여금 다시 집중하도록 만들려는 의도를 반영한 것이었다. 하지만 합동화력에 대한 신뢰로 인해 더욱더 지상부대의 민첩성이 필요했다. 빠를수록 적을 찾고 격멸하기 쉬워지는 것이다. 그래서 팔랑스(Phalanx)를 레지온(legion)이 격파했듯이 부대는 가벼워야 했다. 이러한 부대들은 마치 벌레 떼들과 같이 분산된 게릴라가 등장하면 민첩성을 기반으로 이를 에워싸고 격멸하게 된다.[140]

---

139) Carl von Clausewitz, *Vom Kriege*(1991, 1992), p. 343.

140) 맥그리거는 마치 로마의 레지온이 둔중한 그리스의 팔랑스를 격파했듯이 합동전장에서는 신속한 부대가 필요하다고 주장했다. 그래서 그는 사단급 편제를 해체하고 여단급으로 그리고 그 예하에 전투단을 편성하자고 주장했다. Douglas A. Macgregor, *Breaking the Phalanx: A new design for landpower in the 21st century*(Westpoint, Conn: Praeger Publishers, 1997) 참조. 에드워드는 소규모 민첩한 부대를 마치 벌레 떼들처럼 이용하여 적을 발견하면 포위 차단해서 격멸할 수 있는 구상을 제시한 바 있다. Sean J. A. Edwards, *Swarming on the Battlefield: past, present, and future*, Santa Monica, CA: RAND, 2000. 특히, Chapter 5: "Toward a Swarming Doctrine?" 부분을 참조할 것. 그리고 이라크 전쟁에서 전투수행을 이해하기 위해서는 오정석,

하지만 합동화력을 사용하건 또는 벌레 떼와 같은 기동으로 분산된 적을 격멸하건 이를 위해서 공격자이건 방어자이건 전투를 수행해야 한다. 결국 클라우제비츠가 전투의 중요성을 주장한 것은 전술적, 작전적 수준으로 볼 때 당연한 것이라고 하겠다. 그는 공격전투이건 방어전투이건 적 전투력의 격멸을 모든 전투의 목적으로 본다. 만일 방어가 지키는 것이지만 적 전투력의 격멸에 최우선해야 한다면, 적 전투력의 격멸로 달성되는 결정성은 방어 그 자체보다 역공격(또는 역습)에서 더 잘 나타날 것이다. 공격 한계정점 도달 이후 공격자의 궤멸 상태를 상상해 본다면 더욱 그렇다고 할 수 있다. 그렇다면 방어자 입장에서 만일 적과의 상대적 전투력의 차가 매우 열세하다면 처음부터 집중할 수 없다. 오히려 분산해서 수세적으로 대응하는 것이 자신의 전투력을 보존하고 국민으로부터 적절하게 지원받기가 용이하게 될 것이다. 클라우제비츠가 "승리의 규모는 승패가 신속하게 결정될수록 커지며 패배로 인한 손실은 승패 결정이 지연될수록 많이 보상된다."고[141] 언급했던 점을 기억해 보자.[142]

공격 측은 공격 한계점에 도달하기 이전에 클라우제비츠의 말대로 더더욱 중심(重心)에 모든 전투력의 타격력을 통합하여 사용하고 집중하려 할 것이다.[143] 그런데 만일 방어하는 상대가 전투력을 집중하지 않고 분산하고,

---

『이라크 전쟁』(서울: 연경, 2014) 참조.

141) Carl von Clausewitz, *Vom Kriege*(1991, 1992), p. 200 인용.

142) 아롱의 "To Win or Not to Lose"의 논지는 여기서 나왔다고 할 수 있다. Raymond Aron, *Peace & War*(2009), p. 30.

143) 제8편 '전쟁계획' 제4장 '군사적 목표에 대한 상세한 규정(적의 타도)'에서 클라우제비츠는 전체가 의존하는 적의 중심(重心, Schwerpunkt)에 모든 전투력의 타격력이 통합 집중되어야 한다고 본다. 그리고 이후 그가 언급한 중심은 군, 수도, 동맹체제의 공동이익, 최고 지도자로 예시하고 있다. 여기서 제시한 예를 기초로 할 때, 전반적으로 그는 중심(重心)을 공세적 작전(소위 공세적 방어 상황에서의 공

직접적인 대규모 교전을 회피하고, 게릴라전이나 테러에 의존한다면 클라우제비츠적 공격 수행방법이라고 알려진, 다시 말해서 독일이 1차 대전과 2차 대전 내내 추구했던 결전주의 방식은 제대로 효과를 얻지 못할 것이다. 우리는 쉴리펜이 클라우제비츠의 영향을 받았다는 부분을 여기서 상기할 필요가 있을 것이다. 쉴리펜은 그의 계획이 실패하는 경우에 독일은 즉각 평화협상을 추구해야 한다고 주장했다는 점을 상기해볼 필요가 있다.[144] 이 논리를 적용했을 때, 럼즈펠드도 단기 결전의 실패를 인정했다면 평화협상을 추구해야 했겠지만 그렇게 하지 않았다. 이러한 정치적 목적을 생각하지 않는 전쟁 수행방식을 고집하는 강경한 기독교도들과 코란으로 똘똘 뭉친 이슬람 과격주의자들을 과연 완전히 다른 부류라고 차별화할 수 있을지 의문을 가져볼 만하다.[145]

집중과 분산의 문제는 사실상 클라우제비츠의 또 다른 수수께끼처럼 보인다. 이것은 단순히 군사적 교리의 의미만을 갖는 것이 아니라 저항의지 또는 전투의지와 연관되어 있다. 소위 클라우제비츠가 전쟁은 "적대감정이

세적 작전이라고 할 수 있다)에서 타도되어야 하는 대상으로 기술하고 있다고 보인다. Carl von Clausewitz, *Vom Kriege*(1991, 1992), p. 395.

144) 버나드 브로디에 의하면 쉴리펜은 클라우제비츠의 충실한 학생이었다고 한다. 그는 정치적 목적이 군사적 목표에 의해 지배당해서는 안 된다는 클라우제비츠의 반복된 가르침을 제대로 이해했다는 것이다. 반면, 쉴리펜의 후계자들과 특히 소 몰크케(the Younger von Moltke)는 이것을 무시했다고 주장한다. Bernard Brodie, "The Continuing Relevance of On War," Howard, Michael and Paret, Peter(eds)., Clausewitz, Carl von, *On War*(New Jersey: Princeton University Press, 1989), p.56.

145) 미국 정치와 종교의 관계에 대해서 읽어 볼만한 자료로는 김동석, "미 기독교우파, 줄리아니 밀기로," 『Views & News』(2007. 11. 20) 참조. http://www.viewsnnews.com/article?q=25040(검색일: 2017. 2. 4)

없이는 결코 진행될 수 없다"고[146] 주장한 것과 일맥상통하는 말이다. 이 책에서는 방어가 기본적으로 평화적이라는 가정을 했다. 공격은 기본적으로 침략적이다. 그렇다면 방어자가 적대감정을 버리지 않는다면 그리고 분산하여 전투하려는 의지를 가지고 있다면 공격자는 여기에 대부분 휘말릴 수밖에 없을 것이다. 월남전 사례가 이를 잘 증명한다. 또한 이라크 전쟁 역시 월남전의 재현이라고 볼 수 있다. 엄청난 능력을 지닌 세계최고의 국가인 미국은 가장 강력한 공격력을 지녔으면서도 집중할 상황을 거의 맞이하지 못했고 분산된 적에 의해 오히려 더 많은 병력의 투입과 분산운용을 요구당했다.[147]

방어는 오히려 의도 상에서 전략적 주도권을 가질 수 있는 것으로 볼 수 있게 된다. 공격은 기습이라는 효과를 통해 이점을 극대화할 것이지만, 만일 대적하는 방어 측이 싸움을 회피하고 시간을 끌며 또한 이를 위해 분산하여 저항하는 의도를 지속 유지하고 실천한다면 공격자는 어차피 장기전과 다수의 병력을 파견해야 하는 딜레마에 빠지게 되는 것이다.[148] 이들을 무자비하게 격멸하는 것은 정치적인 문제를 낳게 된다.

그러므로 다시 한번 클라우제비츠의 방어의 이점을 되돌아볼 때, 분산이라는 의도 하에 방어의 수단을 잘 활용하는 것이 정치적 목적을 전면에

146) Carl von Clausewitz, *Vom Kriege*(1991, 1992), p.119 인용.

147) 이에 대해서는 김재명, "'정의의 전쟁' 잣대로 본 이라크 침공 4년," 『신동아』(2007. 4. 25) 참조. http://news.naver.com/main/read.nhn?mode=LSD&mid=sec&sid1=104&oid=262&aid= 0000000246(검색일: 2017. 2. 4)

148) 물론 분산은 각개격파 될 위험이 있다고 말할 수 있지만, 게릴라전의 경우 나의 전투력을 집중하여 각개격파하기에는 실체를 찾기 어렵다는 특성을 갖는다. 그리고 싸우는 방식이 다른 적에게 서구식 집중방식은 성공적이지 못했다. H. John Pools, *Phantom Soldier: The enemy's answer to U.S. firepower*(North Carolina: Posterity Press, 2001), p. xiii.

대두시키기 위한 보다 현실적인 전쟁방식이라고 자신 있게 주장할 수 있을지도 모르겠다.

클라우제비츠는 사실상 이러한 문제를 제6편 '방어' 제4장 '공격의 구심성과 방어의 원심성'에서 암시한 바 있다. 전략과 전술 모두에서 방어자는 기다리는 정적(靜的)인 상태에 있고 공격자는 상대적으로 운동 상태에 있으므로 공격하는 측이 우회기동을 하거나 포위하는 것은 공격자 측의 자유의지에 달려 있다. 그러나 클라우제비츠는 이러한 선택의 자유는 전술적으로는 가능하고 전략적으로는 항상 가능한 것이 아니라고 보았다.[149] 물론 그는 지형적인 특성을 고려하여 이러한 주장을 펼쳐간다. 하지만 집중하여 집중된 적을 격멸하고자 하는 자유의지라는 의미는 사실상 앞서 언급한 분산된 자유의지 앞에 좌절할 수밖에 없다는 결론에 도달하게 된다. 실제로 미국이 트랜스포메이션을 하면서 직면한 문제가 바로 이러한 문제였다. 즉, 분산된 적을 끌어내어서 집중시키고 이렇게 함으로써 값비싼 합동화력을 효과적으로 사용할 수 있어야 했다. 그래서 지상군의 필요성은 미래에도 중요한 것이었다.[150] 다시 언급하고 싶은 것은 한 발에 수억에서 수십억 나가는 고가의 무기를, 비인간적인 표현이지만 단 한 명을 살상하기 위해 사용하는 것은 분산된 방어자를 공격하는 측이 안게 되는 문제가 될 것이다.

---

149) Carl von Clausewitz, *Vom Kriege*(1991, 1992), p. 265-266 참조.

150) 맥그리거는 다음과 같이 언급한 바 있다. "공군 및 해군의 대량 타격이 결정적 성공이 되도록 하기 위해서 지상 부대들은 반드시 강제적으로 적을 집중하도록 만들어야 한다. 매우 단순하게도 만일 적이 집중하지 않는다면 그리고 그로 인해 손해를 보지 않는 타킷을 제공하지 않는다면, 아울러 미국의 합동정밀타격 능력과 함께 통합되기 위해 설계되고 편성된 지상군이 없다면 수천 톤의 폭탄은 당연히 허공에서 사라질 것이다." Douglas A. Macgregor, *Transformation Under Fire: revolutionizing how America fights*(Westpoint, Conn: Praeger Publishers, 2003): 도응조 역, 『비난 속의 변혁』(서울: 연경, 2009), p. 28. 그리고 지상군의 필요성을 강조한 내용은 pp. 29-30 참조.

클라우제비츠는 사실상 분산에서 집중하는 전쟁방식을 택할 것을 권장한 것으로 보인다. 1832년 판의 전쟁론에서는 집중의 형태로 얻는 성과를 분산의 형태로 더욱 확실하게 만들 수 있다고 적었다. 집중은 적극적이지만 약하고, 분산은 소극적이지만 좀 더 강하다고 했다. 방어는 어디서나 항상 절대적인 방어를 뜻하는 것이 아니기 때문에 방어에서도 병력을 집중적으로 이용하는 것이 언제나 불가능한 것은 아니라고 주장했다.[151] 아마도 그는 이러한 주장을 통해 군인에게 군사적 수준의 교훈을 알리려 했던 것으로 보인다. 더욱이 이러한 논지들은 정확히 밝힐 수는 없지만 모택동의 게릴라 전술에 결정적인 영향을 미친 것으로 보인다. 왜냐하면 모택동은 게릴라전의 마지막 단계에서는 적을 격멸하기 위한 집중적인 공격을 강조했기 때문이다.[152] 모택동의 16자 전법(敵進我退, 敵止我憂, 敵避我擊, 敵退我進)은 위의 언급과 맥을 같이 한다고 볼 수 있다. 모택동은 정면 대결을 회피하고 힘의 소모를 최소화하려고 했고 게릴라전을 통해 철저히 적의 전투력을 소모시켰다. 그리고 그는 클라우제비츠의 교훈대로 국민적 지지를 얻는 데 주력했다.[153] 정치적 우위 하에서 그리고 결정적 기회를 노린 것이다.[154]

---

151) Carl von Clausewitz, *Vom Kriege*(Berlin: Ferdinand Dummler, 1832): 김만수 번역, 『전쟁론: 국내 최초 원전 완역. 1』(서울: 갈무리, 2009), pp. 185-196.

152) 이와 관련해서는 박창희, 『현대 중국전략의 기원:중국혁명전쟁부터 한국전쟁 개입까지』(서울: 플레닛미디어, 2011) 참조.

153) 정광용, 최영관, "모택동의 전략전술에 관한 연구: 게릴라 전을 중심으로," 『통일문제 연구 5』(전남대 아태지역 연구소, 1981. 12), pp. 27-46 참조.

154) 페비안에 의하면 모택동의 게릴라 작전은 재래식 전쟁 형태에서 완전히 독립된 것이 아니다. 그가 분석한 모택동의 게릴라전은 세 단계로 구분된다. 첫째는 조직을 만들고 발전시키는 것이고, 둘째는 게릴라 작전을 수행하는 것이다. 셋째는 적을 격멸하는 단계이다. 이 단계에서는 게릴라는 재래식 군사력으로 전환되어 재래식 작전 다시 말해서 정규군 작전을 수행한다. Sandor Fabian, *Irregular Warfare: The future military strategy for small statcs*(FL: Sandor

역사적 패턴은 영토를 포기하는 것이 사실상 쉬운 일이 아님을 보여준다. 예를 들어, 2차 대전 당시 폴란드군의 최초 방어계획은 나레프, 비스툴라 강을 이용하고 요새를 편성하고 기동방어를 실시하는 것이었지만, 2/3의 오일과 자원을 포기할 수 없었으며 철수하는 모습이 항복하는 것 같다는 이유로 전방에서 지역방어로 전환하여 매우 빠른 재앙을 맞이하게 된다.[155] 마치 한국전쟁 당시 서울을 포기할 수 없었던 것 역시 유사한 사례로 인용되기에 충분하다. 오늘날까지도 한국군이 전방지역에 가장 많은 전투력을 배비한 것도 이러한 역사적 사례와 무관하지 않을 것이다. 따라서 심각한 위험성을 갖는다고 분명히 말할 수 있다.

클라우제비츠의 교훈 중에 중요한 것은 전투였고, 전투는 기본적으로 적을 섬멸해야 하는 것이다. 여기서 남긴 수수께끼는 '전투를 어떻게 수행해야 하는가?' 라는 점이었다. 그렇다면 적을 섬멸하는 다른 대안을 생각해 보아야 한다. 한스 델브뤼크의 소모전도 그 대안이라고 말할 수 있다. 그는 클라우제비츠가 살아서 그의 저서를 보완하였다면 소모전략에 주의를 기울이고 높이 평가했을 것으로 보았다. 나폴레옹도 결국 러시아의 소모전략으로 패망한 것이었다.[156]

델브뤼크가 기동전을 언급하지 않은 것은 아니다. 델브뤼크의 기동전은

Fabian, 2012), pp. 20–21.

155) US War Department, "Digests and Lessons of Recent Military Operations: The German Campaign in Poland: September 1 to October 5, 1939," United States Government Printing Office Washington, 1942. https://www.ibiblio.org/hyperwar/Germany/DA- Poland/DA-Poland.html(검색일: 2017. 2. 4).

156) Greenspan, Jesse, "Napoleon's Disastrous Invasion of Russia," *History in the Headlines*, 2012. 6. 22 참조. http://www.history.com/news/napoleons-disastrous-invasion-of-russia-200-years-ago(검색일: 2017. 2. 4).

앞서 언급했듯이 작전적 수준과 전략적 수준의 기동을 포함한다. 작전적 수준의 델브뤼크의 기동은 리델 하트의 간접접근의 확대라고 볼 수 있다. 반면 전략적 수준의 기동은 행동자유의 극대화 조건을 목표로 하는 것이라고 할 수 있다. 그러므로 델브뤼크의 기동전 사고는 소모전략을 모체로 한다고 보아야 한다. 노력을 절약하고 결전을 회피하며 정치적 계산을 통해서 그 목적을 달성하기 위한 것이라 말할 수 있다.[157]

실제 18세기 전쟁과 프레데릭 대왕의 전쟁은 나폴레옹의 전략이 아니었다.[158] 그리고 1차 대전에서 소모전략의 효용성은 확실히 입증되었다. 유혈전투의 불가피성에 대한 글귀들은 매우 자주 인용되었는데 이러한 유혈 전투에 대한 강조는 실은 군사교범보다는 골츠, 베른하르디(Bernhardi), 빌헤름 시대의 수많은 이론 모방가들에 의한 대중적 군사저술에서 발견할 수 있는 것이었다. 더욱이 독일에게 있어서 양면전쟁을 수행해야 한다는 지리전략적(geo-strategic) 상황은 섬멸전략에 치우칠 수밖에 없었다는 평가를 당연히 하게 된다. 특히 쉴리펜에게 있어서 수백만 전투원이 수십억 마르크를 소모하는 전쟁을 수행하는 것은 받아들일 수 없는 것이었다.[159] 그렇다면 오늘날 이라크 전쟁 등에서 1명의 테러요원을 제거하기 위해서 수만에서 수십만 달러짜리 정밀 탄약을 사용하는 것도 당연히 이해하기 어려운 것이

157) 류재갑의 분석을 기초로 할 때, 델브뤼크의 기동에 대한 생각은 클라우제비츠에게서 유래된 것이라고 보아야 한다. 클라우제비츠의 기동은 본질적으로 결전주의적 섬멸전 사상이 아니라 결전회피 사상이므로 델브뤼크가 이를 받아들인 것이라는 함의를 제시한 것으로 보인다. 류재갑, "클라우제비츠와 현대 국가안보전략," 강진석, 『전략의 철학: 클라우제비츠의 현대적 해석 전쟁과 정치』(서울: 평단문화사, 1996), pp. 62-67.

158) 프레데릭은 군사력의 수적 우위에도 불구하고 직접적인 전투를 수행하기보다는 정치적 상황에 따라 융통성을 발휘하는 전투를 수행했다. 류재갑(1996), p. 60.

159) Michael Howard(2009), pp. 108-109 참조.

된다.

클라우제비츠는 현실적으로 강자의 소진이나 피로는 때때로 평화를 낳았다고 하더라도 그것이 철학적 관점에서 결코 방어의 일반적, 궁극적 목표로 간주될 수는 없고, 이렇게 될 때 방어는 결국 기다린다는 목표를 추구해야 한다고 보았다. 그렇다면 최종상태는 환경의 변화와 상황의 개선을 가져오는 것이다. 이것이 아롱에게 "정치적 이성"에 대한 불을 튀기게 한 중요한 시각이라고 보인다. 이러한 변화와 개선은 저항이라는 그 자체만으로는 달성할 수 없고 외적인 수단을 필요로 하는데, 그것은 다름 아닌 정치적 상황의 변화를 의미하는 것이다. 즉, 방어하는 국가를 지지하는 새로운 국가가 출현하거나 방어하는 국가에 대결관계를 유지했던 동맹 또는 다국적 체제가 붕괴되는 것이다.[160] 이것이 오늘날 하이브리드전의 핵심 노선이 되었고 새로운 국제관계 속에서의 힘의 관계를 형성하는 것이다. 결국 방어와 공격의 변증법은 분산해서 저항하는 세력들과 이를 공격하는 세력 간의 집중과 분산의 관계 속에서 정치의 관계로 논결되지 않을 수 없다.

제4절 국민무장과 "절대전 수준으로 끌어올려 놓은" 전쟁

1. 국민무장과 절대전

인천상륙작전의 영웅 맥아더 장군은 해임 후 국회 상원 청문회에서 다음과 같이 말한 적이 있다. "지역사령관은 단순히 부대를 지휘하는 데만 제한되지 않고 전 지역을 정치적, 경제적, 군사적으로 지휘하는 것입니다. 정치가 실패하고 군대가 인수하는 국면의 게임에서는 여러분은 군대를 신뢰

160) Carl von Clausewitz, *Vom Kriege*(1991, 1992), p. 424.

해야 합니다… 사람들이 전투상황에 들어가면 정치라는 이름으로 그들의 행동을 방해하고 승리의 기회를 감소시키고 손실을 증가시키는 그러한 인위적 장애는 없어야 한다고 나는 확실히 말하는 바입니다."[161] 이 말이 있은 후에 미국과 대서양 건너의 전략사상과 사회에 많은 관심이 유발되었다. 하지만 적어도 핵무기가 등장함으로 인해서 맥아더 장군이 군대 주도의 작전을 희망했던 것은 받아들일 수 없었다. 클라우제비츠의 제한전쟁에 대한 의미는 부각될 수밖에 없었다. 한국전쟁에서 미군과 연합군들은 클라우제비츠적 제한전쟁을 수행했다.[162] 핵무기 사용이 정치적 목적을 적절하게 설정하는 것을 불가능하게 했다. 이러한 예를 기초로 할 때, 과연 클라우제비츠의 절대전쟁에서 정치적 목적은 의미 없는 것인가를 생각할 필요가 있을 것이다.

절대전쟁에 대한 클라우제비츠의 분석은 제1편 1장에서 시작해서 제8편 '전쟁계획'에서 다시 이 주제를 논하여 절대전쟁과 실제전쟁의 관계를 고찰하고 있다. 그리고 무엇보다도 제8편의 의미는 독창적으로 이론적, 역사적 논술을 통해 전쟁과 정치적 성격과 정치와 전략의 상호관계를 분석한 것이라고 할 수 있다.[163] 이것은 마치 공격과 방어의 관계를 분석하면서 능동과 피동, 긍정과 부정 등의 개념을 분리 및 대결시킴으로써 양극성 개념의 사용과 정(正)과 반(反)을 통한 사상적 변증법을 적용한 것과 유사한 것이라고 생각된다. 절대전쟁과 현실전쟁 역시 정(正)의 명제는 늘 반(反)의 명제를 수반하는 식으로 이론적 접근이 전개된다.[164]

클라우제비츠는 먼저 전쟁의 본질을 다루면서 정(正) 명제를 제시한다.

---

161) Michael Howard(2009), p. 117 인용.

162) Michael Howard(2009).

163) Peter Paret(1995), p. 174.

164) Peter Paret(1995), p. 169, 175.

전쟁은 다른 인간의 활동 또는 폭력행위와는 다르게 조직화된 집단폭력이라고 본다. 전쟁은 본질적으로 폭력행위이며 그 폭력을 적용하는 데는 논리적으로 사실상 아무런 제한이 있지 않다는 것이다. 그에게 무저항은 결코 전쟁이 아니었다. 언제나 살아 있는 집단 간의 폭력행동에 의한 충돌만이 전쟁이었다. 인간의 행동은 항상 상대에게 자신의 명령을 강요하기만 한다. 그래서 양측의 자유로운 행동은 자신만의 명령에 따를 것만 고집하게 되어 전쟁은 극단적인 폭력 사용을 수반하게 된다. 절대적 전쟁에서는 한 쪽의 살아있는 집단이 상대를 완전히 파괴할 때만 종결될 수 있는 것이다.[165]

하지만 여기서 놓쳐서는 안 되는 것이 있는데 그것은 바로 반(反) 명제가 이어서 수반된다는 것이다. 이 명제는 전쟁은 쌍방 간의 정치적, 사회적, 기술적 제반 요소들의 영향을 받을 수밖에 없다는 것을 의미한다. 그러므로 완전한 무자비한 폭력은 특히 문명화된 국가에서는 억제된다. 전쟁은 고립된 행동이 아니고 그것에 영향을 미치는 다양한 요소로 인해 폭력의 발휘는 수정된다.[166] 바로 이점은 아롱에게 사회학적 시각에서 전쟁을 바라보게 만들었던 주요 배경일 것이라고 추측된다. 전쟁이 적의 완전한 패배가 아닌 제한된 패배를 추구하게 되면 극한의 상황으로의 확대는 피하게 될 것이다.

하지만 여기서 또다시 반(反) 명제가 등장한다. 전쟁은 비록 제한된다고 하더라도 본질적으로 그 폭력성을 배제할 수는 없다고 본다. 그래서 절대전쟁과 제한된 현실전쟁은 항상 함께 전쟁의 이중적 본질을 형성하게 된다는 것이다.[167]

이러한 난해함 때문에 아롱에게 있어서 클라우제비츠의 수수께끼를 해

---

165) Peter Paret(1995), p. 175.

166) Peter Paret(1995), p. 176.

167) Peter Paret(1995).

석하는 방법은 그의 생애를 돌아보고, 그의 문장들을 그 당시 순서대로 찾아보는 것이었다. 이러한 노력의 결과, 그에게 있어서 1828년에서 1830년 간의 클라우제비츠의 사상은 매우 중요한 것으로 판단되었다. 클라우제비츠는 이 시기의 표현에서 개념과 현실 간의 구분을 완전히 거머쥐었으며, 절대전쟁의 비현실적인 특성을 표현했다고 아롱은 주장한다.[168]

절대전의 수수께끼를 풀기 위해서 우리는 국민무장의 문제를 반드시 다룰 필요가 있다. 다시 말해서, 절대전쟁이 폭력의 극단적 운용과 적대 감정에 기초한 것이라면,[169] 절대전의 양상을 이해하기 위해 국민무장을 분석하지 않을 수 없겠다. 나폴레옹 전쟁의 현상들을 떠올려보자. 그리고 리델 하트가 언급했듯이 "정복 의지를 최고의 미덕으로 여기고, 무장한 국민에 의한 무제한 폭력으로 수행하는 공격전의 독특한 가치를 강조하고 모든 것을 능가하는 군사행동의 위력을 선언했다"[170]는 말도 상기해 보자.

프러시아의 후비역군(後備役軍) 장래 문제를 놓고 펼친 클라우제비츠의 논쟁이 있었다.[171] 그는 여기서 전 국민무장이 갖는 군사적 그리고 심리적인

---

168) 아롱은 클라우제비츠를 분석하기 위해 먼저 1장에서 클라우제비츠의 생애를 다룬다. 그리고 그는 클라우제비치언 시스템의 해석을 위해서는 작성된 시기를 고려하여 문장들을 정리할 필요가 있다고 주장한다. 아롱은 심지어 클라우제비츠가 그의 아내와 교환한 편지까지 분석하고 있다. 그리고 아롱은 각 장의 문장을 병렬로 대조하는 것을 반대한다. 이유는 클라우제비츠는 각각의 문제를 고려한 것이지 전체를 고려한 것이 아니라는 것이다. 이성의 선상에서 논리적인 사고로 각 분야를 다루었다는 주장이다. Raymond Aron, *Clausewitz: Philosopher of War*(1983), p. 3 참조.

169) Carl von Clausewitz, *Vom Kriege*(1991, 1992), pp. 34-35 참조.

170) Michael Howard(2009), p. 114 재인용.

171) 복고(復古) 시대의 프러시아는 후비역군의 장래문제를 놓고 공개적으로 논쟁을 펼친다. 전쟁장관 보이엔(Boyen)은 후비역군을 항구적인 군대로 전환하고 상교들을 대부분 도시와 농촌의 중산층 자제들로 충원시키려고 했다. 이유는 국가

강점을 언급했다. 그는 비록 기술적으로는 부족할지 모르지만 애국적 측면의 강점을 주장했다. 평민계급까지 국가에 대한 책임감과 충성심을 강화하는 것은 국민의 의지와 연계되어 있고 이것은 끝까지 저항할 수 있는 기반을 형성할 수 있는 것이다. 이러한 특성을 등한시 한 결과 나폴레옹의 혁명적 깃발아래 유럽은 절대전의 소용돌이에 빠지게 된 것으로 볼 수 있을 것이다.[172]

클라우제비츠도 당시 다른 군사전문가들과 마찬가지로 나폴레옹 전쟁에서 전략의 기본적 원칙을 찾는 데 상당 부분을 할애하였지만, 실제로 그는 프랑스 대혁명이 낳은 전쟁과 그 이전의 전쟁과의 차이를 분석했다고 했다. 클라우제비츠는 프랑스 대혁명이 유발한 도덕과 정치의 변화를 맞이한 국가와 구체제의 국가 간의 전쟁 방식은 다를 수밖에 없다고 보았다. 완전한 승리를 위해서 국민적 에너지를 모두 모아서 수행하는 전쟁과 제한된 목표를 가지고 제한된 무력을 사용하는 전쟁은 다른 양상이라고 했다. 그러므로 나폴레옹 전쟁과 같이 국민적 총력을 쏟아 붓는 전쟁은 절대전의 범주로 구분할 수 있었을 것이다.[173] 클라우제비츠의 국민무장은 인간의 싸움의

와 시민에 대한 충성심과 책임감을 강화하고 장교단을 여러 계급을 오가는 교량 역할을 하도록 하려했던 것에 있었다. 하지만 귀족 세력의 반대에 부딪쳤다. 반대는 후비역장교들의 기술적 부적합성에 대한 우려가 아니라 사실은 장교단의 성격 변화 즉 귀족자제들과 일반평민 계급이 함께 근무하는 것에 대한 불쾌감 때문이었다. 더욱이 귀족들이 우려했던 것은 이러한 후비역군들이 혁명군화될지도 모른다는 것이었다. 클라우제비츠는 이러한 귀족들의 생각에 반대했다. 그는 모든 시민은 국가에 똑같은 의무를 가져야 하고 모든 사람은 법 앞에 평등하게 선발되어야 한다고 보았다. 국가와 사회는 귀족이 우려하는 프랑스 혁명 같은 과격주의를 피하도록 하고 지나친 보수세력의 배타성을 잘 조절해야 한다고 보았다. Peter Paret(1992), p. 89-90 참조.

172) 클라우제비츠는 제8편 전쟁계획에서 나폴레옹의 전쟁을 절대전쟁의 시각으로 보았다. Carl von Clausewitz, *Vom Kriege*(1991, 1992), p. 370.

173) Michael Howard(2009), p. 215.

지를 기저로 한 절대전 사상의 중심을 이룬다.

2. "절대전 수준으로 끌어올려 놓은" 전쟁과 현실세계

엄격하게 말하자면, 클라우제비츠가 나폴레옹 전쟁을 절대전쟁 그 자체로 본 것은 아니다. 그렇다면 사실상 국민무장의 문제는 절대전과 동일한 실체로 고려할 수는 없을 것이다. 클라우제비츠는 나폴레옹 전쟁에 대해서 정확히 표현한다면, 나폴레옹전쟁은 절대전쟁이 아니라 "절대적 전쟁의 수준으로 끌어올려 놓은"[174] 전쟁이었다. 바로 이러한 시각에서 본다면 아롱이 절대전쟁의 비현실성을 늘 가슴에 품고 있었다는 생각에 더욱 신뢰성을 갖게 된다. 아롱 역시 절대전쟁의 비현실성을 강조한다. 아마 이것은 아롱의 사상체계 속에서 볼 때, 혁명적 사상에는 허구성과 위험성이 존재하기 때문이었는지 모른다. 인간의 열정을 절대전쟁으로 변화시킬지도 모르는 혁명적 사상은 "지식인의 아편"인 것이었다.[175]

---

174) 제8편 제2장 '절대적 전쟁과 현실적 전쟁'에서 클라우제비츠는 "프랑스 혁명의 짧은 서막이 끝난 후 보나파르트는 전쟁을 신속하고 무자비하게 절대적 전쟁의 수준으로 끌어올려 놓았다."고 언급했다. 즉, 절대전쟁과 동일시한 것은 아니다. Carl von Clausewitz, *Vom Kriege*(1991, 1992), p. 369–379 참조할 것. 하지만 일부 학자들은 이 문구를 절대전쟁의 의미로 해석하기도 했다.

175) 아롱은 혁명을 반대한다. 이것은 점진적인 개혁에 비해 인간사회에 위험한 것이었다. 그에게 혁명적 폭력성만큼 중요한 것은 이데올로기, 사상의 변화였다. 그는 토크빌의 주장을 빌려서 민주주의의 인내를 언급한 바 있다. 아롱은 말하기를 "토크빌은 만일 대의제도가 대중의 조급함에 의해 일소되고 처음에는 당당했던 자유의 관념이 그 힘을 잃고 말면 민주주의의 어쩔 수 없는 원동력으로 어떤 나쁜 결과를 초래할 것을 명백히 예언했다. 부르크하르트나 르낭 같은 역사가들은 인류의 화해를 바라는 마음보다는 암흑시대에 있었던 폭정이 될까 겁내는 편이 훨씬 강했다."라는 점을 강조했다. '혁명의 신화' 부분이 이해를 위해서 유용한 부분이다. Raymond Aron, *L'opium des Intellectuels*(Paris:

궁극적으로 비록 국민무장을 기초로 하건 아니건, 클라우제비츠가 주장했던 것을 전체적으로 종합해 본다면 정치가 전면에 나선다. 전쟁의 성격을 본다면 전쟁은 극단적으로 적을 섬멸하려는 시도로부터 최소의 폭력형태인 무력과시에 이르기까지 다양한 양상으로 나타난다. 이러한 모든 전쟁을 수행하는 것의 바탕은 결국 정치인 것이다. 단, 여기서 정치란 정파적인 것을 의미하는 것은 아니다. 절대전쟁이건 현실전쟁이건 광의의 시각으로 볼 때 이를 좌우할 수 있는 것이 결국 정치라는 말이다.[176] 그렇다면 국민무장은 클라우제비츠가 정확히 표현했듯이 절대적 수준의 전쟁으로 끌어 올릴 수 있는 정치적인 원동력이 된다고 볼 수 있다.

하지만 정치적 수준에서 정규군을 선호하는 이유가 있다. 민병, 다시 말해서 국민무장군은 혁명의 위협을 가져올 수 있을 정도로 강력한 힘을 내재하고 있기 때문이다. 실제로 클라우제비츠는 이러한 위협을 해소시키려고 한다면 오히려 더 큰 위험이 오게 될 것이라고 경고할 정도로 그 내재적 힘을 강력하게 인정했다. 국내 평화는 국민의 무장이나 비무장에 의존하는 것이 아니고, 어차피 억압받는 국민들과 직면하여 정부가 무력으로 체제를 유지해야 한다면 그것은 왕과 그 가족의 호전성에 달린 것이고 정직한 정부

Gallimard, 1968): 안병욱 번역, 『지식인의 아편』(서울: 삼육출판, 1986), p. 33, 45-58 참조.

176) 이것과 관련하여 파렛은 "국가의 개념에 대해서 그가 그것을 최대의 권력을 추구하는 유기적 조직체로 본 것은 절대전쟁의 가설과 일치하는 것이다. 전쟁론에서 최대의 폭력을 사용하는 전쟁은 이론에 필요한 극단적 상태로 가정한 것이다. 즉, 현실적으로는 일반적으로 절대전 형태를 띠지 않지만 다양한 전쟁양상을 이해하는 데 있어서 이론적으로 가장 이상적인 기준으로 절대전쟁을 상정한 것이다. 총체적 폭력을 사용하거나 또는 국가의 제한 없는 권력욕을 추진하는 질대성은 통상적으로 내적 및 외적 요인에 의하여 제한되기 마련이며, 이러한 제한성은 국가와 사회에 현실적이며 또한 이로운 것이다."라고 주장한다. Peter Paret(1992), pp. 94-95 참조.

는 그것을 걱정할 필요조차 없는 것이다. 정부가 국민무장을 걱정하는 이유는 그들이 대중으로부터 고립되고 불만을 감지하지 못하기 때문일 것이다. 그래서 국민무장군의 불만이 폭발하여 정부에 대항하게 되면 정규군은 두 배 이상의 민병과 맞서야 된다.[177] 그러므로 이러한 내재적인 힘은 대외적인 전쟁에서도 절대전의 수준으로 전쟁을 끌어올릴 수 있을 것이다.

여기서 아롱의 절대전쟁에 대한 근본적인 접근을 다시 논해볼 필요가 있다. 이것은 인간의 본성과 관련된 것으로 폭력성을 의미한다. 아롱은 클라우제비츠가 때때로 18세기의 제한된 전쟁에 대해 인식했지만, 이러한 감상주의적인 것은 종종 있는 것에 불과하다고 주장한다. 인간은 주로 단순한 감성을 표출한다고 했다. 그래서 인간은 적의 의지를 굴복시키기 위해 폭력을 절대적으로 휘두르게 된다. 무엇보다 중요한 이익이 위험에 처하게 되면 절대전쟁으로 갈 수 있다는 것을 경고한다.[178] 인간의 원초적 열정은 이성을 극복할 수 있다는 것이다. 이것은 인간의 본성과 결부된 것이고 사실상 인간행동학적 측면에서 모순적인 면도 갖는다. 그러나 클라우제비츠의 삼위일체와 관련하여 첫 번째 요소인 폭력과 격정이 주로 국민과 관계되는 것이라면[179] 당연히 절대전 수준의 전쟁은 하나의 현실세계에 명확히 존재하는 현상으로 국민무장과 떼어 놓을 수 없는 것이라고 결론지어야 할 것이다. 1, 2차 세계대전은 명확한 예이다. 물론 절대전 수준으로의 폭력의 에스컬레이션화는 반드시 국민요소에 의해서만 좌우되는 것은 아닐 것이다. 나폴레옹전쟁 당시 국민의 격정보다 나폴레옹 자신의 격정과 폭력이 더 크게 작용했다고 볼 수도 있기 때문이다.[180]

177) Raymond Aron, *Clausewitz: Philosopher of War*(1983), p. 36 참조.

178) Raymond Aron, *Peace & War*(2009), pp. 23-24.

179) Peter Paret(1992), p. 202 참조. 이 문제는 다시 4장 4절에서 논하게 될 것이다.

180) Peter Paret(1992).

특히 국가와 관련하여 아롱이 강조한 점은 국가 간의 관계 국면 또는 모멘트 내에서 각 국가는 정치적 영역에 복종하지 않을 수 없다고 본다. 아롱의 철학은 기본적으로 국가를 배제하지 않고 베스트팔리아 체제의 틀에서 벗어나지 않는다. 그래서 국가의 주권을 그리고 국가에 속한 국민의 주권 존재를 사실상 강력하게 옹호한다. 그가 살았던 시대는 공산주의 이론의 허구를 볼 수 있는 시대였다. 전 노동자 계급의 단결을 예견하고 주장했던 마르크스주의자들이 본 인간 세계의 실상은 노동자들이 단결한 것이 아니라 1차 세계대전 당시 자신의 국가를 위해 목숨을 내놓고 싸우는 모습이었다.[181] 이러한 역사적 사실 속에서 공산주의 이론이 옳다고 말할 수는 없을 것이다.[182] 따라서 아롱이 주권이 사실상 세계의 전쟁문제를 주도한다고 결론지은 것도 당연한 것이다.

현실세계에서 정치는 전략과 외교를 좌우하는 것이다. 군사작전을 수행하는 것을 전체적으로 전략이라 하고, 다른 정치적 단위체와 관계 행위를 하는 것을 외교라고 한다면, 전략과 외교는 모두 정치의 하위, 즉 국가 이익의 집합체 또는 그 지도자의 한 부분이 된다고 하겠다. 전쟁 시에도 외교는 지속된다. 이를 통해 적국을 위협하거나 평화의 가능성을 제안하게 된다. 평화 시에도 외교를 사용하지만 무장한 능력을 배제하지는 않는다.[183]

---

181) Free Congress Foundation Presents에서 제작한 William S. Lind, *On the Origins of Political Correctness, Part 1*, Free Congress Foundation 참조. 이 동영상은 마르크시즘에 대한 분석을 주로 다루고 있다. https://www.youtube.com/watch?v=jyFCNj52DeA(검색일: 2017. 2. 15).

182) 아롱은 이와 관련하여 "1917년 러시아 혁명과 서구에서의 혁명의 실패는 예기치 않았던 정세를 이룩하고 이것은 교리의 수정을 불가피하게 했다."고 언급했다. 그리고 프롤레타리아의 최초 승리는 자본주의 성숙조건이 미숙한 나라에서 발생했고, 이것은 생산력 발전만이 혁명의 가능성을 결정하지 않는다는 점을 보여주었다고 분석했다. Raymond Aron(1968), p. 105.

183) Raymond Aron, *Peace & War*(2009), p. 24.

절대전쟁에서 극단적인 폭력은 적의 완전 파괴 또는 무장해제를 낳는다. 심리적인 요소는 궁극적으로 사라지게 되는 것이다. 그러나 이것은 제한된 사례만이 존재한다. 모든 실제 전쟁에서는 분쟁 집단들은 하나의 의지를 결속하고 표출한다. 이러한 측면에서 보면 클라우제비츠나 아롱의 말대로 모든 것은 심리적인 것이 기초가 된다. 예를 들어, 히틀러가 1940년 영국은 패배했다고 처절하게 주장했지만, 영국은 이를 받아들이지 않고 저항의지를 지속시켰다. 그러나 여기서 더 나아가 현실세계의 중요한 의미를 이해할 필요가 있다. 역사사회는 단일 국가 사이에서의 전쟁만으로 끝나지 않고 그 구조 속에는 동맹국 및 중립국이 존재하며, 오늘의 적도 존재하지만 오늘의 친구이면서 내일의 적도 존재해 왔다는 것을 보여준다.[184]

절대전쟁의 실제모습은 핵전쟁만 가능하다고 생각할 수 있을지도 모른다. 하지만 반드시 그렇다고 볼 수는 없을 것이다. 나폴레옹 전쟁이나 그 이후 벌어졌던 세계대전 모두 절대전쟁이 아니라 절대전쟁의 수준으로 끌어올려진 전쟁이었다고 할 것이다. 건드리기 쉽지 않은 부분으로 접근하여 더 나아가면 종교에 대한 광신적 믿음까지 언급하지 않을 수 없다. 만일 심리적인 의지가 현실세계를 이끈다면, 절대적인 의지는 신의 세계에 존재할 것이다. 이러한 절대적 의지는 절대적 수준을 뛰어넘을 수 있다는 딜레마를 이끈다.

이슬람 스테이트와 같은 비국가조직은 사실상 강력한 의지를 가지고 있다고 보아야 한다. 조지 부시 정부가 9.11테러 이후 이라크와 아프간을 공격하여 국제 테러조직의 본원을 파괴하려 했고, 실제로 작전은 성공적이어서 알 카에다는 본부를 잃고 수많은 조직원이 체포되는 등 막대한 손실을 입었다. 이후 미국은 테러와의 전쟁에서 승리를 선언했지만, 바로 그 미국은 반미 성전이라는 구호 하에 새롭게 등장한 비국가테러조직과 다시 대항

---

184) Raymond Aron, *Peace & War*(2009), p. 25.

해야 했다. 그리고 아프간을 점령하고 테러 위험을 미리 제거한다고 했지만, 이슬람의 저항은 수그러들지 않았다.[185)]

아롱이 현실전쟁에서 고려한 두 가지, 즉 인간의 심리적인 의지 그리고 국제관계의 존재를 고려한다면 이러한 비국가적인 테러 전쟁의 형태는 국가 간의 일반적인 심리적 의지를 벗어난 것으로 보인다. 또한 궁극적으로 이러한 조직이 아직 유지되고 있는 이유는 국경을 초월하여 이들을 지원하는 같은 부류의 믿음을 가진 세력들이 존재한다는 것에 있다.[186)] 따라서 심리적 의지의 정치적 이용의 한계 그리고 국제 체제에서의 요구에 따른 현실적 협상의 모색과는 전혀 다른 현상이 초래될 수도 있는 것이다.

2차 대전 이후에 서구의 군사력은 가장 강력한 모습을 보였고 또한 자신들 국가의 적에 대해서는 아주 성공적인 위용을 떨쳤다. 그러나 이러한 경우 분명한 것은 상대가 자신들과 매우 유사한 무기, 편성 및 전투수행방법, 전략을 지닌 경우였다고 할 수 있다. 1967년 6일 전쟁은 기동전의 진수를 보여주는 격이었다. 그리고 1991년 걸프전쟁은 기동과 화력 그리고 정보기술이 접목된 군사에서의 혁명(RMA)의 성공적 구현이었다.

소련이 붕괴된 이후 등장한 적들은 이와는 상이한 적들이었다. 소말리아에서, 르완다에서 그리고 발칸에서 나타난 적들은 서구의 전통적인 군사력이 상대하기를 원했던 적은 아니었다. 비록 그들은 무시될만한 상대였지만, 나타난 현상은 1967년과 1991년의 모습이 아니었다. 왜 이러한 현상이

185) 최진태, 『알카에다와 국제테러조직』(서울: 대영문화사, 2006), p. 72.

186) 물론 복잡한 문제가 상존한다. 시아파와 수니파의 갈등, 정치적 구조 그리고 오일 머니와 같은 국제적 수준의 문제들이다. 그래서 스스로 자금을 조달하는 격이라고 볼 수 있다. 하지만 근본적으로 같은 믿음을 갖는 사람들의 지원이 기저를 이룬다고 볼 수 있다. 이와 관련하여 “Islamic State: Where does jihadist group get its support?,” *BBC*(September 1, 2014) 참조. http://www.bbc.com/news/world-middle-east-29004253(검색일: 2017. 6. 6).

나타났는가에 대한 의문은 서구의 학계를 몰아쳤다. 심지어 전쟁의 본질에 대한 새로운 패러다임을 생각해야 한다는 입장도 나왔다.[187]

3. 인간 열정의 작용

새로운 전쟁 학파는 왜 전통적인 군사 우위가 내전이나 또는 전복전에서 제한된 가치를 갖는가에 대한 의문을 제기했다. 이러한 전쟁에서의 승리는 대규모 파괴에 의존하지 않고 적에 대한 대중의 지원과 적이 필요로 하는 자원을 어떻게 끊는가에 달렸다는 것이다. 대표적으로 캘돌(Mary Kaldor)은 이러한 새로운 전쟁 사상은 클라우제비츠의 철학을 벗어난다고 보았다. 전통적인 군사적 수단은 국가 간의 전쟁에 적합한 것이고 오늘날 분쟁에는 사용하기 어렵게 되었지만, 반면 민족적, 인종적 그리고 종교적 또는 부족적인 측면에서 구분되는 집단에 의한 전쟁은 전통적 전쟁이 아니기 때문에 전통적인 군사적 승리가 아닌 폭력 사용을 통한 정치적 동원(political mobilization)의 문제가 전면에 대두된다고 주장한다. 이러한 정치적 동원은 일반적으로 민간인에 대한 표적화를 통해 이루어진다. 이러한 새로운 전쟁은 국가의 분열을 낳게 되고 특히 냉전의 종식 이후에 국가 간의 전쟁은 소멸되고 대신 내전적인 성격의 분쟁이 선호된다는 것이다.[188]

앞으로 중요한 논제로서 살펴보겠지만 린드(William Lind) 역시 4세대 전쟁 이론을 주장하면서 서구는 독일이 사용했던 기동전의 심볼인 전격전(Blitzkreig)과 같은 전통적인 전쟁 원리로 게릴라전, 테러, 서구의 대중적 지

---

187) Bart Schuurman, "Clausewitz and the New Wars Scholars," *Parameters*(Spring 2010), p. 89.

188) Mary, Kaldor, "Elaborating the 'New War' Thesis," Isabelle Duyvesteyn and Jan Angstrom(eds.), *Rethinking the Nature of War*(New York: Frank Cass, 2005), pp. 212-220 참조.

원을 위협하는 것을 목적으로 하는 캠페인에 대항하고 있다고 본다.[189] 사실상 전통적인 클라우제비츠의 전쟁사상에 의문을 제기하고 있다. 토니 콘(Tony Corn)은 클라우제비츠를 원더랜드에 살았던 인물로 보고 있다. 그 역시 새로운 전쟁학파에 속한다고 할 것이다.

하지만 쉘만(Bart Schuurman)은 절대전쟁과 현실전쟁은 클라우제비츠의 종합적 이해를 통해서 고려해야 한다고 주장한다. 그리고 그는 리델하트가 1차 대전의 책임을 클라우제비츠에게 돌렸고, 케이건(Jhon Keegan)의 구속 없는 전쟁이 최고의 국가 이익이라고 클라우제비츠가 말했다는 주장에 대해 반대한다. 실제 클라우제비츠의 전쟁론을 정확히 보면 그런 주장이 타당하지 않다는 것을 발견할 수 있다고 한다. 클라우제비츠는 플라토닉한 감각으로 "이상적인(ideal)" 형태의 전쟁에 대한 철학적 관념을 탐구했을 뿐이라고 주장한다. 배스포드(Christopher Bassford) 역시 클라우제비츠가 당시 프러시아의 변증법적 표현방식을 사용했기 때문에 최초에 폭력의 무제한성을 말한 것으로 볼 수 있다고 주장한다.[190] 완전한 폭력으로서의 전쟁이라는 테제는 합리적 행위로서의 전쟁이라는 안티테제와 함께 종합적으로 보아야 한다는 의미이다. 결국 "이상적"이라는 의미는 현실 속에 존재하기가 사실상 불가능하다는 것이다. 그렇다면 폭력의 고유적 성질과 관련하여 종합적인 사고를 한다면 전쟁은 절대전 수준으로 끌어올려지는 전쟁이 존재할 수 있는 것이겠고, 그래서 국민의 저항 또는 전쟁의지는 클라우제비츠의 원더랜드 속에 존재하는 또 다른 하나의 수수께끼가 될 것이다.

189) William S. Lind, Keith Nightengale, John F. Schmitt, Joseph W. Sutton, and Gary I. Wilson, "The Changing Face of War: Into the fourth generation," Terriff, Terry, Karp, Aaron and Karp, Regina eds., *Global Insurgency and the Future of Armed Conflict: debating fourth-generation warfare*(New York: Routledge, 2008), pp. 13-20.

190) Bart Schuurman(2010), pp. 92-93.

국민무장은 단순히 전투적인 수준에서도 큰 의미가 있지만 보다 심오함을 갖는다. 그 이유를 살펴보자. 토니 콘(Tony Corn)의 매우 충격적인 논문 「이상한 나라의 클라우제비츠(Clausewitz in Wonderland)」에서는 지난 30년 이상의 세월을 무슬림 국가들이 산아증가 정책(natalist policies)과 대중에 대한 반서구주의 사상 세뇌, 서구로의 대규모 이민 등을 통해서 문화적 간접전략을 추진했다고 주장한다. 예를 들어, 영국의 무슬림 인구는 약 200만으로서 영국의 정치인들은 그들의 눈치를 보게 되었다고 말하고 있다. 이라크는 재래식 전투에서는 패배하였지만 게릴라전, 테러 등으로 대항함으로써 전통적인 클라우제비츠의 이론으로 건설된 군사력과 네트워크 중심의 전쟁방식을 사용하는 미국을 어렵게 하고 있다고 했다.[191] 따라서 간접적인 전략으로서 국민무장을 바라보게 되면 단순한 전투 행위를 뛰어넘어 "절대전 수준으로 끌어 올려놓은" 전쟁 이상의 무엇인가를 함의(含意)하고 있다고 보아야 한다. 이것은 원초적인 열정의 작용을 근원으로 한다고 할 수 있다.

최근 미국이 수난을 겪었던 이라크의 역사적 경험을 통해 생각해 보았을 때, 이라크에서의 "낭패(fiasco)"는 적어도 미리 운명 지어진 것이 아니었다. 군대와 민간 모두 책임을 공유해야 했다. 미국의 군대가 이라크의 군대를 해산한 것이 아니다. 그리고 새로운 이라크 정부를 4개월 걸려 수립한 것도 아니다. 미국의 민간 정치지도자들과 군인들은 이라크의 세력들이 재래식 전투에서 패배했다고 하더라도, 이어서 다음에 저항방법을 준비했고 바로 그들이 국제적인 지하드조직에 대한 지남철로서 역할을 할 수 있으리라는 상상을 하지 못했다. 더욱이 전혀 국경을 봉쇄할 수 없었다. 수니의 부족적 민병대들이 그렇게 난폭한 저항을 할 것이라고 보지 못했고, 무슬림의 불만을 해결할 선제적인 경제적, 정치적 조치를 고려하지 않았다. 더

191) Tony Corn, "Clausewitz in Wonderland," *Policy Review*(Sep. 1, 2006). http://www.hoover.org/research/clausewitz-wonderland(검색일: 2017. 2. 8).

욱이 시아파 내에 신정 시스템을 세우기 위해 힘을 사용할 수 있는 세력이 없을 것으로 보았다.[192] 클라우제비츠의 "절대전 수준으로 끌어올린 전쟁"과 국민저항과 관련된 의미는 전쟁을 지켜본 기자로서 현대전의 현실을 기록한 릭스(Thomas Ricks)의 저서 속에서 충분히 느낄 수 있다. 하지만 보다 중요한 것은 이것이 절대전 수준이 아닌 절대전(絕對戰)으로 돌변할 수 있다는 심각한 우려이다. 그래서 클라우제비츠의 절대전 개념은 국민무장 그리

---

192) 릭스의 시각에는 이라크 침공은 충분한 준비가 되지 않은 전쟁이어서 이미 심각한 문제를 가져올 수 있는 것이었다. 그는 부시의 침공 결정을 방탕아적(profligate) 결정이라고 주장했다. 더욱이 이라크 점령과 통제 문제는 이라크 대중적 저항을 가져오기 충분한 것이었다. 군대가 작전할 때도 역시 이라크 주민의 감정을 고려하지 않는 작전을 수행했다. 릭스는 프랭크스, 오디어노 등 당시 지휘관들을 비판한다. 당시 군사작전의 실책은 다음과 같은 것들이었다.

1. 검문검색을 위해 이라크 전역에 검문소를 설치하였으며, 수색작전을 펼치면서 수 만 채의 이라크 가옥을 파괴했고, 수 만 명의 죄 없는 이라크 민간인을 감금했다. 특히, 민간인 감금문제는 대중적 저항을 일으키기 충분한 것이었다. 예를 들어, 전복세력의 요원들 가족을 감금하여 부당한 대우를 했으며, 이들을 전복세력을 굴복시키기 위한 인질처럼 활용했던 것은 이라크의 대중적 분노를 일으키기 충분한 것이었다.

2. 포병사격 역시 무차별적으로 실시되었다. 이로 인해서 테러범 및 저항세력뿐만 아니라 무고한 이라크 시민들이 피해를 받고 사망했다. 강력한 화력을 믿은 미 지상군은 소수의 요원들로 분산시켜서 작전하면서, 상황이 발생하면 대량 화력을 운용했다. 전투 현장에서 나타난 모습은 저항세력이 발견되면 상급부대의 엄청난 화력을 지원함으로서 심각한 물적 낭비를 가져왔을 뿐만 아니라, 이 때 민간인 피해를 함께 가져왔다. 적들은 미군의 이러한 대응 방법을 쉽게 알고, 이를 이용하여 대중적 분노를 일으키는 데 이용했다.

이에 대해서는 Thomas Ricks, *Fiasco: The American military adventure in Iraq*(London: Penguin, 2006) 참조. 북 리뷰는 Michiko Kakutani, "From Planning to Warfare to Occupation, How Iraq Went Wrong," *New York Times*(July 25, 2006) 참조. http://www.nytimes.com/2006/07/25/books/25kaku.html(검색일: 2017. 2. 23).

고 국민저항이라는 현실 세계의 현상 속에서 절대로 배제될 수 없다고 본다. 원초적 열정의 작용은 이성을 굴복시킬 수 있기 때문이다. 역사 속에서 이러한 열정의 작용이 실재했던 사례는 얼마든지 발견할 수 있다. 인간 열정의 작용이 갖는 위험성은 아롱에게는 인간사회의 존립과 관련된 중요한 함의(含意)였다.

제3장
클라우제비츠 전쟁론 쟁점에 대한 아롱의 해석

제1절 에코 채임버(Echo Chamber) 속의 전쟁, 정치적 목적

1. 에코 채임버와 아롱의 사회학

지금까지 이 책에서 선정한 클라우제비츠의 현대전쟁과 관련된 네 가지 쟁점을 논했다. 먼저 정치적 목적을 달성하는 데 있어서 단기결전만이 반드시 바람직한 전쟁 형태는 아니라는 점을 설명하고자 시도했다. 그리고 중심(重心)에 대한 타격만으로 정치적 목적을 달성하는 것도 사실상 모순적이라는 측면을 분석했다. 수적인 측면에서 그리고 과학적인 측면에서의 집중과 분산의 관계를 논하면서 이것이 공격과 방어의 관계가 아닌 결국 정치적 목적에 따라 카멜레온과 같이 변해야 한다는 것을 논했다. 마지막으로 저항의지와 관련된 국민무장에 대해 논하면서 국민의 원초적 열정이 이상적 세계가 아닌 현실세계 속에서 절대전쟁을 만들 수 있을지도 모른다고 경고했다.

클라우제비츠의 전쟁론은 총 8편으로 구성되어 있고 사실상 정책과 전략을 다룬 것은 찾기 힘들다. 1편은 전쟁의 본질을 다루고 있다. 그레이(Colline Gray)의 주장대로 전략이 군사력과 정책을 연결하는 교량이라고 한다면, 콘(Tony Corn)이 언급했듯이 어떤 종류의 교량이 '전쟁론(On War)' 안에 있는가에 대한 의구심을 가질 수 있다. 콘은 클라우제비츠의 600쪽에 걸쳐 군사력 운용에 대해 주로 논한 이 책이 정책에 대해서는 전혀 언급이 없다고 주장한다. 그리고 아직도 수많은 해석자들이 있어 왔지만, 레이몽 아롱과 칼 슈미츠의 분석을 뛰어넘는 새로운 통찰력을 지닌 것이 없다고 주장한다.[1] 실제 아롱도 클라우제비츠 전쟁론의 한계를 알았을 것이다. 그런 관계로 그의 대작은 '평화와 전쟁' 이라는 타이틀 하에 평화와 전쟁을 연결하는 정책적인 문제를 논한 것이라고 판단된다.

따라서 클라우제비츠에 대한 정통한 해석가로서 그리고 클라우제비츠의 전쟁을 뛰어넘는 세계 정치를 언급한 아롱에 대한 분석은 클라우제비츠 전쟁론에 감추어진 수수께끼와 밀접한 연관성을 가질 수밖에 없다고 할 것이다. 특히 국제관계의 본질을 현실적으로 직시하는 것이 중요하다고 본다. 비록 아롱을 정치현실주의자로 낙인찍을 수 없지만 말이다. 따라서 인간의 역사적, 사회적 인과관계에 대한 보편성의 발견이 한계가 있다는 것에 대해서 우리는 보다 직접적인 통찰을 하지 않을 수 없을 것이다. 여기서 다루고자 하는 것은 아롱의 정책적, 전략적 국제정치에 대한 분석이 이 책의 제2장에서 논한 클라우제비츠의 4가지 쟁점과 어떠한 연관성을 가질 수 있는지에 관한 것이다. 우선, 아롱의 사회학적 시각에서 바라보는 것이 요구된다고 하겠다.

마호니(Daniel J. Mahoney)와 앤더슨(Brian C. Anderson)의 주장대로, 아롱

---

1) 콘은 클라우제비츠의 전쟁론에 국제정치, 사회문화 등과 관련된 내용을 빌건할 수 없다고 주장했다. Tony Corn.

은 인간행동학과[2] 사회학적 관점에서 전쟁을 바라보았다. 무엇보다 사회학적 관점은 아롱이 클라우제비츠의 전쟁론에서 명확히 발견할 수 있는 중요한 분석 수단이었다. 클라우제비츠는 전쟁론 제2편 제3장 '전쟁술 또는 전쟁학' 부분에서 "전쟁은 일종의 인간의 교류행동"이라고 주장했다. 그는 전쟁은 단순히 전쟁의 술(術)과 학(學)의 영역에 속해 있는 것이 아니라 더 크게는 사회생활의 영역에 속한다고 보았다. 그에게 "전쟁은 중대한 이해관계의 분쟁"이었다.[3] 여기서 아롱적 시각에서 볼 때, 초점을 맞추어야 할 것은 이해관계이다. 모겐소 부류의 현실주의자와 다르게 아롱은 정치가 단순히 이익만을 추구하는 것이라고 보지 않았다. 그래서 그에게 권력은 소유가 아니고 관계였다.[4] 사회적 관계가 전쟁을 이끄는 것이었다. 이러한 관계의 문제는 지정학 그리고 힘의 관계를 이끈다. 만일 아롱이 사회학적 시각을 중요시하지 않았다면, 그는 모겐소와 같이 국제관계를 오로지 권력투쟁이라는 현실주의적 시각에서만 생각했을지도 모른다.

클라우제비츠는 전쟁에서 분쟁이란 피를 대가로 해결되기 때문에 다른 분쟁과 구별된다고 생각했다. 그래서 그는 전쟁은 어떤 술(術)보다도 상업술에 잘 비유된다고 보았다. 클라우제비츠는 이와 관련하여 "상업은 인간의 이익과 활동에서 빚어진 분쟁으로 정치와 가까운 성격을 띠고 있다. 역

---

2) 아롱이 Peace & War를 저술하면서 사용한 인간 행동학은 경제를 바탕으로 하고 있다. 이것은 일종의 합리적 이론이었다고 할 수 있다. 관련하여 Raymond Aron, *Peace & War*(2009), pp. 10-11을 볼 것.

3) Carl von Clausewitz, *Vom Kriege*(1991, 1992), p. 131 인용 및 참고.

4) 관계에 대한 것은 아롱 사상의 매우 중요한 부분을 차지한다. 그는 국제관계 속에서 '힘의 관계'를 중요하게 바라보았다. 이것은 곧 국가 간의 이해관계를 의미할 것이다. Raymond Aron, *Peace & War*(2009) pp. 30-36을 볼 것. 아롱은 "승리하는 것 또는 패배하지 않는 것"을 논하면서 국가 간의 힘의 관계가 한 국가의 승리를 제한할 수 있다고 본다. 따라서 패배하지 않는 것이 요구될 수 있다고 보았다. 관계는 국가의 행위를 제한한다.

으로 정치는 보다 큰 규모의 상업으로 간주될 수 있다. 더욱이 정치는 전쟁이 발전되는 배(胚)에 비유되기도 한다. 전쟁의 형상은 배아(胚芽) 내 생물체의 특성처럼 정치 속에 숨겨진 형태로 존재한다… 전쟁은 반응하는 생물체를 대상으로 의지를 행사하는 것이다."라고 주장했다.[5]

아롱에게 있어서도 전쟁이 존재하는 국제사회는 의지가 형성되는 생물체의 관계로 보였던 것이다. 매우 복잡한 관계가 존재하는 사회였다.[6] 클라우제비츠는 생물체 간의 분쟁이 보편적 법칙에 종속되어 있는가에 대해 긍정적이었다.[7] 아롱은 보편적 법칙을 인정하지 않았기 때문에[8] 이러한 관점에서 국제사회의 명확한 역사적 패턴은 없어도 어떤 가능성을 이끌어 내려했을지도 모른다.

또한 클라우제비츠는 제2편 제2장에서는 "무엇을 아는가?" 하는 지식보다 "무엇을 할 수 있는가?" 하는 능력이 우선되어야 한다고 주장한다.[9] 이것은 제1편 제3장의 군사적 천재와 연계성을 갖는다. 즉, 정치 지도부는 인간사회의 이익과 관련된 문제, 즉 전쟁을 수행함에 있어서 천재적인 능력이 필요하다는 의미로 판단할 수 있다. 그러나 이러한 군사적, 더 크게는 정치적 지도자의 천재성은 사실상 인간사회가 정치적으로 조직한 국제질서를 이해할 때만이 전쟁의 본질을 이해하고 전쟁을 관리해 나갈 수 있을 것이다. 바로 이러한 측면에서 아롱의 헤테로지니어스 또는 호모지니어스한 국제시스템 분석은 사회적 시각에서도 의미를 갖는다고 할 것이다. 그의 홉스 이해는 국제시스템은 초국가적 법에 의존하는 것이 어렵다는 점을 받

---

5) Carl von Clausewitz, *Vom Kriege*(1991, 1992), p. 131 인용.

6) Raymond Aron, *Peace & War*(2009), p. 6.

7) Carl von Clausewitz, *Vom Kriege*(1991, 1992), p. 132 참조.

8) Raymond Aron, *Peace & War*(2009).

9) Carl von Clausewitz, *Vom Kriege*(1991, 1992), pp. 128-129 참조.

아들이게 한다. 만일 초국가적인 법에 의존한다면 모든 (민족국민국가를 포함한) 국가단위체는 초국가적인 법 체제에 자신들의 주권을 포기해야 하는 것이었다. 이것은 불가능한 것이라고 아롱은 판단했다. 그렇다면 대안은 제국적 질서에 의한 지배만이 가능한 것이었다. 이것이 사회학의 현상학적인 모습과 인간 행동학에서 나올 수 있는 실상이었다.[10]

그러므로 제국이 지배할수록 관계는 중요한 것이었다. 아롱의 저서 『평화와 전쟁』은 그의 사상을 종합한 저서였다고 볼 수 있다. 이 저서에서 아롱의 국제사회와 전쟁에 대한 분석의 시각을 보면, 클라우제비츠의 사상을 기초로 하고 있음을 확인할 수 있다고 판단된다. 무엇보다도 아롱은 클라우제비츠의 안티노미에서부터 분석을 시작하고 있다. 즉, 절대전쟁과 현실전쟁의 문제를 우선 논한다. 절대전쟁은 완전한 승리를 추진하는 것이고 현실전쟁은 정치의 도구로 종사하는 것이다. 그는 현대전쟁과 식민지전쟁을 다루면서 어떻게 전쟁이 스스로 확대되어 가며 그래서 승자와 패자 모두가 전쟁이 그 자체로서 끝나는 것이 아니라는 것을 고려하여 전쟁을 끝내지 않으면 승자와 패자 모두가 참담해질 때까지 전쟁을 수행하게 될 것이라는 점을 다루었다.[11] 다시 말해서, 정치현실주의자들의 이익(interest)만이 존재하는 것이 아니라 이익과 해악 양자가 동시에 존재하는 아주 복잡한 사회적 관계를 갖는다고 보았다.

그래서 전쟁은 단순한 게임이론을 넘어서 사회의 변화와 활동 그리고 관계를 다루는 사회학적 시각을 필요로 하는 것이었다. 몽테스키외의 사회학의 영향으로 그는 인간 역사에 영향을 미치는 수와 공간, 그리고 자원

---

10) *Peace & War*의 4부 Praxeology 부분을 볼 것.

11) Quincy Wright, "Reviewed Work: Peace and War: A Theory of International Relations," *Political Science Quarterly*, Vol. 83, No. 1(March, 1968), p. 111.

을 논한다.[12] 모든 것을 고려하고자 하는 시도였다고 할 것이다. 이런 요소들은 국제사회에서 분쟁을 야기할 수 있는 이해관계로 작용한다. 이것들은 정치단위체의 힘에 영향을 미치는 것이다. 여기에 국가는 행위자로 상황의 요소를 만들게 된다. 따라서 국제사회라는 거대한 에코 채임버 속에서 각각의 상황을 조성하는 주체로서 사회의 구성원이 되며, 전쟁을 주도하는 국가행위를 구성한다는 것이 아롱의 시각이었다.[13] 하지만 아롱의 사회학적 시각, 다시 말해서 모든 요소를 고려하는 미시적 역사로서의 시각은 역사적 상황 해설에 완벽하게 구현될 수 없다. 그러므로 그에게 거시적 역사학은 중요한 수단이 된다.

아롱의 사회학은 큰 두 개의 기둥을 형성한다고 할 수 있다. 하나는 포용이고 다른 하나는 모든 것에 대비하는 것이다. 전자는 아롱에게 평화공존을 의미했을 것이다. 후자는 유연반응전략과 관련된 오리지널한 사상을 이끌었을 것이다. 서로 대립하는 것은, 인간행동학을 논하면서 제기한 것으로, 주권을 포기한 초국가적인 법에 순종함으로써 피할 수 있었다. 하지만 아롱의 철학은 그것은 불가능한 것이었고, 이것은 절대세계에서나 가능한 것을 의미하는 것이었다. 그러므로 제국적 질서에 복종하는 것이 현실적이 된다. 그리고 제국적 질서에 복종해야 한다면, 주권을 스스로 포기하지 않은 바로 그 사회 속에서는 다시 갈등이 등장하게 된다는 것이었다. 이것은 변증법적인 현상이었다. 이러한 갈등은 다시 사회학적으로 다양한, 예측할 수 없는 상황에 직면하게 된다. 그렇다면 아롱의 사회학적 시각은 모든 것에 대비해야 할 수밖에 없었다. 유연반응전략에 대한 아이디어가 아롱에서부터 출발했다는 것은 그의 사회학적 시각을 반영한 것에 불과한 것이라고 하겠다.

---

12) Peace & War의 Sociology 파트를 참조할 것.

13) Raymond Aron, *Peace & War*(2009), p. 279.

2. 에코 채임버와 아롱의 역사학

아롱은 역사를 분석수단으로 사용했다. 역사 말고 사회의 현상을 그대로 보여주는 것은 없는 것이었다. 그는 클라우제비츠의 비판의 수단으로의 역사를 받아들였다고 말할 수 있다. 클라우제비츠는 전쟁론 제2편 제5장 '비판'에서 역사연구의 필요성을 말한다. 그는 비판적 설명은 대체로 역사연구와 병행되어야 한다고 보았다. 그렇게 하더라도 완벽할 수는 없는 것이다. 클라우제비츠는 "비판이 알려진 원인의 결과를 필연적 귀결로 간주하는 것이 정당화될 수 없을 정도로 원인과 결과 사이에 불일치가 존재할 것이다."라고 주장했다. 따라서 원인과 결과 사이에는 어쩔 수 없이 어떤 차이가 나타나게 된다. 이 차이를 클라우제비츠는 "교훈으로 사용될 수 없는 역사적 결과"라고 했다. 하지만 어떤 이론을 만들기 위해서는 이 차이에까지 역사에 대한 분석이 실시되어야 한다고 보았다. 그렇게 해야만 만족스러운 모든 결론을 도출할 수 있는 것이다. 특히 그는 수단에 대해 고찰할 경우 비판을 하는 사람은 전쟁사를 증거로 제시해야 한다고 주장했다. 왜냐하면 "전쟁술에서 경험은 철학적 진리보다 가치가 있기 때문이다."[14] 아롱의 입장도 이와 유사했지만, 이론보다는 어느 정도 역사의 패턴을 이끌 수 있다는 입장이었다.

국가의 행동은 역사의 패턴이 보여주듯이 주권의 틀 속에서 존재하게 된다. 이러한 현상을 이해하기 위해서는 아리스토텔레스까지 거슬러 올라갈 필요가 있다. 마호니(Daniel J. Mahoney)와 앤더슨(Brian C. Anderson)은 이러한 문제를 회피했지만, 서양 역사와 사회의 기원적 측면에서 볼 때, 아리스토텔레스의 '헌법'은 인간 주권에 관한 기초적 내용을 담고 있다. 아리스토텔레스의 과두정치 헌법은 인간행동과 사회의 근본적인 법칙을 함의(含意)하고 있는지도 모르겠다. 그것은 인간은 이해관계로 인해서 분쟁을 야기

14) Carl von Clausewitz, *Vom Kriege*(1991, 1992), p. 137, 140 인용 및 참고.

(惹起)한다는 것이다. 아리스토텔레스의 아테네 헌법이 담고 있는 내용을 보면, 정치적 당파분쟁의 출현, 경제적인 구속관계, 그리고 인민의 주권과 관계된 내용을 담고 있다.[15)]

서양의 역사적, 문명적 의미를 되돌아보았을 때, 아롱이 주권으로 인해서 분쟁은 피할 수 없는 것이라고 본 것은 당연한 것이다. 아롱이 역사학적으로 국제정치와 전쟁을 이해한 것은 많은 영향을 남겼다고 할 수 있다. 문명적 문제를 다룬 헌팅턴의 독창성도 아롱에서 출발한 것이라는 느낌을 받고, 후쿠야마의 이데올로기에 대한 생각, 오웬의 이데올로기가 국제관계의 대립의 핵심요인이라고 본 것도, 하워드의 사회적 차원에 대한 이해와 역사 분석도 모두 아롱의 역사사회학적 시각에 영향을 받은 것으로 보이기 때문이다.[16)] "역사학적으로 주권을 행사하는 단일 국가가 국제질서 속에서 단

---

15) 과두정치를 다룬 헌법에는 다음과 같은 내용이 있다. "이것이 통과하고 상위 계급과 인민들은 오랜 기간 동안 당파분쟁으로 나뉘었다. 정부의 형성은 모든 면에서 과두적이었기 때문이다. 사실상 가난한 사람들은 부자에게 구속된 상태에 있었다. 그들 자신들, 부인들, 자식들까지 말이다. 이들을 펠라테(고용된 노예) 및 헤크테모리(빌린 생산물의 1/6을 지불하는 것)로 불렀다. 이렇게 고용되어 그들은 부자들의 땅에서 일하곤 했다. 현재 모든 땅은 소수의 사람들 손에 있다. 만일 경작하는 사람들이 그들의 소작료를 지불하지 않는다면 그들과 자식들 모두는 노예가 되었다. 그리고 이들은 솔론(Solon)의 시대까지 채무자들에 대해 그들의 사람들을 보호할 의무가 있었다. 그는 최초로 인민의 옹호자였다. 다수에 대해 가장 어렵고 쓰라린 일은 정부의 공직직위를 가질 수 없었다는 것이다…" Aristotle, *Constitution of Athens*, Chapter Ⅱ.

16) 헌팅턴은 문명의 충돌과 관련해서는 아롱의 '평화와 전쟁'의 "The meaning of Human History" 부분을 볼 것. 후쿠야마의 '역사의 종말'과 관련해서는 아롱의 '지식인의 아편' 마지막 장 '이데올로기의 종말'을 볼 것. 마이클 하워드는 '전략의 망각된 차원'을 사회적 차원으로 다룬 것이 대표적이라고 하겠다. 오웬에 대해서는 줄리안 고가 그의 이데올로기 대립에 의한 문명의 구분이 최초 시도되었던 것이라고 평가했지만, 따지고 보면 이데올로기는 인간사회와 관련된 사상(idea)을 학문(ology)적으로 또는 사상에 당위와 의지를 포함한 것에 불과한 것이라

기적인 전쟁으로 정치적 목적을 달성할 수 있는 것인지, 아니면 국제질서 속에서 단기적인 군사적 승리만으로는 정치적 목적을 완전히 달성할 수 없는 것인지"라는 이 두 가지 질문이 클라우제비츠에 대한 이 책의 첫 번째 쟁점과 관련이 있는 아롱의 역사학적 질문이었다. 역사는 이와 관련된 어떤 패턴을 보여준다.

펠로폰네소스 동맹은 주로 대륙의 국가들을 중심으로 이루어졌고, 델로스 동맹은 주로 바다를 접한 국가들을 중심으로 구성되었었다. 스파르타의 강력한 육군력을 고려하여 페리클레스는 전쟁을 제한적인 장기전으로 끌고 가려고 했다. 해상력을 이용해서 직접적인 교전을 회피하고 장기전을 전개하게 되면 인원과 물자가 풍부한 아테네가 스파르타에게 유리한 것은 당연한 것이었다. 하지만 선동정치의 희생으로 권좌를 잃기도 한다. 아티카에 대한 스파르타의 공격으로 농산물 재원의 감소 그리고 전염병의 도래로 인해 다시 권좌에 오른 페리클레스는 몰락했고 이로 인해 스파르타와의 정치적 협상 모색은 물거품이 되었다. 죽기 직전 페리클레스는 스파르타와 협상을 제안하기도 했지만, 충분히 힘을 잃지 않은 스파르타는 받아들일 수 없는 조건, 즉 아테네 제국 포기를 요구했고, 그래서 장기간의 무제한적인 전쟁에 빠져들었다. 이성적 정치를 멀리한 아테네는 무너졌다.[17] 펠로폰네소스 전쟁의 중요한 전환점 요인은 사실상 경제였을지도 모른다. 하지만 분명한 점은 분별지를 기초로 제한적 수단을 사용하는 장기적인 전략은 모두에게 보다 많은 기회를 줄 수도 있었다는 것이다. 서로가 모두 지쳐서, 서로가 더 이상 견딜 수 없어서 본래의 감성과 열정이 무뎌지고 이성이 작용함으로써 말이다.

는 견지에서 본다면 아롱의 영향이 있었다고 추론하지 않을 수 없다. 오웬에 대해서는 본 장의 3절을 참조할 것.

17) Lawrence Freedman(2013), pp. 102-103 참조.

이러한 역사적 사례는 너무 많이 발견할 수 있다. 로마의 파비우스 막시무스는 한니발의 카르타고와 겁쟁이처럼 전투를 회피했다. 파비우스의 반대파들은 파비우스 전술에 극단적인 반대를 했다. 칸나에의 대패는 여기서 유래된 것이다.[18] 이후 로마군은 전면전을 피하면서 한니발의 보급선을 집요하게 공격했다. 이 영향으로 한니발이 이탈리아를 떠날 수밖에 없었다.[19] 나폴레옹, 히틀러의 전략적 실패는 이미 충분히 언급한 바 있다. 핵무기로 인해 일본이 패배를 인정하지 않았다면, 그리고 계속해서 저항했다면, 미국의 국내 여론이 어떻게 전환되었을지 상상해볼만 하다. 한국전쟁의 장기화가 아이젠하워에게 어떠한 정치적 부담을 주었는지 생각해보자.[20] 아롱은 이와 관련하여 델브뤼크의 프레데릭 2세, 1차 대전, 일본의 태평양 전쟁 등을 예로 제시한다.[21]

---

18) 트라시메네호 전투에서 패배한 로마의 파비우스는 한니발과의 직접적인 대전은 이길 수 없다고 보았다. 그래서 그는 지연전술과 소규모 전투를 수행하기로 했다. 하지만 로마의 군사문화는 이를 받아들이지 않았다. 오늘날 지연전술을 가리켜 파비우수 막시무스가 택했던 전술이라고 하여 'Fabian tactics'라고 부른다. 한니발은 로마시민이 파비우수의 전략에 불만을 품을 것을 알고 있었다. 그래서 그는 로마와 일대 격전을 하고자 했다. 이 전술의 포기가 결국 칸나에전투를 이끌었다고 할 수 있다. 육군사관학교, 『세계전쟁사』(서울: 일조각, 1987), pp. 38-39.

19) 보다 본질적으로 본다면, 스키피오의 아프리카 상륙이 영향을 미쳤다고 할 수 있다. 스키피오는 아프리카로 건너가 누미디아 부족 중 가장 큰 권력을 가진 시팍스를 자기 편으로 만들고 이어서 마시니싸와 동맹을 맺어 강력한 동맹을 확보한다. 이때 한니발이 이탈리아를 떠나 아프리카로 돌아갔다. Hans Delbrück, *Geschichte der Kriegskunst im Rahmen der politics hen Geschichte*(Berlin: Verlag De Gruyter & Co., 1962); 민경길 역, 『병법사: 정치사의 범주 내에서. 1, 고대 그리스와 로마』(파주: 한국학술정보, 2009), p. 481.

20) 도응조(2001).

21) 앞서 언급했던 아롱의 *Peace & War*, 1장의 "승리하는 것 또는 패배하지 않는

클라우제비츠에게 있어서 국가는 국제사회의 세력균형의 틀을 벗어 날 수 없는 것이었다. 파렛(Peter Paret)은 클라우제비츠가 국제정치적 관계와 세력균형에 대해 국가가 어떻게 의존해야 하는가에 대한 문제를 분명히 인식했다고 주장했다. 클라우제비츠는 세력균형은 국가의 행동을 제한하게 되지만, 반면에 국가는 세력균형이 없이는 대부분 생존할 수 없다고 보았다. 그는 세력균형을 위해서 국가는 힘을 소모할 수밖에 없다고 생각했다. 파렛은 세력균형의 장치를 언급하면서 클라우제비츠는 "약간의 원재료, 즉 독일과 이탈리아의 수많은 공국과 때로는 폴란드와 같은 대국 등을 소비하지 않고는 제 기능을 할 수 없다고 믿었다. 대외정치는 국가의 이익과 권력, 그리고 인접국의 이익과 권력에 대한 인식의 종합이라고 믿었다. 이러한 생각은 프레데릭 대왕의 국가이성(raison detat)의 개념과 크게 다르지는 않다"고 묘사했다. 클라우제비츠의 국가 간의 역학적 작용, 이를 통한 국가 부흥과 부패 그리고 쇠퇴에 대한 이해도는 당연히 후기 계몽주의 시대보다 훨씬 더 높았고 역사적으로도 보다 탄탄했다고 보아야 한다.[22]

클라우제비츠에게 프러시아의 역사가 가장 커다란 영향을 미쳤겠지만, 단순히 프러시아의 역사적 배경만으로 클라우제비츠가 인식론적 설명을 이끈 것은 아닐 것이다. 특히 클라우제비츠가 이탈리아, 즉 로마의 역사를 연구했을 것으로 유추한다면, 블랙(Jeremy Black)의 주장은 의미 있어진다. 그는 기본(Edward Gibbon)이 두 가지 이유에서 중요하다고 보았다. 우선 유럽 중심의 역사를 기술하려고 하지 않았다는 점이 중요했다. 지적 구성 그리고 그의 시기의 학문적 제한 속에서도 기본(Edward Gibbon)은 이를 이루어냈다. 예를 들어, 종교를 취급함에 있어서도 이슬람으로부터 많은 영향을 받았고 기독교에 대해서 많은 비판을 했다. 두 번째로 기본은 제국의 흥망의

것" 부분을 참조할 것.

22) Peter Paret(1992), p. 88 인용 및 참고.

문제에 흥미를 느꼈다. 로마사는 사실상 "대외정치는 국가의 이익과 권력, 그리고 인접국의 이익과 권력에 대한 인식의 종합"이었다고 할 수 있다.[23] 클라우제비츠의 시각은 기본(Edward Gibbon)으로부터 배운 자연스러운 결과였을 것이라는 유추는 결코 지나친 것이 아닐 것이다.[24] 아롱도 다르지 않았을 것으로 예상된다.

사회적 현상은 국가의 힘과 밀접한 관계를 보여준다. 클라우제비츠가 부유층과 영향력 있는 부류의 인간들이 군대 복무를 피하려 하는 모습을 매우 혐오했다는 것은 국민의 힘이 곧 국가 사회의 힘과 결부된다는 것을 이해한 것에서 유래했을 것이다. 그가 "우리의 비참한 제도의 마지막 결과는 언제나 가난한 사람만 군대에 가고 부자는 면제된다는 사실이다"[25]라고 언급했던 것은 당시 사회현상에 대한 비판을 넘어서 사실상 역학적 국가관계의 현실 속에서 역사적 현상이 주는 의미를 강조한 것으로 보아야 한다.

아롱의 역사학은 바로 주권으로 인해 권력이 작용함을 인정한 것이었다고 판단된다. 클라우제비츠가 생각했던 것과 같이 아롱에게 있어서도 국가는 결국 권력을 무시할 수 없는 것이었다. 그리고 이러한 권력은 주권 때문에 중요한 것이다. 역으로 권력은 국가의 존재를 보장하고 국민의 주권을 보장해주어야 한다. 이것은 다른 국제관계 속에서 무엇보다 강대국가의 내부문제를 측정하는 궁극적인 기준이 된다. 물론 소국들은 사회적 의지, 행정부의 능력, 이익을 극대화할 수 있는 지혜로운 동맹관계 형성 등을 통해 자국의 독립, 즉 주권을 보장해야 할 것이다. 전쟁준비와 외교적 협상의 준

---

23) Jeremy Black, *War and the World*(New Haven: Yale University Press, 1998), p. 3.

24) 기본(Edward Gibbon, 1737-1794)은 로마제국 흥망사(The History of the Decline and Fall of the Roman Empire)를 1776년에서 1788년간 출판했다. https://en.wikipedia.org/wiki/Edward_Gibbon(검색일: 2017. 10. 21)

25) Peter Paret(1992), p. 89 재인용.

비야 말로 정치학의 핵심일 것이다. 클라우제비츠는 나폴레옹과는 달리 국가들의 공동사회를 존중했고 어느 국가에 의해서도 대내외적으로 무제한적 권력을 증대시키는 것을 배척했다.[26] 세력균형의 비엔나 체제 틀은 실제로 나폴레옹 전쟁 이후에 등장한 것이었다. 이러한 세력균형은 결국 평화와 연계되는 것이다.[27]

이러한 맥락에서 볼 때, 한국전쟁에서 맥아더의 북한진출에 대한 아롱의 평가가 매우 부정적이었다는 것은 당연한 것이다. 소위 국제사회의 권력에 대한 또는 정치에 대한 역사적 이해의 부족이 맥아더의 북진과 심지어 중국본토 공격론을 낳게 되었다는 것이다. 미 8군은 인천상륙작전 후에 38선에서 전선을 형성해야 했다고 보았다. 그러면 중국이 개입하지 않았을 것이었다. 이어서 1951년 봄의 휴전 협상으로 인해 미 8군은 정지하지 않았어야 했다. 그랬으면 적을 평양 북쪽으로 밀어낼 수 있었을 것이었다.[28] 역사학이 보여주는 국가들의 공동사회적 관계를 존중했더라면, 비록 한국에게는 어차피 재앙이었겠지만, 미국은 적당한 선에서 협상해야 했을 것이라고 보았다. 다시 말해서, 전쟁준비와 외교적 협상의 균형을 이루어야 했던 것이다.

아롱은 전쟁목적을 제한하고, 협상된 평화를 달성하는 전략은 오랜 논쟁 끝에 채택되었다고 말하면서, 맥아더의 '승리를 대신할 것은 없다.'는

---

26) Peter Paret(1992), pp. 93–95.

27) 마이클 하워드는 이 당시 전쟁이 국제체제에 있어서 제거될 수 없는 요소로 받아들여지지 않았다는 점을 강조한다. 대규모의 전쟁 수행과 관련하여 두 가지를 고려해야 했다고 주장했다. 첫째는 엄청난 국민군을 가져서는 안 되는 것이고, 두 번째는 세력균형에 의해서 효과적으로 전쟁이 예방될 수 있다는 것이었다. 이에 대해서는 Howard, Michael(2000), pp. 57–60 참조.

28) Raymond Aron, *On War*(Terence Kilmartin transl., New York: Doubleday & Company, Inc., 1959), p.42.

유명한 슬로건은 판에 박힌 문구(truism)이자 위험한 오류라고 했다. 만일 정치를 통한 협상이 군사적 승리를 대체할 수 없다는 의미라면, 반드시 적의 군사력을 완전히 파괴하고 승리해야 하는 것이라면, 이것은 단지 2차 대전에서 루즈벨트에 의해 불행하게 채택된 '무조건 항복' 개념이 부활한 것이나 다름이 없었다. 적 군사력의 파괴는 명백히 승리자에게 평화조약의 조건을 강제할 수 있다. 하지만 강제된 평화가 항상 협상된 평화보다 더 선호되는 것인가를 생각해보면, 그렇지 않다는 것이 역사의 교훈이었다. 정치가 반드시 우위에서 결정해야 하는 것이다. 간결하게 표현하자면, 모든 전쟁의 목적은 전쟁 시작 이전의 상황보다 나은 상황을 만드는 것이기 때문에 아롱은 정치가 우선해야 한다고 주장했다.[29] 전쟁을 통해서 승리가 이루는 것은 지역 또는 안전의 확보, 적의 약화 또는 동맹의 강화였다. 아롱이 보기에 전자(前者)에 치중한 것은 맥아더였다. 그러나 맥아더의 반대자들은 반대 방향으로 가는 경향을 보였다. 아롱은 "그들은 완전 승리(total victory)를 포기하는 것과 어떤 승리조차 완전히 포기하는 것(any victory at all)에 혼란을 겪었고, 단순한 옵션을 가졌다. 그것은 '완전 승리 아니면 철수'였다."고 주장했다.[30] 델브뤼크가 스키피오를 그렇게 훌륭하게 극찬한 이유가 심지어 '자마 전투'에서 승리하고도 협상된 평화를 구했다는 것이었는데,[31] 이러한 역

---

29) 모겐소는 '전쟁 이전으로의 복구(status quo ante bellum)'를 말했다. 그는 여기서 현상유지정책을 이끌어 냈다. 카플란과 걸트켄은 전쟁 이전으로의 복구를 전쟁 이전으로 권력의 분배를 회귀시키는 것으로 말한다. 즉, 침략자는 정복한 땅을 포기하고 원래대로 모든 것이 돌아간다는 것이다. Robert D. Kaplan and Matt Gertken, "The Asian Status Quo," *Stratfor*(Feb 26, 2014). https://worldview.stratfor.com/article/asian-status-quo(검색일: 2017. 6. 6). 하지만 아롱에게 원래대로 돌아가는 것보다 중요한 것은 보다 나은 상황이 만들어져야 하는 것이었다.

30) Raymond Aron(1959), p. 41 인용 및 참고.

31) 이에 대한 세부적인 이해를 위해서는 Hans Delbrück(1962), pp. 481-488 참조.

사적 사례와 비교될 수 없는 현상이 나타난 것이었다. 아롱의 역사학 패턴은 클라우제비츠 해석에 대해서는 델브뤼크 쪽이 옳은 것으로 보았다.

결국, 아롱에게 역사학은 변화의 패턴을 찾는 것과 인내와 지혜를 요구하는 것이었다. 역사는 보편성 또는 결정성에 이를 수 없지만, 명확하지는 않아도 어떤 패턴은 존재할 수 있다. 왜냐하면 인간은 역사 속에서 변하기 때문이다. 프랑스인은 영원히 고집쟁이가 아니다. 앵글로 색슨은 항상 배신하는 것이 아니고 독일인도 영원히 히틀러적이지 않다. 보다 조금 나은 미래는 적어도 가능성이 있는 변화의 패턴으로 존재할 수 있다. 아롱의 역사학은 거시적으로 힘의 관계를 상황 영역 속에서 분석하는 것이다.[32] 물론 정답은 간단하다. 더 부가 많은 측, 더 생산적인 측, 더 기술을 선호하고 잘 이용하는 측, 인구가 많은 측이 이기는 것은 상식이다. 하지만 정신적인 문제가 개연성을 이끈다.[33] 그래서 변화하는 역사 속에서 아롱의 역사학이 "정치적인 것"의 지배를 요구하는 것은 당연한 것이다. 이것은 다름 아닌 아롱 역사학이 인내와 지혜를 기반으로 한다는 것을 보여준다.

3. 정치적 목적과 힘의 관계

국제관계 속에서, 즉 국가 간의 세력균형 틀 속에서 외교와 전략의 세계는 음이 반향되는 "에코 채임버(Echo Chamber)"라고 아롱은 직시했다. 적어도 아롱의 시대에 미소(美蘇)가 존재하는 속에서 한국과 라오스의 사태는 단순히 그 나라 자체만의 문제가 아니었다. 지구의 한 지점에서 발생한 분쟁은 스스로 그리고 단계적으로 지구 반대편으로 퍼져 나가는 것이었다.[34] 따

32) Raymond Aron, *Peace & War*(2009), pp. 307–308.

33) 지정학과 이데올로기를 다룬 부분이 아롱의 개연성을 이해하는 가장 중요한 부분이라고 본다. Raymond Aron, *Peace & War*(2009), pp. 197–203.

34) Raymond Aron, *Peace & War*(2009), p. 373.

라서 중요한 것은 국가의 다양성이라기보다는 전(全) 지구적 시스템에서의 이질적인 특성을 분석하는 본질을 구성하는 것이었다.[35] 예컨대 앞에서 언급했듯이 비스마르크의 외교와 전쟁 행위가 장기적으로 전 지구적인 히틀러의 문제를 낳게 되는 것이다. 그렇다면 이러한 모습이 오늘날에는 어떠한 모습으로 변했는가를 생각해보자.

아롱은 핵시대의 총력전과 전체주의적 국가의 위험을 걱정했다. 아롱에게 있어서 스스로의 질문은 앤더슨(Brian C. Anderson)의 말대로, 국가들이 그들의 관계를 역사적으로 전환하여 국제정치 뒤에 남겨지는 것이 가능한지였다. 아롱에게 권력정치를 초월하기 위한 방법은 두 가지였다. 하나는 "법을 통한 평화(peace through law)"와 다른 하나는 "제국을 통한 평화(peace through empire)"였다. 이를 위한 전제조건은 주권국가가 그들의 권리를 외부적 중재자에게 넘겨야 하는 것이다. "권리의 양도 없이 국가는 절대적인 평화를 누리고 살 수 없다"고 본 것이다. 평화를 누리려면 세상이 변화하든지 아니면 국가들이 스스로 본질을 바꿔야 한다. 그런데 이 두 가지 모두는 성공하기 힘든 자체의 위험을 가지고 있다. 하지만 적어도 산업근대화는 전쟁의 경제적 원인을 감소시킬 것이었다. 산업근대화를 통해 국가들은 피와 정복 없이 독립적으로 국가가 발전할 수 있는 길을 열어놓았기 때문이다.[36]

그럼에도 불구하고 전(全) 인류적 주권을 선호하여 독립적 주권을 없애고 반박할 수 없는 재판소와 절대적인 정치적 의지가 존재한다고 하더라도 그 사회 내에서의 경제적 · 사회적 분쟁의 원인은 그 결과로 오히려 증폭될 것이었다. 경제적 불평등이 출현하게 될 것이고 이러한 경우 단일 주권

---

35) Raymond Aron, *Peace & War*(2009), p. 375.

36) Brian C. Anderson, *Raymond Aron: The Recovery of Political*(New York: Rowman & Littlefield Publishers, 2000), p. 150.

세계가 모두 책임질 수는 없는 것이었다.[37] 인간 집단 내에서는 당연히 소수의 집단적 이익이 존재하는 것이다. 아롱에게 있어서 이것은 정치적 삶에 대한 영구적인 힘의 차원으로서, 즉 영구적인 정치적 문제였다. 정치가 영원히 함께 한다는 것은 아롱에게는 "필수적인 국제법의 불완전성"이라고 할 것이다.[38] 그러므로 아롱에게 있어서의 전쟁은 역설적이지만 사실상 비합법적인 것이 아니다. 아롱은 국제법에 의해 나타나는 진보적인 현상을 세 가지로 평가했다. 첫째는 초국가적 사회의 출현, 둘째가 국제시스템의 출현, 마지막이 전체로서의 인간사회의 자각이었다. 아롱의 시대에는 이것이 거의 나타나지 않았지만, 놀랍게도 현재는 이러한 모습이 나타나고 있다. 거의 즉각적으로 국가 간을 이동하고, 통신을 할 수 있게 되었다.[39]

하지만 아롱은 이러한 이동과 통신의 현상은 초국가주의의 성장의 표시 정도에 불과한 것이지 초국가적이 된 것이 아니고 단지 더욱 국제적이 된 것으로 보았다. 세상은 국제시스템 속에서 지속적으로 대립하고 분쟁의 씨앗을 낳고 있는 것이다.[40] 이 문제는 국제시스템의 이질성(the heterogeneity of the international system)과 관련이 있다.

그렇다면 이러한 아롱의 비관적인 사상 또는 세계관이 오늘날에도 여전히 유효한가를 질문해보자. 앤더슨은 아롱의 잘 알려지지 않은 저서 『진보와 각성(Progress and Disillusion)』을 소개하면서 이와 관련된 논리를 전개했

---

37) Brian C. Anderson(2000), p. 150-151.

38) 아롱은 국제법의 필수적인 불완전성을 2가지로 요약했다. ① 그것을 해석할 자격을 갖춘 재판소의 부재, 다시 말해서 그것을 해석하려는 시스템만큼 동일하게 갈라질 수 있다는 것 ② 법을 행하는 데 있어서 저항할 수 없는 힘의 부재. 사실상 각각의 종속국은 자신을 위해 정의를 시행할 권리를 갖는다는 것. Raymond Aron, *Peace & War*(2009), p. 725.

39) Raymond Aron, *Peace & War*(2009), p. 751.

40) Brian C. Anderson(2000), p. 152.

다. 아롱은 이 저서에서 물질적 통일을 마치 보편적 역사의 출현으로 표현했다고 했다. 그러나 이것은 필연적으로 더 깊은 통일, 즉 정치에서부터 벗어난 정치가 의미 없는 보편적 또는 칸트적 통일을 의미하지 않는다는 것이다.[41] 더욱이 이질적인 국제시스템의 본질이 오랜 냉전을 통해 동질적인(homogeneous) 시스템으로 바뀌었다고도 볼 수 있을지 모르겠지만, 인간사회는 어쨌든 다시 새로운 이질성들(heterogeneities)로 인하여, 예컨대 이슬람 세계와 서구 세계 간의 폭발적인 위협을 서로 가하고 있는 것이 사실이라고 하겠다. 또한 아시아 대국과 서구간의 위협도 오히려 더욱 심각한 모습으로 등장하고 있는 것으로 보인다.[42]

따라서 이러한 정치적 인간사회의 존재는 한계가 없는 '에코 채임버'로서의 모습을 보여주며, 비록 국제체제는 평화를 창조하지만 그 속에서 국가는 이질적인 국제시스템 속에서 대부분 존재할 수밖에 없는 것이 된다. 그렇다면 국제사회 속에서 힘의 관계는 중요하지 않을 수 없다. 따라서 클라우제비츠의 전쟁론과 관계를 두 가지 측면에서 찾을 수 있을 것이다. 첫째는 저항의지 또는 투쟁의지라는 인간사회 속에 존재하는 정치적 의지는 인간사회에서의 전쟁의 필연성을 상정할 수밖에 없게 만든다는 것이다. 둘째는 아롱이 말했듯이 국가는 헤테로지니어스한 국제시스템 속에서 존재

---

41) 아롱은 이 저서 *Progress and Disillusion*에서 다음과 같이 언급했다. "이러한 통일은, 아마 우리는 이것을 물질적 통일이라고 부를 수 있다, 피상적인 관찰자들이 믿는 것보다 더 적은 실제 영향을 미친다. 비록 모든 가족들이 텔레비전을 가진다고 하더라도-이것도 세계 전체를 보았을 때는 현실과는 먼 것이지만-이들의 관심은 여전히 좁게 제한된 사회적 영역 놓여있다. 멀리서 사는 사람들의 가난과 비참함, 전 세계에 걸쳐 매일 발생하는 재해, 이러한 것들 중 어느 것도 이웃과의 싸움, 사무실에서 동료와의 다툼 또는 자신의 개인적인 돈에 대한 변동보다 더 많이 평균적인 시청자에게 영향을 미치지 못한다." 인간의 이익 추구는 보편적인 통일과는 거리가 멀다는 것이다. Brian C. Anderson(2000) 재인용.

42) Brian C. Anderson(2000), pp. 152-153.

할 수밖에 없고 오로지 강대국만이 사실상 가장 영향력 있는 정치적 결정권을 가지게 된다는 것이다. 따라서 힘이 약한 국가들 간의 전쟁을 단 1회만의 승리로 종결지으려는 시도는 소위 국제적 힘의 관계와 국제적 질서의 존재를 명백히 무시한 것이나 다름없는 것이다. 하지만 국제사회 속에서 약소국의 저항의지가 상당히 작용할 수 있다는 것은 베트남의 예에서 찾을 수 있다. 국민의 저항의지가 없다면, 역으로 국민 간의 자발적 내적 연합을 통한 외세에 대한 저항의지가 강력하다면, 강대국이라도 국제질서와 힘의 변화를 받아들일 개연성은 높아질 수 있을 것이다.[43] 그러나 이러한 약소국에게 이어서 혹독한 대가가 기다린다는 것 또한 역사의 패턴이라고 하겠다.

문제는 인간의 도덕성이다. 아롱에게 권력이 지배하는 국제사회의 현실 속에서 도덕적 접근은 순진한 사고로 보였다. 물론 그가 궁극적으로 인간사회의 생존 차원에서 칸티안적인 시각을 가지고 있다는 점을 앞으로 논하게 될 것이다.[44] 하지만 비록 국가 간의 관계를 넘어선다고 하더라도 인간

---

43) 전쟁억제는 국민의지와 가까운 관계를 갖는다. 잠재 적국에 대해 두려움보다 강한 결의는 매우 중요하다. 도응조, "전쟁억제와 국민의지," 『육사신보』(1989) 참조. 역으로 생각했을 때, 국민 간의 예를 들어 민족적 화합이 있을 경우에도 강대국들은 받아들일 개연성이 높다. 이러한 현상은 핵무기 등장 때문이라고 할 수 있다. 하카비는 핵 세계의 복합성을 논하면서 "무력사용의 제한"을 말하고 있다. 그는 핵무기를 보유한 나라들이 약소국가에 대해 무력사용을 억제하지 않으면 아니 되었다고 했다. 그 예를 쿠바에 대한 미국의 대응, 유고에 대한 소련의 대응 등으로 제시하고 있다. 약소국이라도 강대국 간의 전쟁확전 위험으로 인해 강대국의 무력사용은 제한될 수밖에 없다는 것이다. 그 결과 내부폭력이 증가할 수 있다고 본다. 이에 대한 이해를 위해서는 Y. Harkabi, *Nuclear War and Nuclear Peace*(London: Macmillan Press, 1983); 유재갑, 이제현 번역, 『핵전쟁과 핵평화』(서울: 국방대, 1988), pp. 408-412를 볼 것.

44) 특히 아롱에게 칸티안적인 철학은 핵무기의 등장 때문이었다고 할 수 있다. 그는 '법을 통한 평화'를 논하면서 핵무기의 등장으로 칸티안적인 철학이 요구됨을 강조하고 있다. 그는 "20세기 전쟁의 공포와 열핵무기 위협은 권력정치의 거

의 문화적 그리고 인종적 특성조차도 이미 도덕성을 뛰어넘게 되는 현상을 보이고 있다. 인간은 자연적인 재해 상태를 불운과 연관시키고 있으며, 이것을 통해 모든 인간적인 문제를 전면에 등장시키고는 한다. 그러나 이러한 범세계적인 표현은 비록 중요하고 희망적인 것이라도 매우 약한 힘을 가지게 되는데, 특히 국가의 열정(passion), 인종적 증오심, 그리고 이데올로기적 격앙 때문인 것이다. 보스니아 그리고 르완다의 사태들은 이러한 현실을 증명해 보인 것이다.[45)]

마치 클라우제비츠에게 있어서 전쟁은 이상적인 절대전쟁과 실제 사회 속에 나타나는 현실전쟁이 존재하듯이 국제사회도 현실적인 정치적 다툼이 존재하고 있는 것이며, 이상적으로는 다음과 같은 전제 하에 국제법적인 보편적 평화가 달성 가능한 것이었다. 그 전제는 첫째, 세계의 강대국은 반드시 칸티안(Kantian)적 공화정이어야 한다. 둘째, 세계는 동질적 시스템을 유지해야 한다. 세 번째는 국가가 힘의 포기에 반드시 동의해야 한다. 그래서 국제재판소에 자신들의 부(富)와 법(法)에 관련된 분쟁을 아무런 걱정 없이 맡길 수 있어야 한다.[46)]

콘(Tony Corn)이 현대 세계의 비국가적 단체들의 폭력과 관련하여 클라우제비츠의 철학이 낡은 것이라고 주장한 것과 연관시켜 우리는 아롱적 입장에서 다음과 같은 본질적인 질문을 하지 않을 수 없다. 왜냐하면 예를 들어 테러는 과거의 전쟁과는 달리 국가본질에 물음표를 던지며,[47)] 비(非)국가

부(the rejection of power politics)를 부여했다. 이것은 실제적이며 급박한 것이다. 또한 명확한 것이다. 역사는 더 이상 피비린내 나는 분쟁의 연속이 되어서는 안 된다."라고 언급했다. Raymond Aron, *Peace & War*(2009), p. 703.

45) Brian C. Anderson,(2000), p. 154.

46) Raymond Aron, *Peace & War*(2009), p. 735.

47) Philip Bobbitt, *Terror and Consent: The wars for twenty-first century*(New York: Alfred A. Knopf, 2008), p. 3.

단체를 볼 때 국가의 주권을 생각할 수 없을지도 모르기 때문이다. 그것은 국가가 없는 세계는 바람직한 것인지에 대한 질문이다. 소련은 세계를 통일하려 했던 국가였다. 그리고 이러한 시도는 실패했다. 소련은 내부적으로도 민족적인 문제를 해결하지 못했다. 그리고 소련의 붕괴 결과는 어떤 모습으로 나타났는지 생각해보자. 인간의 본성은 사회와 민족성에 대해 강한 애착을 가진다.[48] 그러므로 비록 비국가적인 테러단체들이 등장한 이 세계 속에서도 사회적 집단을 형성하는 인간의 본성은 정치적인 욕망을 배제하기가 불가능한 것이라고 보아야 할 것이다.

오늘날 국제사회의 현상에서 광적인(fanatic) 종교적 대립을 간과하기 어렵다. 역사는 종교적으로 광적인 집단의 대결조차도 결국 정치적 목적을 형성할 수밖에 없다는 교훈을 보여준다. 인간사회의 세속적(世俗的) 속성으로 인해 교회와 칼로링거(Carolinger) 왕조가 다시 종교에 의존했고, 그러한 종교적 믿음이 왕의 정치권력으로 인해 다시 베스트팔리아(Westphalia)라는 정치적 타협에 이르렀듯이[49] 현대 전략가들이 우려하는 주권국가가 아닌 비국가행위자와의 전쟁도 다시금 정치적 목적을 찾게 되리라는 것이 결국 아롱이 판단한 역사사회학과 인간행동학 속에서의 인간의 모습이라는 생각을 지울 수 없다. 조성환의 주장대로 "정치적인 것(the political)은 경제적, 종교적, 군사적인 것과 구분되는 자율성을 가질 뿐 아니라, 그 자체가 목적성을 갖고 있는 것이다."[50] 그러므로 국제사회의 힘의 관계 속에서 전쟁은 정치와 함께 존속될 것이다. 이것이 클라우제비츠의 절대 및 현실전쟁, 그리고 정치적 목적 간의 관계에 대한 수수께끼를 아롱이 해석한 본질이라고 본다.

48) Brian C. Anderson,(2000), p. 156.

49) 이에 대해서는 Michael Howard(2000), pp. 20-27.

50) 조성환, "국가전략론" 강의록, 2015년 3월.

제2절 산업사회의 과학과 중심

1. 산업사회 과학의 힘과 합리성

손자가 병문졸속(兵聞拙速)을 말한 것은 의미를 가진다. 역사상 대담한 공격이 성공한 예를 찾기는 그렇게 어렵지 않다. 사례를 들어보자. 인천상륙작전은 많은 사람들의 반대를 모두 일소하고 성공한 대표적인 사례이다.[51] 1940년 독일의 아르덴느 돌파 역시 매우 대담한 공격이었다.[52] 기갑부대를 아르덴느 산림지대를 통과시키리라고 예상하는 것은 쉽지 않은 일이었음이 자명하다. 4차 중동전쟁 간의 이스라엘의 역 도하작전은 말할 필요도 없겠다.[53]

클라우제비츠도 대담성을 고귀한 덕이라고 보았다. 그는 "대담성은 수송병에서 야전사령관에 이르기까지 가장 고귀한 덕이며, 무기가 예리함과 광채를 띠도록 해주는 진정한 강철이다. 심지어 대담성은 전쟁에서 독특한 특권을 지니고 있음을 인정해야 한다. 대담성은 공간, 시간, 전투력의 규모 등을 계산하여 얻는 결과를 능가하는 가치를 지닌다. 대담성은 적의 약점에서 이점을 끌어낸다. 따라서 대담성은 진정한 창조적 힘이다. 이것은 그

---

51) 이에 대해서는 김준봉, 『한국전쟁의 진실 상(上)』(파주: 아담북스, 2010), pp. 207-208. 그리고 안승회, "새롭게 보는 6.25전쟁〈4〉 맥아더 장군, 고독한 결단자," 『국방일보』(2016. 6. 29) 참조.

52) 나현철, "전차 부대 출현에 마지노선만 믿다 무너진 프랑스," 『중앙 SUNDAY』(2016. 5. 1) 참조.

53) 김성훈, 박광은, "제4차 중동전쟁시 이스라엘의 역도하작전 교훈: 손자의 '궤도(詭道)'와 클라우제비츠 '군사적 천재'를 중심으로," 『군사평론』(대전: 인쇄창, 2011) 참조.

리 어렵지 않게 철학적으로 입증될 수 있다"고 주장했다.[54]

실제로 위에서 언급했던 사례는 클라우제비츠의 말대로 수학적 계산에 따른 것이 아니었고 적의 약점에서 이점을 극대화시킨 것이었다. 당연히 창조적인 힘의 결과였던 것이다. 그러나 산업사회의 특징이 콩트의 말대로 과학과 연관되는 것이라면,[55] 대담성이 산업화된 사회에서는 분명히 한계를 지닐 수밖에 없을 것이라는 의문점을 고려하지 않을 수 없을 것이다. 다음 제4절에서 핵문제를 다루겠지만, 핵은 대담성을 뛰어넘는 것이고 산업화 사회의 과학이라는 특징을 고려하지 않을 수 없다.

클라우제비츠가 사회의 변화를 주목했듯이 대담성도 변화된 사회에서는 분명히 재검토되어야 할 부분을 가지게 될 것이다. 클라우제비츠는 대담성이 두려움에 굴하지 않고 맞서 겨루게 된다면 성공의 확률을 높인다고 보았다. 왜냐하면 맞서 싸우게 되면 두려움은 균형을 잃을 것이기 때문이었다. 하지만 만일 대담성이 사려 깊은 신중함 또는 분별지와 겨루게 된다면 불리할 것으로 보였다. 왜냐하면 사려 깊은 신중함 또는 아롱적으로 표현했을 때, 분별지는 대담성 못지않게 대담하고 굳건하기 때문이다.[56]

이러한 클라우제비츠의 인식은 과학이 발전한 산업화된 사회에서는 엄청난 의미를 가진다. 또한 이와 관련된 사례 역시 많다고 하겠다. 예를 들

---

54) Carl von Clausewitz, *Vom Kriege*(1991, 1992), pp. 163–164 인용.

55) 아롱이 바라본 산업사회는 앤더슨에 의하면, 노동의 과학적 조직, 투자의 필요성, 생산성의 증대 욕망, 경제적 성장의 추구였다. 콩트의 견해대로 산업사회는 과학적이어야 했고 신학적 유토피아니즘에서 벗어나야 했다. 그래서 인간의 경쟁은 지속되어야 했다. Brian C. Anderson,(2000), p. 9. 콩트는 지적 진보의 3단계 법칙이 적용되는 것으로 보았다. 우선 신학적 또는 공상적 단계에서 출발하여 둘째는 형이상학적, 추상적 단계로 셋째는 과학적이고 실증적 단계로 발전하는 것이라고 주장했다. 한완상, 한균자, 『인간과 사회』(서울: 한국방통대, 2013), '제 4장 사회를 이해하기 위한 이론적 기초'의 콩트를 참조할 것.

56) Carl von Clausewitz, *Vom Kriege*(1991, 1992), p. 164.

어 2차 대전시 독일의 대담한 스탈린그라드 공세는 러시아의 신중한 방어 작전에 의해 독일 제 6군의 괴멸을 초래했다.[57] 케네디의 쿠바사태에서의 신중한 접근은 사실상 소련의 대담한 쿠바 미사일기지 건설 의지를 파괴시켰고 핵전쟁을 피할 수 있었다.[58]

하지만 아롱에게 있어서 서구의 근대 산업사회는 자본주의 유지와 함께 제도적 그리고 사회적 삶을 함께 해야 하는 것이었다. 삶의 질이 좋은 생존을 보장해야 하고 유토피아의 꿈에서 깨어야 하는 것이었다. 전쟁과 연계했을 때, 과학기술의 등장은 전쟁에서의 신중함에 대해 깊은 고찰을 필요로 했다.

아롱이 저서를 내기 이전에 그리고 핵무기가 등장하기 이전부터 과학을 이용한 이론이 있었다. 예를 들어, 게임이론은 추상적이고 형식적인 전략적 쟁점을 다룰 수 있었던 이론이었다. 헝가리 출신 수학의 영재 노이만(John von Neumann)은 1920년대 포커를 통해 게임이론의 기반을 조성했다. 아울러 오스트리아 빈 출신의 경제학자 몰겐슈템(Oskar Morgenstem)과 함께 『게임과 경제적 행동의 이론(The Theory of Games and Economic Behavior)』을 1944년 발간했다. 포커는 상대의 수에 따라 확률을 적용하는 것이고 따라서 마구잡이 게임은 아니었다.[59]

---

57) 이내주, "제2차 세계대전: 스탈린그라드 전투(1942. 8~43. 1)(상)," 『국방일보』 2016. 5. 3 참조.

58) 로버트 F. 케네디의 회고에 의하면 당시 존 F. 케네디 대통령은 비둘기파였고 매우 신중히 대응했다는 주장이다. Robert F. Kennedy, *Thirteen Days: a memoir of the Cuban missile crisis*(New York: Norton, 1999): 박수민 역, 『13일』(파주: 열린책들, 2014) 참조.

59) 노이만은 체스와 포커를 비교하면서 체스는 계산의 형식이지만, 인생은 허풍이 난무하고, 속임수도 있어야 한다고 했다. 내가 하려는 행동을 상대의 생각을 기초로 하여 끊임없이 분석하고 다루어야 한다는 것이었다. 상대의 생각은 시시각각으로 바뀐다. 따라서 상대방보다 깊이 생각하고 상대의 의표를 찌르기 위해서

게임이론에서 보다 복잡한 문제는 다른 사람과 동맹을 만드는 경우이다. 이 경우는 제로섬 게임이 아니라 비(非) 제로섬 게임이었다. 다시 말해 양자가 모두 잃거나 혹은 모두 따는 경우가 가능하게 된다는 것이다. 그러나 게임이론의 핵심은 최악의 결과 가운데 최선을 보장하는, 즉 추정되는 최대한의 손실을 최소화하는 미니맥스 전략(minimax strategy)이 합리적이라는 것이었다.[60] 여기서 우리는 산업사회의 특성 중에서 과학 또는 수학적인, 곧 합리적인 판단과 응용이 매우 중요한 수단이 된다는 것을 상정할 수 있다. 물론 예외는 있다. 소위 '벼랑끝 전술(brinkmanship tactics)'이다. 오늘날 북한의 핵개발은 이러한 측면에서 볼 때 매우 위험한 것이다. 비겁자 게임을 예로 들어보자. 서로 차를 마주 보고 몰아서 피하지 않는 쪽이 이긴다고 했을 때, 차를 피하지 않고 죽음을 각오하고 돌진하는 것은 합리성을 가진 행동이 아니다. 이러한 예는 1962년 쿠바 미사일 사건에서 볼 수 있다.[61] 따라서 비록 과학적인 사고에 의존하는 산업사회라 하더라도 분명히 비(非)이성적인 결정을 하는 것은 절대로 특별한 예외일 수는 없다.

하지만 게임이론이 마치 포커와 같이 허세를 바탕으로 이해되어야 하는 것이라면, 허세 그 자체가 진실인지 아닌지를 알기 이전에 이것은 이미 확률을 바탕으로 한 게임이론을 형성하게 된다. 다시 말해서 어떤 한 편이 비

불확실한 상황에서 허세가 필수적이고 자신의 플레이를 예측불가능하게 만들어야 한다고 보았다. 따라서 이것은 하나의 확률적 게임이라고 할 수 있다. 철저히 과학적 분석과 합리성에 의존하는 것이지 우연성을 기초로 한 비이성적인 것은 아니라고 보았다. Lawrence Freedman(2013), pp. 324–325.

60) 이것은 게임이론 중 비겁자 게임에 해당하는 문제이다. A와 B가 서로 마주보고 차를 질주할 때, A나 B 모두는 최대의 손실 가운데 최상의 것, 즉 체면의 손상이 오더라도 충돌을 피하는 선택을 하게 된다는 것을 의미한다. 박재영, 『국제정치 패러다임 제3판』(파주: 법문사, 2013), pp. 66–69참조.

61) 박재영(2014), p. 70.

켜서는 경우가 가장 확률적으로 높게 나타난다. 그러므로 역설적으로 쿠바 사태는 가장 합리적인 행위로 이해할 수 있는 것이다. 결국 산업화된 사회 그리고 과학과 합리성이 지배하는 국제사회에서 동맹을 체결하고 유지하는 것은 최대한 손실을 최소화시키는, 즉 적어도 생존을 보장하는 가장 확률이 높은 방법이 될 수 있다. 확률적으로 동맹이 전쟁에 개입할 가능성이 높을 것이다. 쿠바에 대한 전면적인 공격이 어떤 참화를 가져왔을 것인가를 생각해보자. 산업화 사회에서 과학이 지배한다면 당연히 동맹의 가치는 중요할 수밖에 없다. 클라우제비츠가 정치를 상업에 비유했다고 앞 절에서 언급했던 것을 떠올려보자. 정치적 이익을 위해서는 위험을 완화할 수 있는 동맹이 당연히 중요하게 된다.[62] 더욱이 문명화된 국가에게서 혼자만의 싸움은 결국 비(非) 제로섬 게임으로 치닫는 결과를 초래할 수 있다는 위험을 항상 감수해야 한다고 하겠다.

만일 동맹에 의존한다면 사실상 단 하나의 중심을 설정하는 것 자체가 극히 어렵게 되고 또한 확률적으로도 중심이 타격 당할 확률은 보다 낮아지는 결과를 초래할 것이다. 이것이 산업사회 속에서 중심(重心, center of gravity)이 내재적으로 갖게 되는 모순현상이 된다.[63] 아롱에게 있어서 헤테

62) 웨이킴은 사업에서 전략적 연합이 갖는 5가지 요소를 말한다. 이중에 위험을 완화시키는 것이 포함되어 있다는 점을 참고할 필요가 있다. Jason Wakeam, "The Five Factors of a Strategic Alliance," *Ivey Business Journal*(May/June 2003) 참조.

63) 이러한 문제는 와든(John Warden)의 이론에서 그 의미를 이해할 수 있다. 하나의 체계로서 적을 분석하면서 와든은 모든 전략적 목표물들은 5개의 구성요소로 나눠질 수 있다고 주장했다. 그는 이것을 동심원으로 표현했는데 가장 내부는 적 지휘부, 그 밖에 유기적 필수요소, 기반시설, 인구집단, 야전의 군사력이 배치되어 있다. 겉으로 보기에는 가장 핵심인 지휘부 타격이 우선되어야 한다고 이해될 수 있지만, 사실은 이러한 5가지 구성 요소를 동시에 타격해야 한다고 보았다. 이러한 문제는 단일 중심(center of gravity)에 대한 혼란을 피하기 위한 것으로 이해될

로지니어스 한 국제사회는 이러한 점에서 전쟁의 과격한 모험을 피하게 하는 하나의 현상이 될 수 있다.

2. 막스 베버적 인간 행위

아롱이 크게 감명을 받았던 사회학자는 막스 베버였다.[64] 아롱이 정리한 인간사회의 행위유형은 과학과 정치 및 그 상호관계와 관련이 있고 크게 4가지였다. 먼저 "감정적 행위"가 있는데 이것은 행위주체의 심적 상태 또는 기분에 의해서 움직이는 행위를 말한다. 아이가 나쁜 행동을 할 때 엄마가 한 대 때리는 행위, 축구선수가 주먹질 하는 행위를 예로 들 수 있다. 두 번째는 "전통적 행위"로 관습, 습관과 제2의 천성이 되어 버리는 신념에 의한 움직이다. 행위자는 목적, 가치, 감정이 아닌 그가 익혀온 조건반사와 같은 행위에 단순히 따른다는 것이다. 여기서 전쟁에서 중요하다고 할 수 있는 행위는 우선 "가치(에 관계된) 합리적 행위"가 있다. 자신의 배와 함께 침몰하는 용감한 선장의 행위는 명예를 위해 위험을 받아들이는 합리적 행

수 있다. John A. Warden Ⅲ, *The Air Campaign: planning for combat*(San Jose: toExcel, 2000): 박덕희 역, 『항공전역』(서울: 연경문화사, 2001) 참조.

64) 도미니크 불똥의 1930년대 초 "독일 여행에서 무엇을 얻었느냐?"는 질문에 대한 아롱의 답변은 이를 증명하고 있다. 아롱은 다음과 같이 답하고 있다. "내가 찾고 있던 것을 발견한 것도 바로 막스 베버에게서 입니다… 한편으로는 진실과 현실을 똑바로 보고 파악하는 동시에 또 한편으로는 행동을 취한다는 것이 내게는 일생을 통해 따라야 할 두 개의 지상명령으로 여겼던 터이니까요. 내가 막스 베버에게서 발견했다는 것은 바로 이 지상명령의 이원성이었습니다." 추가적인 이해를 위해서는 Raymond Aron, *Le Spectateur Engagé*(Année, 1981): 이종호 역, 『참여자와 방관자』(서울: 홍성사, 1982), pp. 39-41 참조. 스텐리 호프만도 아롱의 *'Peace & War'*를 구성하는 데 가장 핵심적으로 사상적 영향을 미친 사람을 베버와 몽테스키외로 보고 있다. Stanley Hoffmann, *The State of War*, London: Pall Mall Press, 1965, p. 23.

위를 말하는 것으로서 군에서 예를 들자면, 지휘관이 부하와 함께 죽음을 각오하는 행위이다.[65] 멜 깁슨 주연의 "위 워 솔져스(We Were Soldiers)"에서 할 무어 중령의 연설은 이러한 행위를 설명할 수 있는 유행적인 표현이라고 할 수 있다.[66]

아마 이러한 사회적 행위 때문에 아롱은 국제관계에서 "영광(glory)"을 언급한 것이라고 생각할 수도 있다.[67] 따지고 보면 모겐소의 '위세정책'은 아롱의 "영광"을 선도한 것으로 이해할 수도 있다.[68] 세계대전 이전까지 유럽사회는 이상주의적 사고를 지니고 있었다고 할 수 있다. 인간의 본성은 선하고 이타적이며 또 이성을 가진 주체라고 보았다는 말이다. 국가도 국가를 구성하는 인간들에 대해 교육을 시키고 치안을 보장해 주면 모든 개인은 경제적 활동으로 돈을 벌 수 있고 따라서 그 사회와 국가도 번영한다는

---

65) Raymond Aron(1965), p. 473.

66) 그는 실제 인물이며 월남으로 부하들을 데리고 가기 전에 다음과 같이 연설했다. "우리는 이제 전투를 하러 떠난다. 나는 제군들이 살아서 돌아오도록 하겠다는 약속은 할 수 없다. 하지만 이것만은 분명히 말할 수 있다. 우리가 전투를 나갈 때, 내가 가장 먼저 전쟁터에 발을 디딜 것이고 가장 나중에 발을 뗄 것이다. 그리고 나는 제군들이 살아있든 전사했든, 단 한 명도 그곳에 남겨 놓고 돌아오지는 않을 것이다. 우리는 모두 함께 집으로 돌아올 것이다." 김병재, "감독 랜들 월리스, 출연 멜 깁슨의 '위 워 솔저스(We Were Soldiers)', 2002," 『국방일보』(2017. 2. 22).

67) 아롱에게 있어서 '영광'은 상당한 충격을 주는 국제사회에서의 역사적 사실이었다. 그는 흄(Hume)의 안티테제, 즉 권력투쟁과 영광을 위한 투쟁 간의 안티테제에 주목했다. 그는 '영광을 위한 투쟁'의 위험성은 정치적 목표를 잃고 군사적 승리 자체를 최종목표로 추구할 수 있다는 위험성을 지적했다. 어떻게 보면 모겐소가 '위세정책'을 국가가 취할 수 있는 하나의 국제사회에서의 정책으로서 이해했다면 아롱은 전쟁과 우선 연관하여 고려했다고 이해할 수 있다. Raymond Aron, *Peace & War*(2009), p. 73.

68) 모겐소의 *Politic Among Nations*는 1948년 발간되었다.

생각이 존재했다. 그렇다면 당연히 국가 간의 관계에도 국가 스스로가 하나의 이성적 개체가 되며 그래서 환경적 여건만 갖춰진다면 국가들은 공동으로 번영하며 궁극적으로 세계평화를 이룰 수 있다고 본 것이다. 영국의 존 로크나 프랑스의 장 자크 루소를 대표로 하는 철학이 이것의 기반이었다고 할 수 있다. 1, 2차 세계대전은 이러한 생각이 순진한 것임을 증명했다. 전쟁은 항시 인간이나 국가가 이성적인 존재가 아니며, 오히려 권력을 탐하고 타인 혹은 타국을 지배하려는 것이 인간의 본성으로 작용한다는 것을 보여주었다. 홉스나 마키아벨리를 대표하는 국제정치 철학이 모겐소에 의해 다시 등장했다고 할 수 있다.[69] 모겐소는 아롱의 『평화와 전쟁』이 출판되기 훨씬 이전에 '국가 간의 정치(Politics Among Nations)'에서 위세 정책을 언급한 바 있다. 하지만 아롱에게 있어서 "영광"이란 모겐소를 베낀 것이 아니라 이미 베버의 사회학을 기초로 하여 언급한 것이라고 보아야 한다. 그가 베버의 가치의 의미를 어떻게 이해했는지에 대한 분석이 참고가 될 수 있을 것이다. 아롱에게 베버의 과학은 인간들이 역사 속에서 믿어왔던 가치를 이해하고 설명하며, 뿐만 아니라 인간들이 만들어낸 창조물들을 설명하고 이해하려는 노력이 기반으로 작용하는 것이었다. 그는 "인간의 가치에 충만된 산출물에 관한 객관적 과학-우리의 가치판단에 의해서 왜곡되지 않은 과학-이 어떻게 가능할 수 있는가? 이것이 베버가 자문했던 중심적인 물음이며, 그 물음에 대하여 그는 해답을 제공하려고 애썼던 것이다." 라고 베버의 의미를 평가했다.[70]

전쟁과 아주 밀접한 관련을 가질 수 있는 행위로서 볼 수 있는 마지막 행위를 베버는 "목적에 관계된 합리적 행위"라고 언급했다. 이것은 파레

---

69) 김의곤, "한스 모겐소의 「국가간의 정치(Politics among Nations)」," 『교수신문』 (2003. 8. 10).

70) Raymond Aron(1965), p. 480 인용.

토의 논리적 행위에 비견될 수 있는 것이다. 베버는 행위자가 정보의 부정확성 때문에 부적합한 수단을 선택하는 행위를 비합리적 행위로 보지 않았다. 베버는 합리성을 행위자의 지식의 관점에서 정의했기 때문에 파레토의 관찰자 지식의 관점에서 본 행위와 해석이 달랐던 것이다.[71] 따라서 이러한 측면에서 본다면, 가치 행위 역시 비록 죽을지도 모른다는 부정확성이며 두려운 정보 속에서의 행위 역시 제한된 행위자의 지식 관점에서 본 것이고 오히려 그것을 뛰어넘은 것인지도 모른다. 그러므로 아롱에게 있어서 핵전쟁은 당연히 일어날 수 있는 전쟁의 형태이고 인간사회에서 전쟁은 피할 수 없다는 역사적 사실이 이를 충분하게 보강하고 아울러 인간의 보편화될 수 없는 행위 과학으로 인해 모든 전쟁의 가능성은 항상 상정해야 하는 것이 된 것이라고 본다.

3. 인간 행동학적으로 본 중심의 오류

아롱이 생각하는 역사사회학적 측면에서 우리는 복잡한 과학적 접근보다는 쉬운 접근으로 중심(重心)을 이해할 수 있을지도 모른다. 다시 말해 목적의 합리적 행위를 이끄는 어떤 실체를 생각한다면 이것은 주요군사력이 될 개연성이 높다. 군사력은 합리적인 방법으로 운용되는 것이 일반적인 모습일 것이다. 참고로 여기서 개연성이라는 용어를 사용한 이유는 역사사회적 시각에 있다. 아롱이 생각한 바대로 개연성을 늘 생각하지 않을 수 없다.[72] 둘째, 가치 합리적 행위를 이끄는 어떤 실체를 생각한다면 이것은 적에 대한 단결과 싸우는 이유를 내면적으로 강화시켜주는 어떤 정치체제 또는 동맹체제가 될 개연성이 높다. 감정적 행위를 이끄는 어떤 실체 역시 군의 사기와 적개심을 높여주는 어떤 탁월한 지도자가 될 개연성이 높다. 끝

71) Raymond Aron, *Peace & War*(2009), pp. 472-473.

72) Raymond Aron, *Peace & War*(2009), pp. 480-489.

으로 전통적 행위는 정치적 이데올로기나 종교적 신념 등이 될 것이다. 다시 말하자면 아롱이 말하는 사상(idea) 안에 존재하는 것들을 말한다. 문제는 이러한 모든 것은 사실상 인간마다 생각이 다를 수 있다는 실존철학적 문제를 이끌게 되고 실존철학적 측면에서도 중심(重心)은 단정할 수 없는 실존체가 된다.[73] 또한 더 나아가서 계속적으로 조정되고 파악되어야 하는, 뿐만 아니라 인간의 사고 속에서 서로 변증법적으로 대립되는 실존체라고 보아야 한다.

오늘날까지도 미국은 중심(重心)에 대한 교리를 유지하고 있다. 원래 클라우제비츠가 미국의 군사대학에서 연구되고 교육된 것은 1976년 『전쟁론』이 영어로 번역되어 미 해군대학원(US Naval War College)에서 소개되면서부터였다. 이후 미 공군대학원(US Air War College)이 받아들였고 1981년에 가서야 미 육군대학원(US Army War College)이 이를 받아들였다. 하지만 해리 서머즈(Harry Summers) 대령이 『미국의 월남전 전략(On Strategy: The Vietnam War in Context)』을 출판하여 베트남 전쟁을 클라우제비츠의 교훈을 통해 비판하면서부터 클라우제비츠에 대한 연구가 불붙은 것으로 판단되고 있다.[74]

---

73) 이 부분은 아롱이 베버의 사상을 정리하면서 강조했던 부분이라고 생각한다. 그는 베버가 볼 때 불완전성은 근대과학의 기본적 특징이라고 했다. 그리고 베버는 뒤르켐처럼 사회학이 완결되고 여러 사회법칙의 체계가 존재하게 될 시기를 마음속에 그려본 일이 없다고 했다. 또한 콩트에게 중요했던 본질적인 것을 파악하고 기본적 법칙의 폐쇄된 확정적 체계를 정립한 과학의 이미지는 베버의 사고방식 속에는 전혀 없다고 했다. 과학은 무한정하게 저편으로 멀어져가는 목적을 향해 작업을 해나가며 대상에 대하여 던지는 질문을 끊임없이 새롭게 제기하므로 결국 과학의 불완전성은 존재한다고 본다. 과학적 지식은 그 종국에 결코 도달할 수 없고 역사가 진전됨에 따라 역사가나 사회학자가 과거와 현재의 현실에 대해 새로운 질문을 던지지 아니할 수 없다는 것이다. Raymond Aron, *Peace & War*(2001), p. 476.

74) John B. Saxman, “The Concept of Center of Gravity: Does It Have Utility

삭스만(John B. Saxman)의 주장은 클라우제비츠가 반대했던 이론을 미국이 교리화했다는 것이다. 이것에 대해서는 미국 내에서도 수년간의 논쟁이 있었다. 왜냐하면 클라우제비츠는 이론이 확실히 자신하는 교리가 되어서는 안 된다고 명확히 주장했기 때문이다. 이론은 이것이 사용될 때 하나의 가이드로서 충실한 것이고, 이로써 판단을 훈련시키고 사고의 진보를 쉽게 해주고 함정에 빠지지 않게 하는 것일 뿐이지 확정되고 단정적인 교리가 되어서는 안 된다고 했다. 하지만 미국은 각 군종 다시 말해서 육군, 해군 및 공군이 각각 연구하던 중심(重心)을 더 나아가 합동교리에 반영하여 "합동전역은 적의 전략적, 작전적 중심(重心)에 대한 방향성을 제시할 것이다"라고 명시했다. 그리고 걸프전쟁은 이러한 교리의 성공적 적용이었다고 판단했다.[75)]

한편, 미 육군대학원에서 자니제크(Rudolph M. Janiczek) 중령은 해병대 장교로서 자신의 작전기획 경험 등을 기초로 하여 중심(重心)을 교리에서 없애는 것이 낫다는 주장을 펼치기도 했다. 그는 미 특수전 사령부에서 작전장교 직책을 수행했고 그 외에 많은 작전기획 파트에서 근무한 경험을 가진 장교였다. 그는 1980년대 이래로 미 군사교육체제에서 작전술과 클라우제비츠의 이론 및 개념에 대한 연구를 크게 강조하면서 부수적으로 중심(重心)에 대한 교리가 엄청나게 많이 강조되었다고 주장했다. 그는 결국 중심(重心)을 포기할 것을 권장했다.[76)]

---

in Joint Doctrine and Campaign Planing?," (School of Advanced Military Studies' Monograph, 1992), p. 1.

75) John B. Saxman(1992), p. 2-3.

76) 그는 세 가지 대안을 제시했다. 첫째는 중심(重心)이라는 혼란스러운 용어를 없애고 모든 전쟁의 영역을 다룰 수 있는 새로운 용어를 만들자고 했다. 그리고 이것이 최상의 방법이라고 했다. 하지만 중심(重心)이라는 용어가 너무 깊이 뿌리 박혀 있고 그간 엄청난 노력이 부담되어 용어 폐기가 어렵다면 결정적 전

자니제크(Rudolph M. Janiczek)의 논문은 단순히 경험을 기초로 한 것으로 인식하기에 충분하다. 하지만 여기서 우리는 아롱의 철학을 그리고 아롱 철학의 기초를 만들고 있는 베버의 철학을 함께 접할 수 있을지도 모른다. 자니제크는 중심(重心)이 주요 작전에서 결정적 결과를 달성하기 위한 군사 노력에 초점을 맞추는 거대한 렌즈로서 역할을 했다고 보았다. 군사력을 이러한 목표에 효과적으로 적용하기 위해서 복잡한 이슈들을 나열하고 고려했다는 것이다. 문제는 고려된 모든 이슈들은 모든 주어진 상황에서 유일무이한 독특한 것으로 무시할 수 없는 것이었다. 완벽하고도 신속한 기획에 대한 요구가 있을 수밖에 없고, 작전에서도 우선순위가 존재하게 된다. 그러므로 중심(重心)에 대한 논쟁은 본질적으로 군사문화에 맞지 않는다는 것이다. 물론 미국은 월남전 이후에 군을 개혁하여 전술적, 작전적 교전에서 결정적으로 승리했다. 그래서 중심(重心) 개념에서 벗어날 이유가 없다고 보이지만 군대가 결정적 전투에서 승리하고 있는 만큼, 자신들이 완전하지 못한 사고 때문에 벌칙을 받으면서 플레이 하고 있을 필요가 없다고 생각했다. 비록 효과적인 결정적 작전으로 탈레반을 격퇴시켰고 사담 후세인도 권좌에서 제거했지만, 이후 미국은 이것으로 인해 초래된 장기적인 투쟁에 직면하게 되었다. 그래서 미국은 사회와 법을 변화시켜 새로운 광범위한 정부에 대해 안정화를 추구했다.

자니제크는 "현재의 전략적 모습과 '장기전(The Long War)' 이라고 알려진 본질은 군사적 사고에 있어서의 르네상스시기가 무르익었다는 것을 보여준다. 더욱 총체적인 전쟁에 대한 접근이 현재 요구되고 있다. 이것은 주요 결정적 작전의 영역을 넘어 확장되어야 한다" 고 주장했다. 결국 장기전

투 외의 영역을 포함할 수 있는 새로운 개념을 가진 용어로 바꾸자고 했다. 끝으로 이것도 저것도 아니라면 그냥 추상적이고 은유적인 용어로 이해하자고 했다. Rudolph M. Janiczek, "A Concept at the Crossroads: Rethinking the Center of Gravity," (US Army College's selected paper, Oct. 2007), p. 9.

을 치러야 하는 미국의 현실, 국제사회의 변화를 고려한다면 당연히 중심(重心) 개념을 담은 교리의 개선이 필요하다고 볼 수 있다.[77]

중심에 대한 모호함 그리고 오류를 지적했던 삭스만(John B. Saxman)과 자니제크(Rudolph M. Janiczek)는 장군들이 아니라 중령들이었다. 이들은 사실상 전쟁의 최전방, 즉 전선에서 현상을 지켜본 사람들이었다고 할 수 있다. 이러한 현장의 목소리를 대변하는 것은 아롱의 철학과 전혀 동떨어진 것이 아니다. 왜냐하면 미시적 역사를 무시할 수 없기 때문이다. 그는 역사를 기술할 때 또는 어떤 이론을 정립할 때 항상 그 이론의 위험성을 언급했을 뿐만 아니라,[78] 역사분석은 사실상 무궁무진하다는 점을 명확히 했다. 그가 베버를 논하면서 다룬 역사에 대한 위와 같은 시각은 이와 관련하여 상당한 의미를 갖는다.[79]

---

77) Rudolph M. Janiczek(2007), p. 1 인용 및 참고.

78) 그는 일반 이론을 만들기가 실패로 운명 지어질 것임을 말했지만, 더 나아가 이것의 잠재적인 위험성도 언급했다. 특히 아롱은 국제관계를 운용적 또는 예언적 과학으로 변환하는 것에 대해 확실히 경고했다. 아롱은 행동주의자적 사고에서 나오는 교리와 이론에 대신해서 일반적인 접근방법과 사고방법을 제공한 것이고, 그래서 그의 결론은 완화되고(modest) 모호한(tentative) 것이었다. 그리고 기껏해야 개연성 있는 임시적 결론을 말했을 뿐이었다. 그는 박사학위 논문 심사를 받을 때, 그를 우려하는 교수들의 역사적 실증주의를 파괴시켰던 사람이었다. Bryan-Paul Frost, "Realism Meets Historical Sociology: Raymond Aron's Peace and War," Henrik Bilddal, Casper Sylvest, and Peter Wilson(eds.), *Classisc of International Relations: essays in criticism and appreciation*(New York: Routledge, 2013), pp. 100-102 참조.

79) 아롱에게 있어서 모든 역사적 기록은 확실히 과거에 일어났던 사건들에 대해 선택적으로 재구성한 것에 불과했다. 그는 아우스테리츠(Austerlitz) 전투를 예로 들면서 다음과 같이 말했다. "전투에서 싸운 모든 군인들의 마음속에서 생각하고 느끼고 판단했던 모든 내용을 하나도 빠짐없이 나 기록해 보일 수 있는 역사가를 상상조차 할 수 있을 것인가? 사건의 내용을 확실하게 기록한 문서도 없을 것

아롱의 이러한 철학을 기초로 할 때, 중심(重心)은 매우 부적절한 것이라고 할 수 있다. 더욱이 적의 사기, 또는 사고 체계, 단결의 근원, 이념적 가치, 문화적 사고 등을 중심(重心)으로 지향하려는 경향을 추구한다면 가치체계-아롱적으로는 양립할 수 없는 사상-가 틀린 상태에서 내가 판단한 적에 대한 중심(重心)과 적이 판단하는 자신의 중심(重心)은 당연히 다를 개연성이 매우 높다고 할 것이고, 또한 자신이 선정하는 중심도 결심과정에서 관여하는 사람들의 가치판단에 의해서 당연히 다양하게 나타날 것이다.[80] 게다가 여기에서도 오류와 오판이 작용할 수 있을 것이다. 결국 개연성을 이끄는 마찰은 중심(重心)의 개념을 다시 모호하게 하는 근원이 된다. 이런 측면에서 본다면 중심에 대해 마찰은 안티체제를 구성한다.

아롱이 클라우제비츠의 전쟁철학 또는 이론을 분석하면서 중심(重心)에 대해 거의 언급하지 않는 것은 충분히 납득할 수 있는 것이며, 어떻게 보면 당연한 것이고 또한 전혀 놀랄 일이 아니라고 하겠다. 그가 언급한 중심에 대한 내용은 중심(重心)의 유용성 또는 현실성을 분석하기 위한 것이 아니라 클라우제비츠의 주장을 전달하는 정도의 수준이라고 보인다.[81]

이고 설사 그러한 문서가 충분히 있다고 하더라도, 그 내용을 종합하여 분석하면서 결국 가치, 미, 자유, 진리, 심미적 또는 도덕적 또는 정치적 가치를 이용해서 선택적으로 분석할 수밖에 없는 것이다. 따라서 각각의 재구성이 선택적이고 가치체계에 의해서 좌우된다면 선택을 지배하는 가치체계 만큼 많은 역사적 또는 사회학적 시각이 성립할 수 있다는 결론에 도달하는 것은 너무나 자연스러운 것이리라!" Raymond Aron(1965), p. 482.

80) 이 책 2장 2절에서 와든(John Warden)의 일화를 생각해 보자.

81) 아롱은 *Clausewitz: Philosopher of War*에서 아롱은 중심(重心)에 대해 많이 언급하지 않는다. 주요 언급을 살펴보면, 먼저 108-109페이지에서는 중심을 도출한 이유를 개념과 실세를 구분하기 위한 것으로 보았다. 158-159페이지에서는 비록 거대한 성공이 당시의 작은 성공들을 결정하므로 전략적 행동은 작은 수의 중심(重心)에 집중해야 하지만, 그래도 반드시 전투력을 확보해야 한다는 점

플라워(Christopher W. Fowler)는 클라우제비츠가 중심(重心) 개념을 가져온 이유를 당시 그의 경험과 상황으로 제시하고 있다. 먼저 그의 프랑스에 대한 전역 경험을 말한다. 여기서 그는 상당한 전투 경험을 얻었다는 것이다. 두 번째로는 그가 살았던 시대는 유럽의 산업혁명이 시작되는 시기였다는 것이다. 이 당시 수학과 과학의 주요발전이 있었다. 라그랑주(LaGrange)와 라플라스(Laplace) 그리고 오일러(Euler)는 물리와 수학에 대한 엄청난 연구 결과를 발간했고, 가우스(Gauss)는 당시 가장 위대한 과학적 마인드를 지닌 학자로서 수학과 공학 그리고 물리학을 적용한 저작물을 완성했다. 따라서 클라우제비츠가 이러한 과학적 연구로부터 그의 유추를 이끌어낸 것은 거의 놀랄 일이 아니라는 것이었다. 독일어 원어를 기초로 했을 때 클라우제비츠는 전쟁을 거대한 규모의 '맨투맨 몸싸움(zweikampf, man to man tussle)'이라고 비유했고 그렇다면 레슬링을 예로 들 수 있는데 결국 상대를 쓰러뜨리기 위해서는 중심(重心)을 유추 수밖에 없었다는 것이었다.[82]

전쟁은 사실상 개인 대 개인의 결투는 아니다. 이것은 사회적 현상이고 역사적 현상이다. 따라서 과학적인 접근은 사실상 그 시도부터 무리였

을 공격과 방어의 관계로 설명했다. 이것은 곧 중심(重心)에 모든 것을 쏟아 붓는 것도 아니며 중심(重心)의 파괴가 모든 것을 끝낸다는 것이 아님을 설명하려 했던 것으로 이해된다. 그리고 그는 194페이지에서 이것을 다시 한 번 확인했다. 아롱은 거대한 성공, 중심(重心), 군사력 과시의 유용성은 모두 결정적 사건(events)에서 유래된 것으로 이것 모두는 각각 다루어져야 한다고 했다. 209페이지에서 언급한 내용은 전략적 원리로 중심(重心)을 타격해야 한다는 클라우제비츠의 말을 언급했을 뿐이다. 213, 217 그리고 221페이지에서는 중심(重心)이 작전적 수준에서 제시된 것이고, 이것을 타격하는 원리에 대해 언급했을 뿐이다. Raymond Aron, *Clausewitz: Philosopher of War*(1983), pp. 108-109, 158-159, 194, 213, 217, 221.

82) Christopher W. Fowler, "Center of Gravity-Still Relevant After These Years,"(USAWC: Strategy Research Paper, 2002), pp. 1-2.

을 것이다. 더욱이 가치를 추구하는 인간 행동학적 측면을 고려했다면, 클라우제비츠는 애초에 그가 정신력을 귀중하게 다루었듯이, 중심(重心)에 대해 다시 썼을 것이고, 적어도 이것은 물리적이고 확실한 결과를 이끄는 것은 아닌 것으로 결론 내렸을 것이라고 아롱은 예측했을 것이다.

제3절 국제시스템의 공격 및 방어적 태세

1. 국제시스템 속의 국가 체제 그리고 "권력, 영광, 사상"

아롱의 거대한 저작 『평화와 전쟁』이 연구되지 않는 이유에 대해서 호프만(Stanley Hoffmann)의 생각은 명료했다. 모겐소(Hans Morgenthau)의 저서와 비교하면서 아롱의 책은 더욱 엠비셔스하고 세부적이지만 아롱의 결론은 보다 규범적이고 평이하며 사려 깊기 때문에 그렇다고 했다. 다시 말해서 어떤 비판이라고 하는 것은 고개를 끄덕임 또는 찬탄의 탄식보다는 분노와 목소리가 나와야 하는데 아롱은 이러한 것을 나오지 못하게 만드는 반면, 모겐소의 저작은 여전히 논쟁해야 할 소지가 많이 남아 있다고 표현했다. 월츠(Kenneth N. Waltz)가 아롱에 동의하지 않은 이유는 이론발전에 있었다. 그는 자신의 저서 『국제정치의 이론(Theory of International Politics)』에서 경제학에서 발견할 수 있는 유형의 국제관계의 일반적 이론 발전을 아롱이 거부한 것에 대해 비판하였다. 국제정치는 정확히 정의될 수 있는 구조를 지닌 시스템으로서 생각될 수 있는데, 아롱은 단위(또는 개인까지)에게 특권을 부여하는 경향이 강했다고 했다.[83] 아롱은 주요 행위자가 시스템을 결정

83) 이러한 관점과 관련해서는 Raymond Aron, *Peace & War*(2009), pp. 14-15를 볼 것.

한 것이지 그것에 의해 주요 행위자가 결정되었다고 보지 않았다는 점도 지적했다. 아롱은 깔끔하게 미래를 예측하는 국제정치를 논하지 않았다는 의미라고 하겠다.[84)]

아롱이 이렇듯 국제정치와 국제관계를 예측하지 않았던, 이론화하지 않았던, 이유는 기본적으로 국제관계를 권력이나 힘의 배열로서 완전하게 설명하는 것은 불가능하다고 판단한 것에 있었다. 그는 더 나아가 교리화를 사실상 거부했고 국제관계를 생각하는 방법과 접근법을 제시했다. 사실상 그의 사상적 틀 속에서 수치적으로 국가의 영광, 정의, 종교적 믿음을 나타낼 수 없기 때문이다.[85)] 아롱이 중요하게 고려한 것은 예측하지 못하는 결과의 존재였다. 이것은 그가 클라우제비츠를 찬양한 이유를 제공했다. 마치 페리클레스가 예상하지 못했던 전염병으로 인해서, 만일 개연성을 더 높여 생각했을 때, 전쟁을 보다 잘 끝내지 못한 것처럼 인간사는 예상하지 못한 일이 발생한다. 마찬가지로 국제정치 행위자들의 모든 행동을 종합하여 정형적으로 이론화하는 것은 사실상 불가능 할 것이다. 월츠의 시스템도 고장 날 수 있는 것이었다.

아롱은 국가 체제를 일반적으로 크게 세 가지로 구분했다. 첫째는 민주적인 국가이다. 민주적 국가는 이념적 논쟁을 받아들인다. 둘째 전체주의적 국가는 이데올로기와 국가를 분리하지 않는다. 민주국가는 원심력을 구성하는 힘들을 자유롭게 통치하지만, 전체주의국가는 민족적보다는 더욱 이데올로기적 만족을 정치적으로 인식하고 있다.[86)] 특이한 경우가 아프리

84) Bryan-Paul Frost(2013), pp. 99-100.

85) Bryan-Paul Frost(2013), pp. 100-101.

86) 이에 대해서 아롱은 전체주의적 광신적 이데올로기의 종말을 종용한다. 결국 자유주의 정신을 지닌 인간은 인간을 사랑하고 진리를 존중하기 때문에 전체주의적 이데올로기의 형식주의 앞에 영혼을 굴복시켜서는 안 된다고 본다. 이에 대해서는 Raymond Aron(1968), pp. 275-290.

카나 근동지역의 국가들인데 이들 국가들은 이데올로기적인 만족이 없이 또는 이데올로기적이라기 보다는 더욱 민족적인 방향 어느 중간에 위치한 형태를 보인다.[87)]

국가는 다양하지만 사실상 그 다양한 국가의 유형은 이렇듯 이질적인 유형을 형성한다. 그리고 오늘날도 이러한 국가들의 발전 정도, 역사적 전통, 종교 또는 국가적 단결의 정도가 어떻건 간에 사람들의 이질성은 극단적인 상황에 놓이기도 한다.[88)] 냉전이 끝나고 이러한 이질성이 민주주의라는 단일 정치체제로 통합되리라는 기대,[89)] "국경선 없는 세계"에 대한 기대는[90)] 사실상 환상이었을 수 있다.

---

87) Raymond Aron, *Peace & War*(2009), pp. 378-379.

88) Raymond Aron, *Peace & War*(2009), p. 379.

89) 예를 들어, 20세기 말의 역사를 다시 돌이켜 보자. 후쿠야마(Francis Fukuyama)가 있다. 그는 서구의 민주주의를 대신할 만한 이데올로기가 없다는 의미의 "역사의 종말"을 외쳤다. 이것은 마치 칸트의 '영구 평화론'에 비견될 수 있을 것이다. 칸트적인 국제관계는 국가를 기본 단위로 하는 관점에서 바라보지 않는다. 따라서 교조적 현실주의와 근본적으로 다르다. 칸트의 국가는 인간 삶의 편의를 위한 편의적 조직에 불과한 것이었다. 따라서 궁극적으로 인간에게 필요한 것은 초국가적인 유대(transnational solidarity)와 인류 공동체(a community of mankind)였다. 인간들의 사회는 국가들 간의 무정부적 갈등보다는 보편적(universalistic) 조화를 이뤄야 했다. 인간은 어느 국가에 속한 객체이기 이전에 이미 인간으로서 인류공동체에 속해 있는 주체였다. 보편적 공동체를 실현하는 것이야 말로 국제정치사회 속에서 잠재적으로 가능성을 갖는 것이며 당연히 이루어야 할 도덕적 과업인 것이었다. 이에 대해서는 Francis Fukuyama, *The End of History and the Last Man*(New York: Free Press, 1993): 이상훈 역, 『역사의 종말』(서울: 한마음사, 1992); 박재영(2013), pp. 414-415, 교조적(教條的) 현실주의에 대해서는 강진석(1996), p. 10 참조.

90) 오마에는 생산 기준이 국제 시장 속에 설치되었으므로 오히려 지역적 정부를 능가한다고 보았다. 따라서 세계는 국경선이 없어졌다고 주장한다. Kenichi

2000년 초 닷컴 붕괴, 9·11 테러, 아프가니스탄에서 탈레반 격멸을 위한 전쟁, 이라크, 시리아에서의 전쟁, 코소보와 여기서 나타난 나토 내부 국가 간의 갈등, 우크라이나 사태, 인도와 파키스탄 사이의 핵 브링크만쉽(nuclear brinkmanship) 정책, 그리고 북한의 핵 위협의 심각성, 오늘날 나타나는 경제적 보호주의 등장은 아롱이 바라본 역사사회 그 자체이다.[91] 헤겔과 마르크스의 역사철학에 입각하여 저술된 "역사의 종말"은 아롱에게는 또 다른 역사의 결정성을 추구했던 오류였을지도 모른다. 최근의 전쟁의 모습은 "역사는 다시 등장했고 꿈은 끝난 것"이었다.[92] 심지어 초강대국 미국과 중국 간의 대결이 진행되고 이것이 더욱 확대될 우려를 낳기도 한다.[93]

Ohmae, *The Borderless World: Power and Strategy in the Interlinked Economy*(New York: Harper Business, 1999) 참조.

91) Daniel J. Mahoney and Brian C. Anderson(2009), p. xi.

92) 케이건은 냉전이 종식되고 평화로운 국제사회와 질서가 새롭게 올 것으로 보았지만, 그것은 잘못된 희망이라고 주장한다. 냉정한 현실 속에서 강대국들은 다시 한 번 영광과 자신들의 영향력을 확대하기 위해서 경쟁할 것이라고 한다. 비록 당시 초강대국인 미국이 단극적인 형태의 국제 질서를 가져온 것처럼 보이지만, 미국, 중국, 러시아, 인도, 유럽, 일본 그리고 이란 등의 새로운 위협이 등장하고 따라서 새로운 지역적인 분쟁을 이끌 것이라고 본다. 그는 이데올로기적인 싸움이 종말을 가져온 것이 아니라고 하면서 미국의 자유주의와 중국 및 러시아의 독재정치 간에 분쟁을 경고하며 결국 지정학 속에서의 이데올로기 간의 대립은 불가피하다고 본다. Robert Kagan, *The Return of History and the End of Dream*(New York: Alfred A. Knopf, 2008) 참조.

93) 후쿠야마조차 서양 양식의 자유민주주의 승리를 선언했고 이것이 역사의 종말을 의미한다고 주장한 바 있지만, 오늘날 그런 그에게 트럼프(Donald Trump) 시대가 세계질서의 분수령이 될 것으로 보이는 의심을 갖게 하는 것은 아이러니다. 후쿠야마는 트럼프의 정책 기반은 매우 모순적이고 민족주의적이며 세계 정치적 질서라는 관점에서 볼 때, 1940년 이래의 자유주의적 세계질서의 토대였던 협력적 조정과 거리가 먼 것이라고 지적했다. 그리고 이것은 매우 위험하다고

국가 간의 분쟁은 권력, 영광, 사상 속에서 피할 수 없는 것으로 보인다.

이질성과 동질성 시스템을 연계시킨 국제관계에 대해 연구한 것은 사실상 아롱의 독창적인 시도였다. 그가 사회학적 시각을 가졌기 때문에 과학적 그리고 통계학에서 많이 사용되는 개념을[94] 적용한 것은 당연한 것이었는지도 모르겠다. 아롱은 "이질적 시스템"과 "동질적 시스템"을 다음과 같이 정의하고 있다. 먼저, 동질적 시스템은 그 시스템 속에서 국가들이 동일한 형태에 속하고, 동일한 정책의 개념에 복종하는 것이다. 이질적 시스템은 국가들이 그 속에서 상이한 원리에 따라 조직되고 대조적인 가치를 나타내는 것이다.[95] 그에 의하면 이 두 시스템의 주요 차이란 국가들 간에 내적 정치적 특성의 상이함 또는 동일함이었다. 국내적 특성이 크게 동일한 국

경고했다. 그 이유는 세계 도처에 민족주의가 이미 강해진 상황에서 미국이 지금까지 그것을 억제해왔지만 미국과 같은 패권세력이 대중적 민족주의로 이동하게 된다면 자유주의 세계질서를 위한 동력이 붕괴될 것으로 본 것에 있다. 후쿠야마가 이러한 견해를 보인 것은 그의 국제 질서에 대한 분석을 기초로 한다. 그에 의하면 근대국가의 생성에 세 가지 중요한 요소가 존재한다. 이것은 국가(the state), 법의 지배(the rule of law), 그리고 책임정부(accountable government)였다. 그에게 정치제도는 길고 힘든 과정을 거쳐 발전해 가는 것이었다. 정치체제가 바뀐 환경에 적응하는 데 실패했을 때 정치적 부패(political decay)가 일어난다고 보았다. 그리고 제도보존의 법칙과 같은 것이 저항한다는 것이다. 트럼프 정부에 대한 우려는 이러한 시각에서 나온 것으로 보인다. Francis Fukuyama, *The Origins of Political Order*(New York: Farra, Straus and Giroux, 2011); 함규진 역, 『역사의 종말』(서울: 웅진지식하우스, 2012), Ian Tally, "End of History Author Says Donald Trump Could Signal a Shift from the Liberal World Order," *The Wall Street Journal*(Nov 25, 2016) 참고.

94) 이질성과 동질성 개념은 과학과 통계학에서 성분과 유기적 조직체의 균일성과 관련된 것을 연구할 때 사용한다. https://en.wikipedia.org/wiki/Homogeneity_and_heterogeneity(검색일: 2017. 5. 13).

95) Raymond Aron, *Peace & War*(2009), pp. 99-100.

가들은 상대적으로 안정된 관계를 유지하게 되지만, 크게 보았을 때, 특성이 이질적인 경우는 대립적 관계를 유지하게 되므로 그들의 가장 관심사는 분쟁의 평화적 해결에 있다고 주장했다. 문제는 국제사회가 이러한 조건 속에서 아주 다이나믹하게 변화된다는 것이다.[96]

오늘날 이러한 아롱의 주장이 상당한 의미를 갖는 것은 사회적인 측면의 분석 때문이라고 할 수 있다. 무엇보다도 중요한 것은 사회학적으로 보았을 때, 국내적인 체제가 국제정치에 영향을 미치고 문제가 될 수 있다는 점이다. 예를 들어, 냉전 이후 오늘날 미국의 민주주의 가치를 전파하려는 것은 사실상 국내적인 소명의식(vocation)이 세계적으로 확산되어야 한다는 정책으로 변환된 것이고, 이러한 이유로 인해서 무슬림 세계와 대립하게 된 것이라고 볼 수 있다.[97]

국제사회 속에서 왜 다른 나라의 국내적 체제 또는 특성이 문제가 되고 왜 다른 나라가 자신들과 유사하게 되기를 바라는 것일까를 생각해 보자. 아롱에게 있어서 이것은 영광의 추구였다고 할 수 있다. 그는 이것을 간명하게 소명의식(vocation)이라고 표현했다. 미국의 2003년 이후의 이라크에 대한 노력, 1559년 스코틀랜드에 대한 프랑스의 체제 변경 시도, 1787년 네덜란드에 대한 프러시아의 개입이 이와 관련된 사례이다.[98]

---

96) Taku Yukawa, "Heterogeneity and Order in International Society,"『國際公共政策研究』第19卷第1号(2014. 9), p. 34.

97) 이와 관련된 정책적 배경에 대해서는 Martin Indyk, "The Clinton Administration's Approach to the Middle East," *Soref Symposium*(1993) 참조. http://www.washington institute.org/policy-analysis/view/the-clinton-administrations-approach-to-the-middle -east(검색일: 2017. 2. 16).

98) Julian Go, "Book Reviews: Owen, John, 2010. The Clash of Ideas in World Politics: Transnational Networks, States, and Regime Change, 1510-2010," *American Sociological Association*, Volume XIX, Number 1(2013), p. 153.

소명의식은 하나의 체제 변경과 관련 있는 것이라고 할 수 있다. 영광과 권력이 한데 뭉쳐서 사상적 영향을 추구하는 것이다. 이것은 오웬(John M. Owen)의 "체제의 변경"과 "강제적인 체제의 진흥"을 떠 올리게 한다. "강제적인 체제의 진흥(forcible regime promotion)"은 "다른 국가의 하나 또는 그 이상의 정치적 제도를 건설하고, 보존하며, 대치하는 목적을 가지고 모든 국가가 직접적인 힘을 사용하는 것"이었다.[99] 그는 1510년에서 2010년까지 209개의 사례를 분석하여 세 개의 물결이 있었다고 분석했다. 첫째는 1520년에서 1650년까지로 가톨릭 또는 프로테스탄트 지배자들이 자신들의 체제 형태를 인접국에 반영하려는 것이었다. 그 예는 엘리자베스 1세가 프로테스탄티즘을 스코틀랜드에 전파하기 위한 것과 스페인의 필립 2세가 1583년에서 1589년까지 쾰른 지역에 전파하고자 했던 것이 있다. 두 번째 물결은 공화정, 입헌군주정, 그리고 절대군주정의 체제 대립이었다. 나폴레옹의 1799년에서 1815년까지의 공화주의를 위한 노력, 오스트리아와 러시아에서의 공화주의 전복을 위한 절대군주제의 시도가 그 예이다. 세 번째 물결은 최근의 사건들로서 자유민주주의와 전체주의 또는 공산주의 간의 대결이었다. 이 모든 것들은 세계 속에서 사실상 대규모의 이념적 투쟁이었다. 지배자들은 단순히 제국주의나 식민지주의와 같이 물질적 이득을 얻으려 한 것이 아니었다. 상대 국가사회의 엘리트들이 이념적으로 날카롭게 분열되었거나 또는 상대국가의 운명에 자신들의 안보(security)가 묶여 있을 경우 이러한 시도의 조건이 되는 것이었다. 오늘날에도 이념적 대립은 지속되고 있는데 예를 들어, 챠베스(Hugo Chavez)의 볼세비즘, 중국 및 러시아의 독재적 자본주의(authoritarian capitalism), 이슬람주의와 세속주의의 대결이 그것이다. 하지만 이러한 대립은 이미 16세기부터 지속되어온 대립을

99) John M. Owen(2010), p. 272.

오늘날 긴 역사 속의 한 일부로 나타나는 것뿐이라고 할 수 있다.[100)]

아롱에게 영광은 매우 위험한 것이었다. 아롱은 『평화와 전쟁』에서 영광과 관련하여 '절대적인 승리(absolute victory)'라는 표현을 했다. 만일 정치 단위체가 영광을 추구한다면 이것은 무조건 항복과 같은 현상을 가져온다. 아롱에게 이것은 '영광을 위한 갈망(desire for glory)'이었다. 이것은 부분적인 성공 후의 유리한 평화협상을 하는 '상대적 승리(relative victories)'를 싫어하는 것이고 상대의 자부심을 빼앗은 것이 된다.[101)]

이러한 분석은 아롱의 이질적 국제시스템에 작용하는 힘의 요소와 다르지 않다고 할 수 있겠다. 하지만 그의 시각은 단순히 유럽 역사와 미국 역사를 중심으로 다루고 있다. 아시아나 그 외의 대륙에 대해서는 충분한 분석이 이루어지지 않았다. 물론 아시아의 역사는 사실상 다루기 쉽지는 않을 것이다. 아시아의 역사는 정치적 이념 또는 사상에 대해 직접적인 힘을 사용하여 전파하려는 역사를 찾기 힘든 것으로 보인다. 그런 관계로 후쿠야마는 정치질서의 기원을 다루면서 아시아, 특히 중국의 역사를 가산제에 치우친 역사로 치부했을 것이다.[102)]

아롱에게 있어서 이질적 시스템에는 사상만이 존재하는 것은 아니었다. 예를 들어 인구의 수와 국가가 차지하는 공간의 이질성도 있다. 그러나 그 국가의 크기에 따라 단결이 강해지는 것은 아니다. 사회는 발전에 있어서도 불균형을 이룬다. 그러나 그의 이론에서 권력(power)이란 의지와 관련된 것이었지 수치와 관련된 것은 아니었다. 그는 국제사회에서 전통적인 권력의 견해를 따른다. 국제무대에서 권력은 한 정치적 단위체의 힘을 다른 단

---

100) Julian Go(2013), p. 154.

101) Raymond Aron, *Peace & War*(2009), p 73

102) Francis Fukuyama(2011), pp. 171–180 참조.

위체에 부과하는 능력이라고 본다.[103] 사회학적 시각에서 본다면, 정치적 힘이란 절대적인 것이 아니라 하나의 인간관계(human relation)인 것이다. 그리고 이것은 막스 베버의 영향을 반영한다. 아롱은 권력(power)과 힘(force, strength)에 대해서 권력이란 관계가 존재하는 것이고, 힘은 군사력의 규모와 같이 객관적으로 측정할 수 있는 것으로 보았다. 힘은 권력을 예측할 수 있는 유일한 변수가 아니다.[104] 권력은 정치에서 사실상 골격을 구성하는 것이라고 하겠다.

2. 사회적 의미의 공격과 방어적 태세

칼 슈미트가 '정치적인 것(the political)'을 국가와 연계시키고 따라서 국가는 정치적 실체(entity)가 되며, 막스 베버의 "사명으로서의 정치(Politics as a Vocation)"를 그는 국가 간의 권력으로 정의했다. 이것은 모겐소와 같은 현실정치가에게는 기본적으로 국가 상호 간의 증오를 포함한 것으로 특징지어진다. 하지만 아롱에게 '정치적인 것(the political)'이란 사회의 모든 활동에 존재하는 것이었다.[105] 따라서 아롱이 구분한 방어적 권력과 공격(공세)적

---

103) Raymond Aron, *Peace & War*(2009), p. 71. 이것은 클라우제비츠의 견해와 연결된다.

104) Raymond Aron, *Peace & War*(2009), p 47.

105) 국가 간 권력에 의해 정치가 정의되므로 칼 슈미트에게 있어서 국가는 뭔가 정치적으로 나타난다. 그리고 '정치적인 것'은 국가와 관련된 어떤 것이다. 그러므로 이것은 만족스럽지 못한 집단이다. 따라서 이 속에서 모겐소가 권력투쟁의 현상이 국제사회의 본질이라고 본 것은 당연한 것이다. 하지만 아롱은 슈미트의 도덕성, 경제, 법률에 반대되는 정치적인 것에 대해서 이것은 본질적으로 모든 인간의 활동 속에 존재하는 것으로 이해한다. 이러한 점은 사실상 아롱이 칸티안적인 면을 지니고 있음을 보여준다. 그래서 아롱적 전쟁과 전략은 그가 권력과 힘을 구분하면서 이해했듯이 단순하게 군사력에 한정될 수 없는 것이다. 칼 슈미트의 정치적인 것에 대한 이해와 분석을 위해서는 Samuel Moyn,

권력은 국제사회에서 권력정치 범위를 넘어서서 중요한 의미를 갖는다.

방어적 권력이란 다른 의지에 의해 상대방의 의지가 강제되어지는 것을 지키는 정치적 단위체의 능력을 말한다. 공격(공세)적 권력이란 자신의 의지를 상대방에게 부과하는 능력을 말한다. 인간의 관계라는 의미에서 권력은 당연히 의지와 직접적인 관련을 갖게 되고 또한 이러한 관계(relation)라는 것은 당연히 상대성을 갖게 된다고 하겠다. 그러므로 아롱은 정확한 권력의 측정은 불가능하다고 보았다. 그 이유는 첫째, 권력은 상관관계를 가지는 것이며, 원인이 내생적(endogenous)이기 때문이다. 둘째, 권력의 근원들은 일반적인 맥락의 흐름을 볼 때 계속해서 변하게 된다. 따라서 아롱은 권력을 평가하고 연구할 때는 역사적 전후관계에 민감해야 한다고 보았다. 이중에 환경, 자원, 공동체 행동은 명확히 나타나는 현상이었다.[106)]

권력은 크게 보면 사회적인 것이다. 이러한 관점에서 볼 때, 권력은 행위자가 어떻게 자신들의 자원을 이용하여 환경을 조성하느냐가 중요해진다. 이러한 환경은 다시 내부적인 단결과 공동체의 행위 능력에 의존한다. 결국 권력은 전략(strategy)에 의존하게 되는 것이다. 사실상 아롱의 『평화와 전쟁(Peace & War)』이라는 저서가 잠재적인 전쟁의 분출로 특징지어지는 국제시스템 속에서의 주로 외교적-전략적 문제를 다루는 것과 관련 있다는 점을 볼 때도[107)] 아롱에게 있어서 전략은 매우 중요한 이슈로 다루어졌다고 할 수 있다.

보다 본질적으로 칼 슈미트의 '정치적인 것(the political)'과 관련시켜 생

"The Concepts of the Political in Twentieth-Century European Thought," Jens Meierhenrich, Oliver Simons(eds.), *The Oxford Handbook of Carl Schmitt*(London: Oxford University Press, 2016), pp. 291-308. 특히, 모겐소, 아롱, 그리고 레포트(Lefort) 부분을 참조할 것.

106) Raymond Aron, *Peace & War*(2009), p. 65.

107) Raymond Aron, *Peace & War*(2009).

각해 보면, 아롱의 전략적 생각은 국가 간의 무력투쟁 관계로 한정할 수 없다. 왜냐하면 그는 사회의 모든 활동을 정치적인 것으로 생각했기 때문이다. 이렇게 된다면 권력, 사상, 영광을 추구하는 국가의 전략은 군사력에만 의존할 수 없다고 보아야 한다. 단순하게 군사력을 이용한 공격과 방어의 관계가 아닌 국가사회의 사상(idea)이 아주 중요하게 된다. 이것이 권력과 합쳐질 때, 이데올로기를 위한 투쟁의 관계를 형성하게 될 것이고 실제로 그랬다.[108] 오늘날 이러한 현상은 지속되고 있다. 전략 속에 이데올로기는 늘 존재한다고 보아야 한다.

전략에 대한 정의는 매우 많다. 최근 미 육군사관학교의 '현대전 연구소(Modern War Institute)'의 분석 예를 들어보면, 전략을 4가지 유형으로 분류하고 있다. 첫째는 '계획 중심적(Plan-centric)' 전략이다. 와일리(J. C. Wiley)와 오스굿(Rovert Osgood)의 전략이 여기 속한다. 둘째는 '진행에 중심을 둔, 지속적인 적응(a process-focused, continuous adaptation)' 전략이다. 포프르(André Baufre), 머레이(Williamson Murray), 그림슬리(Mark Grimsley)의 전략이 이 부류에 속한다. 세 번째는 '전투 중심적인(combat-centric)' 전략이다. 클라우제비츠와 몰트케(Helmuth von Moltke)가 이 부류에 속하는 대표적인 사람들이다. 마지막 유형은 전쟁의 모호한 관계를 다룬 부류였다. 로렌스 프

108) 왜 난폭한 사회적 분쟁 속에 인간이 포함되는가에 대해서 냉전시대인 1960년대와 1970년대에는 연구가 부진했다. 하지만 이데올로기의 승리를 1980년대 말에 보게 되었다. 대부분 서구는 합리적 선택 이론이나 균형모델(equilibrium models)로 국가 간의 상호관계를 이해하고자 했다. 현실주의는 군사력, 정부의 생존 및 상대적 권력 획득의 최대화를 추구하는 것이었다. 그래서 현실주의는 크게 보면 사상, 믿음, 가치 및 규준을 무시했다고 할 수 있다. 오늘날은 이데올로기 분쟁을 해결하기 위한 이데올로기적 방법론이 필요하다고 보는 주장도 나오고 있다. Steven Mock and Thomas Homer-Dixon, "The Ideological Conflict Project: Theoretical and methodological foundations," *CIGI Papers*, No. 74(Jury 2015), pp. 1-2.

리드먼이 이 부류에 속하는데 그는 전략을 "권력을 창출하는 술(術)"이라고 정의했다.[109)]

위의 분석을 기초로 할 때, 보프르와 프리드먼이 가장 아롱적인 전략을 언급한 것으로 보인다. 특히 프리드먼이 카네기 협회(Carnegie Council)에서 행한 연설은 사실상 아롱적 철학을 보여주고 있다. 그는 "전략은 계획이 아니다(strategies are not plans)"라고 말한다. 그러면서 사회적인 측면에 속한다는 것을 암시하고 있다. 그는 전략이 오늘날 모든 삶의 영역에 속한다고 했다. 예를 들어 거래 상의 전략, 연말정산을 위한 전략, 애들을 키우는 전략 등 사실상 전략이라는 것은 일상생활, 즉 인간사회에 존재하는 것이라고 본다.[110)] 그리고 이러한 전략은 인간관계를 절대로 배제할 수 없다고 생각했다. 이렇게 볼 때, "권력은 상관관계를 가지는 것이며, 원인이 내생적(endogenous)"이라는 의미는 국제사회의 시스템 속에서 생존하는 데 매우 중요한 함의(含意)를 지니는 것이다. 사실 이러한 사고를 기초로 한다면 우리는 보프르 정의 역시 아롱의 국제시스템 속에서 응용해야 할 키워드가 될

---

109) 와일리의 경우 전략을 "어떤 목적을 달성하기 위해 설계된 행동 계획(a plan of action)"으로 정의한다. 오스굿(Rovert Osgood)의 경우는 전략은 "무장된 강제력을 사용하기 위한 전체 계획이나 다름이 없다고 이해되어야 하는 것"이었다. 보프르는 전략이란 "힘의 변증법적 술(the art of dialectic of force)"이었고 머레이와 그림슬리에게 전략이란 "변화하는 조건과 환경에 지속적으로 적응하는 과정"이었다. 클라우제비츠와 몰트케 전략은 "전쟁 목표를 위한 교전의 사용," 또는 "전쟁 목표 달성을 위해 장군의 의도대로 배치된 수단을 실질적으로 적응하게 하는 것"이었다. 프리드먼은 지속적인 상황에 대처를 강조한다. ML Cavanaugh, "What Is Strategy?," *Modern War Institute*(November 10, 2016). http://mwi.usma.edu/what-is-strategy/(검색일:2017. 2. 18).

110) The Lecture of Lawrence Freedman, "Strategy: A history,"(Carnegie Councile, 2013. 9. 30) 강연 참조. http://www.carnegiecouncil.org/studio/multimedia/20130930/index.html(검색일:2017. 2. 18).

수 있다고 보아야 한다.[111]

사회적인 관계와 전략을 연관시켰을 때, 아롱에게 있어서 적응(adaptation)은 상당한 함의를 갖는 것이 된다. 그에게 있어서 국제사회에서는 마치 친한 친구와 언제라도 등을 돌릴 수 있듯이, 영원한 친구도 영원한 적도 없는 것이었다. 그러므로 국가의 전략은 방어적 태세가 우선 기본 바탕이 되어야 한다. 아롱은 국가 간의 자원들이 동일하지 않기 때문에 태생적으로 불균형을 이룬 것은 아니라고 본다. 그래서 국제시스템을 경쟁적 국가 간의 복수성(plurality)으로 정의했을 때, 국가 간에는 힘을 추구하게 된다. 적은 그 정의 자체만으로 생각해도 상대를 공격하여 지배하기 위해 위험을 무릅쓰는 국가가 된다. 그래서 전쟁을 할 수 있다. 전쟁에서의 승리자는 그의 이전 동맹들에게 의심을 낳게 된다. 다시 말해서 동맹과 적은 필연적으로 일시적인 것이 될 수 있다. 왜냐하면 이들은 힘의 관계에 의해 결정되기 때문이다. 따라서 어느 국가의 힘의 증가는 반드시 자신의 동맹국과의 불화를 기대해야 한다고 주장한다.[112]

불화가 오면 이들 동맹들은 다른 캠프로 다시 결합하게 될 것이다. 이로서 균형을 유지하게 될 것이다. 이러한 방어적 대응은 국가에게는 자연스럽게 기대되는 것이다. 불균형은 다시 전쟁을 가져올 수 있다. 그렇기 때문

---

111) 보프르에 의하면 아롱의 Peace & War에서 자신의 간접전략 착상을 한 것으로 보인다. 그는 다음과 같이 언급한다. "물질적 측면에서 가장 중요하게 요구되는 것은 견디는 것이다. 레이몽 아롱의 견해는 이것이 모든 전략의 궁극적인 목표이다." André Beaufre, *An Introduction to Strategy: With Particular Reference to Problems of Defense, Politics, Economics, and Diplomacy in the Nuclear Age*(New York: Frederick A. Preager, 1965), p. 114. 관련하여 5장 1절에서 다시 논할 것이다.

112) 이에 대한 아롱적 입상을 보다 잘 이해하기 위해서는 "Inter-State War and Intra-State War" 부분을 볼 것. Raymond Aron, *Peace & War*(2009), pp. 725-730.

에 권력이 향상되는(ascendant) 국가가 헤게모니나 제국에 대한 대망(大望)을 가지지 않는다면, 이 나라는 욕망을 제한하는 것이 현명할 것이다. 만일 이 국가가 헤게모니에 대한 대망을 품고 있다면, 이 국가는 반드시 모든 보수적인 국가들의 적대성에 직면할 것에 대비해야 한다. 국제사회는 시스템의 분열적인(disruptive) 힘으로서 작용한다. 그래서 만일 이러한 국가들이 '힘의 평형상태(equilibrium)'를 유지하기를 원한다면 이들은 반드시 특정한 룰을 적용해야 한다고 생각했다.[113]

여기서 우리는 인간사회의 두 가지 특성, 즉 방어적 · 공세적 특성에서 방어적 또는 수세적 특성에 주목해야 한다. 왜냐하면 비록 헤게모니를 추구하는 국가라고 하더라도 그 국가는 궁극적으로는 방어적으로 전환해야 한다. 그러므로 힘의 균형을 말할 때 아롱은 카플란(Morton A. Kaplan)의 사회적 시스템의 기원을 고려하지 않을 수 없었을 것이다.[114] 카플란의 6가지 법칙은 시스템 속에서 방어적인 면을 가진다. 다시 말해 현상유지적인 측면을 내포한다는 것이다.[115] 물론 아롱은 카플란의 힘의 균형과 관련된 법칙

---

113) Raymond Aron, *Peace & War*(2001), pp. 128-129 인용.

114) 보울딩(K. E. Boulding)은 카플란의 저서는 사회적 시스템의 기원에서 시작한다고 한다. 물론 이것은 파슨즈(Talcott Parsons) 등의 선구적인 연구가 있었다. K. E. Boulding, "Theoretical systems and political realities: a review of Morton A. Kaplan, System and process in international politics," *Journal of Conflict Resolution*(1958) 참조.

115) 카플란은 6개의 법칙을 말하고 있다. 이중에서 "3. 모든 국가는 필수적인 국가를 제거하기보다는 싸움을 멈춘다. 4. 모든 국가들은 시스템 속에서 지배적인 위치를 맡으려는 연합 또는 단일 국가에 대해 대항한다. 5. 모든 국가는 초국가적 구성 원칙에 가입하는 국가를 제약한다. 6. 모든 국가들은 패배한 또는 제약을 받은 필수적인 민족국가가 받아들일 수 있는 역할 파트너 시스템으로 다시 들어오는 것을 허락한다. 또는 이전에 필수적이시 않는 일부 국가를 필수적인 국가로 분류하는 조약을 함으로써 시스템으로 들어오는 것을 허락한다. 모

에 대해서 자만심과 영광을 무시했고, 힘을 증강시키려는 기회를 놓치기보다는 싸운다는 법칙에 대해서 합리적이거나 이성적이지 못하다고 주장한다.[116] 결국 아롱은 시스템적 이론에 완전히 동조한 것은 아니다. 시스템은 사실상 지나치게 이론적이고 법칙적이며, 인간사회는 법칙에 의해서만 좌지우지되지 않는다.

클라우제비츠의 유산은 실제 문제를 남겼다. 만일 조기에 승리할 수 있다고 믿는다면 그리고 정말로 결정적으로 할 수 있다면, 이것은 한방에 날리는 펀치가 되고 따라서 잠재적으로 나보다 우세한 자원을 가진 적이라고 하더라도 싸울 수 있고 이들을 전투와 분쟁에서 제거할 수 있을지도 모른다. 이러한 이유 때문에 클라우제비츠가 강조한 정신력(moral)을 높이 평가하는 것인지도 모른다.[117]

아롱은 정신력에 대해 세 가지 측면을 다룬다. 우선 전쟁의 정의에서 전투 또는 전쟁의 결과를 암시하는데, 그것은 분쟁에서 의지의 힘에 의존한다는 것이다. 정신과 물질은 분리할 수 없기 때문에 이 두 가지는 표적이 된다. 정신력이 파괴된다면 도구들은 필요 없게 되는 것이다. 그래서 정신은 주체이자 객체 모두로서 생각할 수 있는 것이다. 둘째는 작전을 지속할 수 있는 정신력이다. 이것은 마찰과 연관되는 것이고, 전쟁론에서 전체적으로 제기되는 명제이다. 셋째는 삼위일체와 관련된 것으로서 국민의 열

든 필수적인 국가들은 받아들일 수 있는 역할 파트너로서 취급한다."는 법칙들은 사실상 현상유지적인 면을 강하게 내포하고 있다. 카플란의 법칙에 대해서는 Michael J. Sheehan, *The Balance of Power: History and Theory*, New York: Routledge, 1996, p. 87 참조.

116) Raymond Aron, *Peace & War*(2009), p. 129.

117) 군사적 천재와 연관시켜 생각해 볼 필요가 있다. 기습을 통한 승리도 이와 연관되어 있다. 하지만 이러한 기습도 한계가 있다. Lawrence Freedman(2013), pp. 431-432 참조.

정, 군사 지도자들의 자유로운 정신적 활동, 국가의 이해력과 연관된다.[118)]

국민의 의지가 확고하다면 이제는 군사적 천재와 정치적 천재의 문제가 부각된다. 만일 국제시스템 속에서 전쟁을 겪게 될 잠재적인 상황에 항상 놓인 국가의 생존이 전략에 당연히 의존해야 한다면, 군사적 천재만큼 정치적 천재를 논하지 않을 수 없을 것이다. 따라서 아롱은 지휘관이자 정치 지도자로서 프레데릭 그리고 나폴레옹을 함께 비교하지 않을 수 없었을 것이다. 클라우제비츠는 이들을 전쟁론에서 계속 거론했다. 프레데릭은 힘의 균형을 고려할 때, 1814년의 나폴레옹과 같은 상황에 놓여 있었다. 프레데릭은 공격자가 그의 목표를 얻지 못하도록 방어자로서 끝까지 저항했던 미덕을 보여준 사람이었다.[119)] 비록 아롱이 명확히 다루지는 않았지만, 인간의 의지와 관련된 문제를 삼위일체의 논지 속에서 고려한다면, 전략은 방어적 태세로 전환하는 것이 일반적인 방향성이라고 할 수 있다. 아롱에게 있어서 이것은 하나의 패턴이고, 이것은 또한 클라우제비츠의 철학을 인간의 관계, 즉 사회학적으로 다룬 아롱에게 있어서 당연히 수긍할만한 바일 것이다.

3. 동맹의 집중 및 분산 패턴

동맹은 합리적인 시각으로 볼 때, 그 수의 증가와 이를 통한 힘의 증가, 그리고 힘의 관계의 변화를 초래한다는 점에서 국제시스템을 이루는 중요한 요소이다. 오늘날 현실주의 정치는 국제관계를 기본적으로 국가이익을 추구하는 것으로 고려하고, 아울러 이데올로기를 등한시하는 경향이 있었

---

118) Raymond Aron, *Clausewitz: Philosopher of War*(1983), p. 120 참조. 세 번째 문제는 다시 검토하게 될 것이다. 원래 클라우제비츠의 삼위일체는 서머스가 해석한 것과 완전히 동일한 개념이 아니다. 이 문제는 5장에서 다시 논할 것이다.

119) Raymond Aron, *Clausewitz: Philosopher of War*(1983), p. 139-140.

다. 하지만 인간의 정신을 강조했던 클라우제비츠의 철학을 사회적으로 바라보았던 아롱에게는 국가이익만이 또는 합리적 행위만이 국가 간의 관계를 이끄는 것이 아니었다.[120)]

아롱의 사상 속에서 수적인 것의 의미를 다소 미흡하게 다룬 것은 크게 동맹을 고려한 전략적 접근과는 확실히 동떨어진 것이었다. 아롱에게 있어서 이질적인 시스템은 수적인 표시에 의해 판단될 수 없는 것이었다. 즉, 가톨릭과 프로테스탄트의 구성 비율, 군주주의자와 공화주의자 간의 구성 비율에 의해 좌우되는 것이 아니라 그 사회에 속한 사람들의 주관적인 생각에 의해 결정된다는 것이었다. 하지만 전략이 국가 간의 동질성을 추구하고 더 많은 동맹을 획득하는 것이라면, 국가를 하나의 단위체로만 인식한다고 하더라도 수적인 우위 달성은 결코 무시할 수 없다.[121)] 란체스터 방정

---

120) 아롱은 국제사회가 기본적으로 무정부주의적이라는 것에 동의한다. 그리고 도덕성을 따르는 나라는 그것으로부터 배신당할 수 있다고 본다. 따라서 크게 보면 모겐소와 같은 현실주의적 사고를 가지고 있다. 하지만 아롱은 베버의 확신의 윤리와 책임의 윤리 중 책임의 윤리에만 치중하지 않는다. 그래서 그는 지혜를 가진 도덕성을 생각한다. 아롱은 절대적인 마키아벨리즘에 반대한다. 절대적인 마키아벨리즘은 비관적이고 인간은 불완전하여 본능을 따르고 합리적인 방법을 제공하여 극단에 이를 수 있다. 인간 의지와 행동의 가치를 극찬한다. 이것은 극단으로 갈 수 있다. 아롱은 양극단에 치우치는 것을 반대한다. 베버의 확신의 윤리와 책임의 윤리 사이의 관계를 추구한다. Cozette, Murielle "Raymond Aron and the Morality of Realism," *Australian National University Department of International Relations*(December, 2008).

121) 로렌스 프리드먼은 동맹을 증가시키는 것의 중요성을 마이크 타이슨과의 권투시합을 예로 들어 제시하고 있다. 링에서 타이슨과 싸우는 선수가 가지는 선택권은 제한되지만, 만일 링 밖의 선수를 더 불러들여 2 대 1로 타이슨과 싸운다면 선택권이 많아진다는 것이다. 그러므로 이러한 수적인 우위는 결코 무시할 수 없는 것이다. 물론 전략을 잘 수립할 경우를 전제로 할 것이다. 이에 대해서는 Lawrence Freedman(2013), pp. 19-20.

식만으로도 수적인 우위의 장점을 이해하는 것은 어려운 것이 아니다.[122)]

수적 또는 물량적 능력과 전략의 관계를 역사적인 예를 통해 살펴보는 것이 필요할 것이다. 소련은 사실상 독일보다 수적인 우위가 그렇게 크지 않았고 GDP도 전쟁의 거의 대부분의 기간 동안 독일보다 우세하지 않았다. 전쟁의 마지막 해에 가서야 소련은 독일을 앞설 수 있었다. 소련이 우세했던 것은 독일과는 다르게 단일 전선을 형성하여 전쟁을 수행할 수 있었던 것에 있다. 그리고 동맹국으로부터 엄청난 지원을 받을 수 있었고, 광대한 영토는 지연전을 펴기에 충분한 것이었다. 문제는 소련의 1941~42년까지 병력 손실율이 독일에 비해 3:1이나 되었고, 그 이후 2:1로 많은 손실을 보았다는 것이다. 만일 이러한 추세가 계속되었다면 소련은 전쟁에서 패배했을지도 모른다. 특히, 소련이 연합국의 지원을 받지 못했다면 더욱 그러했을 것이다.[123)]

사회학적 측면에서 보았을 때 수적인 우위는 전쟁의 승리를 안전하게 보장하는 하나의 중요한 요소였다고 할 수 있다. 비록 손자가 수적인 우세의 한계도 지적했지만, 그는 성공적인 공격을 위해서는 5배의 수적인 우위를 가져야 한다는 점을 강조한다. 그리고 수적인 우위는 결국 방어적 태세에서 보다 이점을 가질 수 있다는 점도 강조하면서 게임에서 수적 우세의

---

122) 란체스터는 수와 효과에 대한 방정식을 만들었다. 상대가 질적으로 우수해도 수적으로 우세함을 앞서는 것이 아님을 보여준다. 예를 들어, 타격률이 B전차의 두 배인 A전차 5대와 타격률이 그 절반인 B전차 10대가 교전하면 시간이 흐를수록 수적으로 많은 편이 우세해진다는 것을 나타낸 방정식이다. Simpkin, Richard, *Tank Warfare*(London: Brassey's Publishers, 1979), p. 79 참조.

123) Eric Slick, "If it has not been for the numerical superiority and a massive industrial base, could the Red Army rely on re-organization, tactics, and efficiency to defeat the Nazi armed forces while keeping a 1:1 ratio during WWII?" https://www.quora.com(검색일: 2017. 2.18.)

함의를 제시하고 있다.[124] 전쟁은 더욱 그렇다고 보아야 할 것이다. 손자가 전략에 대해 논했을 때, 그는 클라우제비츠와 다른 생각을 보이지 않았다. 손자는 비록 가장 빠르고 결정적인 승리를 위해 결정적 장소에서 절대적인 수적 우위를 달성해야 한다고 주장함으로써 수적 우위를 강조했지만, 핸들(Michael I. Handel)은 우수한 질적인 장군의 지도력이 있을 때만 이것이 가능하다고 주장한다. 수적인 열세에도 불구하고 승리하기 위해서는 군사적 천재가 필요하다는 것이다. 군사적 천재는 제한된 정보, 잠재적인 능력을 고려하고 기만을 할 수 있어야 하며, 공세와 수세의 기본적인 구분을 이해해야 하며, 지형, 무기, 기술을 알아야 수적인 열세를 극복할 수 있다는 것이다.[125] 사실상 집중을 하고자 하는 이유도 결국 수적인 우세를 달성하기 위한 것이라고 보아야 한다. 결국 이러한 모든 점들은 인간의 사회 속에서 그리고 국제정치의 세계 속에서 동맹 전략이 갖는 비중을 암시하는 것이라고 할 수 있다.

클라우제비츠의 마찰 개념도, 아롱의 개연성에 대한 인식도 당연히 수적인 우위를 필요로 한다는 점을 제시한다고 할 수 있다. 훌륭한 지도자는 마찰 개념을 반드시 알아야 한다. 그렇게 되어야만 과도한 야망을 피할 수 있는 것이다. 특히 클라우제비츠는 개연성이 존재하는 전쟁에서 전쟁계획은 꼭 필요하다고 했다. 왜냐하면 쌍방은 어차피 마찰에 모두 노출되어 있

124) 손자는 이미 전투장소를 선정하여 기다리는 측은 약해진 적을 맞이하게 된다는 내용을 제시하고 있다. 수적인 우위는 상대적 우위를 달성하더라도 중요하다는 인식을 클라우제비츠, 조미니, 손자 모두 하고 있다. Michael I. Handel, *Masters of War: Sun Tzu, Clausewitz and Jomini*(Portland, Or: Frank Cass, 1992); 박창희 역, 『클라우제비츠, 손자 & 조미니』(서울: 평단문화사, 2000), pp. 209-227을 참조할 것.

125) Michael I. Handel, *Masters of War: classical strategic thought*(Portland, OR: Frank Cass, 2000), p. 118.

고 취약하기도 마찬가지이기 때문이다. 그러므로 전략적 · 전술적 측면에서의 성공 수단은 수적 우위이고 이것이야 말로 가장 믿을 만한 수단인 것이라고 볼 수 있다.[126)]

위에서 제시했던 2차 대전의 역사적 사실은 수적인 여력이 생존을 좌우했다는 점을 보여주고 있다. 만일 소련이 동맹으로부터 충분한 자원을 얻지 못했다면 2차 대전에서 승리할 수 없었을 것이다. 다시 말해서 물량적으로 충분한 연합국의 지원이 없었다면 동부전선에서 히틀러의 처절할 정도로 공세적인 전략을 이겨낼 수 없었을 것이다. 서구가 자본주의 사회를 유지했고 이를 통해 더한 부를 창출했으며, 더 나아가 과학의 힘으로 질적인 심지어 수량적인 우세를 함께 했을 때, 소련의 이데올로기는 종말을 고하게 된다.[127)] 다시 말해서, 정신적인 또는 이데올로기적인 우세는 결국 산업사회가 주는 이점과 자본주의의 장점 앞에 무릎을 꿇게 된 것이라고 할 수 있다. 그렇다면 동맹은 힘을 집중하기 위해 인접한 국가가 되어야만 하는지에 대한 의문이 제기된다.

아롱에게 동맹의 패턴은 두 가지였다. 가까운 나라는 싸우기 쉽다는 패턴과 먼 나라는 싸우지 않고 동맹으로 유지되는 것이 나을 수 있다는 패턴이다. 상식적으로 국경을 맞대고 있거나 가까운 나라 간에는 분쟁이 일어나기 쉽다. 이러한 예는 한국 대 일본과 중국, 인도 대 파키스탄, 이스라엘 대 아랍국가 등 너무 많다. 분쟁이 일어나지 않게 하려면 약한 쪽에서 편승외교를 택하는 것이 정답일지 모른다. 따라서 아롱에게는 인접한 국가는

126) Lawrence Freedman(2013), p. 205.

127) 이런 논지에 반대되는 주장도 있다. 소련이 스스로 무너졌다는 것이다. 하지만 이 논지 속에서도 최후의 승자라는 의미는 수적, 물량적 우세를 무시할 수 없음을 나타낸다. Josh Clark, "Who won the Cold War?" https://history.howstuffworks.com/history-vs-myth/who-won-cold-war.htm(검색일: 2017. 12. 10)

영구적인 동맹이 아니면 적이 되기 쉬운 것이었다. 반면 원거리의 동맹은 영구적인 동맹이라면 힘의 관계에서 유리한 것이다. 인접한 국가는 필요에 따라 일시적인 동맹이 될 수 있다. 명나라가 조선을 도운 것이 한 예가 될 수 있다. 적의 반대 세력과 동맹을 하는 것을 지혜롭다고 하는 것은 전통적으로 지리적 힘의 관계를 이해하기 때문이라고 할 것이다. 동맹은 각각 국가의 위치를 가지면서 힘의 관계를 이룬다. 강대국과 약소국의 위치, 불안정한 국가와 안정한 국가의 위치와 기능, 정치적, 군사적으로 중요한 지역을 고려해야 한다.[128)]

동맹도 공격과 방어 같은 관계를 고려해야 한다. 어떤 중요 지역을 연결하는 것은 집중하기 위해 분산하는 모습이 될 것이다. 어떤 국가를 포위하는 경우 더욱 그렇다. 대 중국 포위전략을 생각해보자. 따라서 이러한 논리라면 멀리 있는 국가와 영구적 동맹을 맺는 것은 매우 중요하다. 아롱은 이와 관련하여 한 가지 경고를 명확히 던진다. "영구적인 동맹의 강화는 질투 또는 불안을 자아내서는 안 된다."[129)] 영구적인 동맹을 놓치는 것은 어리석은 짓이다. 집중과 분산의 패턴에서 주의할 것은 영구적인 적이지만 일시적인 동맹을 지나치게 강화시켜 주는 것, 현재의 적이지만 미래의 동맹을 너무 약화시키면 너무 강력해진 동맹과 대적하게 되는 비참한 효과를 얻는다는 것이다. 각 전쟁의 본질은 많은 상황에 좌우된다. 이 상황은 전략가들이 반드시 이해해야 하지만 전략가가 이 상황을 항상 변화시키는 위치에 있지 않다.[130)]

이러한 패턴이 어찌 되었건, 승리에 의해 이득을 보기 위해서 목표, 동맹, 적을 결정적으로 정하는 것만으로는 충분하지 않다. 국가의 지성이 그

128) Raymond Aron, *Peace & War*(2009), p. 97.

129) Raymond Aron, *Peace & War*(2009), p. 28.

130) Raymond Aron, *Peace & War*(2009), p. 29.

것의 최종목표를 명확히 결정하지 않는다면, 그리고 실제의 적의 본질과 동맹 모두를 식별하지 않는다면, 그리고 집중과 분산의 패턴 속에서 이해하지 않는다면, 무기에 의한 승리는 단지 우연에 의해서만이 가능할 것이며 진정한 승리란 다름 아닌 정치적 승리라고 아롱은 믿었다.[131)]

전략적으로 자본주의 세계는 공격(공세)적이기보다는 방어(수세)적이었다고 주장할 수 있다. 이데올로기적으로 자유와 평화를 앞에 내세우기 때문이겠다. 더욱이 이것이 보편적 철학이라고 신념을 갖는다면 자유주의는 전체주의에 패배할 수 없다는 결론을 이끈다. 이러한 방어적 또는 수세적 전략 기반은 사실상 세계를 공산주의화하려 했던 공격(공세)적 이데올로기를 지닌 전략을 굴복시켰던 것은 아닐까 하는 반문은 자연스러운 것이다. 아롱은 클라우제비츠의 공격과 방어의 변증법 그리고 그 관계에서 방어적 태세의 가치를 선호했다고 주장할 수 있다.

제4절 핵전쟁과 전복전 그리고 국민무장

1. 핵 "억제수표"와 신용

핵전략에 비해, 일반적으로 알려졌듯이, 재래식 전쟁은 일단 억제에 실패해도 완전한 멸망을 의미하지 않기 때문에 전쟁이 정치적 목적 달성을 위한 수단으로서 군사적 승리도 여전히 의미를 갖는다고 하겠다. 하지만 핵전쟁에 관한 한 억제 자체가 타협할 수 없는 목적 자체가 된다고 볼 수 있다.[132)] 강대국의 핵무장이 상호 간의 싸움을 억제할 것으로 본다면, 이 상황

---

131) Raymond Aron, *Peace & War*(2009), p. 30.

132) 온창일, "현대전략과 억제이론," 온창일 등, 『군사사상사』(서울: 황금알, 2006),

에서 약소국의 전쟁 가능성은 더 증대할 수 있다는 논지를 이끈다. 그렇다면 국민무장을 보다 광범위하게 해야 하는 안티노미가 존재하는 것으로 보인다. 이러한 측면을 아롱의 사상을 기초로 검토해 볼 필요가 있다. 이러한 검토를 통해서 미래에 발생할 수 있는 전쟁의 방향을 찾는 데 도움이 될 것으로 기대할 수 있기 때문이다.

호프만(Stanley Hoffmann)은 아롱이 역사, 정치, 사회를 바라보는 시각을 가르쳤다고 했다. 또한 아롱은 세속적인 종교를 거부하고 인간사회와 어떻게 해야 하는지도 제시했다고 했다. 그는 이성의 승리에 대해 사실상 반대했지만 그러면서도 "단일 보편적 운명 및 최종목적에 도달하는 꿈으로서의 이성을 지닌 사상을 강조"했다고 말했다.[133] 이 점은 아롱을 이해하는 데 핵심적인 의미를 담고 있다. 분명히 아롱의 역사, 사회철학은 매우 비관적이었다. 그래서 어떻게 보면 호프만의 주장처럼 단일 보편적 운명에 대한 기

pp. 291-295.

133) 호프만은 아롱이 심장마비로 사망한 이후 1983년 기고한 글에서 아롱 사상에 대한 아주 집약적인 언급을 다음과 같이 했다. "그의 위대한 영향은 그들에게 어떻게 역사, 정치, 사회에 대해 생각하는가를 가르친 것이었다. 오히려 그것보다는 만일 사람들이 모든 '세속적 종교들'을 거부하면 어떻게 생각해야 하는가를 가르친 것이 위대한 영향이었다… 그의 박사논문 '역사의 철학 서설(Introduction to the Philosophy of History)'은 그의 선생들을 당황하게 만들었다. 이것은 전통적인 휴머니즘, 진보의 믿음 그리고 이성의 승리에 대한 거부의사를 밝힌 것이었다… 그는 '역사적 철학' 사상을 발전시켰다… 이것은 긴장(tensions)과 불공평(disparities): 즉 의도와 결과; 절대적인 책무와 미심적은 행동방책; 모티브와 생각의 이해와 규칙적인 패턴의 설명; 불확실성 속에서 만들어진 유망한 선택과 회고적인 해석: 한 파트의 역사의 명료함과 전체의 역사를 휘어잡는 것의 어려움 또는 불가능성; 문화, 가치 및 해석의 다양성과 단일 보편적 운명 및 최종목적에 도달하는 꿈으로서의 "이성을 지닌 사상," 온화한 개혁으로서의 정치와 구원으로서의 정치 간의 불공평을 강조하는 철학이었다." Stanley Hoffmann, "Raymond Aron(1905-1983)," *NY Review of Books*(Dec. 8, 1983).

대를 강조한 것이 아니라 단지 포기하지 않는 것뿐이었을 것이다. 아롱은 역사의 미래를 단정할 수 없었다. 단지, 역사적 패턴이 존재함을 이해했기 때문에 항상 미래에 인간의 보다 나은 생존에 대한 기대, 다시 말해서 개연성을 포기하지 않은 것뿐이었다고 생각된다.

비관적인 역사관을 지녔기 때문에 전쟁을 인간의 정치적 도구로 생각한 아롱에게 핵무기 출현은 매우 충격적인 사실이었다고 할 수 있다. 아롱은 핵무기 위협을 통한 억제에 대해서 의문을 제기했다. 만일 위협이 핵무기 사용을 방해하기 위해서만 의도되었다면, 이것의 결과는 일종의 모순이나 또는 역설이 존재할 수밖에 없는 것이었다. 아롱은 "우리가 항상 신용으로 살 수 있는지"에 대해 질문했다.[134)]

아롱에게 있어서 핵시대의 평화는 외교 또는 전략이라는 어음이나 수표를 지급한 상태였다. 이러한 증서가 부도가 날 수 있다는 가능성을 생각하지 않을 수 없었다. 즉, 어음이나 수표가 지급되지 않고 계속 신용가치를 가질 수 있을 가능성에 의문을 제기했다. 물론, 아롱의 시대에 구축된 국제시스템 속에서 강대국들 자신들끼리 핵 군사력의 사용을 시험하지 않았다. 그러나 분명히 위험이 상존했다. 그래서 아롱은 다음과 같이 질문했다. "이러한 국가 간의 시스템이 마치 일부 좋은 상품 속에서 건전한 기초가 없는 금융시스템의 추상적 관념과 정확히 일치한다고 생각해야 하는가? 만일 비교를 한다면 기본 상품의 부재가 영구적인 인플레이션을 부양하고, 다른 케이스로서, 영구적인 전쟁과 무정부상태를 부양한다고 말할 수 없는가?"[135)]

호프만(Stanley Hoffmann)이 표현했듯이 전통적인 휴머니즘과 진보의 믿음 그리고 이성의 승리를 거부한 아롱의 역사적 철학 사상을 볼 때, 핵무기

---

134) Raymond Aron, *Clausewitz: Philosopher of War*(1983), p. 31 인용 및 참고.

135) Raymond Aron, *Clausewitz: Philosopher of War*(1983), p. 317.

의 출현은 당연히 핵전쟁의 개연성을 부정할 수 없는 현상 그 자체였다. 실제로 이것의 사용은 역사적 사실로 남아 있다. 1945년 히로시마와 나가사키에 핵폭탄이 투하되었고 인간은 그 참화를 통해서 명백히 전쟁을 종결시켰다.[136] 긴장과 불공평이 존재하는 사회라면 핵무장은 인간사회 속에서 어떠한 도덕성이라도 뛰어넘어 추구될 수 있는 강력한 권력 수단으로 보아야 하는 것이다.

그럼에도 불구하고 조성환의 분석을 기초로 했을 때, 아롱 전쟁관의 인식적 위상을 규명해 보면 전쟁은 억제될 수 있는 것으로 보아야 한다. 그는 아롱의 전쟁관을 세 가지로 보았다. 첫째, 정치적 행위로서의 전쟁인데 이것은 의지적 전쟁과 폭력적 성격을 포함한 것이다. 둘째, 사회적 제도의 일 표상으로서의 전쟁인데 이것은 자연상태적 질서와 시민사회적 질서 간의 비교에서 나온 것이다. 끝으로 '전쟁과 문명의 역사철학 살피기'라는 차원에서의 전쟁이라고 하겠다. 소위 "평화도 가능하지만, 전쟁 또한 있을 법하지 않다."는 문구를 조성환이 고려한 것은 광의의 정치적, 사회적 행위로서의 전쟁이 인간사회에 어떻게 대응하고 접합하는가라는 점을 지적한 것이라고 본다.[137]

결국 아롱의 입장에서 미래의 역사는 예상대로 될 수 없다고 보고 또 단일 사회의 질서, 즉 산업사회와 같은 것은 정치적 체제의 본질-다원주의적

---

136) 워드 윌슨은 1945년 일본이 무조건 항복을 한 것은 원자폭탄 때문이 아니라 소련의 전쟁 개입 때문이라고 주장한다. Ward Wilson, *Five Myths About Nuclear Weapons*(Boston: Houghton Mifflin Harcourt, 2013): 임윤갑 역, 『핵무기에 관한 다섯 가지 신화: 지금까지 믿어왔던 핵무기에 관한 불편한 진실』(서울: 플래닛미디어, 2014) 참조. 하지만 미국은 1945년 8월 6일 히로시마에 8월 9일 나가사키에 원자폭탄을 투하했다. 소련은 8월 8일 대일 선전포고와 동시에 만주에서 일본군과의 전투를 개시했다. 일본은 8월 10일 경에 미국 측에 무조건 항복 의사를 전달했다. 안철현, 『한국현대정치사』(서울: 새로운 사람들, 2009), p. 37.

137) 조성환(1985), pp. 4-19 참조.

또는 전체주의적－에 의존해서 완전히 다른 모습을 갖게 된다고 보았다고 표현할 수 있다.[138] 미국은 핵이 출현하면서 과학에 기반을 둔 핵전략을 발전시켰다. 이 속에서 미국은 인간이라는 요소를 무시하게 되었다고 볼 수 있다. 이것은 아롱이 그렇게 하면 안 된다고 했던 것이다. 왜냐하면 인간사회의 역사는 인간의 의지와 결과의 관계를 나타내므로 결국 인간의 문화와 사상이 매우 중요하게 작용하기 때문이다.[139]

아롱이 사로잡힌 생각은 두 가지였다. 하나는 '역사적, 사회적 세계를 얼마나 많이 이해할 수 있는가'라는 것이고, 다른 하나는 '지식과 행동의 관계는 무엇인가'라는 것이었다.[140] 조성환의 시각으로 볼 때 역사의 주체와 객체를 생각한다면, 그리고 비록 과학이 발전해도 인간의 역사 속에서 인간의 지식과 행동이 어떻게 진행되는가를 알 수 있다면,[141] 아마도 핵무장과 핵전략에 대한 분석은 아주 쉬운 대상이 될 수 있을지도 모른다. 아롱은 현대 사회들이 수직적, 집단 사회화, 순응 및 민족적 대결을 발전시킨 근대사회의 발전 방법과 다른 한편으로는 평등, 개인의 충족 및 보편성에 대한 염원 간의 긴장을 지닌 사회학을 연구했다. 여기서 아롱은 정치적 제도의 자율성과 단순화할 수 없는 다양성을 믿었다.[142]

세계 정치는 국내적 정치와는 다른 것이었는데 그 이유는 힘에 의지하

138) Stanley Hoffmann(1985).

139) 이것은 조성환이 보는 "의지적 상황주의"와 연계성을 갖는다.

140) Stanley Hoffmann(1985).

141) 조성환에 의하면 역사적 객체는 문명적 제상황이 된다. 역사의 주체는 정치단위체의 행위자이다. 조성환이 본 아롱적 전쟁은, 클라우제비츠에서 영향을 받아, 인간의지의 갈등적 경쟁을 표상하는 본질적으로 주관적인 정치적 행위의 연속물이다. 그러므로 사회제도의 한 형태가 된다. 사회제도는 과학만이 아니라 모든 분야를 포함한다. 이에 대해서는 조성환(1985), p. 5 참조.

142) Stanley Hoffmann(1985).

는 국가의 자유 때문이었다. 예를 들어서, 국제관계에는 우세한 힘을 강제할 법이 부재한다는 것이다. '평화와 전쟁'에서 그는 정치의 초도덕성을 언급했고, 칸티안(Kantian) 시각을 무시하지는 않았지만, 평화의 도덕적 명령과 국가 간의 '전쟁 상태'의 현실 간의 긴장을 언급했다. 핵무기와 핵 억제가 이러한 긴장을 치유하든지 아니면 완화시키든지 간에 긴장된 상태 그것이 결국 문제였다.[143]

그러므로 그에게 핵전쟁은 절대로 배제할 수 없는 것이었다.[144] 핵전쟁이 반드시 정치적 목적과는 무관하게 오로지 파괴적이고 야만적인 것인가 하는 점을 아롱은 단정적으로 말하지는 않았다. 예를 들어보자.

2차 대전 당시 미국의 일본에 대한 핵무기 투하는 일본의 천황으로 하여금 군부가 끝까지 저항하자는 주장을 묵살하게 만들었다. 반대로 미국은 섬에 대규모 병력이 상륙함에 따르는 엄청난 손실을 피하고자 했다. 아롱의 시각에서 보았을 때 대규모 병력의 상륙과 일본에 대한 완전함 점령과 통제야 말로 사실상 근본적인 그러나 대가를 혹독히 치르는 군사적 승리였다. 미국은 핵무기를 사용하면서 무조건 항복이라는 교리와 반대되는 협상을 제시했다.

결국 핵폭탄은 일본과 미국 모두에게 자신들의 목표를 달성하도록 만들어주었다. 일본 천황은 그의 의지를 국가적 자살을 하려던 군부의 미치광이들에게 관철시키는 데 성공했다. 미국 대통령은 제국 정부로부터 형식

---

143) Stanley Hoffmann(1985).

144) 물론 아롱은 전쟁이 피할 수 없는 것이지만, 국제정치의 본질이 주어지는 한, 결코 수행되지 않을 전쟁을 준비함으로써 평화를 달성하는 것은 가능하다고 보았다. 이것이 서방이 항복하기를 원하지 않는 한 달성할 수 있는 유일한 방법의 평화로 본 것이다. Benedict J. Kerkvliet, "A Critique of Raymond Aron's Theory of War and Prescriptions," *International Studies Quarterly* Vol. 12, No. 4(December, 1968), p. 419.

적으로는 무조건 항복을 얻어냈지만, 제국 정부의 생존을 조용하게 허락한 것이다.[145)]

2. 투쟁의 연속성

장기적인 투쟁이 적을 지치게 하여 정치를 전면에 내세우는 것과 유사하게 파괴의 정도가 강해졌을 때도 역시 정치적 목적이 전면에 부상한다는 가정도 결코 잘못된 것이라고 할 수 없다. 이러한 측면에서 볼 때, 핵무기 사용이 단순한 파괴 그 자체만은 아니라 오히려 이성적 판단을 이끌어낸다는 사고를 아롱이 가졌던 것은 근본적으로 홉스의 사상에서 유래된 것일 수도 있다는 생각을 이끌어낸다.[146)]

만일 오로지 핵무기가 억제되고 절대로 사용되어서는 안 되는 것이라면, 이러한 절대적 조건 속에서 과연 전략은 무엇으로 남아야 하는가에 대한 질문과 핵전쟁은 정말 의미가 없는 것인가에 대한 질문이 필요하다.[147)]

---

145) Raymond Aron, *Peace & War*(2009), p. 319.

146) 강성학은 홉스의 "이성은 적절한 평화의 조항들을 제시한다… 이 조항들은 자연법이라고도 불린다."라는 리바이어던 내용을 제시하면서 공포가 인간들로 하여금 자신들의 이성과 상의하도록 한다는 주장을 펼친다. 이성은 위기 속에서 평화를 이끌 수 있다고 해석한 것이다. 강성학, 『소크라테스와 시이저』(서울: 박영사, 1997), p. 160.

147) 아롱은 미국과 소련은 클라우제비츠의 의식 속에서 전쟁을 수행하지 않는다고 했다. 억제를 통한 모든 대립의 부재는 논리적으로 억제의 개념에서 나온 것으로 보았다. 이러한 결론에 대한 가장 명백한 이유는 클라우제비츠의 전쟁론에서 발견할 수 있다. 비록 클라우제비츠가 억제에 대한 일반적인 생각을 논했지만, 더욱 중요한 논쟁은 전쟁은 본질적으로 제한이 없다는 것이었다. 결국 전쟁은 본질적으로 극단으로 향하는 경향이 있다고 아롱은 본 것이다. 핵전쟁의 가능성은 전쟁의 본질에 이미 내포되어 있다는 것이었다. Barry Cooper, "Raymond Aron and Nuclear War," *Journal of Classical Sociology* Ⅱ(2)

조성환의 분석에 의하면 클라우제비츠의 철학은 폭력의 수단성과 의지의 목적성이 기본이 된다. 하지만 순수 개념적으로 보면 적개심 발현의 이념형이 곧 절대전이 되는 것이다. 그는 절대전과 현실전을 대비하면서 첫째는 맹목적 증오와 적의(敵意), 둘째는 정신세계의 자유로운 활동을 가능하게 하는 도전성, 셋째는 정치적 도구라는 종속성이 대비된다고 했다. 아롱은 이것들을 삼위일체 측면으로 생각했고, 그 결과 전쟁의 정치로의 종속성에 한정을 두었다. 따라서 인간 행위의 이론이나 지식은 서로 구분되는 수단과 목적의 체계로 구성되어야 하는데 이것은 막스 베버의 합목적적 행위로 이해되어야 한다고 본 것이다.[148]

그렇다면 더 깊이 생각해 볼 때, 아롱의 주장대로 전쟁에 대한 엄청난 열정이 불타오르는 순간 대량살상의 폭발이 있자마자, 오히려 이러한 상상할 수 없는 공포가 정상상태의 모습을 가져오고 이성을 찾게 한다는 것을 이해하는 것은 쉽지 않다고 하겠다.[149] 만일 어떤 국가가 자기 파멸의 위험을 받아들이면서 상대를 파괴하겠다고 위협하는 열정에 사로잡혀 있을 때, 그 국가와 대량살상의 폭발을 주고받은 국가의 이성은 어떻게 변할 것인가를 단순하게 생각할 수는 없다. 오늘날 이러한 문제는 북한의 핵무장과 연계시켰을 때, 상당한 충격으로 자리 잡을 수 있다.

물론, 앞에서 살펴본 일본의 사례를 고려할 때, 일본은 당시 핵무장 국가가 아니었다. 이점이 북한의 핵무장과의 명백한 차이이다. 하지만 강대국들의 힘의 관계 속에서 한반도에서 남북만의 대결을 생각한다면 대한

(2011), p. 204. 하지만 조성환의 분석을 따를 때, 아롱은 "장래에 있어서 핵의 사용은 1945년의 경우와 같이 단순하고 군사적인 고려에 의해 사용되지 않을 것"으로 생각했다고 본다. 다시 말해 핵시대에는 전략의 중요성이 다시금 크게 대두되는 것이라고 하겠다. 조성환(1985), p. 81.

148) 조성환(1985), pp. 25-27.

149) Raymond Aron, *Peace & War*(2009), p. 319.

민국의 현재 핵무장을 추진하려는 전략적 접근은 충분히 비난받고도 남음이 있다.[150] 국제정치의 냉엄함 속에 한반도에서 상호 간 핵 교환(nuclear exchange)을 상상해보자.

아롱에게 있어서 분명했던 것은 핵무기의 등장으로 나타난 어떤 낙관주의-핵의 엄청난 파괴력으로 더 이상 전쟁은 없을 것이라는 낙관주의-또는 비관주의-'요한계시록의 마지막 서(apocalypse)'를 보듯 신을 무시한 인간, 인간의 한계를 인식하기를 거절한 인간은 멸망할 것이라는 비관주의-양 극단 모두를 받아들일 수 없는 것이었다. 아롱은 자신이 확신을 가졌다고 하기보다는 기질(temperament) 상 현실주의자들(realists)의 입장에 속한다고 생각했다. 현실주의 입장은 단일 무기가 인간 본질을 바꾸기에 충분하지 않다는 것이었다. 정치적 풍조가 무기에 의존하듯이, 마찬가지로 인간과 사회에도 의존하기 때문이다. 만일 핵전쟁이 모든 교전국에 대해서 '어리석은 가능성(an absurd possibility)'이라면, 이것은 발생하면 안 되는 것이다. 그러나 역사는 폭력의 법칙으로부터 면제될 것이라는 것을 의미하지 않는다는 것에 문제가 여전히 존재한다.[151] 이것은 결국 막스 베버의 합목적적 행위의 한계인 것이다.

아롱의 개념은 매우 모순적인 것으로 발전한다. 즉, 그는 전쟁을 다시 구조(救助)하게 된다. '전체를 얻거나 모든 것을 잃는다는(all or noting)' 선택은 지지할 수 없다는 것이다. 억제는 제한된 재래식 분쟁을 수행할 수 있는 능력을 필요로 한다. 심지어 제한된 핵전쟁도 마찬가지이다. 아롱은 결국 네오-클라우제비치언의 위치에서 최초로 제한전쟁과 유연반응(flexible response) 관련 이론가가 되었다.[152]

---

150) 김우영, "핵 가진 북한이 남한 노골적으로 무시할 것," 『헤럴드 경제』(2106. 1. 19).

151) Raymond Aron(1959), pp. 11-12.

152) 오스굿(Rovert E. Osgood)의 저서 *Limited War* 그리고 기신저(Henry A. Kissinger)

이러한 사실과 연관시켰을 때, 아롱의 한국전쟁 관련 분석은 의미를 갖는다. 아롱은 한국전쟁은 계획들보다 더 많은 일들이 천지에 널려있다는 것을 세계 지도자들에게 가르쳤다고 보았다. 이 전쟁은 최초로 핵무기를 가진 국가에 대한 침략과 그 국가와 동맹을 맺은 약소국에 대한 침략 간의 구분을 가져왔다는 것이다. 여기서 생기는 의문은 역으로, 주요 적에 의해 범해진 침략, 또는 그의 동맹 중 한 국가에 의해 범해진 침략과 관련된다. 여기서 기초적인 이율배반적 모순이 존재할 수 있다. 만일 전투원들이 특히 상호 파괴할 능력을 지녔기 때문에 절대적으로 그들의 무기 사용을 필요로 하지 않는 상황이라면, 뿐만 아니라 양자 모두가 상대를 무장해제 시킬 능력을 지니지 못했다면, 이에 따라 높은 수준에서 핵전쟁에 대한 안정성은 논리적으로 하위 수준의 안정성을 감소시킨다는 모순이 나온다. 아롱은 따라서 추상적으로 본다면, 싸우는 측들은 재래식 무기를 사용하는 것에 덜 놀라게 될 것이라고 보았다. 핵을 사용한 전쟁 억제의 자체 모순이 존재하는 것이다.[153]

여기서 이러한 의미를 매우 노골적으로 정리한다면, 다음과 같이 생각할 수 있다. 적어도 강대국끼리는 싸우지 않고 약소국들은 더 많이 싸울 수 있다는 것이다. 특히 아롱이 언급한 "전투원들은 재래식 무기를 사용하는 것에 덜 놀라게 될 것이다."라는 표현은 아롱의 비관적인 역사관을 지닌 박사논문으로 인해 교수들을 당혹스럽게 만들었듯이, 약소국에게는 더욱 당

의 저서 *Nuclear Weapons and Foreign Policy*보다 1년 일찍 관련 이론을 제시했다고 본다. Joel Mouric, ""Citizen Clausewitz": Aron's Clausewitz in Defense of Political Freedom," Jese Colen and Elisbeth Dutartre-Michaut(eds.), *The Companion to Raymond Aron*(New York: Palgrave Macmillan, 2015), p. 80.

153) Raymond Aron, *Clausewitz: Philosopher of War*(1983), pp. 322–323 인용.

혹스러운 표현이 될 수도 있다.[154] 실제 아롱은 억제를 통한 평화는 제한전쟁에 의해 괴롭힘을 당할 것으로 보았다. 그리고 이러한 전쟁은 가능한 것이며 심지어 필요하다고 생각했다. 그러나 분별지(prudence)는 제한전쟁으로 "구멍 뚫린(pock-marked) 평화" 속에서 훌륭한 정치가의 가이드가 될 것이라고 보았다.[155] 아롱의 쿠바 미사일 사태를 다룬 분석에서도 추가적인 이해가 가능하다. 쿠바 미사일 사태는 강대국 간에 있어서는 적어도 억제가 통한다는 것을 의미하는 것이었다. 그래서 그는 "일부는 (쿠바) 위기로부터 교훈을 도출했다. 다른 국가를 억제에 의해 오늘날 보호할 수 있는 국가는 없다. 이것은 전체적으로 부적당한 해석이다. 케네디는 쿠바를 공격하지 않았고 후르시초프는 카스트로 공화국의 안전을 보장하지 않았다."고 했다.[156]

이러한 논리를 기초로 할 때 우리는 강대국은 싸우지 않지만 약소국은 그 가운데에서도 더 많이 싸울 수 있는 개연성이 존재함을 말할 수 있다.[157] 그렇다면 모든 국가들은 무장해제 되지 않기 위해서 노력해야 하고 무장해제 되어서는 안 된다. 강대국의 핵무장으로 인해서 낮은 수준의 국가로 내

154) 황병무의 주장대로 핵 초강대국인 미국과 소련과의 관계에 있어서 전쟁은 발발하지 않았고 그러나 제3세계에서는 국지, 제한전쟁이 발발하였으며, 이는 강대국 간의 공포의 균형이 강대국 간이 전쟁을 방지했다는 점을 고려할 수 있겠다. 황병무, 『전쟁과 평화의 이해』(서울: 오름, 2001), p. 36.

155) Benedict J. Kerkvliet(1968).

156) Raymond Aron, *Peace & War*(2009), p. 324 인용.

157) 마이클 카버는 "미국이 베트남에서 겪은 경험은 이 분야에 있어서 불길한 경고성적인 유언비어를 제공해준다. 핵전쟁 확산의 위험 때문에 강대국들 상호 간의 전쟁이 억제되고 있는 반면에, 핵전쟁 확산의 높은 위협이 제거되지 않은 약소국들간의 전쟁들은 일어날 수 있거나 또는 억제될 수 없는 가능성은 남아있다."고 함으로써 이와 유사한 주장을 하고 있다. Michael Carver, *War Since 1945*(New York: Putnam, 1981); 김형모 역, 『1945년이후 전쟁』(서울: 한원, 1990), p. 436.

려가면 그 국가들의 전쟁 위험은 더 커진다고 하는 결론에 도달할 수 있기 때문이다. 이러한 내용은 아롱이 "전쟁은 진짜 카멜레온이다(war is a true chameleon)"라는 클라우제비츠의 공식을 다시 해석한 것에서 나타난 것으로 생각된다. 핵시대의 전쟁은 비대칭적 분쟁의 형태를 보이기 때문이다. 예를 들어서 제국주의 세력에 대항하여 식민지에서 분쟁을 일으킨 것을 들 수 있다. 한편에서는 군인이 없는 전쟁, 소위 말해서 의자에 앉은 전략가들이[158] 준비하는 실험을 하고 있었지만, 다른 한편에서는 수천의 전문 혁명가들이 민중을 일으켜 세웠다. 아롱의 프랑스는 당시 핵에 대해서도 반도(rebellion)에 대해서도 경쟁하지 못했다. 그래서 그는 외교 분야의 분열 속에서 전쟁의 세 가지 종류를 생각했다. 이것을 모릭(Joel Mouric)은 역학적 전쟁과 게릴라 전쟁 그리고 핵무기를 지닌 부재의 전쟁(absent war)으로 분류한 것이라고 말할 수 있겠다.[159]

쿠바 미사일 사태로 인해 미국의 분석가들의 영향력이 매우 커졌다는 것은 사실이다. 그렇지만 베트남 전쟁으로 인해 이러한 영향력은 다시금 역전되었다. 케네디의 당시 행동을 분석한 사람들은 이것을 마치 에스컬레이션 개념으로 접근한 것으로 보았다. 이 개념은 칸(Herman Khan)에 의해 환기된 것이다.[160] 하지만 이 개념은 게릴라전과 같은 특별한 전쟁에서는 적용하기 매우 곤란한 것이었다. 칸(Herman Khan) 스스로 인정했듯이 민족해방전쟁과 같은 특별한 전쟁에서 사용되려고 의도되지 않은 무기의 단순한

158) 전략, 특히 군사전략을 만드는 사람으로서 안전하거나 편안한 위치에서 행동으로 개입하지 않거나 개인적인 실무 경험이 없이 전략을 수립하는 사람을 말한다. English Oxford Living Dictionaries 참조. https://en.oxforddictionaries.com/definition/armchair_strategist(검색일: 2017. 3. 15).

159) Joel Mouric(2015), p. 80.

160) Raymond Aron, *Peace & War*(2009), p. 324.

위협에 의해서는 승리할 수 없는 것이었다.[161] 따라서 아롱에게 칸의 '에스컬레이션 개념'은 역사사회학적 접근을 벗어난 것이었다고 보아야 한다.

베트남에서 에스컬레이션 개념을 적용한 예를 아롱은 북베트남 폭격으로 보고 있다. 하지만 이러한 폭격은 오래된 방법으로 싸우는 것으로 돌아가는 상징이 되는 격이었다. 다시 말해서 적 지역을 황폐하게 만드는 전쟁의 모습으로 바뀐 것인데, 이것은 클라우제비츠의 관점에서 보았을 때 시대착오적(anachronistic)인 그리고 문명화된 전쟁방식이 아니었을 것이다. 아롱은 1, 2차 대전 당시에도 서구는 이중의 목표로 이러한 방식을 선호했다고 언급한다.[162] 결국 핵무기 사용의 위협 또는 폭격 자체는 인간의 결의를 완전히 굴복시키지 못한다는 것을 증명해 보였다. 역사가 반복된다면 항공력에 의한 폭격에 대한 의문은 여전히 유효하다고 하겠다. 이것은 마치 프랭크랜드(Noble Frankland)의 잊지 못할 논평처럼 "사람들은 전략적 폭격에 대해 알기보다는 감동하는 것을 더 선호한다."고 하는 격이다.[163] 하지만 기

---

161) Raymond Aron, *Peace & War*(2009), p. 325.

162) 아롱은 이에 대해서 "서구세력들은 이중의(twofold) 목표로 이러한 싸우는 방법을 좋아했다. 적의 전투수단을 감소시키거나 또는 주민들에게 이러한 고생을 부과하는 것이었다. 이것으로 저항 의지를 붕괴시키고 정부는 항복을 강요받게 될 것으로 보았다."라고 언급한다. Raymond Aron, *Peace & War*(2009), p. 326 인용.

163) 항공력 운용과 관련하여 특히 2차 대전의 서부 유럽에서 논쟁의 핵심은 1) RAF의 폭격 지휘관의 공인된 정책으로서 독일 민간인 사기를 겨냥한 지역 폭격의 비효과성과 잔학성, 2) 미국의 정밀 폭격 노력의 오래 지연된 효과, 3) 칼이라기보다는 곤봉과 같은 폭격 노력을 지향한 1945년 전반까지 미국 공격의 표류, 4) 항공력만으로는 일반적인 환경에서 승리를 달성할 수 없고 폭격에 투입된 거대한 자원과 인력을 다른 방법으로 사용하는 것이 나을 수도 있다는 것이었다. 이처럼 항공력 운용에 의한 결정적인 효과달성 및 승리의 문제는 과거부터 오늘날까지 지속되고 있다. 더욱이 오늘날 비용의 증가는 정치적 문제까지 일으킬 것으로 인식된다. David MacIsaac, "Voices from the Central Blue: The

술의 발전은 항공력에 대한 선호도를 더 높게 만드는 경향이 있다. "기술 자체가 오늘날 기본적인 항공력 이론가"라는 말은 놀라울 것이 없다.[164] 하지만 아롱의 철학으로 보았을 때, 기술이라는 것은 인간사회의 일부이지 전체가 될 수는 없는 것이다.

핵무기가 나타나도 과거와 다르지 않게 전쟁은 계속 일어나고 있다. 투쟁의 연속성이 존재하는 것이다. 그러므로 적의 저항의지를 깎아내리기 위한 노력은 항상 이중의 목표로 설정될 수밖에 없다. 문제는 이러한 노력이 평화적인 외교로 수행되지 않고 폭력적인 방법으로 수행되는 경우가 될 것이다. 이러한 의미에서 아롱의 '폭력적 외교(violent diplomacy)'에 대한 지적은 의미가 있다. 아롱은 에스컬레이션 개념이 베트남 전쟁의 행위를 이끌지 않았듯이, '강제(compellence)' 개념은 이론적 합리화 외에는 아무것도 제공하지 않았다고 보았다. 쉘링(Thomas C. Schelling)도 클라우제비츠의 공격과 방어 간의 구분을 핵시대의 전략에 적용했다. 예를 들어 폭력의 위협 또는 그 위협의 사용으로 적에게 그의 의지를 부과하려 했다는 것이다. 그래서 외교도 다소 난폭해져야 했다. 그러므로 외교-전략은 군사적 승리의 과학적 변질이 아니라, 강요(compulsion), 위협(intimidation), 또는 억제의 술(術)이 되어야 했다.[165] 그 가운데 인간의 투쟁은 계속되었다.

3. 핵시대 국민무장

외교가 강요적이어도 통하지 않는다면 그리고 오히려 반항의 적대감을

Air Power Theorists," Paret, Peter(eds.), *Makers of Modern Strategy: from Machiavelli to the nuclear age*(Princeton, N.J.: Princeton University Press, 1986), pp. 636-637 인용 및 참조.

164) David MacIsaac(1986), pp. 646-647.

165) Raymond Aron, *Peace & War*(2009), p. 326 인용.

더욱 불러일으킨다면 강요적 외교는 실패한 것이다. 이러한 관계로 국민무장은 만일 적대적 의지가 유지되는 한, 현대식 무장력을 자랑하는 강대국이라 하더라도 상당히 다루기 곤란한 문제를 낳게 된다고 하겠다. 핵무기는 모택동에게 있어서 종이호랑이에 불과한 격이었고[166] 미국이 아프가니스탄을 침공하기 이전에 소련이 침공했던 상황의 예를 보더라도 무장한 무자헤딘은 결코 최신 무기에 굴복하지 않았다. 더욱이 모택동이나 무자헤딘이나 그들 적(敵)의 적(敵)이 제공하는 사실상 군사 동맹적 지원을 통해 전투의지를 가지고 국민무장 개념으로 저항함으로서 장기적으로 상대의 위협을 침식시킬 수 있었다.[167]

---

166) 모택동은 실제로 핵무기를 '종이 호랑이'로 풍자했다고 할 수 있다. 그가 이렇게 생각한 이유는 제국주의자들이 다른 국가를 지배하기를 원한다면 핵무기 사용의 모험으로는 정치적 통제의 달성 목표를 지원하지 못할 것으로 보았기 때문이다. 모두 파괴가 아닌 통제가 핵심이기 때문이다. 그러나 모택동은 나중에 '억제'의 가치를 이해하면서 그리고 미국, 소련의 압박과 핵 위협에 대응하기 위해서 또한 다른 중국 지도자들에 의한 지속적인 압력으로 인해서 핵 프로그램을 채택하게 된다. 물론 그의 핵무기에 대한 생각이 중국의 방위정책을 지배했지만, 또 한편으로 핵 세력 국가로서 중국의 정책의 변화를 가져왔다고 할 수 있다. Guang Zhang Shu, "Between 'Paper' and 'Real Tigers': Mao's View of Nuclear Weapons," John Gaddis, Philip Gordon, Ernest May, and Jonathan Rosenberg(eds.), *Cold War Statesmen Confront the Bomb: Nuclear Diplomacy Since 1945*(London: Oxford University Press, 1999) 참조.

167) 특히 아프가니스탄에서 소련의 헬기를 이용한 무자헤딘 소탕전은 상당히 효과를 본 것이 사실이라고 할 수 있다. 그럼에도 불구하고 이러한 상황에서 서구에 의한 휴대용 대공무기(미제 스팅거, 영국제 블로우파이프) 지원은 전쟁의 양상을 바꾸어 놓았다고 할 수 있다. 중국 공산당에 대한 미국의 지원 역시 유사한 개념으로 이해할 필요가 있다. 즉, 나의 적의 적에 의한 지원은 국민무장과 저항의지 유지에 결정적일 수 있다. 소련의 아프가니스탄 전쟁에서의 이에 대한 관련 내용 이해를 위해서는 John Everett-Heath, *Helicopters in Combat: The First Fifty Years*(London: Arms and Armour, 1993), pp. 114-156. 그리고 도응조(2002),

하지만 이러한 저항의지의 본질은 사실상 인종적, 역사적, 문화적 차이에 의해 심화된 것이었다. 특히 1945년 이후 식민지 분쟁은 이러한 모습을 보여주었다. 따라서 전투의지 또는 전쟁의지를 가진 국민무장 상태를 침식시키는 것은 강제적 외교보다는 협상된 외교가 낫다고 가정할 수도 없는 것이다. 왜냐하면 마이클 카버(Michael Carver)의 분석처럼 제국 정부의 권위와 국민의 정치적 열망이 조화를 이루었지만, 장시간이 소모되었기 때문이다. 설득만도 쉬운 것이 아니었다.[168] 따라서 국민무장 그 자체는 특히 인종적, 문화적, 역사적 차이가 있는 국가 또는 비국가 세력 간에는 그 의미가 심오한 것이다. 만일 이러한 단위체 간에 적개심이 심화될 경우에는 돌이킬 수

---

pp. 421-446. 소련군이 아프간에서 심각한 전술적 실수와 무자헤딘의 게릴라 전술에 대해 잘 기술한 저서로는 Lester W. Grau, *The Bear Went Over the Mountain: Soviet Combat Tactics in Afghanistan*(New York: Routledge, 1998)을 참조할 것. 그리고 모택동에게 일반대중의 지원은 얼마든지 이를 전투의지로 충만한 전투원으로 충원할 수 있는 것이었으며 장기간 전쟁을 수행할 수 있는 식량과 물자의 획득 원천이었다. Mao Tse-tung, "On the Protracted War," *Selected Works of Mao Tse-tung*, Vol. 2(Peking: Foreign Languages Press, 1967), p. 192.

168) 카버의 분석은 매우 중요한 의미를 담는다. 그는 다음과 같이 분석했다. "제국주의 정부의 권위를 천명할 필요성과 국민들의 정치적 열망을 허용한다는 점에서 조화가 잘 이루어졌다. 그럼에도 불구하고 조화를 이루는 데 장시간이 소요되었다… 사용된 방법들은 건전했고, 유사한 문제에 직면한 모든 국가는 이 방법들의 일반적인 패턴을 추종했으나 거의 성공을 거두지 못했다. 이 방법들의 정수는 정부를 지원하기 위해 주민들에 대한 동기와 정부의 권위를 의도적으로 강화시키려는 군사 및 기타 시행방책들을 결합시키고, 정부가 대중들에게 이들의 안전을 제공할 수 있음을 재확인시키고, 정부는 승리할 수 있으며, 정부를 전복시키고자 하는 사람들보다도 지배적인 권위로 남아 있을 수 있음을 설득시킨다는 것이었다… 비록 정부가 식민지정부이고 조만간 철수하여 토착정부에 정권을 이양함을 목표로 한다하더라도 적대자들과 모험을 해서는 안 된다고 대중들을 설득한다는 것은 어려웠다." Michael Carver(1981), pp. 424-425.

없는 재앙으로 치닫게 될 수 있다는 개연성을 항상 상정해야 한다. 이것은 아롱의 정치철학, 역사사회적 분석에서 전혀 이탈하는 것이 아니다.

또한 살펴볼 것은 국민무장 하의 저항은 상대를 상당히 소모시킨다는 것이다. 그러한 관계로 클라우제비츠는 제6편에서 국민무장을 방어와 관련하여 파악하였고, 향토방위대를 정의하면서 국민무장을 기본 전제로 깔았다.[169] 실제로 카버(Michael Carver)의 분석에 의하면 영국이 치른 식민지 전쟁과 프랑스가 치른 식민지 전쟁 그리고 미국이 한국과 베트남에서 겪은 모험들과 비교할 때, 작은 병력을 투입했다고 했다. 영국 육군은 한때 10만 명까지 증강시켰던 팔레스타인에서의 철수 이후 두 번 다시 본국으로부터 그만한 병력을 전개하지 않았다.[170] 이것은 국민무장 개념의 적과 상대할 때 정규군을 투입한 국가의 이익손실에 대한 문제를 암시한 것으로 볼 수 있다. 그뿐만 아니라 식민지 전쟁에서의 본래의 목적을 완벽하게 성공시킨 것이 거의 없다는 것도 사실이라고 하겠다.[171] 그럼에도 불구하고 카버는 다음과 같이 그의 1945년 이후의 전쟁 분석에 대한 군사적 결론을 내린다. "모든 이러한 전쟁을 통해 출발 시부터 충분한 병력으로 신속히 대응하는

---

169) 클라우제비츠는 향토방위 관련 "전체 국민 대중이 자신의 육체적 힘과 재산과 신념을 가지고 자발적으로 전쟁에 참여하는 특수한 활동이다. 이러한 의미와 거리를 두면 둘수록 향토방위대는 이름만 다른 상비군에 지나지 않게 되고 더욱 상비군의 장점을 갖추게 될 것이다. 그러나 이렇게 되면 향토방위대의 장점은 결여될 것이다. 향토방위대의 장점은 그 힘의 범위가 크고 제한이 적으며 기풍과 신념을 통해 힘을 증대할 수 있다는 것이다." Beatrice Heuser(2002), pp. 283-284 재인용.

170) Michael Carver(1981), p. 426.

171) 영국의 성공은 말라야, 케냐, 키프르스 및 보르네오라고 할 수 있지만, 말라야를 제외하고는 상대도 원하는 것을 얻었다고 할 수 있다. 프랑스는 대부분 식민지 전쟁에서 실패했다. Michael Carver(1981), p. 427-428.

것은 그 후에 분쟁의 부담을 감소시켜 준다는 것을 알 수 있다."[172]

이러한 결론에도 불구하고 이라크에 과학기술에 의존한 소규모 병력을 투입한 럼즈펠드의 실패는 상당한 의미를 던져준다고 하겠다. 그렇다면 아롱이 보는 국민무장은 무슨 의미를 가지는가를 생각할 필요가 있다. 먼저 게릴라 전쟁은 국민들을 위해 계획된 것이다. 정규군과 싸울수록 전쟁은 강력해지고 더욱 결전(decisive battle)에 집중할 것이다. 반면 인민에 의한 전쟁은 전투원의 분산과 점차적인 적대감의 확산(diffusion)으로 특색을 갖는다.[173] 그리고 이것은 적의 강력한 무력 사용을 지연시킬 수 있다. 여기서 우리는 만일 핵의 위력을 피하고자 한다면 국민무장에 의한 게릴라전 수행은 오히려 평화적인 방법이 될지도 모른다는 결론에 도달하게 된다. 물론 이것은 모택동의 시각과는 다른 것이다.[174]

결과적으로 아롱의 시각으로 볼 때, 전쟁은 핵전쟁이 발발하건 혁명전쟁 또는 게릴라 전쟁이 수행되건 정치적 영역을 넘어서서는 안 되는 것이다. 이와 관련하여 아롱은 그의 저서에서 '국민무장'을 다루면서 다음 내용을 강조한다. "클라우제비츠는 정치적 요소가 전쟁이 발발해도 종말을 보지 않는다고 썼다… 군대가 비록 폭력을 사용한다고 하더라도 그는 비폭력적 수단은 반드시 포기되어서는 안 된다고 가르쳤다. 전쟁이 내전으로 변해서 수년 또는 심지어 수십 년이 지속되어도, 전쟁과 정책의 결합은 명확한 특징으로 드러난다."[175]

---

172) Michael Carver(1981), p. 436 인용.

173) Raymond Aron, *Clausewitz: Philosopher of War*(1983), pp. 290-291.

174) 모택동의 시각은 인간성이 자본주의를 파괴할 때 영원한 평화의 기간으로 돌입할 것이고 전쟁이 필요하지 않을 것이라고 판단했다. 이것은 계급투쟁적인 시각이다. 여기서 말하는 것은 인간적인 투쟁이라고 하겠다. Raymond Aron, *Clausewitz: Philosopher of War*(1983), p. 295.

175) Raymond Aron, *Clausewitz: Philosopher of War*(1983), pp. 295-296 인용.

1945년 이후 아롱이 살던 시대는 공산주의자들에 의해서 혁명전쟁 방식의 투쟁이 지속되었다. 그들은 이것이 정의의 전쟁이었다. 하지만 이것이 내포하는 근본적인 모순은 명확히 존재했다. 정의(justice)를 위해 폭력을 사용하는 것은 사실상 정의를 위한 부정의(injustice)인 것이다. 이것은 서구의 정치철학에 위배되는 것이고,[176] 아롱의 정치철학에도 당연히 위배되는 것이라고 하겠다.[177] 아롱에게 모든 전쟁은 폭력과 비폭력이 함께 존재하는, 즉 정치적인 것이 항상 개입되어야 하는 사회적 현상이 되어야 했다. 만일 이것이 아니라면, 핵전쟁이나 국민무장이나 폭력의 물리적 섬멸로 향하는 원치 않는 결과를 낳게 될 것이었다.[178]

---

176) 강성학은 정의와 부정의의 모순적 관계를 아리스토텔레스의 정의론을 기초로 다음과 같이 설명하고 있다. "정의가 혁명을 통해 획득될 수 있는가? 덕의 공화국을 위해 단두대로 수많은 사람들을 참수한 로베스피에르는 프랑스 역사에서 공포통치를 낳았다는 심판을 받았다. 그리고 스탈린은 공산주의자 천국을 건설한다는 미명하에 그보다 더 많은 사람들의 생명을 희생시켰다. 혁명에 의해 건설된 천국은 어디에 있는가? 정의는 어디에 있는가? 이반은 부정의를 비난한다. 그러나 그는 또한 정의를 위해 자신의 손으로 단 한 명의 어린애라도 그 목숨을 빼앗아야 한다면 자신은 혁명을 거부할 것이라고 말한다. 그가 옳다. 우리는 정의를 위해 부정의와 부도덕을 행할 수 없다." 강성학(1997), p. 128 인용. 그리고 아리스토텔레스의 정의론과 관련해서는 pp. 93-151 참조.

177) Roger Kimball, "Raymond Aron & the Power of Ideas," *The New Criterion*(May, 2001). https://www.newcriterion.com/issues/2001/5/raymond-aron-the-power-of-ideas(검색일: 2017. 3. 31).

178) 아롱은 2차 대전 이후 군사적 승리만으로는 분쟁을 해결하지 못했다고 하면서 전통적인 전쟁행위의 골격에서 벗어난 점을 지적한다. 즉, 이것은 군사적 승리를 한 후에 정치적 질문을 논의하는 것을 말한다. 그래서 그는 "물리적 섬멸의 원리(핵폭탄, 국민 무장, 계급투쟁)는 폭력의 영구성 및 상존성을 보여주는 경향이 있다."고 평한다. Raymond Aron, *Clausewitz: Philosopher of War*(1983), p. 312-313.

제4장
현대전쟁의 현상에 대한 비판

제1절 기동전 교리와 단기결전 추구

1. 기동전을 통한 단기결전의 신화

아롱의 전쟁철학 또는 근본적으로는 외교적-전략적 시각과 연관하여 미래전쟁에 대해 논하기 이전에 현대전쟁의 모습을 분석해보자. 아롱은 소련의 붕괴와 이후 국제사회의 현상을 목격하지 못했다. 그는 클라우제비츠의 전쟁론을 분석하면서 델브뤼크의 장기전과 관련된 전략에 대해 분석하였지만, 2차 대전에서의 독일의 전격전과 중동전을 단기결전 차원에서 분석하지 않았다. 기동전은 상당히 매력적인 것으로 서구의 평화적 시각을 가진 사상가들의 이론을 기초로 한 것이고, 사실상 성공적이었으며 그래서 미국을 비롯한 많은 나라의 군대가 받아들인 교리다.

무력행위를 시작한 후에 단기결전을 수행하여 적을 조기에 굴복시키는 것 말고 좋은 전략이 있을까를 생각해 보자. 이것은 기동전 또는 전격전이 여전히 현대전에 남기고 있는 가장 뿌리 깊은 일종의 콤플렉스라고 할 수 있다. 황수현의 전격전에 대한 찬사를 살펴보면, 그는 독일 전격전의 생명력을 강조한다. 그는 비록 세계대전의 가능성이 줄고 국지전만이 존재한다고 해도 심지어 테러와의 전쟁에서도 전격전의 근본개념은 변하지 않을 것이라고 주장했다. 소위 전격전 다시 말해서 기동전의 사고가 미래를 지배할 것이라는 확신을 보여준다.[1)]

장기전에 대한 일종의 콤플렉스는 없었는가를 질문해보자. 이것도 병존했다고 할 수 있다. 그 이유를 찾는 것은 그다지 어렵지 않다고 하겠다. 상식적으로도 장기전은 희생과 비용이 매우 크다는 것에 있다.

1차 대전 당시의 솜므 전투의 예를 들어보자. 1916년 7월 1일부터 11월 13일까지 지속된 이 전투는 역사상 가장 비싼 대가를 치른 전투로 알려졌다. 영국, 프랑스 그리고 독일의 사상자는 모두 합쳐서 126만 5천 명에 이른 전투였다.[2)] 윤용남은 1차 대전의 교착된 전선에서의 소모전은 "시산혈해(屍山血海)"의 격전들이었다고 표현했다. 뿐만 아니라 8일간 공격준비를 위한 사격도 무려 173만 8천 발을 소모했다.[3)] 10월의 앤트워프 항구를 점령

---

1) 황수현은 다음과 같이 주장했다. "독일군이 폴란드 전역과 프랑스 전역에서 선보인 전격전은 이후 핵무기의 등장으로 인한 제한전쟁의 시대에도 여전히 그 생명력을 유지하고 있으며 4차례에 걸친 중동전쟁에서 이스라엘군은 독일군의 전격전을 보다 현대화시킨 현대적 의미의 전격전을 전 세계에 보여주었다. 오늘날 20세기 초에 있었던 두 번의 대규모 전쟁과 같은 대전이 발발할 가능성은 많이 줄었지만, 그에 반해 소규모 국지전의 가능성은 더더욱 증대되고 있다. 테러가 국제사회의 이슈가 되고 있는 21세기에도 전격전의 구체적인 형태는 시대에 따라 변하겠지만 그 근본개념은 변하지 않을 것이며, 그 근본개념을 시대정신에 맞게 적용하려는 노력만이 미래전에서 승리를 보장해 줄 것이다." 황수현, "제2차 세계대전과 작전술 이론," 온창일 등, 『군사사상사』(서울: 황금알, 2006), p. 251 인용.

2) Joseph Cummins, *History's Greatest Hits: Famous Events We Should Know More About*(London: Murdoch Books, 2007): 송설희, 김수진 역, 『만들어진 역사: 역사를 만든, 우리가 몰랐던 사건들의 진실』(서울: 말글빛냄, 2008), p. 257.

3) 윤용남, 『기동전: 어떻게 싸울 것인가』(육군본부 군사연구실, 1987), pp. 15-24. 윤용남은 대한민국 육군사에 아주 독특한 작전사상가였다. 그는 기존의 한국군의 진

하는 작전을 성공하면서 학도병만 하더라도 무려 3만 6천 명 투입에 생존자는 단지 6천 명에 불과했다. 이때 생존한 사람 중의 한 명이 히틀러였다는 사실은 잘 알려진 내용이다.[4] 이처럼 심지어 젊은 학도병의 생명까지 처참하게 빼앗아 가는 소모적인 전쟁은 많은 비용과 희생을 강요한 것이었다고 말할 수 있다.

또한 근대 소모전의 효과성에도 문제가 있었다. 나폴레옹으로부터 2차대전이 종결될 때까지 소모를 적용한 전쟁의 전체적인 목적은 통상 소요된 비용으로 인해서 가려졌다고 할 수 있다. 가장 큰 문제는 얻고자 하는 목적을 신속하고 직접적으로 달성함으로써 희생에 대한 보상을 얻어야 하는데, 섬멸적 기동전과는 다르게 소모전은 본질적으로 장기적으로 수행하는 개념을 바탕으로 한다는 것에 있다.[5]

피해가 크고 비용이 많이 든다는 이유로 소모전은 회피되어야 할 것인가를 생각해보자. 장기전을 하면 반드시 피해가 커지는 것인지 아니면 전쟁에서 사용한 작전술 또는 전술에 의해 피해가 커지는 것인지도 생각해보자. 다시 말해서 기간에 의해 피해가 가장 결정적으로 좌우되는 것인지 아니면 전력의 사용방법이 잘못되어 더 피해가 커지는 것인지를 생각해보자. 이것은 현대전을 분석하면서 증명되어야 할 그리고 지속해서 반복적으로 질문되어야 할 사항이라고 하겠다.

소모전은 냉전을 통해서 그 이전 시기보다 유용하고 효과적인 것처럼

지전 위주의 사고를 과감히 탈피하여 기동전 사상을 사실상 가장 최초로 육군에 뿌리내리게 한 장본인이었다. 그의 논리는 진지전은 기본적으로 소모적이므로 신속히 전쟁을 끝내기 위해서는 기동전을 해야 한다는 것이었다. 엄청난 비난과 반대를 무릅써야 했던 사실을 고려할 때, 한국군이 소모전적 사고에서 벗어나지 못했다는 점을 무시할 수는 없을 것으로 판단할 수 있겠다.

4) 정토웅, 『전쟁사 101장면』(서울: 가람기획, 1997), p. 280.

5) Carter Malkasian(2002), p. 10.

보였다. 왜냐하면 만일 기동전을 통해서 상대 국가를 조기에 괴멸시킨다면 이것은 양극화된 국제사회 속에서 위험을 초래할 수 있기 때문이다. 한국의 상황을 예로 들어보자. 만일 남과 북 어느 한 국가가 기동전을 통해 상대를 조기에 점령했을 때, 이것이 어느 한쪽 강대국에게 받아들일 수 없는 국가이익과 관련된 것이라면 강대국 간의 대결로 에스컬레이션화될 개연성이 있다.[6] 이 경우 궁극적으로는 강력한 핵 무기가 기다리게 된다. 앞서 이미 검토하고 논했듯이, 헤테로지니어스 한 국제사회 속에서 기동전을 통한 전격적 승리는 그 승리를 확실히 해주기보다는 반드시 적당한 선에서 다시 조정되어야 할 정치적 필요성을 가져오게 될 수 있다. 또한 기동전으로 패배한 국가가 지속적으로 국민적 저항의지를 갖는다면 전쟁은 소모전으로 변하게 될 것이고, 이것이 지속된다면 장기간에 걸쳐 전쟁목적을 추구하면서 보다 나은 협상 상황을 만들 수 있을 지도 모른다.[7]

그레이(Colin. S. Gray)의 경우 결정적 기동을 통해 전쟁에서 승리하는 것은 가능하다고 보았다. 나폴레옹 전쟁과 1차 대전을 그 예로 들고 있다. 그럼에도 불구하고 그는 전쟁에서 소모와 기동의 병존성을 인정한다.[8] 이 말

---

6) Carter Malkasian(2002), pp. 10-11.

7) 베트남전의 예를 들 수 있다. 베트남에서 치른 전쟁은 비록 결정적인 기동전을 추구하고자 했지만, 분명히 장기적인 소모전이었고, 전쟁의지에 의해 좌우된 전쟁이었다고 할 수 있다.

8) 그레이는 다음과 같이 분석했다. "결정적 기동을 통해 전투와 회전 그리고 심지어 전쟁에서 승리하는 것은 가능하다. 이는 1809년 이전 나폴레옹에 의해 계속해서 입증되었고… 독일은 1914년 8-9월에 결정적 기동을 통해 승리를 거머쥘 수도 있었다. 재론의 여지없이, 독일은 1915년 5-6월 동부전선에서 고를리체-타르누프(Gorlice-Tarnow)를 돌파하면서 엄청난 작전상의 성공을 거두었고… 제1차 세계대전에서의 대규모 기동 전투 사례들을 언급할 수 있었듯이, 제2차 세계대전과 그 이후의 전쟁에서도 무자비한 소모전의 사례들을 많이 발견할 수 있다… 20세기 전략의 역사는 소모와 기동 간의 관계 또는 방어와 공격 간의 관계 등의

의 핵심은 소모전을 수행했다고 알려져 있는 1차 대전이건, 기동전을 수행했다고 알려져 있는 2차 대전이건 소모와 기동의 형태를 모두 취한 전쟁을 수행했다는 것이다. 다시 말해서 소모와 기동에 대해 이분법적 접근은 위험하다는 것이다. 그럼에도 불구하고 기동전은 매우 영향력 있고 또한 매력적인 전쟁의 방식이라고 주장하는 것이다.

현대기동전은 사실상 성공적인 사례를 많이 남겼다. 현대기동전의 신화는 독일의 전격전에서 출발한다고 할 수 있다. 1939년 폴란드 침공부터 독일의 전격전이 적용되었다는 것은 잘 알려진 사실이다. 이러한 작전수행방식은 사실상 1차 대전의 경험으로부터 유래되었다. 예를 들어 풀러(J. F. C. Fuller)의 '1919 계획(Plan 1919)'은[9] 1차 대전 당시 교착된 참호선을 극복하고자 하는 데서 구상한 아이디어였는데 이러한 아이디어와 전차의 출현으로 기동전에 대한 가능성을 예견한 많은 사상가들이 등장했고 이들의 희망과 좌절[10] 그리고 노력의 결과로 독일의 전격전이 등장했다고 할 수 있다.

기동전의 가장 유명한 신화는 당연히 1940년 대불 전역이었다고 할 수 있다. 폴란드에서 전격전을 최초로 적용하여 성공을 본 독일은 프랑스와 영국에게 돌이킬 수 없는 위협이었다. 이에 따라 영국과 프랑스는 독일에 선전포고를 했지만 이것은 '가짜 전쟁(phony war)'으로 알려졌다. 왜냐하면 방어제일주의에 빠진 그들에게 마지노선은 반드시 믿어야 할 방어력이

요소가 단순하게 이해될 수 있는 것이 아님을 예증하고 있다." Colin S. Gray, *Modern Strategy*(New York: Oxford University Press, 1999): 기세찬, 이정하 역, 『현대전략』(서울: 국방대 안보문제연구소, 2015), pp. 313-314.

9) 이 계획을 이해하기 위해서는 Michael Carver, *The Apostles of Mobility*(London: Weidenfeld and Nicolson, 1979): 김형모 역, 『기동전의 영웅들』(병학사, 1988), pp. 29-30. 그리고 C. R. M. Messenger, "Mobility on the Battlefield," *The Mechanized Battlefield*(New York: Pergamon-Brassey's, 1985) 참조.

10) 이와 관련하여 역사적 배경을 이해하려면 도응조(2002), pp. 27-52.

었고, 영국은 대륙 불간섭주의를 기초로 특히, 리델하트의 '제한된 개입'에 젖어 있었기 때문이다.[11] 사실상 프랑스와 영국 모두는 방어적인 태세를 취했다. 이러한 상대를 쉽게 무너뜨린 전격전은 그래서 기동전의 우수성을 미래에 예시해준 격이 되었다.

뿐만 아니다. 프랑스를 단 6주 만에 패배시킨 다음, 1940년 12월 바바롯사(Babarossa) 작전의 개시 이후 독일군은 여전히 성공적인 기동전의 신화를 만들어낸다. 히틀러 자신이 원하지 않았던 그리고 독일의 강박관념 이었던 2개 전선의 전쟁을 치르게 된 이유를 구데리안(H. Guderian)은 잘 요약하여 핵심적으로 설명하였는데, 그것은 먼저 소련에게 시간을 주면 줄수록 독일의 정치적인 목적 달성, 즉 연합국과 강화를 맺고 독일의 이익을 극대화하는 것이 멀어져 갈 것이라는 점이었다.[12] 사실상 1941년 후반부에 들면서 이미 독일의 전차는 소련의 전차보다 성능 면에서 열세였지만, 기동전의 매력과 독일의 전술적 자신감은 이를 극복할 것으로 기대했었다.[13]

독일은 1941년, 소련전역에서 엄청난 성공을 보았다. 중부를 담당했던

---

11) 이것은 1933년 리델 하트가 제안했던 사상이었다. 근본적으로 영국의 대륙 개입이 영국에게는 불필요한 희생을 낳을 것으로 본 것이다. 골자는 영국이 더 이상 대륙에 개입하여 피를 흘리지 말자는 것이었다. 그래서 영국은 다시 본래의 해양전략을 고수하고 공군력을 보강하여 대륙의 침략을 격퇴하기 위해 대륙을 돕고 만일에 대비해서 소규모 기계화부대를 구비하자는 것이었다. 이러한 사상을 유화주의의 배경으로 이해하기도 한다. Brian Bond and Martin Alexander(1986), pp. 601-623.

12) Heinz Guderian(1950), pp. 232-236.

13) 소련의 T-34 전차의 우월성에 대해서는 Ian v. Hogg, *Armour in Conflict*(London: Jane's, 1980), pp. 84-85. 당시 독일군의 전술은 쐐기와 함정(Keil und Kessel)로 알려져 있다. 주력이 공격할 때, 보병을 선두로 하여 돌파구를 형성하고 기갑부대가 뒤에 대기하고 있다가 돌파구를 통과하여 적의 종심 안쪽 깊은 곳으로 돌진하여 적을 포위하는 전술이다. 육군사관학교(1987), p. 328.

복크 집단군은 단 18일 만에 400마일을 진격하기도 했고, 민스크(Minsk)와 스몰랜스크(Smolensk)에서 구데리안과 호트(Hoth)의 기갑군은 양익포위 작전으로 소련군 48만, 전차 4천 500대, 야포 3천 3백문을 노획했다. 키에프(Kiev) 포위전과 비아즈마-브리얀스크(Vyazma-Bryansk) 포위전은 두말할 나위도 없이 역사에 길이 남을 만한 성공적인 기동전이었다. 특히 후자의 포위전에서는 소련군 포로 약 66만 명을 포획함으로써 소위 현대 한국군 전체 정규군 병력보다 더 많은 병력을 포획하는 기록적인 역사를 남겼다.[14)]

기동전의 신화는 2차 대전 이후 중동에서 재등장했다. 1956년 수에즈 전쟁에서 이스라엘은 전통적인 전격전을 시도했다. 1967년 '6일 전쟁'에서는 항공력과 포병화력의 적절한 배합 하에 단 6일 만에 승리하는 혁혁한 성공을 거두었다. 1973년 욤 키플 전쟁에서 샤론(Ariel "Arik" Sharon) 사단의 역도하에 의한 이집트군 포위는 2차 대전 이후 재입증된 기동전의 효과성을 보여준 그리고 영원히 기동전 역사에 남을만한 신화적인 작전이었다.[15)]

베트남전을 실패한 미국에게 중동에서 이스라엘이 보여준 전격적인 승리는 매우 충격적인 것이었다고 할 수 있다. 전 세계 헤비급 챔피언이 소위 아마추어의 강력한 저항력을 보고 충격을 받은 격이었다. 미국은 아랍-이스라엘 전쟁의 영향과 자체 컴퓨터 시뮬레이션을 통해 1978년 자신들의 교리에서 많은 단점을 발견했다. 전술핵무기에 대한 의존도 혼란스러웠다. 피아가 혼재된 상황에서 전술핵 사용은 사실상 불가능했다. 그리고 급격한

14) 도응조(2002), pp. 167-179.

15) 수에즈 운하의 역도하는 샤론(아리엘 샤론 또는 아리크 샤론이라고 한다)이 남긴 기동전의 신화이지만 그 배후에는 많은 사람들의 노력이 있었다. 특히 미국의 닉슨과 키신저 도움 등이 매우 커다란 영향을 미쳤다. Levi Del Cantrell, "Ariel Sharon's Crossing of the Suez Canal: Factors and people who contributed to the crossing, 1948-1973"(Oklahoma State University, the Degree of Master of arts, May, 2015) 참조.

서구의 출산율 저하 등 사회적 문제도 대두되었다. 소위 기동전 개념을 받아들이기 이전의 '적극적 방어(Active Defense)' 개념은 먼저 적의 방어를 흡수하고 이어서 6:1의 우위를 지닐 때까지 적을 소모시키다가 여건이 조성되면 공격한다는 것이었다. 그러다가 '적극적 방어'의 주도권 상실 등 문제를 극복하고 자신들의 화력의 우위를 잘 활용하기 위해서 공지전투 개념을 도입하였다.[16]

이러한 미국의 변화는 1991년 걸프전의 성공으로 귀결되었다. 1991년 1월 17일 '사막의 폭풍작전'이 시작되었다. 미국을 중심으로 한 다국적군의 공군 그리고 해군의 화력들은 이라크의 전술적, 작전적, 전략적 목표들을 파괴했고 아울러 제공권을 장악하고 이라크 지상군을 타격했다. 미 해병은 페르시아만(灣)에서 상륙을 가장한 양동작전을 실시했고, 7군단과 18공정군단이 적 지역 깊이 종심지역으로 기동하여 적의 병참선을 유린하고 방어부대를 고립시키고 격파했다. 이 작전에 대한 성공결과로 인해 신화적인 기동전은 미국의 교리로 깊게 자리 잡기에 충분할 것이었다.[17]

2. 기동전의 내재적 특성

미국의 기동전에 대한 노력은 상당했다. 그들은 계속해서 클라우제비츠의 중심(重心) 개념을 분석했고, '임무형전술'을[18] 도입했으며, 전방과 후방에서 동시 작전을 수행하겠다는 대담한 노력을 발전시켜 나아갔다. 이것은

---

16) LTC(P) Huba Wass de Czege and Col L.D. Holder, "The New FM 100-5," *Military Review* vol. LXII, no. 7(July, 1982) 그리고 도응조(2002), pp. 373-382.

17) U.S. Army, FM-100-5 *Operations*(HQs of U.S. Army, 1993).

18) 임무형전술이란 독일의 지휘방식을 기초로 한다. 지휘관의 의도를 명확히 한 상태 하에서 예하부대에게 최대한 융통성을 부여하는 것이라고 할 수 있다. Richard Simpkin(1985), pp. 407-408 참조.

소위 동시성(同時性)의 개념을 받아들인 것이었다. 특히 소련의 기동전 교리로부터 충격을 받은 것도 한몫했다. 투하체브스키와 같은 사람들의 사상이 소개되기도 했고, 기동전에 대해 잘 이해하지 못하고 있다는 스스로의 반성과 노력도 병행되었다. 그리고 소련의 기동전을 심도 있게 연구하기도 했다.[19] 이러한 노력들은 RMA가 도입되면서도 지속되었고 보이드(John Boyd)의 이론과 접합되었다고 할 수 있다.

기동전은 매우 혁신적으로 보였지만, 그것이 성공한 것 이면에는 다른 이유도 존재했다. 2차 대전시 프랑스의 패배는 마지노의 기능발휘가 완벽하지 않았기 때문이다. 그리고 프랑스의 역습 실패도 중요한 원인이었다. 특히 마지노선은 룩셈부르크 남부만 강력히 구축되었고 그 북부로 해안에 이르기까지는 견고하지 못했다. 따라서 기동전 이론이 방어적 이론에 비해서 무조건 우수해서 승리했다고 보기에는 제한되는 면이 있고 오히려 방어선의 빈약함 그리고 프랑스의 작전적 대응의 실패 때문이었다고 볼 수도 있는 것이다.[20]

2차 대전 당시 소련 전역에서 나타난 기동전 이론의 문제도 잘 알려지지 않았지만 상당히 많은 문제를 내포하고 있었다. 포위전을 수행하면서 비록 적을 포위하는 것은 전격적이었지만, 포위망 내의 적을 완전히 격멸하는 것은 또 다른 문제였다. 포위한 적을 격멸하면서 상당히 긴 시간이 소

---

19) 러시아의 기동전 역사를 소개한 대표적인 것은 앞서 언급한 해리슨의 작품이 있다. Richard W. Harrison, *The Russian Way of War: Operational Art, 1904-1940*(Lawrence, Kansas: University Press of Kansas, 2001) 참조. 그리고 서구에 상당한 영향을 미친 작품은 Richard Simpkin, John Erickson, *Deep Battle: The Brainchild of Marshal Tukhachevskii*(London: Brassey's Defence, 1987)이다.

20) Pierre Bienaimé, "Why France's World War II defense failed so miserably," *Business Insider*(April. 14, 2015) http://www.businessinsider.com/the-story-of-the-maginot-lin e-2015-4(검색일:2017.3.23.)

비되었다. 이러한 문제는 클라우제비츠가 이미 언급한 내용과 맥을 같이하는 것이었다.[21] 예를 들어, 키에프 포위전의 경우 1개월이 걸렸다. 기동전만으로 완벽한 승리를 얻은 것으로 보였지만, 적의 주력을 격멸하기 위해서는 소모적인 전투를 다시 수행해야 했음을 의미하는 것이었다.[22] 따라서 기동전만으로 승리할 수 없다는 기동전의 내재적 한계를 보여준 전역이었다고도 말할 수 있다. 이러한 문제점은 오늘날 이라크에서 그대로 재현되고 있는 듯하다. 기동전으로 초전에 성공을 거두어도 여전히 잔적 소탕은 커다란 문제로 남는 것이다.

더욱 중요한 사실은 프랑스의 실패와는 달리 소련의 경우 강력한 방어체계를 갖추어 기동전을 고집했던 독일군의 의도를 조기에 꺾을 수 있었다. 이것은 쿨스크(Kursk)에서 입증되었다.[23] 강력한 방어는 기동전을 실패하도록 만들었다. 또한 정치적인 고려사항은 전격전을 지속적으로 수행하는 데 방해가 되었다. 이러한 현상은 어디서나 나타날 수 있는 현상이었다. 기본적으로 기동전은 조기에 전쟁을 종결지으려는 것에서 출발한다. 하지

---

21) 클라우제비츠의 측방진지와 연관하여 생각할 수 있다. Carl von Clausewitz, *Vom Kriege*(1991, 1992), pp. 297–298 참조.

22) 도응조(2002), p. 178.

23) 쿨스크 전투에서 독일은 처절할 정도로 돌파구를 형성하기 위해 전투를 수행했고 돌파구가 형성되면 적의 종심으로 기동전을 펼치고자 했다. 하지만 소위 소련군의 대전차 방어 중심의 격자형 방어진지 구축으로 돌파에 거듭 실패했고, 또한 부분적인 돌파 후에도 이를 잘못 이용함으로써 기동전을 펼칠 수 없었다. 이에 대해 아주 훌륭한 저작으로는 David M. Grantz and Jonathan M. House, *The Battle of Kursk*(Kansas: University Press of Kansas, 1999)가 있다. 최근 이 전투에서 방어와 공격의 사례를 잘 분석한 것으로는 Richard W. Harrison, *The Battle of Kursk: the Red Army's defensive operations and counter-offensive, July–August 1943*(Solihull, West Midlands: Helion & Company, 2016)을 참고할 것.

만 히틀러는 모순되게도 또는 아주 합리적으로 그리고 이성을 발동시켜 전쟁이 장기화될 수 있다는 우려를 했다. 아무리 기동전이라고 하더라도 결국 소모적인 현상을 극복하기는 쉬운 것이 아니었다. 히틀러의 우크라이나 방면 공격 결정은 기동전을 성공적으로 수행하여 적 주력을 격멸하고 승리를 위한 유리한 조건을 얻는 데 있어서 명백한 제한을 초래했다.[24]

하지만 아롱의 사상과 연계했을 때 가장 중요한 점은 독일의 전격전은 전쟁의 마찰과 개연성을 무시한 것이었다고 할 수 있다. 1940년 프랑스 전역은 독일의 우수성 때문만은 아니었다. 프랑스 최고사령부는 전략적 예비와 전술공군을 제대로 갖추고 운용하지 않은 치명적인 실책을 저질렀다. 그럼에도 불구하고 히틀러는 1940년 전격전 모델은 전쟁의 개연성을 극복할 것으로 보았다. 그는 이것을 소련전역에서도 똑같이 적용하면 무조건 승리할 것으로 생각했다.[25] 역사적 사실에는 항상 개연성이 존재한다는 막스 베버의 가르침을 그대로 받아들인 아롱의 입장에서는 어리석은 생각이었을 것이다.

---

24) 풀러(J. F. C. Fuller)는 모스크바로 진격하여 소련군의 주력을 격멸하지 않은 것을 비난했다. 그는 다음과 같이 언급하고 있다. "목표에 대한 선택은 비난받아 마땅한 것 이상의 잘못이었다. 러시아의 전투력을 무력화시키기 위해서는 러시아 육군을 포위하지 않을 만하고 독일군이 타격 가능한 거리 안에서 적에게 전투를 강요하게 하는 목표 선택이 요구되었다. 이 목적에 부합하는 유일한 목표는 모스크바였다. 모스크바는 러시아 철도교통의 중추라서 전략적으로 포기할 수 없는 곳이었다. 모스크바는 또한 세계 공산주의의 메카였고, 강력한 중앙집권적 정부의 본부 그리고 100만 이상의 노동자가 고용된 공업 중심지였다." 히틀러가 "지난 세기의 사상에 심취된, 단지 완전히 경화된 두뇌 소지자만이 수도를 점령하자고 주장하는 것이다."라고 하면서 브라우히취와 할더를 비난한 것도 유명한 일화이다. 나폴레옹의 모스크바 점령과 대비되는 역사이다. J. F. C. Fuller, *The Decisive Battle in the Western World*(London: Garanada Press, 1976), pp. 459-460.

25) Lawrence Freedman(2013), p. 441.

중동전쟁에 대해서도 기동전을 통해 종심으로 기동하여 적의 배후로 진출함으로써 적을 심리적으로 마비시켰다고 보는 것은 무리가 있다. 이와 관련해서 그레이(Colin, S. Gray)는 기동전의 한계를 잘 분석한 바 있다. 그는 기동전이 무조건 쉽게 이기는 것이 아니라는 결론에 도달했다.[26] 그의 결론을 통해 발견할 수 있는 점은 비록 기동전을 수행한다고 해도 실제 그 안에서는 소모적인 치열한 전투가 발생하고, 퇴로가 차단되었다고 적이 스스로 무너지는 것이 아니며, 치열한 전투를 통해 결국 적을 굴복시킬 수 있다는 기동전의 내재적 한계라 하겠다. 결국 단기 기동전은 장기 소모전과의 상호 변증법적 관계에 놓여 있다는 것이다.

3. 기동전의 정치적 한계

단기 기동전은 장기 소모전과의 상호 변증법적 관계를 벗어날 수 없다는 내재적 특성에도 불구하고 현대전쟁에서 여전히 매력적으로 인식되고 있다. 기동전을 수행하기 위해서는 끊임없는 노력과 투자가 이어진다. 미국이 걸프전쟁에서 한국으로서는 상상할 수 없을 군수물자를 투입했던 것은 이러한 노력을 보여주는 일화가 될 것이다. 패고니스(Willian G. Pagonis)는 미국이 투입한 군수물자를 일컬어 "움직이는 산(moving Mountains)"이라

26) 그레이는 다음과 같이 분석한 결과를 언급했다. "1945년 이후에 수행되었던 모든 결정적 기동을 분석해 보면, 소모적 유형의 전투가 지속되었거나 심지어 소모전이 더 우세하였다는, 생각을 충분히 뒤엎을만한 증거가 존재하기도 하였다. 1948년, 1956년, 1967년, 1973년, 1982년에 각각 발발하였던 중동전쟁에서 기동전 유형의 전쟁이 선호되는 경향이 나타났는데, 이는 지리적 조건과 적은 인구 때문에 이스라엘에게 별다른 대안이 없었기 때문이었다. 그러나 이스라엘이 능숙한 전술, 작전의 조화 능력을 치열한 전두 없이 얻었다고 생각하는 것은 오산이다." Colins S. Gray(1999), p. 314.

고 표현했다.[27] 이것뿐만이 아니었다. 심지어 미국은 비록 예산으로 좌절되었지만, 3차원 공간(공중)을 이용해서 전차를 공중으로 실어 나른다는 "풀스펙트럼" 기동전 개념을 발전시키기도 했다.[28]

기동전에 크게 기대하는 이유를 알기 위해서는 두 가지 본질적인 접근이 필요할 것으로 보인다. 첫 번째는 기동전의 철학적 접근을 언급하지 않을 수 없다. 기동전의 정수는 소위 리델 하트의 '간접접근'이라는 전략이었다고 할 수 있다. 리델 하트의 사상은 1차 대전에서 시작되었다. 그는 솜므 전투에 참전 경험이 있고 여기서 참혹한 전투를 직접 경험했다. 이 경험으로 인해 그는 피를 덜 흘리고 보다 이성적이고 합리적인 전쟁을 치를 방법

---

27) 걸프전에서 군수지원사령관이었던 그는 다음과 같이 언급했다. "군대는 먹어야 한다. 1990년 8월에서 1991년 8월 1년간-즉, 걸프전 이전 및 개시 당시에-서남아시아의 미군 부대들의 군수요원들은 제22지원사령부와 제1 및 제2 COSCOMS의 노력으로 1억2천2백만 끼니 이상의 식량을 계획하여 이동시키고 지원했다. 이것은 와이오밍 주와 버몬트 주의 거주자들이 30일 동안 하루 3끼씩 먹을 수 있는 양이었다. 군대는 운전해야 한다…1년간…13억 갤런의 연료를 지원했다. 이것은 워싱턴 DC를 동일 기간 지원할 수 있는 양의 7배였다. 이것은 콜롬비아와 몬타나 그리고 노스 다코다를 합쳤을 때 12개월 동안 사용할 연료와 동일한 양이었다." 미국의 기동전을 수행하기 위한 군수지원은 천문학적이었다고 할 수 있다. LT. General William G. Pagonis, *Moving Mountain: Lessons in Leadership and Logistics from the Gulf War*(Boston: Harvard Business School Press, 1992), p. 1.

28) 이 개념은 사실상 미 육군의 1990년대 21세기를 대비하기 위한 접근이었고 RMA와도 연계되는 것이었다. 전차를 하늘 공간을 이용해서 지상의 마찰을 최소화하면서 적의 후방으로 기동하여 전쟁을 조기에 종결시키겠다는 기동전의 혁신적 개념이었다. BG. David L. Grange, BG. Huba Wass De Czege, LTC. Richard D. Liebert, Maj. Charles A. Jarnot, Michael L. Sparks, *Air-Mech-Strike 3-Demensional Phalanx: Full-Spectrum Maneuver Warfare for the 21st Century*(Nashville: Turner Publishing Company, 2000) 참조.

을 찾고자 했다. 이것이 '긴접접근'의 철학적 배경이었다.[29] 그는 기습을 통한 적 지휘통제 및 보급시설로의 기동은 적의 저항의지를 무너뜨릴 것으로 보았다. 이렇게 되면 피를 덜 흘리고 승리한다는 것이었다.[30] 이것은 실제로 많은 군대에서 받아들여졌고 특히 이스라엘군에게 커다란 영향을 미쳤다고 알려져 있다.[31]

리델 하트의 생각을 가진 사람들에게 따라서 쉴리펜 계획은 기동전적인 계획이 아니었다. 20세기 마지막 기동전의 대가(大家)라고 할 수 있는 심프킨(Richard Simpkin)은 쉴리펜 계획이 마치 전격전과 같이 신속히 우회기동을 통해 적을 포위하고 격멸하는 것처럼 보이지만, 중요한 것은 그 배경 사상이라고 주장한다. 그는 물리적 '파괴'라는 용어에 주목한다.[32] 적을 최소한의 희생으로 정신적 마비를 통해 '붕괴'시키는 것이냐 아니면 '파괴'시키는

---

29) 도응조(2002), pp. 55-56. 하워드의 리델 하트 사망 후 그에 대한 사상을 요약한 글은 매우 훌륭한 에세이이다. Michael Howard(1983), "Three People" 중 'Liddell Hart' 부분을 참조. 최영진, "물리적 섬멸보다 적의 행동을 마비시켜라," 『국방일보』(2017. 2. 13) 참조.

30) B. H. Liddell Hart, *Strategy*(New York: Frederick A. Praeger, 1967), 그리고 "The Indirect Approach," http://erenow.com/ww/strategy-a-history/12.html(검색일: 2017. 3. 24) 참조

31) 이스라엘 군에게 리델하트가 영향을 미쳤다는 것은 매우 널리 알려져 있다. 특히 6일 전쟁과 관련하여 J. B. Wilgus, "Liddell Hart's theories applied to the Six Days War," *The Lessons of history Wdblog*(Aug 3, 2008)은 유용한 자료가 된다. https://lessonsofhi story.wordpress.com/2008/08/03/liddell-harts-theories-applied-to-the-six-days-war/(검색일: 2017. 3. 24).

32) '전차전(Tank Warfare)'이라는 심프킨의 저서는 나토에 엄청난 영향을 미쳤으며 당연히 미국에 충격적인 영향을 미친 명저이다. 그는 여기서 클라우제비츠가 쉴리펜에게 영향을 미쳤지만, 쉴리펠 계획은 본질적으로 클라우제비츠적인 물리적 파괴를 기본 개념으로 하고 있기 때문에 기동전 개념을 적용한 것이 아니라고 주장한다. Richard Simpkin(1979), pp. 38-39 참조.

것이냐 라는 문제가 결국 기동전과 소모전의 차이라는 것이다.[33] 이러한 분석은 기동전과 소모전의 본질을 꿰뚫은 것이라고 할 수 있다. 그래서 심프킨은 미국의 기동전 사상으로의 전환을 찬양했다. 그리고 반대로 유럽 국가들의 소모전적 사고를 비판한다.[34]

평화를 사랑한다면 당연히 기동전을 수행해야 한다고 말할 수 있을 것이다. 리델 하트의 사상은 평화를 사랑하는 민주주의와 맥을 같이 하는 것이라고 볼 수 있다. 그리고 미국의 경우 베트남과 같은 아픔 그리고 지금까지도 이라크에서 소모적인 전쟁을 수행하고 있다는 점은[35] 미국을 중심으로 하는 자유주의 국가들 심지어 정치이념을 달리하는 국가들까지도 기동

---

33) 도응조(2002), p. 187 참조. 물리적 이론을 적용했을 때의 시너지 효과는 적을 붕괴시키는 개념이라고 할 수 있다. '붕괴'는 심리적 마비를 말하는 것이고 파괴는 물리적 파괴를 의미하므로 붕괴를 추구하는 것이 기동전의 핵심적 의미라고 하겠다.

34) 심프킨의 다음과 같은 언급은 상당한 의미를 보여준다. "미국에서는 물질적 진보에 대한 믿음이 양차대전 시 미국 교리의 품질을 증명한 결과가 된 군수물자의 위력 때문에 맹목적인 신념으로 자리 잡게 된 것 같다. 미국은 이러한 잘못된 신념 때문에 베트남에서 패전했고 뒤늦게 그로부터 벗어나기 시작하는 중이다. 도버 해협을 사이에 둔 영국과 프랑스의 소모적 태도는 아마도 두 국가가 군인의 피와 용기를 장군의 두뇌보다 더 중요하게 사용했던 방식에서 유래한 까닭일 것이다. '출혈이 국민 건강에 좋다'는 오래되고 기묘한 신념을 영국과 프랑스의 질병이라고 부르지 않을 수 없을 것이다." Richard Simpkin(1985), p. 80.

35) 이와 관련하여 시사점을 던져주는 최근 기사로는 Giles Elgood, "Rowboats and missiles in war of attrition on Iraq front line," Reuter(Jan 25, 2017) 참조. 소모전을 수행할 수도 있다는 우려는 전쟁초기부터 있었다. 이에 대해서는 Anthony H. Cordesman, *The Iraq War: Strategy, Tactics, and Military Lessons*(Washington, DC: CSIS, 2003), p. 75. 소모 관련 미 국방성의 유용한 자료로는 Department of Defense, *Measuring Stability and Security in Iriq*(DoD: March, 2008).

전의 트라우마에서 벗어나지 못하는가에 대한 이유를 제시한다고 본다.[36]

두 번째 접근은, 더욱 중요한 것으로, 정치적인 영향과 관련 있다고 하겠다. 또한 이것은 장기전과 당연히 연관된다. 장기적인 안목을 전략의 핵심으로 본다면 전쟁은 단기결전으로 작전적인 승리를 거둔다고 하더라도 끝나지 않을 것이라는 점을 인식해야 한다. 콜린 그레이의 시각은 장기적인 시각을 강조한다.[37] 하지만 로렌스 프리드먼은 현실적으로 장기적인 전략을 추진하는 것이 불가능하기 때문에 상황에 대한 민감한 대응 그 자체를 전략이라고 본다.[38] 우리가 이 중간점을 도모할 수 있어야 한다는 질문은 당연한 것이며, 그 해답은 "정치적인 것"이 될 수 있다.

미국이 장기전을 수행하지 못하는 이유를 데포르트(Vincent Desportes)는 미국의 여론, 희생을 최소화하려는 문화, 비효율적 권력분산, 국내 사안에 우선하는 관심집중 등 다양하게 들고 있다.[39] 역사적 경험은 베트남의 빠져

36) 중국도 소모전보다는 기동전을 선호한다는 것에 대한 분석으로 참고할 만한 자료로는 James G. Pangelinan, "From Red Cliffs to Chosin: The Chinese Way of War," (School of Advanced Military Studies United States Army Command and General Staff College, 2010). 저자의 주장에 의하면 중국은 여건조성 등을 강조하면서 기동전을 수행한다고 한다. 이 점은 사실상 기동전 이론의 주요 대가들이 강조하는 내용이라는 점에서 상당한 의미를 갖는다.

37) 그는 미국에 대해 미 정부는 냉철한 전략적 고려를 토대로 외교정책을 수립하기 어렵고 현시적 위협에 대해 짧은 효과를 고려하면서 신속히 대응하는 반면 장기적으로 미래를 바라보는 시각이 없다는 점을 들면서 전략의 장기적인 추진을 강조한다. Colin S. Gray, "Strategy in the Nuclear Age: The United State, 1945-1991," William Murray(eds.), *Making of Strategy: Rulers, States, and War*(Cambridge: Cambridge University Press, 1994), p. 589.

38) Lawrence Freedman(2013), p. 10.

39) Vincent Desportes, *Le Piége Américain*(Paris: Economica, 2012): 최석영 역, 『프랑스 장군이 본 미국의 전략문화』(서울: 21세기군사연구소, 2013), pp. 193-203.

린 아픔을 보여준다. 서머스(Harry G. Summers, Jr.)는 자신의 저서 『미국의 월남전 전략(On Strategy: The Vietnam War in Context)』에서 국가의지를 강조하면서 국민, 국회 그리고 여론을 다룬 점도 이와 분리될 수 없는 의미를 담고 있다.[40] 기동과 소모는 늘 함께 병존한다는 것이 일반적인 진리라 하더라도, 자유민주주의적 사상과 정치현실주의적 측면 모두를 고려할 때, 조기에 결정적 승리를 거둔다는 기동전은 치유가 힘든 트라우마로 남을 것으로 보인다. 그렇지만 RMA는 새로운 장을 열 수 있을 것이라고 기대할 만했을 것이다. 초강대국으로서 그리고 실증적 사상과 과학기술을 신봉하는 미국에게 정말로 과학기술은 전쟁의 양상을 바꾸고 앞에서 살펴본 기동전의 한계를 극복하고 적을 손쉽게 타도할 수 있게 해줄지, 그리고 테러시대에도 기동전의 개념은 유효한 것인지에 대한 것이 다음 절에서 다룰 주제이다.

끝으로 아롱에게 '기동전은 어떤 의미를 가졌을까'를 질문할 필요가 있다. 독일에 의한 국가적 아픔 때문이었을지는 모르지만, 아롱은 기동전에 대해 직접적으로 분석하지 않는다. 하지만 그가 한국전쟁을 사례로 제시한 내용은 상당한 의미를 갖는다. 이것은 한국의 통일과도 다소 연관성을 갖는 의미를 담고 있다. 한국전쟁에 대한 아롱의 언급은 다음과 같다. "미 8군은 인천상륙작전 후에 38선에서 전선을 형성했어야 했다. 그러면 중국이 개입하지 않았을 것이다. 1951년 봄의 휴전 협상으로 미 8군이 정지하지 않았다면, 적을 평양 북쪽으로 밀어낼 수 있었을 것이다."[41] 기동전으로 신속한 승리만이 과연 현대와 미래전쟁의 가장 우세한 작전술이 될 것인지, 맥아더의 말대로 오로지 군사적 승리만이 모든 것에 우선할 수 있는 것인지

---

40) Harry G. Summers, Jr., *On Strategy: The Vietnam War in Context*(Carlisle Barracks, PA: Strategic Studies Institute, US Army War College, 1981); 민평식 역, 『미국의 월남전 전력』(서울: 병학사, 1983), pp. 25-104 참조.

41) Raymond Aron(1959), p. 42.

생각해보자. 이것은 기동선의 모순을 아롱이 시사적(示唆的)으로 표현한 단편적인 예(例)가 될 것이다. 결국 정치가 이끌어야 한다.

제2절 정보화를 통한 과학기술에 의존

1. RMA에 대한 기대

20세기 말 과학기술을 향한 낙관주의는 불가능이 없어 보였다. 예를 들어 1995년 미국 맥스웰 공군기지에 위치한 공군대학의 공군전략가들은 2020년까지 센서에서 발사시스템에 이르는 실시간 대응성(real-time responsiveness)을 반드시 달성해야 한다고 주장했다. 이를 통해서 장거리로 부대를 보낼 필요 없이 화력으로 적의 중심(重心)을 직접적이고 동시적으로 공격하려고 했다. 와든(John Warden)은 이러한 능력을 통해 소모전(attrition warfare)을 대신하여 클라우제비츠의 결정적인 전투 구현이 가능하다고 주장했다. 소위 단기결전이 가능하다는 것이었다. 이러한 과학적 전쟁수단은 정보화를 기반으로 급격히 발전했다. 그리고 이러한 능력은 전쟁의 본질을 뒤바꿀 것으로 보였다. 정보화 기술을 이용하면 적을 빠른 시간 내에 굴복시킬 수 있다고 본 것이다. 하지만 나단(James A. Nathan)은 와든(John Warden)이 클라우제비츠의 관념 속의 전쟁(war in the abstract)과 실제전쟁(actual war)을 잘못 이해한 것이라고 평가했다. 왜냐하면, 클라우제비츠는 평화의 조건은 적을 무장해제하고 적을 격퇴하는 것이 반드시 달성되어야만 이루어지는 것이 아니라고 했기 때문이다.

고도로 산업화된 국가의 표적을 타격하는 것과는 달리, 종교적 그림자들, 반군지도자들, 범죄단체들, 민족주의자들, 인종적인 분리주의자들, 테러리스트들, 그리고 위험한 음모 세력들을 뿌리째 뽑아버리는 것은 전혀 다른 문제라고 지적했다. 이것은 아롱과 마찬가지로 인간의 실제 삶 속에 수많은 다른 상황이 존재한다는 점을 시사적(示唆的)으로 인정한 것이라고 할 수 있다.[42]

아롱이 과학기술을 중요하게 생각했지만,[43] 그의 역사사회적 철학을 기초로 할 때 과학기술의 한계를 배제해서는 안 된다는 것이 그의 근본적인 생각이었다. 하지만 이와는 달리 적어도 미국은 정보화 기술을 기반으로 한 RMA를 통해 지나치게 낙관적인 전쟁방식을 도입하였다. 이러한 미국 방식의 성패 또는 문제를 지적하는 것 역시 매우 중요한 의미를 갖게 될 것이다. 특히 럼즈펠드는 RMA가 기존의 전략적 사고를 완전히 뒤집는 것으로 보았다. 인간의 수를 혁신적인 장비와 특히 디지털라이즈드 된 정밀무기, 인공위성 기술 및 GPS를 이용한 정보통신기술, 실시간 정밀타격 능력으로 충분히 대치할 수 있을 것으로 생각했다. 여기서 얻은 교훈과, 이에 따른 아롱의 철학이 현대에도 유효한지 여부를 살펴보는 것은 의미가 있다.

RMA, 소위 '군사에서의 혁명(revolution in military affairs) 또는 군사혁신'은 1970년대부터 그 유래를 생각할 수 있다. 소련과 미국 양자 모두는 정보기술을 사용하여 보다 가벼운 경량(lightweight)의 '정찰 타격 복합체(reconnaissance-strike complexes)'를 만들고자 했다. 이 무기는 신속히 장갑차량(기계화 장비)을 효과적으로 파괴하기 위한 수단으로 구상되었다. 이것은 냉전시대의 대규모 기갑전에 특히 필요한 기술이었다. 이후 걸프전쟁은 해

---

42) 나단은 클라우제비츠의 전쟁의 정치적 본질 이해를 기초로 군사력 사용과 정치술의 관계가 균형을 이루어야 한다는 점을 제시하고 있다. James A. Nathan, *Soldiers, Statecraft, and History: Coercive Diplomacy and International Order*(New York: Preager, 2002), pp. 167–168 참조.

43) 아롱은 자원을 논하면서 물질들을 개량된 전투수단으로 전환시킬 수 있는 과학적, 기술적 및 산업적 역량을 강조했다고 할 수 있다. Raymond Aron, *Peace & War*(2009), p. 54.

양, 항공우주 기술력의 쇼케이스로 역할을 했다.[44] 이런 관계로 인해서 걸프전쟁은 RMA를 위한 실증적인 토대가 되었다고 할 수 있다.

1996년까지 민간 연구자들과 공군 및 해군 장교들은 컴퓨터와 센서 네트워크 그리고 정밀유도무기를 결합하여 RMA를 구현하고자 했다. 미 해병대의 경우 이것에 대해 다소 부정적인 입장이었고, 기술에 관해서는 사실상 상륙작전을 용이하게 해줄 수직 이착륙 비행체에 주된 관심을 가졌다.[45] 해병대는 저강도(low-intensity) 분쟁에 중점을 두었는데 오히려 이러한 접근이 오늘날 보다 바람직한 접근이었을지도 모른다는 아이러니한 현상을 보여 준다.

RMA는 기동전과 위상을 완전히 달리한 것이 아니었다. 예를 들어, 해병대의 OMFTS(Operational Maneuver from the Sea), 소위 '바다로부터 작전적 기동'은 RMA를 기동전의 능동체계(enabler)로 고려한 것이다. 이를 통해서 해병대는 보다 빠르고 결정적인 전투를 수행할 수 있을 것으로 보았다.[46]

---

44) 미 국방부의 걸프전에 대한 분석은 이러한 면을 제시하고 있다. 미 국방성 발간 Harry G. Summers, Jr., *On Strategy II: A Critical Analysis of the Gulf War*(New York: Dell Pub., 1992): 권재상, 김종민 역, 『미국의 걸프전 전략』(서울: 자작아카데미, 1995), pp. 297-298.

45) 해병대는 보다 전투기술이 우수한 천하무적 해병이 더욱 중요했다. 기술에 크게 의존하는 것은 부차적인 것이었다. Charles Krulak, "The Strategic Corporal: Leadership in the Three-Block War," *Marine Corps Gazette*, Vol. 83, no. 10(October. 1997) 참조. 해병대는 한때 오바마가 대통령 시절에 탑승했던 것으로 알려진 수직이착륙 항공기 V-22에 관심을 집중했다. V-22 Osprey 항공기는 AAAV(Advanced Amphibious Assault Vehicle)로 알려진 상륙작전을 위한 장비와 함께 해병대의 중요한 무기체계로 고려된 것이었다. Dave Montgomery, "First Squadron of V-22s Quietly Deployed to Iraq," *Fort Worth Star Telegram*(Sep. 19, 2007) 참조.

46) Charles Krulak, "Operational Maneuver from the Sea," *Joint Forces Quarterly*, Vol. 80, No. 6(Spring, 1999).

그리고 걸프전에 이어서 최근의 이라크전에 이르기까지 RMA는 미 지상부대의 신속한 기동을 보장했다.

RMA의 배경은 냉전해체와 연계성이 있다고 할 수 있다. 물론 군사혁신은 군사혁명을 배경으로 하는 것이고 전쟁의 역사 속에서 늘 존재해 왔다. 석기시대에 청동기나 철기의 등장, 그리고 칭기즈칸이나 청나라 누르하치의 기마병력 운용,[47] 앞 절에서 살펴본 기동전의 주력 무기였던 전차나, 컴퓨터 및 위성 위치추적 시스템을 통한 정밀타격 능력의 개발 등은 모두 혁명적이었다.[48] 역사적으로 서구의 학자들은 근대 이후 유럽의 성장을 군사(軍事)에 있다고 초점을 맞추었는데[49] 이러한 배경이 오늘날 RMA에 대한 관심을 불러일으킨 것이라고 할 수도 있을 것이다.

20세기 말 걸프전 이후 21세기에 들어오면서, 특히 이라크 전쟁을 수행하면서 RMA가 결정적으로 구현되는 것으로 보였다. 물론 20세기 말에 군사혁신에 대한 출발은 소련이었다고 할 수 있다. 당시 소련은 '군사기술혁명(MTR: Military Technology Revolution)'이라는 개념을 기초로 첨단 과학기술에 근거한 정찰 및 타격무기체계의 정밀성과 그 효율성을 제고하고자 했다.[50] 소련은 20세기 말에 군사에서의 혁명 가능성에 대해 눈치를 챘지만 이를 구현할 만한 기술적인 기반 또는 능력을 가지지 못해 창조적인 구조적 개혁을 통해 혁명을 달성하지 못했다. 소련 사람들은 군사에서의 혁명에서 지적인 파운딩 파더, 다시 말해서 아이디어 제공자였지 건축 공사자는 될

---

47) 김순규, "말 그리고 탱크," 『월간 평화』(1989. 6월) 참조.

48) 박일송, "군사혁신(RMA)과 미래전쟁," 온창일 등, 『군사사상사』(서울: 황금알, 2006), p. 314.

49) 이에 대한 이해를 위해서는 박일송, "화약혁명과 근대 서양군사사상," 온창일 등, 『군사사상사』(서울: 황금알, 2006), pp. 79-98 참조.

50) 박일송(2006), p. 314.

수 없었기에 공산주의의 실천가로서, 레닌(Lenin)이라기보다는 사상을 제공한 마르크스(Marx)에 불과했다.[51] 그러나 미국은 달랐다. 미국은 새로운 아이디어를 개방했고 뿐만 아니라 이러한 아이디어를 실제로 활용했다.

미국의 경우 새로운 정보기술(IT)을 기초로 하여 RMA는 거의 30년 동안 국방관련 지식인들, 정책결정자들의 상상력을 자극했다. 미 국방성은 상당한 규모의 각종 실험을 추진했고, 심지어 불분명한 생각을 기초로 한 관련 개념을 발전시켰는데 그것이 소위 '군사변혁(military transformation)'이라는 것이었다. 조지 W. 부시가 대통령 후보시절에는 이와 관련된 레토릭을 하기도 했으며, 소위 '군사변혁'은 그가 대통령에 당선된 이후에 국방장관으로 임명된 럼즈펠드(Donald Rumsfeld)의 주요 추진 목표가 되었다.[52] 결국 군사변혁은 RMA의 자식이라고 할 수 있겠다.

2. 군사변혁을 위한 노력

다시 6년 후에 미국 군대는 원하지 않았던 이라크의 비대칭전 늪에 빠졌다.[53] 군사변혁(military transformation)으로 인해 작은 전투력도 완벽한 작전을 할 것으로 기대했지만, 이라크 전쟁은 흔한 전쟁이 아니었고 상황이 달랐다. 충분한 중(重)보병이 필요했고, 소규모 테러에 대응할 수 있는 장비를 필요로 했다. 많은 전문가들은 작고, 하이테크 기술을 가진 부대에 대한

---

51) Steven Metz, "The Next Twist of the RMA," *Parameters*(Autumn, 2000), p. 40.

52) Thomas L. McNaugher, "The Real Meaning of Military Transformation: Rethinking the Revolution," *Foreign Affairs*(Jan./Feb., 2007).

53) 프리드먼에 의하면 미국은 베트남 전쟁 이후 이러한 전쟁에 아예 말려들지 않는 것이 최상이라고 보았다고 한다. 서머스(Herry Summers)의 베트남전 분석을 통해서 이런 성향이 더욱 강화되었다고 했다. 그리고 "미군은 30년이 넘도록 대게릴라 활동을 무시했었기 때문에 도무지 갈피를 잡지 못한 채 힘겨운 싸움을 해야만 했다."고 주장했다. Lawrence Freedman(2013), pp. 461-462 참조, p. 466 인용.

비전(vision)을 제시했던 럼즈펠드의 견해를 비난했다. 막스 부트(Max Boot)는 역사 속에서 군사혁신이 성공했기 때문에 미국이 여기서 예외가 되어서는 안 된다고 주장했다. 정보기술의 혁신은 미군이 할 수 있는 모든 것을 다 이루어줄 것으로 보였다.[54)]

그러나 럼즈펠드의 시각은 잘못된 것이고, 그는 전쟁의 일면만 알고 있다는 비판이 나왔다.[55)] 아롱에게 있어서 전쟁은 사회적인 현상이었다. 인간의 사회는 단지 과학기술만이 존재하고 그것이 결정적으로 좌우하는 것이 아니었다. 사회학은 인간과 관련된 모든 요소를 보아야 하는 것이다. 더욱이 그는 전쟁은 국제사회의 현상 그 자체라고 인정했다. 하지만 "현대의 국가 간의 체제에는 각각의 국가가 독립하여, 한결같이 서구의 전통적인 형태를 모방하고 있으면서도 각기 전혀 다른 구조라고 하는 특수한 성격이 잠재하고 있다."고 말했다. 이러한 측면에서 아롱이 본 국제사회는 그 의미에 있어서 이질적인 사회인 것이다.[56)] 미국은 아롱의 이러한 주장을 충분히 알고 이해했어야 했다.

비록 클라우제비츠도 과학기술을 인정했지만, 인간사회는 다양한 요소에 의해 좌우되는 것이었다. 전쟁은 인간의 행위로서 인간 자체의 의지를 따르게 되어 있는 것이다. 이러한 본질적인 문제는 거의 변화하지 않았

---

54) 부트의 "새로움을 만든 전쟁(War Made New)"은 화약, 철강산업과 증기기관에 의한 혁명, 2차 대전 당시 무전기, 항공기, 전차 등에 의한 혁신 그리고 마지막으로 걸프전을 분석하면서 GPS에 이르는 네 가지의 군사혁신에 대해 분석했다. RMA가 미군을 최고로 만들 것으로 내다보았다. 특히, '살쾡이와 쥐들의 싸움' 부분을 볼 것. Max Boot, *War made new: technology, warfare, and the course of history, 1500 to today*(New York: Gotham Books, 2006): 송대범, 한태영 역, 『전쟁이 만든 신세계 = Made in war』(서울: 플레닛미디어, 2007) 참조.

55) Thomas L. McNaugher(2007).

56) Raymond Aron, "국가, 동맹 그리고 분쟁," 『국제문제』(1989. 12월), p. 93 인용 및 참조.

다. 전쟁에서 어떻게 싸울 것인가(how to fight)에 대한 이해는 기본적으로 인간의 심리, 소위 클라우제비츠에게 있어서는 '의지'의 요소로 인간의 존재 자체와 상존하는 것이다.[57] 따라서 기술 결정주의 사고와 단순한 환원주의(simplistic reductionism) 사고는 양극단일 뿐이지 그 사이에서 인간의 행동은 다양하게 나타나는 것이다. 그래서 케이건(Kagan)이 바라본 시각에 의하면 RMA는 인간 역사의 한 부분일 뿐이고 인간 활동과 사회적, 정치적 요소들 중 일부에 지나지 않는 것이었다. 이것은 마치 전차 제일주의였던 풀러(J. F. C Fuller)의 이론, 열차 시간계획의 완벽성을 추구했던 몰트케(Helmuth von Moltke)의 구상, 프랑스의 요새 설계자 보방(Vauban), 포병 혁명을 이끌었던 그리보발(Gribeauval)의 주장이 지금은 과거의 것이 된 것에 비유되는 것이다. 손자와 클라우제비츠 모두는 인간을 전쟁 연구의 중심으로 놓았고 이것은 지속될 것이었다.[58]

미국에게 RMA는 너무 매력적이었다. 앞서 언급했듯이 이것의 배경은 사회가 지식정보화 사회로 변화함에 있었다. 컴퓨터를 기반으로 첨단과학기술이 급격하게 발전하면서 그리고 정보수집 자산의 발전으로 언제든지 24시간 안에 모든 곳에 대한 정확한 정보획득이 가능해졌다고 이해되었다. 2004년부터 미국은 군사력 운용에 있어서 기민성, 결정성, 통합성을 추구하고자 했다. 기민성은 신속한 군사력 투사와 전쟁의 신속한 종결을 의미한다. 이것은 이라크전에서 걸프전의 절반에 해당하는 군사력 투입으로 22일 만에 정규작전을 종료하고자 하는 배경이 되었다. 소위 '신속결정작전

57) 클라우제비츠는 결국 전쟁은 인간 의지의 대결이라고 생각했다. 인간을 전쟁의 중심으로 가져온 것이다. 정토웅 교수에 의하면 이것은 천재성과 마찰 간의 변증법적 관계로 이어진다. 정토웅, "클라우제비츠," 온창일 등(2006), pp. 115-118.

58) Frederick Kagan, *Finding the Target: The Transformation of American Military Policy*(New York: Encounter Books, 2006), pp. XV-XVI 참조.

(RDO: Rapid Decisive Operation)' 을[59] 추구하였다. 물론 이에 대한 비판도 있었지만, 결정성은 원하는 목표를 달성하기 위해 작전에서 스스로 정의한 작전효과를 정확히 달성하는 것으로서, 이것은 이라크 전쟁에서 '효과중심작전(EBO: Effects-Based Operation)' 으로 구현되었다.[60] 미국은 주장하기를 전장 가시화를 70% 달성했다고 했고 이를 통해 원하는 중심(center of gravity)을 타격할 수 있었다고 했다. 통합성 강화는 합동작전을 추구하기 위한 것이었다. 이라크에서 미국은 네트워크 중심작전(NTC: Network-Centric Warfare) 이라는 개념을 적용했다.[61]

RMA는 따라서 군 조직의 변화에 영향을 미쳤다. 그리고 이것은 미국의 과학기술력의 상징인 RAND에서 주도적인 연구를 했다. 특히 후쿠야마(Francis Fukuyama)와 설스키(Abram N. Shulsky)는 군대도 '버추얼 코퍼레이션(Virtual Corporation)' 과[62] 같이 소규모 정예화 되고, 융통성 있고, 다재다능한

59) 이에 대해서는 배기수, "이라크전에 적용된 새로운 군사작전 이론," 『군사논단』 (2003. 여름), pp.58-74; 조영갑 『테러와 전쟁』(서울: 북코리아, 2004), pp. 196-203 참조.

60) 전덕종, "효과중심작전(EBO)에 대한 비판적 고찰," 『합동군사연구』(국방대학교, 2009), pp. 337-408; 조영갑(2004), pp. 203-209 참조.

61) 박일송(2006). pp. 316-317.

62) 버추얼 코퍼레이션(virtual corporation, 假想企業)이란 소위, 어떤 프로젝트를 위해 여러 회사에서 유능한 직원을 모아 만든 임시 회사를 말한다. [네이버 영어사전] (검색일: 2017. 6. 26). 가상기업에는 독립적인 기업들, 즉 생산 · 공급 · 디자인 · 유통업체, 경쟁업체까지도 참여한다. 각 파트너는 핵심능력을 제공하기 때문에 개별기업으로는 성취할 수 없는 최상급의 조직을 창출할 수 있다. 첨단 정보통신망을 구축하여 부품과 디자인 업체 등 협력업체끼리 정보교환을 쉽게 하여 저렴하게 신기술을 개발한다. 이때 참여한 기업들은 협력기간 동안에는 강한 공동운명체 의식을 갖지만 존재의 필요성이 끝나면 가상기업은 해체된다. [네이버 지식백과](두산백과)(검색일: 2017. 3. 27)

조직으로, 그리고 수평적 구조로 편싱하면 모든 임부를 수행하는 데 충분할 것으로 보았다. 그들은 IT 기술의 향상, 그리고 중앙처리장치(CPU)의 성능이 2000년 당시만 해도 18개월 만에 두 배로 뛰는 세상에서 기업은 이미 그 구조에서 엄청난 변화를 보였으므로 이러한 기업의 변화와 과거 전쟁의 역사 등을 고려했을 때, 적어도 미 육군의 편성은 수평한 구조가 되어야 한다고 생각했다. 단지 정보화 시대라고 하더라도 다섯 가지 요소는 여전히 중앙집권적이어야 했는데, 그것은 전략적 기획(Strategic planning), 화력지원, 군수, 의무후송, 정보, 그리고 정치적 요소였다.[63] 이유는 간단한 것이었다. 정밀화력을 효과적으로 운용하기 위해서는 당연히 계획, 정보와 화력 등의 중앙집권적 운용은 필연적이라는 것이었다.

이러한 시각이 육군에게 의미하는 것은 크게 세 가지로 요약된다. 첫째는 '제대의 수(number of echelons)'로 이것은 부대 구조의 수직적 계층을 줄여서 정치적으로 민감한 작전은 워싱턴의 직접적인 통제를 받아 수행한다는 개념이다. 실제로 빈 라덴을 제거할 때 오바마의 워싱턴 정부가 실시간 통제했던 사례가 있었다. 둘째로는 '규모(size)'이다. RMA로 인해서 '건제를 이루지 않은(nonorganic) 화력'[64]을 사용할 수 있게 되어 결국 부대의 규모

63) Francis Fukuyama and Abram N. Shulsky, *The Virtual Corporation and Army Organization*(Santa Monica, CA: RAND Arroyo Center, 1997), pp. ix-x.

64) 예를 들어서 연대는 인접 사단의 화력도 사용할 수 있고, 공군 및 해군의 화력도 원거리에서 사용할 수 있게 됨을 의미한다. 이것은 NCW에 의해 더욱 용이해졌다. NCW 개념에 대해 개념적으로 잘 소개하고 있는 자료로는 David S. Alberts, John J. Garstka, and Frederick P. Stein, *Network Centric Warfare: Developing and Leveraging Information Superiority 2nd Edition*(Washington: CCRP, 2000)이 있다. 본 서(書)에서 NCW는 "정보의 우위로 작전을 수행할 때, 네트워크 센서, 결심자들 그리고 사격체가 상호 상황을 제대로 파악하고, 지휘의 향상된 속도, 작전의 더 신속한 템포, 더 강화된 치명성, 향상된 생존성 그리고 자체적인 동시성을 달성하여 전투력을 향상시키는 것"으로

를 줄일 수 있다는 것이다. 셋째는 '획득조달(procurement)'로 과학기술의 발달로 인해서 걸프전에서 6주 만에 지상 관통탄을 개발하는 것이 가능해진 것이 그 예이다. 전쟁 수행 과정에서 획득조달 기간의 단축은 작전의 융통성을 확보해준다는 것이다. 끝으로 인력 및 훈련 문제인데 이것은 낮은 계급의 장교들이 주도권을 확보하고 보다 많은 책임을 수행할 수 있도록 훈련하고 전문가를 만들어야 한다는 것이다.[65] 이것은 현대의 '버추얼 코퍼레이션(Virtual Corporation)'이 갖는 개념을 적용하는 그 자체였다.

이러한 노력은 실제 미국 군대에서 구현되었다. 미국은 코소보에서 그리고 이라크에서 '효과중심작전' 개념을 구현하고자 했지만 비난을 면하지 못했다. 맥그리거(Douglas A. Macgregor)는 "비난 속의 변혁(Transformation Under Fire)"이라고 말하면서 미국의 군사정책을 비난했다. 예를 들어 코소보에서, 특히 항공력 또는 미사일에 의존하는 것은 실효성이 없는 것으로 보였다. 재미있는 것은 나토 국가들의 7억 7천 5백만 인구는 세계 GDP 합계의 57%를 생산하고 있지만, 코소보는 사실상 세계 GDP의 0%를 생산하는 국가였다. 수십억 달러를 1999년 봄 항공전역에서 사용했지만, 주로 고정표적을 타격했는데, 사실상 타격할 표적이 없었다. 민간인 사상자 발생의 우려, 불행하게도 잘못 날아간 미사일이 중국대사관 등을 타격했던 것은[66] 과학기술의 한계를 보여준 것이다. 현실세계에서 막스 베버와 아롱의 과학의 한계와 개연성은 상존했다. 첨단 항공기, 전차, 잠수함 같은 전통적인 무기체계로는 정밀유도무기 표적에 노출되지 않는 영리한 적을 상대할 수 없다. 보다 인간적인 요소를 고려하면서 정보를 활용해야 한다.[67]

정의하고 있다. p. 2 참조.

65) Francis Fukuyama and Abram N. Shulsky(1997), pp. xiii-xv.

66) Douglas A. Macgregor(2003), pp. 116-119.

67) Max Boot(2006), p. 890.

RMA에 대한 기대로 인해 지상군에 대해서 규모를 줄이는 '군사변혁' 아이디어에 대한 실제적인 시도가 있었다. 예를 들어, 사단 편제를 없애고 여단급 편제로 바꾸는 것이었다. 인원을 감소하는 대신 과학기술력이 이를 대신하도록 계획했다. 이러한 여단급 편성은 '능력 중심의 모듈화(capability-based force module)' 편성으로 고려했다.[68] 이것도 앞서 언급했던 '버추얼 코퍼레이션(Virtual Corporation)' 개념을 적용한 것이었다고 할 수 있다.

'군사변혁'의 아이디어를 제공한 맥그리거는 결국 지상군이 합동화력을 이용하기 위해서는 적을 집중하게 만들어야 비용 대 효과가 극대화된다고 했다. 지상군이 절대적으로 필요하다고 역설했지만 대규모 집단을 이루는 지상군이 아닌 부대의 소규모화 또는 모듈화를 주장한 것이다. 이러한 시도는 전장에서는 변함없이 제한점을 보여주었다. 맥그리거 자신이 릿지웨이와 맥아더의 일화를 들면서 화력에 의존하는 문제를 지적했듯이,[69] 적은 규모의 지상군은 현대의 전장에서도 명백한 한계를 드러냈다. 다시 말해서, 인간 대(對) 인간의 결투와 같은 원초적인 열정이 작용하는 전쟁의 본질적 모습은 여전히 유효한 것이었다.

이러한 현상이 남긴 근본적인 상처는 육군을 축소하고 정밀화력을 늘리는, 다시 말해서 인력을 과학기술과 장비로 대체하는 것에 있었다. 또한 더욱 크게 문제된 것은 가벼운 부대를 만들어 어디든지 신속하게 전개

---

68) Douglas A. Macgregor(2003), pp. 190-196.

69) 당시 릿지웨이 장군이 한국에서 미8군 사령관에 임명될 예정으로 동경에 있는 맥아더 장군을 방문했다. 이때, 맥아더 장군은 릿지웨이 장군에게 중공군의 전투방식을 설명한다. 맥아더는 중공군은 도로를 피해서 능선과 산을 접근로로 사용하고 있다고 했다. 그리고 그들은 미군의 후방 깊숙이 종심으로 공격하고 특히 식별이 어려운 야간에 기동하면서 전투한다고 했다. 미국의 전략적 폭격과 공군 차단작전의 위력이 사실상 그 효과를 발휘하기 힘들다는 의미였다. 미국의 공군폭격에 대한 자신감이 사실상 산산조각이 난 것이었다고 할 수 있다. Douglas A. Macgregor(2003), p. 90.

할 수 있다는 '군사변혁', 다시 말해서 트랜스포메이션의 노력은 동맹의 약화를 가져오는 현상을 야기했다는 것에 있다.[70] 한국군도 과학화된 정예 군사력 건설에 노력하면서 자주 국방을 강하게 희망하고 있다. 하지만 여전히 문제는 풀리지 않고 있다.[71] 아롱적 철학에서 보았을 때, 모든 분야에 철저히 대비하는 전략이 중요하다. 아롱이 모든 분야에 철저히 대비해야 한다고 본 이유는 핵무기가 존재하는 이 시대에 이것이 '절제 또는 완화(moderation)'를 달성하는 좋은 방법이었기 때문이다.[72] 그러나 분명한 것은 아롱과 클라우제비츠에게 인간은 항상 전쟁의 중심(中心)에 있는 것이었다. 과학기술의 강력한 힘 그리고 그것을 기초로 한 정밀타격 능력이 압도적이라면 공격 제일주의로의 회귀가 필요한 것이 아닐까라는 질문에 대해서 만일 아롱이 답했다면 다시 인간의 본질적 문제로 돌아가야만 해답을 찾을 수 있을 것이라고 답했을 것 같다.

---

70) 미국이 근본적으로 안고 있었던 문제는 유럽으로 자신들의 군사력을 전개시키는 것이었다. 트랜스포메이션의 중요한 관건은 가볍지만 합동화력을 효과적으로 사용할 수 있는 부대를 신속히 지구상 어디로든 전개시키는 능력을 보유하는 것이었다. 이러한 능력은 미국에게 동맹의 중요성을 약화시켰다. 예를 들어, 유럽 동맹국 내에 건설되는 기지사용이 불필요하는 등의 의존성 감소 현상이 발생되었기 때문이다. Seyom Brown, *Multilateral Constraints on the Use of Force: A Reassessment*(Carlisle Barracks, PA: SSI, March 2006), p. vi-vii의 "The Impact of Military Transformation" 부분을 참조할 것. 아울러 pp. 24-32 참조.

71) 이해를 위해서는 김성걸, ""돈 없어 전투력 강화 못해" 불평만," 『한겨레』(2004. 8. 16) 그리고 김성만, "국방개혁 기본계획 2012~2030에 대한 분석," 『Konas.net』(2012. 9. 3)을 비교해 볼 것.

72) 스텐리 호프만에 의하면 아롱은 완화된 것을 선호하였으며 따라서 유연반응전략을 선호했다고 본다. all-or-nothing 선택을 피하기 위한 방법 중 하나가 유연반응이라고 보았기 때문이다. Stanley Hoffmann(1985), p. 23.

3. 투쟁의 본질과 과학기술의 한계

아롱은 이미 언급했듯이 전쟁을 사회적 제도로서 인식했다. 조성환의 언급대로 전쟁은 특수적 사회관계 중의 하나이다. 인간 역사에서 간단없이 표출되는 현상이다. 이것은 사회적 단위체의 외부적 적에 대한 방어적 및 호전적 제도에 의해 수행되는 것이고, 인간은 유일 사회가 아닌 복수 사회들의 관계에 있으므로 각 국가사회는 무정부적 국제사회 속에 놓여 군사적 무력은 정당화되는 것이다. 하지만 아롱에게 있어서 국가는 생존을 추구해야 했다.[73] 그렇다면 이것은 방어적인 것이 오히려 바람직한 의미를 제공한다고 하겠다. 그러나 국가는 단순하게 생존만을 추구하는 것이 아니고 한편으로는 자기 사상을 전파하기 위해 노력한다. 그래서 조성환이 보았듯이 전쟁은 생물학적인 본능의 충돌이나 경제적 이해관계에 의한 이유만으로 파악할 수 없고[74] 오로지 정치적, 사회적 제도의 차원에서 규명되어야 한다. 문제는 현대사회는 경쟁성이 보다 명시적이고 전쟁 가중의 가능성은 사라지지 않았다는 것이다. 오늘날 테러와 같은 현상들은 경제적 수준의 합목적성으로만 설명될 수 없고 비합리적인 주관적 내면세계, 그리고 심지어 세속성을 벗어난 원천적인 열정에 의해 지배를 받을 수 있다. 그래서 조성환은 감정과 가치까지를 고려해야 한다고 본 것이다.[75]

인간의 본질이 투쟁의 속성을 지녔다면, 과학기술에 대한 의존이 아무

73) 조성환(1985), p. 10-11.

74) 조성환은 생물학적 전쟁해석과는 달리 인간집단 및 개인에 대한 사회화 자체가 각 개인과 사회의 공격적 성향을 감소시키거나 호전성을 약화시키지 않는다고 본다. 조성환(1985), p. 12.

75) 조성환은 이와 연관시켜서 토인비의 "문명적 현상은 폭력적 역사의 산실"이라는 주장과 스펭글러의 "전쟁은 문명적 역사의 사회동기의 중심변수"라는 의미를 강조한다. 조성환(1985), p. 14.

리 강해도 인간의 투쟁 속성은 다시 홉시안적으로 대응책을 강구하게 될 것이다. 분명하게 정밀타격, 컴퓨터에 대한 의존은 한계를 갖는다. 그 속에 또는 그 틈새로 인간의 의지는 지속적으로 침투하게 될 것이다.

존 풀(John Poole)의 언급대로 미래에는 레이저 기술이 사용될 것이고, 전쟁의 방식 자체를 바꾸어 놓게 될 것이다. 그래서 그는 미래에는 집단적 전투보다는 개별적 전투로도 모든 것을 해결할 수 있다고 보았다.[76] 실제로 오늘날 미국의 미래전 연구에서 적이 분산할수록 아군도 우수한 장비로 분산해서 작전하자는 주장을 볼 수 있다.[77] 그리고 각개병사도 과학기술력으로 무장시켜 거의 모든 임무, 다시 말해서 전략적, 작전적, 전술적 임무를 수행하도록 만들고자 한다. 여전히 시스템 공학을 적용하고 효과성과 임무완성의 척도를 개발하여 적용하고자 한다. 각 개인과 소부대를 거대한 네트워크에 통합시키고 군사뿐만 아니라 사회-인식적 네트워크를 발전시켜 적용하고자 노력한다.[78] 더욱이 앞으로의 미래에 더 발전된 과학기술의 적용과 그 영향은 상상을 초월할 것이다.[79]

---

76) H. John Pools(2001), p. 238.

77) MG. Bobert H. Scales, Jr. *Future Warfare Anthology*(U.S. Department of Defense, 2000), pp. 65-88 참조.

78) NRC는 각개의 병사와 소부대를 결정적임무수행이 가능하도록 2013년 연구했다. 주요 분야는 첫째, 전술적 소부대(TSU: Tactical Small Unit)에 대한 설계, 훈련. 둘째, 이들을 육군 네트워크에 통합하는 것. 셋째, 이들의 기동능력, 군사적 효과, 그리고 생존성을 균형 잡히도록 만드는 것. 넷째, 사용할 전투력을 휴대 간편하게 만들어 시너지 효과를 보는 것이다. 미래의 지상전장을 소규모 부대 또는 개인에 의해 좌우하도록 만들기 위해서 수십 명의 과학기술자들을 투입하여 연구했다. National Research Council, *Making the Soldier Decisive on Future Battlefields*(Washington DC: The National Academies Press, 2013) 참조.

79) 4차 산업혁명이 등장하게 되면 세상은 보다 컴퓨터에 의존하는 모습으로 변하게 될 것이다. 클라우스 슈밥(Klaus Schwab)에 의하면 인류는 4차 산업혁명 시대에

아무리 과학이 발전해도 인간의 갈등은 남는다. 옥스팜(OXFAM) 보고에

들어서게 되었다고 했다. 4차 산업혁명은 인공지능(AI), 사물 인터넷(IoT), 3D 프린팅, 바이오 프린팅, 유전자 편집(dene editing), 자율주행 차량과 같은 기술을 포함한다. 이러한 혁명적 기술은 엄청난 이득을 주겠지만 새로운 문제를 야기(惹起)할 것으로 예측하고 있다. 예를 들어, 3차 산업혁명에서는 인력을 기계가 대치했지만 보다 가치를 더한 일자리 창출이 가능했다. 하지만 자동주행 기술은 많은 일자리를 수송 분야에서 사라지게 할 것이고, AI 로봇공학도 서비스업의 커다란 변화를 초래할 것이다. 아울러 3D 프린팅 기술은 제조업과 세계 공급 사슬(global supply chains)을 휘청거리게 만들 것이다. 그래서 결국 정치적 불안정을 가져올 것이다. 탄 텍 분(Tan Teck Boon)은 4차 산업혁명의 파급효과를 분석하면서 대량혼란무기(Weapons of Mass Disruption)라고 비유하고 있다. Tan Teck Boon, "Weapons of Mass Disruption: The Fourth Industrial Revolution is Here," *International Policy Digest*(October 30, 2016) 참조. 데이비스(Nicholas Davis)는 4차 산업혁명의 잠재적인 영향을 세 가지로 예상했다. 첫째 불평등 갭의 심화, 둘째 안전, 셋째가 개인과 사회의 정체성 문제이다. 예를 들어, 디지털 마켓의 마진은 거의 0%로 배달된다. 이러한 현상은 부의 상부 집중을 초래한다. 실업률 증가도 마찬가지다. 미국의 생산노동력의 0.5%만 오늘날 제조업에 투입되어 있고 대부분 고등 교육을 요구하는 일자리가 필요하게 되고 있다. 디지털 기술은 치명적인 무기기술로의 접근을 용이하게 한다. 사이버를 통한 상대 통신, 센서, 결심능력에 대한 공격도 용이하다. 결국 개인과 사회의 정체성에 커다란 악영향을 초래해 폭력성을 증대시킬 수 있다. Nicholas Davis, "What is the fourth industrial revolution?," *World Economic Forum*(January 19, 2016) 참조. 인간의 정체성 문제를 보면, 슈퍼컴퓨터는 인공지능(AI)을 가능하게 하고 있다. 그리고 이러한 수준은 지속적으로 발전될 것이다. 예를 들어, AI를 AGI(Artificial General Intelligence) 수준으로 발전시키고 있다. 현재 가장 문제는 에너지 저장장치를 보다 효율적이고 소형화해야 하는 것이지만 미래에 이것은 해결될 것이다. 그렇다면, 소위 로봇 전쟁은 더 이상 SF 공상과학이 아닐 수 있다. 미래에는 인간과 기술이 접목된 하이브리드 전쟁을 수행하게 될지도 모른다. Milken Institute, "Hybrid and Next-Generation Warfare: The future of conflict" (2016) https://www. youtube.com/watch?v-tR_BER01NTw&t=885s(검색일: 2017. 5. 15).

의하면 2015년 62명의 부자들이 지구 인구 약 절반에 가까운 36억 명의 재산과 맞먹는 재산을 보유하고 있다고 분석했다. 2010년의 388명에서 더 줄어든 것이다.[80] 이러한 불평등 갭이 벌어지고 있는 것은 결국 안전문제를 초래하게 될 것이다. 연구에 의하면 평등성이 향상될수록 사회는 강해진다고 볼 때,[81] 과학기술이 가져올 사회 안전에 대한 우려는 지나친 것이 아니라고 할 수 있다.[82]

디지털 미디어는 개인과 집단 간의 다양한 연결을 향상시키고 있다. 하지만 모순이 따를 것이다. 오히려 협소한 가용 뉴스 소스만을 볼 수 있게 될지도 모른다. 국가나 다른 행위자에 의해 제한된 정보만을 제공하도록 통제되고 이를 통해서 현실을 왜곡시킬 수 있을 것이다. 그리고 바이오 기술은 인간의 본질에 대한 의구심을 낳게 함으로써 전체적으로 인간과 사회

---

80) OXFAM, "An Economy for the 1%: How privilege and power in the economy drive extreme inequality and how this can be stopped," *210 OXFAM Briefing Paper*(January 18, 2016), p. 2.

81) 윌킨슨(Richard Wilkinson)과 피켓(Kate Pickett)은 30년의 연구를 기초로 하여 부자 사회에서는 가난한 사람들이 더욱 고통 받는다는 점을 제시하고 있다. 이들은 평등한 사회는 보다 건전하고 행복하지만, 불평등한 사회는 사회구성원 모두에게 좋지 않은 문제를 제공한다고 본다. 불평등한 사회일수록 사회적인 문제가 많다는 것이다. 미국의 현상을 보면 상부로 부가 집중되면서 새로운 귀족주의가 등장하고 있는 반면, 시민사회의 책임이 의존하는 신뢰, 단결, 상호주의가 위협을 받는다고 본다. 충격적인 사실은 미국의 경우 미국보다 가난한 나라에 비해 사회적 이동이 적다는 것에 있다. Richard Wilkinson and Kate Pickett, *The Spirit Level: Why Greater Equality Makes Societies Stronger*(New York: Bloomsbury Press, 2010) 참조.

82) 전쟁 분야에 대해서는 드론 기술, 자동화 무기, 나노물질, 바이오 무기, 착용형 장치, 그리고 신경과학을 이용하는 무기를 개발하여 두뇌가 미래의 전장(battle space)이 될 수 있다. 비국가행위자도 이러한 기술을 충분히 사용할 수 있을 것이다. Nicholas Davis(2016).

의 정체성에 대한 문제를 가져올 것으로 보인다.[83]

아롱의 사상과 연계시켰을 때, 혁명적인 기술의 발전이 가져올 가장 큰 문제는 아마도 국가의 역할과 정치의 역할이 줄어들 것이라고 생각할 수 있다는 점이 될 것이다. 하지만 오히려 국가의 역할은 더욱 중요시될 수 있다. 과학기술에 깊이 의존하는 시대에 이것을 움켜잡는 세력이 매우 강력한 힘을 발휘할 것이다. 그러므로 기술을 가진 기업들의 힘이 강해지고 이들 간의 협조가 지배적인 힘을 발휘할 것이다. 만일 기술을 장악한 기업들에 의해 대량 실업이 발생할 경우 이것을 통제하고 해결할 가장 효과적인 실체는 국가 말고는 없을 것이다.[84] 아롱이 걱정한 최하층 계급의 출현을 피하고 불만 세력의 출현을 방지하며 이를 통해 전체주의 세력의 등장을 막을 수 있는 것은 결국 국가가 될 것이라고 예상하는 것은 지나친 것이 아니라고 하겠다.

아롱과 클라우제비츠의 변증법적 관계로 이해한다면, 과학기술의 힘으로만 인간의 의지를 극복할 수 있다고 보는 것은, 다시금 비이성적인 시대로 돌아가지 않는 이상 극히 제한될 것이다. 만일 세상에 인공지능이 계속 발전하여 판단을 하는 행위에 있어서 인간을 압도하고, 격정적 감정에 타오르고, 적개심까지 가질 수 있다면, 이러한 시대는 클라우제비츠나 아롱이 우려했던 비이성적인 싸움을 가져올 수 있을 것이다. 그렇게 되면 정치의 본질에서 벗어나게 될 것이다. 하지만 인공지능이 그렇게 뛰어나게 된다면 더 심오한 이성을 가지게 될 수도 있을 것이다. 그렇다면 인공지능도 '정치적'이 되어야 한다. 정치는 인간사회에 분쟁을 이끌었지만, 바로 그 정치가 인간사회의 분쟁을 해결해주는 것이다. 아롱에게 있어서 "정치적인 것(the political)"은 과학기술의 향상에 따른 인류가 맞이할 각종 위험들을 해

83) Nicholas Davis(2016).

84) Tan Teck Boon(2016).

결해줄 정치적인 도구인 것이다.

제3절 공격 우위 사상의 지배

1. 재래식 공격교리의 의미

단기에 전쟁을 끝내기 위해서는 방어적 태세보다는 공격적 태세를 취해야 하는지 생각해보자. 공격은 우선 주도권을 확보해주는 수단이므로 현대전에서 공격이 갖는 의미가 절대적으로 중요했었는지도 생각해보자. 강력한 화력 그것도 정밀 폭격으로 적을 언제든지 타격할 수 있는 이때에 공격이 더욱 매력적으로 보이는 것은 자연스러운 현상일 것이다. 이러한 사상 또는 환경에 대해 이미 앞에서 논한 바 있다. 이것이 현대전의 트라우마를 이해하는 데 있어서 상당한 의미를 부여했을 것으로 본다.

오늘날 공격교리의 초점은 항공이론에 있다고 해도 과언이 아니다. 반면, 해양이론은 매우 공격적이라고 말하기에는 많은 제한이 따르는 것으로 보인다. 예를 들어, 영국은 전 세계에 흩어져 있는 식민지 국가 및 무역을 유지하기 위해 해군에 커다란 관심을 가지지 않을 수 없었다. 해군전략의 핵심은 제해권이라는 것이다. 제해권이란 상대가 더 이상 나를 직접적으로 공격할 수 없을 정도로 내가 강해진 상태를 달성한 것을 말한다. 이를 통해 자신의 군함과 상업선이 마음대로 바다를 항해할 수 있고, 반대로 상대의 함선들은 항구에 정박하거나 다른 곳으로 피하도록 강요받게 된다.[85]

제해권이 나의 병력과 물자, 장비를 원하는 지점으로 옮기는 반면, 상

---

85) Wikipedia, "Command of the Sea," https://en.wikipedia.org/wiki/Command_of_the_sea(검색일: 2017. 3. 30)

대는 그러한 행동을 못하도록 하는 것이라면, 제해권을 확보하기 위해서는 공격적인 태세가 필요할 수 있다. 그러나 일단 이러한 제해권이 장악되었을 때 해군의 기여는 통상 해상 봉쇄 및 차단작전에 있다고 할 수 있다. 이것은 경제적 제재(sanction)와 연결될 수 있는데 이렇게 되면 당연히 방어적인 태세를 유지하는 것으로 보아야 한다.[86)]

알프레드 머핸(Alfred T. Mahan)은 주로 경제와 해군력의 관계를 논한 인물이었다. 그의 작품은 사실상 군사전략을 다룬 것은 아니었다. 이후 등장한 민간인으로 해군 군사전략을 심도 있게 연구한 사람은 코벳(Julian Stafford Corbett)이었다.[87)] 그의 핵심 사상 중 하나는 영국해군의 성공은 사실상 제한된 목적을 가지고 치렀던 일련의 제한적 교전의 결과라는 것이었다. 그래서 해상 봉쇄 그리고 심지어 적국의 민간 상선을 공격하는 것도 필요했다.[88)] 만일 해군작전으로만 제한한다면, 해상 봉쇄로 장기전을 수행해

---

86) 해양차단작전을 이해하기 위해서는 김현수, "해양차단작전에 관한 국제법적 고찰," 『해양전략』(해군, 2003) 참조. 그리고 최윤희, "한국의 해양차단적전능력 발전방향 연구,"(석사학위논문, 경기대, 2006)를 참조할 것.

87) 이 둘의 비교를 위해서는 Elinor C. Sloan(2012), pp.5-8.

88) 코벳은 전쟁목적이 적극적이면 전쟁은 공세적이 되고 전쟁목적이 소극적이라면 수세적이 된다고 보았다. 현실적으로 전쟁은 제한되어야 하며 따라서 제해권의 개념도 전체 바다를 통제한다는 의미가 아니라 '통상과 해상교통로의 통제' 개념으로 현실화되어야 한다고 보았다. 적극적이고 공세적인 것보다는 전체적으로는 수세적이면서 제한된 공세를 취하는 것을 강조한 셈이다. 김기주, "머핸과 코벳의 해양전략사상," 군사학연구회, 『군사사상론』(서울: 플래닛미디어, 2014), pp. 353-355. 코벳의 이러한 생각은 영국해군력의 위치가 과거와는 달리 Two Power Standard를 구현하기가 점점 어려워지는 현실 때문이었을 것으로도 예상할 수 있다. 예를 들어, 1883년에 영국의 전함 수는 38척이고 나머지 주요 강대국의 함정의 합은 40척에 불과했다. 하지만 1897년에 이르러서는 영국의 전함은 62척이었지만 주요 강대국들의 전함의 수의 합은 96척에 이르렀다. Paul M. Kennedy, *The Rise And Fall of British Naval Mastery*(Amherst, NY:

야 한다는 것이었다. 그에게 해상에서 적 함대를 괴멸시켜 제해권을 장악하는 것은 육군에 결정적인 영향을 미치는 것이 아니었다. 예를 들어, 트라팔가 해전에서 영국은 제해권을 장악했지만, 대륙에서는 나폴레옹이 전투를 계속 수행할 수 있었기 때문에 사실상 제해권 장악이라는 전면적인 공세보다는 장기전에 초점을 맞춘 방어적 태세가 더 유리하다는 것이었다. 결국 해군은 분산하여 적과의 직접 교전을 수행하기보다는 오히려 수세적으로 태세를 취하고 적의 활동을 지속적으로 괴롭히는 것이 나은 것으로 보였다.[89]

하지만 항공기의 경우 항상 공중에서 대기하거나 비행장에 완전히 숨어 있을 수 없을 것이다.[90] 그렇다면 항공이론은 수세보다 공세에 더욱 의존해야 하는 것으로 당연히 귀결될 수 있다. 항공전략을 수립할 때, 압도적인 능력을 지닌 상대에 대해서 지상전처럼 지형을 이용하거나 분산해서 작전할 수 없을 것이다. 항공전력 옹호자들의 주장은 대략 다섯 가지로 분류할 수 있다. 첫째, 항공전력으로 독립적인 작전을 수행할 수 있다. 둘째, 지상전과는 달리 적의 많은 육군과 싸울 필요가 없다. 셋째, 항공전력을 수세적이기보다 공세적으로 운용하면 더 강력한 효과를 본다. 넷째, 항공력으로 인명과 재산 파괴보다 적 정부의 전쟁수행능력과 이를 지원하는 기반구조를 파괴하는 것이 더 효과적이다. 다섯째, 선제적으로 먼저 공격하는 쪽

Humanity Books, 2006): 김주식 역, 『영국 해군 지배력의 역사』(서울: 한국해양전략연구소, 2010), pp. 382-385.

89) Lawrence Freedman(2013), pp. 261-264

90) 물론 No Fly Zone 설치를 말할 수 있다. 리비아, 이라크에서 이것의 설치는 적 항공기를 출격하지 못하도록 했다. 하지만 이것은 미국의 압도적인 공군력 때문이었다. 그리고 해상에서처럼 함선이 상시 대기하는 것을 공중에서는 할 수 없을 것이다.

이 더 유리하다.[91]

사실 다섯 번째 사항이 가장 매혹적일 수 있다. 확률적인 측면으로 본다면 선제공격의 의미는 명확한 이점을 준다. 예를 들어보자. 무기 발사대, 즉 플랫폼이 상호 간에 교전을 하고자 한다. A 플랫폼에서 발사된 탄의 명중률이 0.5라고 한다면 먼저 사격한 A 플랫폼의 상대, 즉 B 플랫폼을 타격할 확률은 당연히 0.5가 될 것이다. 사격을 받은 후에 사격하게 되는 B 플랫폼은 A 플랫폼의 사격에 의해 타격되지 않고 이어서 A 플랫폼을 타격해야 하므로 처음에 타격받지 않을 확률(1−0.5) 그리고 이어서 적에 대해 사격하여 타격할 확률 0.5를 곱하게 되면 (1−0.5)×0.5=0.25의 확률을 갖게 된다. 다시 말해서 먼저 타격을 시도하는 측이 확실히 유리하게 되는 것이다.[92] 이러한 확률적 분석을 보더라도 현대전에서 공격작전은 매력적일 수밖에 없다. 앞서 언급했듯이, 방어하는 측에 비해 보이지 않는 원거리에서 타격할 수 있는 공군력이 우세하다면 당연히 위의 세 번째 항도 커다란 의미를 갖게 된다.

심프킨이 화력과 기동의 진자운동에 대해 언급했듯이 화력과 기동은 어떤 주기에 의해 그 우위가 바뀌는 것인지도 모른다. 예를 들어 나폴레옹 시대에는 도보에 의한 기동전을 수행했다. 1차 대전은 화력을 이용한 진지방어의 효과를 보았고, 2차 대전은 전격전이라는 기동전의 위력을 과시했다. 이후 정밀유도무기의 등장은 화력에 우위를 입증해 보이는 듯하다.[93] 실제로 아랍-이스라엘 전쟁과 최근의 걸프전, 이라크전 등은 모두 현대전에서 기동보다는 화력의 우위를 입증해 보이고 있다.[94] 지상의 강력한 기동부

91) 이 분류는 프리드먼의 분류를 기초로 한 것이다. Lawrence Freedman(2013), p. 278.

92) 도응조(2002), p. 213.

93) 도응조(2002), pp. 330−331.

94) 도응조(2002), pp. 382.

대 무기인 전차는 특히 공군력에 의해 쉽게 무력화되는 고철덩어리로 전락하는 추세가 되었고, 이럴수록 기습을 바탕으로 하여 공군력을 공세적으로 운용하는 것이 결정적이었다.

6일 전쟁은 기습적인 공격의 우위를 분명하게 입증한 전쟁으로 알려져 있다. 1967년 6월 5일, 이스라엘 공군(IAF)은 아랍의 공군부대를 기습적으로 제거함으로써 6일 만에 전쟁을 종결시키는 데 결정적으로 기여했다. 전쟁 개시일 아침 이스라엘 공군은 프랑스제 미라지 전투기와 미스테르 전투기들을 이용하여 무방비 상태의 이집트 공군 기지를 공격함으로서 복구 불능상태로 만들었다. 이스라엘은 면밀한 정보분석을 통해서 적의 주요 전폭기와 폭격기가 있는 기지를 선정하여 폭격했다.

먼저 활주로를 타격하여 이집트군의 공군기 이륙을 불가능하게 만든 상태에서 이집트 공군기들을 파괴시키고, 이어서 지대공 미사일과 레이더 기지를 파괴하였으며, 그 이후에 연이어서 요르단, 시리아, 이라크 공군기지를 공격함으로서 공중우세를 12시간 만에 완전히 장악했다. 공중우세를 장악한 이스라엘 공군기들은 근접항공지원(Close Air Support)으로 작전을 전환하여 지상에서 기동하는 이스라엘 기갑부대를 지원하고, 아울러 전장항공차단(Battlefield Air Interdiction)으로 아랍의 지상군 증원을 차단하였다. 공군을 이용한 이스라엘의 기습공격은 공격의 이점을 극대화한 것이었다.[95]

이스라엘 공군에 대한 인상은 군사력 건설에 중요한 영향을 미쳤다. 이스라엘은 자신감을 얻었으며,[96] 자신들의 공군을 마치 '나는 포병(flying artillery)' 이라고 생각했다. 포병은 본질적으로 공격을 위한 필수불가결한

95) 김희상, 『중동전쟁』(서울: 전광, 1998), pp. 333-347.

96) Anthony H. Cordesman and Abraham R. Wagner, *The Lessons of Modern War: Volume I, The Arab-Israeli Conflicts, 1973-1989*(Boulder, CO: Westview, 1990), pp. 52-64.

요소임은 이미 1차 대전에 의해 밝혀진 사실이었다. 화력은 분명히 공격력을 보장하는 수단이 되는 것이다. 공군력은 공격의 표상이 되었다. 이러한 공군에 의한 공격제일주의 사상은 지상군의 건설에 악영향을 미친 것이 사실이다. 공군력에 대한 열렬한 지지자들은 미 군사전략에 대한 논쟁을 강화했다. 이들은 지상전에서 공군력이 결정적이었다고 주장했고, 그래서 미래에도 결정적일 것이라고 외쳤다. 걸프전과 코소보전쟁에 대해서도 같은 현상이라고 주장했다.[97]

2. 핵무기와 공세적 태세

현대전장에서 공격 제일주의의 문제점을 꺼내기 위해 먼저 핵무기를 고려해보자. 핵무기가 출현한 상황에서 왜 이러한 공격제일주의 현상이 발생하였는지를 생각해보자. 핵무기는 비교적 방어적 태세를 요구하는 것이 자유주의적 시각에서 본다면 타당할 것이다. 그러나 초기의 핵 이론은 공격에 치중했다. 1950년대부터 60년대 초기의 핵전략 이론가들은 전략폭격은 방어자보다 공격자에게 더욱 유리하고 공중폭격 목표는 단순하게 적의 군사력에만 해당하는 것이 아니라 적의 정치, 경제적 기반시설, 심지어 민간에 대한 폭격을 포함하게 되므로 최종승리에 매우 독보적인 위치를 차지하는 것으로 보였다. 소위 히로시마와 나가사키의 경험은 이러한 점을 보여주는 것이었다. 하지만 핵 공군력 시대가 도래했다는 것은 섣부른 판단일 수 있었다. 왜냐하면 일본에서의 핵무기 사용 예는, 앞서 언급했듯이 소련의 개입으로 항복했다는 주장을 무시할 수 없었으며, 더욱이 경미한 방공능력만 가지고 있고 핵에 의한 보복능력을 가지지 못한 일본에 대해 핵공격

97) LTC. David K. Edmonds, USAF, "In Search of High Ground: The Airpower Trinity and the Decisive Potential of Airpower," *Airpower Journal* XII/1(Spring, 1998) p.13

의 효용성을 말하는 것은 넌센스였기 때문이다.[98]

아롱에게 있어서 핵무기의 공격적 태세는 제한점을 분명하게 가지는 것이었다. 핵시대의 기원부터 아롱은 분석했다. 최초에 소련은 핵무기를 가지고 있지 않았다. 미국과 소련은 독일에 대해 함께 대항하여 싸웠다. 그리고 그들은 평화조건에 동의하지 않았으며, 베를린을 둘로 갈랐다. 이어서 소련도 핵을 보유했다. 미국은 자신들의 우위를 어떻게 유지할 것인가를 고민했다.[99] 키신저와 같은 사람들은 전술적인 핵무기 사용을 주장했다.[100] 키신저의 논리는 공리적이었다. 핵전쟁에서 승리해도 처참한 결과를 맞게 된다는 것이었다. 그래서 미국과 소련은 각각 최대의 이익 확보와 최소의 손실을 똑같이 원하고 있지만, 선택의 매트릭스에 걸려있다고 보았다. 키신저는 따라서 소련의 지엽적인 공격에 대해 재래식 전투력을 집중하되 소형 핵무기, 소위 전술적 핵무기를 예비로 확보하여 사용할 준비를 하고, 이에 따라 대규모 핵전쟁으로 확전할 수 있다는 공동의 두려움을 갖게 함으로써 받아들일 수 없는 상황을 피하고자 했다.[101] 하지만 이것은 받아들여지지

98) Lawrence Freedman, "The First Two Generations of Nuclear Strategists," Peter Paret(eds.), *Makers of Modern Strategy: from Machiavelli to the nuclear age*(Princeton, N.J.: Princeton University Press, 1986), p. 736-737.

99) Raymond Aron, *Clausewitz: Philosopher of War*(1983), pp. 328-329.

100) 이에 대해서는 Henry A. Kissinger, *Nuclear Weapons and Foreign Policy*(New York: W.W. Norton, 1969): 이춘근 역, 『핵무기와 외교정책』(서울: 청아출판사, 1980). 참고로 이 책은 개인이 연구한 결과만이 아니라 Council on Foreign Relations 내에서 연구 그룹들이 연구한 결과를 키신저가 정리한 것이다. 이 책은 우드로 윌슨 상을 수상했고, 수 개월간 베스트셀러가 되었다. 이후 키신저는 1968년 국가안보 보좌관, 73년 국무장관을 거치면서 현대사에 엄청난 영향력을 미쳤다. 강원택, 박인휘, 장훈, 『한국적 싱크탱크의 가능성』(서울: 삼성경제연구소, 2006), p. 78.

101) Angelo M. Codcvilla, "Nuclear Weapons and Foreign Policy, by Henry

않았다. 대신 재래식 군사력을 집중하여 소련의 공격에 대비하는 것을 타당하게 받아들였는데, 문제는 핵무기의 위협으로 인해서 다시 전투력을 분산해야 한다는 모순에 빠지게 되었다.[102)]

아롱이 경고했듯이 계산적인 것은 역사사회학에서는 피해야 하는 것이었다. 베트남을 생각해보자. 베트남에서 키신저의 '제한 핵전쟁'은 아무런 효과가 없었다. 키신저가 제한전쟁의 수행 능력은 심리작용의 이해에 의존하고 이러한 심리작용은 상대가 위험을 계산하는 것에 의해 좌우된다는 것, 그리고 상대에게 분쟁을 해결할 바로 그 기회에 전쟁을 계속함으로써 얻는 결과보다 바람직한 상태를 얻는다는 것을 보이는 것에 의존한다는 것은 분명한 오류였다. 아롱은 분명히 키신저에게 "계산을 멈추라."고 말했을 것이다.[103)]

핵전쟁이 가능한 상황 하에서, 즉 핵사용의 위협이 상존하는 인간사회에서 아롱은 분명히 소모전적인 또는 방어적인 태세를 보다 중요하게 보았던 것 같다. 아롱은 이와 관련하여 클라우제비츠의 가르침을 언급하며 클라우제비츠의 전술적 결과가 모든 것을 안정시킨다는 점을 강조했다. 아롱은 1차 대전을 언급하면서 프랑스는 커다란 실수를 했다고 말하며, 전략적 공세는 전쟁론이 경고했던 것이라고 했다.[104)] 뿐만 아니라 그는 공격과 방어의 변증법 관계를 논하면서 클라우제비츠가 전쟁론을 다시 수정했다면, 방어와 공격 모두 최종 목표(그것이 정복이건 아니건) 그리고 전쟁에서 정

A. Kissinger(1957)," *Hoover Institution*(March 8, 2016). http://www.hoover.org/research /nuclear-weapons-and-foreign-policy-henry-kissinger-council-foreign-relations-1957(검색일: 2017. 3. 31)

102) Raymond Aron, *Clausewitz: Philosopher of War*(1983), p. 329.

103) Angelo M. Codevilla(2016).

104) Raymond Aron, *Clausewitz: Philosopher of War*(1983), p. 264.

치의 연속이라는 두 대안 모두를 반드시 고려하라고 했을 것으로 보았다.[105) 다시 말해서, 비록 공격도 언급했지만 핵이 존재하는 공포의 균형 시대와 연관시킨다면 전쟁은 가급적 제한되어야 한다는 것이고, 이것은 방어에 치우칠 수밖에 없다는 결론을 이끌게 된다고 하겠다. 아롱에게 있어서 핵무기는 사실상 제한전쟁의 양상을 낳게 한 주요 원인이었다고 할 수 있다.

아롱은 클라우제비츠에 충실했다. 아롱에게 억제라고 하는 것은 의지의 시험이 되어야 했다. 이것의 사용은 별개의 문제였다. 핵폭탄은 그래서 더욱 정치적 무기가 되어야 했고, 전쟁에 대한 정치의 우위를 다시 회복하게 만들었다. 아롱은 앞에서 언급했듯이 클라우제비츠의 전쟁론이 아닌 자신의 저서 『전쟁론(On War)』에서 비관론자와 낙관론자의 중간적인 입장을 보였다. 소위 그는 "전쟁 구제(saving the war)"를 생각했다. 그래서 전략적 억제는 제한된 재래식 전쟁을 수행할 수 있는 것을 필요로 하는 것이었다. 제한 핵전쟁도 마찬가지였다. 사실상 아롱은 제한된 전쟁과 유연반응에 관한 키신저의 『핵무기와 외교정책(Nuclear War and Foreign Policy)』과 오스굿(Robert E. Osgood)의 『제한전쟁(Limited War)』 발간보다 1년 전에 이러한 이론을 제시했다.[106)]

핵무기의 공세적 운용과 연계했을 때, 두 번째 문제가 있다. 이것은 제1격과[107)] 관련된 것이다. 칸(Herman Khan)의 『열핵전쟁론(On Thermo Nuclear War)』에서 그가 제시했던 것은 제1격을 신뢰성 있게 만들라는 것이었다. 억제자는 적어도 적의 보복 기회가 없어질 때까지 적을 반드시 약화시켜야 한

---

105) Raymond Aron, *Clausewitz: Philosopher of War*(1983), pp. 164-165.

106) Joël Mouric(2015), p. 80.

107) 제1격은 선제 핵공격(preemptive nuclear strike)이라고도 한다. 적 핵병기 저장시설을 공격하여 효과적으로 공격자에 대한 보복을 방지하는 것이다. *Encyclopedia Britannica*. https://global.britannica.com/topic/first-strike(검색일: 2017. 3. 31)

다는 것이다. 케네디는 이 방책의 실행을 거절했다. 왜냐하면 칸의 이론, 즉 "우위에 의한 억제(deterrence by superiority)"가 구현되려면 국민들에게 대피소가 제공되고 핵전쟁 이후 재건을 위한 자원을 미리 구축해 놓아야 했기 때문이다. 이것은 쉽지 않은 문제였다. 케네디는 암묵적인 에스컬레이션의 위협과 함께 재래식 무기로 억제하는 것을 선택했다. 이유는 간단했다. 소위 함부르크를 위해서 소련이 모스크바와 레닌그라드를 희생시킬 수는 없는 것이었다.[108)]

물론 1961년 베를린 사태 당시 케네디가 제1격을 계획하지 않은 것은 아니다.[109)] 분명히 핵무기에 의한 선제공격은 결정적일 수 있다. 한때 미국은 소련의 기습공격에 의해 미국의 전략공군이 취약하다는 심각한 현실을 검토한 바 있다.[110)] 비록 충분한 능력을 보완했다고 하더라도 그리고 소련의 핵능력이 취약했다고 하더라도, 아롱이 말했듯이 미국도 함부르크를 위해서 뉴욕과 워싱턴을 희생시킬 수 없는 것이었다. 아롱의 말대로 후르시쵸프의 말로 하는 위협과 미국의 폭탄을 통한 설득은 새로운 형태로 클라우제비츠의 아이디어를 생각나게 했다. 차지하는 것(take)보다는 저지하는(막는) 것(contain)이 쉽다는 것이다. 다시 말해서 방어가 보다 강력한 형태라는 것이었다.

---

108) Raymond Aron, p. 239.

109) 이에 대해서는 Fred Kaplan, *The Wizards of Armageddon*(Stanford University Press, 1984) 참조. 1961년 베를린 사태시 제1격 계획은 당시 소련에 대한 위성사진 판독 결과에 따라 계획된 것으로 당시 소련의 폭격기가 활주로에 노출되어 있었고, ICBM이 8기만 사용 가능했다는 것을 토대로 총 2,258기의 미사일 및 폭격기를 이용해 총 3,423발의 핵무기를 발사하여 소련의 총 1,077개 군사 및 공업 시설에 타격하려 한 것이었다. 이에 대해 요약해서 정리한 것은 Fred Kaplan, "JFK's First-Strike Plan," *The Atlantic*(Oct. 2001).

110) RAND, *Vulnerability of U.S. Strategic Air Power to a Surprise Enemy Attack in 1956*(Santa Monica, CA: RAND Corporation, 1953) 참조.

3. 감수해야 할 위험

우리는 핵이 존재하는 시대에 이스라엘의 6일 전쟁과 같은 현상, 그리고 오늘날 미국의 공세적 태세를 어떻게 이해해야 할 것인가를 논할 필요가 있다. 이스라엘의 6일 전쟁은 엄밀하게 말해서 공군이 지상을 좌우하는 것이 아님을 보여주었다. 이것은 마치 해군력이 전쟁에서 보여준 한계와 같다. 다시 말해서 해군의 해양 봉쇄가 성공한다고 하더라도 대륙에서의 나폴레옹을 막지 못한 것을 유추하게 만든다. 폴랙(Kenneth M. Pollack)의 '6일 전쟁' 분석은 이스라엘 공군의 전설적인 성공이 지나치게 지상에서의 전쟁을 좌우한 것으로 미화되었다고 주장한다. 전체적으로 이스라엘 공군(IAF)이 시나이, 웨스트 뱅크 및 골란 고원을 점령하는 데 주요한 역할을 한 것은 맞지만, 이것이 이집트와 요르단 그리고 시리아의 육군을 격퇴시킨 결정적인 요소는 아니었다는 것이다. 이스라엘 공군으로 인해서 아랍의 공군은 제거되었고, 이로서 이스라엘 지상군의 작전은 적 공군에 대한 두려움 없이 이루어진 것은 사실이다. 실제 문제는 지상에서 아랍의 지상군이 제대로 저항하지 않은 것에 있다. 이들은 우수한 방어진지를 가졌음에도 불구하고 이스라엘 군의 작은 돌파에도 제대로 대응하지 않았고, 후퇴했으며, 역습이라는 소위 클라우제비츠가 강조한 방어시의 공격행동을 거의 행하지 않았다. 아랍 세 개 국가의 전술적 수행능력은 모두 형편없어서 이스라엘 공군의 참여 없이도 이스라엘 지상군을 격퇴시키지 못했을 것이었다.[111] 여기서 우리는 다시 "전술적 결과가 모든 것을 안정시킨다."는 클라우제비츠의 가르침을 상기해야 한다. 전투의지는 말할 것도 없다.

오늘날 이라크에서의 전쟁과 아프가니스탄에서의 전쟁도 마찬가지이다. 미국은 공군력의 공세적 운용에 우선 의지하고 있다. 오늘날 미국이 공

---

111) Kenneth M. Pollack, "Air Power in the Six-Day War," *The Journal of Strategic Studies* Vol. 28, No. 3(June 2005) pp. 471-503.

격적인 직진을 계속 수행하게 되는 이유를 생각할 필요가 있다. 아이젠하워의 주장대로 단순하게 미국은 항상 장기전의 늪에 빠져서는 안 되기 때문일 것이다. 그리고 장기전에 빠질 모든 가능성을 피해야만 되기 때문일 것이다.[112] 공격은 전쟁 또는 제국을 생산하고 방어는 독립과 평화를 지원한 것을 생각할 필요도 있다. 미국이 제국으로 전쟁을 하려는 것이라면 자유민주주의를 외치고 칸티안의 사상을 구현할 필요가 없는 것이다.[113] 이 현상을 보면, 오히려 칸티안의 철학이 전쟁을 부추기는 격이 되는 것이다. 퀘스터(Goerge H. Quester)의 말대로 전쟁의 질(qualification)이 중요한 것일지도 모른다.[114] 아롱은 이것을 당연하다고 생각할 것이다. 아롱의 국제시스템은 한편으로는 사상(idea)이 지배하는 세계이다. 『지식인의 아편(The Opium of the Intellectuals)』에서 아롱은 폭정이 매우 빈번히 자유라는 이름으로 나타난다고 보았다. 어떤 정치체제는 그들의 설교보다는 실천에 의해 판단되어야 하는 것이다. 사상이 가지고 있는 공포와 내재적 폭력성을 확인해야 한다. 하지만 아롱의 역사적 견해는 포용적인 인내와 지혜로움을 필요로 했다.[115]

칸티안의 철학이 구현되기 위해서 인간 역사 속에 나타난 지혜는 당연히 미국의 사상적인 공세의 필요성을 인정했을 것이라고 아롱은 생각했을

---

112) Dwight D. Eisenhower, *Crusade in Europe*(Baltimore: Johns Hopkins University Press, 1997), p. 449.

113) 칸트는 보편적인 사상으로 평화를 달성할 수 있다고 본다.

114) 예를 들어, 방어적이라도 전쟁을 장기적으로 수행하게 된다면 이러한 전쟁의 질은 사실상 비평화적이라고 할 것이다. George H. Quester, "Offense and Defense in the International System," Michael E. Brown, Owen R. Cote Jr., Sean M. Lynn-Jones and Steven E. Miller(eds.), *Offense and Defense, and War*(Cambridge, Mass.: MIT Press, 2004), p. 60.

115) Raymond Aron, *The Opium of the Intellectuals*(Terence Kilmartin trans., The Norton Library, 1962), p. XII 참조. 그리고 사상의 힘에 대해서는 Roger Kimball(2001) 참조.

지도 모르겠다. 이것은 평화가 가진 국제사회 속에 존재하는 아롱적 모순일 수 있다. 켈리(Christopher Kelly)가 『미국의 침공(America Invades)』에서 강조했듯이 21세기에도 미국은 의심의 여지없이 새로운 주요 도전에 직면할 것이고, 이러한 도전은 세계에 대한 권력 및 영향력과 관계된 것이다. 그는 정의와 자유라는 이름 아래서 미국이 계속 싸우게 될 것이라고 주장한다.[116] 현상유지를 위해서 패권국은 공격행위를 지속해야 한다. 그러면 이것은 엄청난 군비를 요구하게 될 것이다.

미국의 민주주의 정체성과 관련된 사회적 그리고 문화적인 영향력도 문제가 될 것이다. 미국은 1차 대전 때부터 공격작전에 깊게 의존했고 이것이 미국의 전략과 전술의 핵심이 되어 왔으며, 심지어 2008년 미 육군의 기본 교리가 다소 완화하는 면을 보였지만, 여전히 공격작전을 가장 효율적이고 결정적인 목표를 달성하는 방법으로 보고 있다. 자존심이 강한 미국이 주도권을 빼앗기기 싫어하기 때문에 공격을 선호하는 것일 수도 있다.[117] 이것은 근본적으로 미국의 전쟁 문화에 기초한 그리고 정치적 문화에 기초한 사회적 요구일 것이다. 미국은 자유민주주의 국가 중에 아주 독특한 시스템을 갖는다. 토크빌(Alexis de Tocqueville)의 말대로 미국은 정치문제에 관련하여 이성보다는 감정에 좌우되어 오랫동안 심사숙고하지 않고 감정에 따라 행동하는 경향이 있는지도 모른다. 미국의 여론 그리고 이에 따라 신속한 작전수행 강요, 가시적 성과의 빠른 목격을 원하는 국민, 미군의 희생을 최소화해야 하는 문화, 비효율적 권력문화가 영향을 미치는 것으로 느껴진

116) Christopher Kelly, *America Invades: How We've Invaded or Been Militarily Involved with Almost Every Country on Earth*(Bothell, WA: Book Publishers Network, 2015) 참조.

117) Vincent Desportes(2012), p. 181.

다.[118] 그러나 연속되는 타국에 대한 개입은 자유민주주의의 정체성에 대한 의심을 강화시킬 것이다. 공격적인 행위는 어쨌든 적들을 더 많이 양생할 것이라는 위험을 갖는다.

아롱은 아마도 미국의 오늘날 모습을 보면, 세계 최강의 슈퍼파워가 되었기 때문에 이렇다고 말할 것이다. 다시 말해서, 미국에 핵으로 대항할 만한 소련과 같은 거대한 헤테로지니어스한 체제가 없다는 것에 있다고 볼 것이다. 소련연방제국은 해체되었다. 하지만 아롱은 경고했을 것이다. 미국이 전 세계에 호모지니어스한 시스템을 완전히 만들 수는 없을 것이고, 이것은 또 다른 시스템적 대결을 초래할 것이라고 말이다.

결국 의지의 문제가 중요하게 될 것이다. 공격, 특히 공군력에 의한 공격이 우세했던 것이라고 할 수 있지만, 결국 지상의 저항의지가 지속된다면, 그리고 이것이 앞으로도 여전히 효과성을 갖는다면 공격과 방어의 관계는 여전히 클라우제비츠의 분석을 뒤엎기 힘들다고 하겠다. 특히 강한 저항의지에 봉착하게 될 어떤 단위체 또는 집단에 이르러서는 정치적인 목적의 전면부상이 필요할 것이다. 따라서 우리는 앞에서 논했던 것과 같이 다시 정치적 목적과 인간 의지의 복합적 형태, 즉 게릴라전 또는 제4세대 전쟁 또는 비대칭적인 전쟁의 형태에 관심을 돌리지 않을 수 없게 되는 것이다.

핵의 등장은 공세적 기동전의 이중성을 갖게 한다. 하나는 가급적 핵을 사용하기 전에 빠르게 종결하는 것이라고 할 수 있다. 하지만 궁극적으로 공세적 기동전은 치명적인 위험성을 가질 수 있다. 예를 들어 보자. 북한의 김정은이 핵을 효과적으로 사용할 수 있는 수단을 강구하여 핵의 신뢰성을 확보했다고 가정하자. 이러한 상태에서 단기결전을 추구하기 위해 한국군이 공세적 기동전을 펼치는 것은 분명히 받아들일 수 없는 위험을 초래

118) Vincent Desportes(2012), pp. 193-203.

할 수 있을 개연성이 커진다고 본다. 신속한 기동으로 평양을 포위하고 포위된 평양을 기동부대가 신속하게 압박해 간다면, 생각할 겨를 없이 김정은이 핵 버튼에 손을 대지 말라는 보장은 없다. '궁지에 몰린 야수(cornered beast)'를 상대하는 것은 신중을 필요로 한다.[119] 앞서 언급했듯이 아롱의 역사학에서 발견할 수 있는 인내와 지혜를 요구한다. 그래서 만일 전쟁을 신중하게 장기적으로 끌고 갈 수밖에 없다면 더욱이 우리는 비대칭적이고 전복전의 형태를 지닌 '비국가와의 전쟁'이라는 장기화된 전쟁양상에 눈을 돌릴 수밖에 없게 된다.

제4절 비(非) 국가와의 전쟁과 혼돈

1. 비(非) 국가와의 전쟁 또는 4세대 전쟁

위에서 언급한 세 가지 내용은 일반적으로 과학기술과 아주 밀접한 관계를 갖는다. 과학기술 이용과 신중한 대응을 통해 비대칭적인 저항에서 이길 수 있다고 말할 수 있을 것이다.[120] 하지만 만일 이러한 과학기술의 발

---

119) 하카비는 억제의 조건을 ① 전달, ② 신뢰성, ③ 합리성, ④ 선택적 대안이라고 했다. 이중에 선택적 대안은 피억제국이 위협에 의해 봉쇄되는 경우에 대비해서 하나의 예비적 대안을 준비하고 있어야 한다는 것을 말한다. 이 예비적 대안은 명예로운 대안이 되어야 하는데 만일 그렇지 않다면 궁지에 몰린 짐승처럼 행동을 하게 될 것이라고 주장했다. Y. Harkabi(1983), p. 28.

120) 막스 부트 자신이 분석한 데이터 베이스에 의하면, 총 433가지의 전복전을 1775년부터 분석한 결과 전복전이 성공한 비율은 25.2%였다고 했다. 63.8%는 해당 지역을 지배했던 세력이 승리했다. 나머지는 무승부였다. 1945년 이후 전복 세력의 승리는 39.6%로 증가했지만 여전히 51.1%는 패배했다. 현재 진행 중

전에도 불구하고 여전히 비대칭적인 저항이 성공적이고 만일 성공적이지 않더라도 효과적이라면 미래의 전쟁은 어떤 사상을 필요로 할지 생각해볼 필요가 있다. 오늘날 4세대 전쟁에 대해서는 이미 지나간 이론이라고 하지만,[121] 여기서의 시각은 조금 다른 측면으로 보고자 한다.

아롱에게 있어서 인간사회에서의 국가 간의 전쟁은 필연적인 것이다. 인간의 왜곡된 자아는 사회가 만드는 것이다. 사실 이러한 의미에서 보면 아롱은 홉스적이라기보다는 루소적이다.[122] 그에게 국가의 주권은 절대로 양보할 수 없는 것이었다. 하지만 만일 베스트팔리아 체제의 붕괴를 가져올 수 있는 전조현상이 발생하고 있다면, 그리고 이것이 미래에 실제 일어날 수 있는 위험을 안고 있다면, 심각한 고민이 필요할 것이다.

인 대전복전이 모두 승리한다면 전복전 세력의 승리 비율은 23.2%로 감소할 것으로 본다. 다시 말해서, 과학기술의 활용 및 신중한 대응을 하면 더 성공할 것이므로 게릴라전이 만능이라는 생각은 위험하다는 것이다. Max Boot, "The Guerrilla Myth," *The Wall Street Journal*(January 18, 2013) 참고.

121) 프리드먼은 "일관성과 통일성이 있는 하나의 이론으로서는 곧 소멸되고 말았다"고 했다. 이유는 여러 모순된 주장이 있다는 것이다. 예를 들어, 역사적 사례를 볼 때 1에서 3세대 전쟁이 오로지 정규전으로만 수행된 것이 아니다. 그러므로 이 이론은 새로운 기술과 사회경제적 구조에 따른 통찰이라기보다는 자신들이 가진 약점을 해결하기 위해 제시된 것이라고 본다. Lawrence Freedman(2013), pp. 472-473. 하지만 오광세의 시각에 의하면 여전히 4세대 전쟁은 의미를 가진다. 그는 4세대 전쟁은 "약자가 강자에 대항하기 위한 전쟁방식으로 정치심리전을 통하여 상대의 의지를 무력화시켜 전력비를 역전시킨 이후 최소의 무력전으로 전쟁을 승리로 이끄는 손자의 선승이후구전의 전쟁방식"이라고 했다. 이러한 측면에서 본다면 여전히 의미를 가진다. 오광세, "한반도에서의 전쟁 패러다임 변화와 한국의 대응전략에 관한 연구: 4세대 전쟁을 중심으로,"(조선대 박사학위논문, 2016), p. 10.

122) 루소의 시각에서 전쟁은 인간의 필요가 아니라 사회적으로 필요한 것이고, 이 사회가 인간을 왜곡시킨다고 본다. 이에 대해서는 강성학(1997), pp. 153-179.

여기서 다루는 4세대 전쟁은 시대적 구분의 개념이 아니라 바로 이러한 단위 국가체제 간의 그리고 국제사회 속에서 주권국가 간의 분쟁을 벗어나 비국가단체의 등장에 따른 분쟁 문제에 초점을 맞춘 것이다.

4세대 전쟁(4GW: fourth generation warfare)이라는 용어는 20세기 말 군사 사상가들이 분쟁을 서술하면서 등장했다. 일반적으로 말하자면, 4세대 전쟁은 미국과 그 동맹들이 전복세력을 격퇴하기에 매우 어렵다는 것을 알도록 하는 극히 효과적인 전쟁 방법이다. 따라서 이들을 완전히 격멸하는 데 주안을 둔 것이 아니라 서서히 이들을 향한 분노가 타오르도록 만드는 전쟁 방식이라고 볼 수 있다.[123]

4세대 전쟁의 뿌리는 린드(William S. Lind)와 수 명의 연구자들에 의한 최초 용어 사용에서 나왔다.[124] 여기서 린드를 비롯한 연구자들은 미군은 여전히 3세대 전쟁에 매달리고 있다고 했다.[125] 1세대 전쟁은 머스킷(Musket)의 시대이다. 대형은 횡대나 종대를 이루고 특히 화력을 최대로 발사하기 위해서 고정된 방식의 훈련을 반복 숙달하고 실제 전투에서는 머스킷을 사용

---

123) John Robb, "4WG–Fourth Generation Warfare," Global Guerrillas Blog. http://globalguerrillas.typepad.com/globalguerrillas/2004/05/4gw_fourth_gene.html(검색일: 2017. 4. 2) 이와 연계해서 참고할 사항은 소련의 붕괴와 함께 동유럽국가들의 나토 가입은 러시아의 새로운 세력균형 추구를 낳게 된 것으로 보인다. 더욱이 나토는 더 이상 군사적 단합체가 아니었다. 1991년에서 1999년까지 유고 개입은 그 실태를 여실히 보여주었다. 사실상 이것은 새로운 전쟁의 시발점인지도 모른다. 미국 단일 행동보다는 국제적 공조의 중요성이 과학기술을 반영한 최신식 무기보다 앞서게 되었다는 것을 보여주었다. Wesley K. Clark, *Waging Modern War: Bosnia, Kosovo, and the Future of Combat*(New York: Public Affairs, 2002), p. XXVII 참조.

124) Lawrencc Freedman(2013), p. 469.

125) William S. Lind, Keith Nightengale, John F. Schmitt, Joseph W. Sutton, and Gary I. Wilson(2008), p. 22.

하다가 근접전에 이르면 총검 등을 사용하는 육박전의 전투형식을 주로 사용했다. 이러한 전쟁은 30년 전쟁에서부터 1차 대전까지 이어졌다. 특히 나폴레옹이 이 시대 최고의 영웅이었다. 러시아에서 그는 패배하였다. 이것은 당연한 것이었는지도 모른다. 왜냐하면 미국은 4개의 타임 존을 가지고 있지만, 2차 대전 직전에 러시아의 타임존은 12개나 되었다. 광활한 지역에서 러시아의 지연전으로 인해 나폴레옹이 패배하게 된 것은 단기결전의 한계를 보여준 예였다.

2세대 전쟁은 2차 대전 이전까지로 기관총, 포병화력이 주를 이루었고 포병이 지배하고 보병이 점령하는 시대로 화력과 기동의 전술을 사용했다. 이것은 현대에도 사용된 방법이라고 할 수 있다. 예를 들어, 보스니아에서 미국은 폭격을 통해 보스니아를 항복시킨 후 병력을 투입해서 전쟁을 종결하려고 했다. 리비아에서 카다피를 축출하기 위해서 미국은 먼저 병력을 투입하지 않고 나토를 지원하면서 폭격에 의존했다. 2003년 이라크 침공 때, 딕 체니(Dick Cheney)가 말했듯이, 폭격 후에 해방자로 환영받으면서 6개월 만에 전쟁을 끝낼 것이라고 생각했다. 화력에 의존하는 최고의 결정체는 이후 세대에 등장한 핵폭탄이라고 할 것이다. 폭격으로 적을 굴복시킬 수 있다고 믿는 것은 2세대 전쟁 사고라고 할 수 있다.[126)]

3세대 전쟁은 독일에서 출발했다고 할 수 있다. 독일은 산업능력을 고려했을 때 세계를 상대할 수 없기 때문에 제한된 산업능력으로 세계를 상대하기 위해서는 당연히 신속한 그리고 결정적인 기동에 의존할 수밖에 없었다. 독일은 직접적인 파괴 없이 포위하는 기동으로 적을 붕괴시키는 작전술을 구사했다. 사실상 이러한 관계로 인하여 3세대 전쟁은 우다 고리

126) 이에 대해서는 4세대 전쟁에 대한 아주 유용한 정보를 담고 있는 다음 강의를 참조. Inver Hills United, "4 Generations Of Warfare." https://www.youtube.com/watch?v=UdKt1zT T3IE(검색일: 2017. 4. 2)

(OODA loop)와 기동전에 뿌리를 두고 있다고 할 수 있다.[127] 3세대 전쟁의 상징적 특징은 기동전이라고 하겠다.[128]

4세대 전쟁에서 전장은 넓게 분산되어 적 사회의 전체를 대상으로 해야 한다. 따라서 매우 작은 그룹이 매우 융통성 있게 작전해야 하고, 분권화가 되어야 했다. 럼즈펠드가 구상했듯이 고도의 기술로 무장된 소규모 병력이 신속히 작전하고 빠지는 전쟁을 하는 것이다. 또 한 가지는 전쟁을 지원하는 민중을 대상으로 한다. 적의 문화를 상대로 하여 민중이 자신들의 처지를 불안하게 생각하고 전쟁에 반대하도록 한다. 그리고 심리전을 펼쳐 적의 정신적, 문화적 기반을 무너뜨린다. 단지 수명의 전사들이 여단이 수행하는 전투의 효과를 볼 수 있다고 본다. 그런데 문제는 이러한 전쟁방식을 테러리즘이 활용했다는 것이다. 테러리즘이 사용한 4세대 전쟁방식은 아프가니스탄처럼 전선을 구분할 수 없게 만들고 평화와 전쟁의 구분을 뚜렷하지 않게 만든다. 전투원과 비전투원의 구분도 흐릿하여 누가 적인지 정확한 구분을 모호하게 만든다.[129]

2. 원초적 열정 또는 사상의 대립

4세대 전쟁은 우선 정신적 승리를 위해 다음과 같은 전쟁 방식을 사용한다. 첫째, 적의 힘을 침식하듯이 훼손한다.[130] 둘째, 적의 약점을 이용한다. 비대칭적인 작전을 펼친다. 즉, 적과 본질적으로 다른 무기와 기술을 사용하여 작전한다. 특히 테러리스트들은 어떤 국가의 군대를 대상으로 싸

---

127) Lawrence Freedman(2013), p. 469. 특히, 오싱가의 분석을 예로 들고 있다.

128) https://www.youtube.com/watch?v=UdKt1zTT3IE(검색일: 2017. 4. 2)

129) https://www.youtube.com/watch?v=UdKt1zTT3IE(검색일: 2017. 4. 2)

130) 사실 이러한 사상은 앙드레 포프르에서 출발했다고 할 수 있다. 침식방법이 그것이라고 할 수 있다.

우기보다는 사회를 대상으로 싸운다. 후방지역에서 작전을 수행한다는 말이다. 앞서 말했듯이 전선이 명확하지 않다. 테러를 통해서 심리전을 펼친다. 적들이 사용하는 방법을 사용해서 적들에 대항하기도 한다. 예를 들어 인터넷이 그것이다. 또한 서구는 기술, 산업, 경제적 우수성에 의존하지만, 오늘날 이슬람 테러리스트들의 4세대 전쟁방식은 기술, 산업, 경제적 이점에 의존하는 것이 아니라 정신적인 믿음과 같은 사상적 기반 그리고 원초적 열정에 의존한다. 기술과 과학을 앞세운 서구에 대해 성전과 지하드로 대항한다. 미국은 무려 20억불을 투자하여 1대의 스텔스기를 만든다. 그리고 정밀폭격에 의존한다. 하지만 이들은 분산하여 서구의 사회로 스며들고 소위 미국이 엄청난 양의 첨단 장비와 돈을 사용했던 '충격과 공포(shock and awe)'의 효과를[131] 단 두 대의 민간 항공기로 조성한다. 매우 싼 가격에 효과적인 전쟁을 수행하는 것이다.[132] 다시 말해서, 테러리스트들은 전체 미군을 대항할 수 없다. 따라서 공포를 조장하고 민간에서의 반전여론을 이끌기 위해서 민간인을 표적으로 하여 괴롭힌다. 민간사회는 개방되어 있고 자유롭기 때문에 침투하고 이용하기가 쉽다. 결국 이로 인해서 자유국가의 자

131) 충격과 공포 전략에 대해 조영갑은 "첨단과학무기에 의한 압도적이고 정밀한 공습, 뛰어난 정보전, 심리전, 첩보능력을 바탕으로 적의 전쟁의지를 꺾어 적을 붕괴, 자멸, 투항으로 유도함으로써 최소한의 피해로 전쟁을 조기에 끝내는 개념"이라고 설명한다. 조영갑(2004), p. 187.

132) 특히 경제적 충격에 대해서는 Andrew DePietro, "How 9/11 shocked America's economy," *MSN.com*(sep. 9, 2016) 참조할 것. 미국은 테러와의 전쟁에서 공식적으로는 2014년까지 1.6조 달러를 소비했다고 하지만 전문가에 의하면 4 내지 6조 달러를 사용했다고 한다. 아울러 사회적으로 이러한 비용을 대기 위해 세금이 높아지고 그로 인해서 이자율을 낮추게 되었고 이러한 문제가 미국의 민생에 영향을 미쳤을 뿐만 아니라 거시적으로는 세계적으로 영향을 미치기도 했다. https://www.msn.com/en-us/money/markets/how-9-11-shocked-americas-economy/ ar-AAiI3cq#page=1(검색일: 2017. 4. 2)

유를 구속하고 사회적 불만이 생기면 그들이 승리하는 격이 된다. 사살된 테러리스트들은 순교자의 영예를 얻는다. 그들은 서구적 질서가 필요 없다. 계급도 없고 유니폼도 없다. 그들은 서구식 질서의 문화, 사상을 제거하고자 한다.[133]

여기서 오늘날 4세대 전쟁과 관련하여 우선 신(神)을 위한 전쟁을 말하지 않을 수 없다. 그 이유는 아랍과 이스라엘, 그리고 이스라엘을 지원하는 서구 간의 종교, 이념적 충돌은 그 정도를 점점 깊이 하고 있기 때문이다. 따라서 프리드먼의 "최고의 전략은 신에 복종하고 신이 하라는 대로 하는 것"[134]이라는 표현은 아이러니한 의미를 갖는다. 프리드먼은 그의 저서 『전략(Strategy: A History)』에서 구약을 다루면서 신에 대한 복종만이 결국 전략적 승리라는 결론을 내렸다. 예를 들어, 기드온의 일화를 보자. 처음에 기드온은 미다안 사람들로부터 이스라엘을 해방시키는 임무를 신으로부터 받았다. 처음 대략 3만의 병력을 모았지만 그 규모가 너무 커서 신(神)은 군사의 수를 줄이도록 했다. 군사의 수가 너무 많다는 것이었다. 그렇지 않아도 신을 수없이 배신해왔던 이스라엘 사람들이 강력한 군사력을 가지면 다시 신에 대한 도전을 할 우려가 있었을 것이다. 점차 군사의 수는 줄어서 나중에는 300명만 남게 되었다. 300이라는 수적 의미는 영화에서도 나오는 상징성을 가진다. 기드온은 오로지 "신과 기드온의 칼을 위하여" 싸운다면 이길 수 있다고 했고, 실제 적진에 돌진했을 때 승리를 쟁취할 수 있었다.[135] 신에 대한 절대 맹종을 정당화시키는 이야기로 이해할 수 있을지 모르겠다.

한편 무슬림의 입장에서 볼 때도, 신(神)을 위한 전쟁은 절대적인 것이다. 클라우제비츠가 절대전과 현실전을 구분하며 논할 때, 광신적인 종교

---

133) https://www.youtube.com/watch?v=UdKt1zTT3IE(검색일: 2017. 4. 2)

134) Lawrence Freedman(2013), p. 70 인용.

135) Lawrence Freedman(2013), pp. 69-70.

세력에게는 종교가 그 척도가 될 수 있을 것으로 보았다. 신의 대립에 대한 역사는 매우 오래되었다. 십자군 전쟁만 보더라도 무려 8차에 걸친 전쟁 기록을 보였다.[136] 블랙커비(Randy Blackaby)의 주장대로 '하나의 신(神) 아래 3개의 믿음'이 잘못된 것이라면, 본질적인 대립은 불가피한 것이다. 유대교, 예수교, 이슬람교의 차이 중 가장 핵심적인 것을 보면, 유대교와 예수교는 예수가 신이고 원죄를 위해 죽었다고 보지만, 이슬람은 그렇지 않다는 것에 있다. 유대교와 예수교 세력은 정치적으로 공통점을 가지고 상대적으로 평화롭게 살고 있다. 문제는 이슬람의 시각으로는 예수가 신의 마지막 예언자가 아니고 단순히 좋은 선생이었다는 것에 있다. 이들은 구약과 신약 모두 부패된 것이라고 본다. 예수의 가르침은 부패된 것이고 이슬람의 성서만이 더럽혀지지 않은 것이다. 무함메드는 전사였기 때문에 무력으로 이슬람을 전파했고 예수는 평화롭게 전도했다. 그의 주장에 의하면, 무슬림은 무력으로 선교하는 본질적인 노선을 가지고 있으므로 따라서 대립은 피할 수 없게 되는 것이다.[137]

객관적이고 역사적인 시각에서 본다면, 다른 시각을 가질 수 있다. 시오노 나나미의 말대로 신앙심만으로 신앙도 지키지 못하는 인간에게[138] 본질적인 문제는 권력에 있을 것이다. 아마 이러한 시각에서 아롱은 종교적인

---

136) 십자군 전쟁에 대해서는 鹽野七生, 繪で見る十字軍物語(東京: 新潮社, 2010): 송태욱 역, 『그림으로 보는 십자군 이야기』(파주: 문학동네, 2010).

137) Randy Blackaby, "Worldwide Conflict: Why Islam and the Christian Faith Clash," *Rethinking Magazine*. http://allanturner.com/magazine/archives/rm1105/Blackaby 004.html(검색일: 2017. 4. 2)

138) 나나미는 그의 저서에서 다음과 같이 말했다. "나는 결국 책임감이 많고 적음의 차이가 아니었을까 하는 생각이 든다. 신앙만으로 신앙조차 지킬 수 없는 게 인간세상의 현실이니까." 허연, "시오노 나나미 '십자군'으로 돌아오다," 『매일경제』(2011. 7. 14)에서 재인용.

문제를 심각하게 다루지 않았을 것이다. 그리고 그의 이데아, 즉 사상이 국제관계를 좌우한다는 것 속에 이러한 신앙도 녹아들어갔을 것이다.[139] 종교 역시 세속적인 틀에서 본다면 정치권력화되는 것이다. 사실상 십자군 전쟁도 권력의 움직임이었다.[140] 아롱에게 권력, 영광, 사상은 어떻게 보면 클라우제비츠의 삼위일체를 국제정치에 적용한 것인지도 모른다. 그리고 이것은 반드시 양립되어야 하는 것이다. 만일 신에 대한 맹목적이고 광신적인 인간들이 테러를 자행하더라도, 심지어 핵을 사용할 것이라고 하더라도, 마치 피터 마쓰(Peter Maass)가 '네 이웃을 사랑하라(Love thy neighbor)'에서 어제까지 이웃이었던 사람이 종교와 인종이 다르다고 무참히 고문과 강간 그리고 집단학살을 자행한 보스니아의 사태를 국제정치의 잔혹함으로 묘사하고 있는 것에 대해[141] 아롱은 비록 잔인하다고 해도 그 이면에는 반드시 정치권력이 작용할 것이고 그것이 현실이라고 말할 것이다. 이것은 놀랄만한 주장이 결코 아니다. 신과 인간의 관계에 대한 역사를 바라보면서 정치

---

139) 아롱은 왕이 종교를 정치권력에 이용한 것을 사실상 오래된 정치적 지혜라고 표현한다. 그리고 이어서 이것이 프랑스 혁명을 통해 인간의 평등 그리고 자신이 선택한 사회의 지배를 받는 사상으로 전환된다고 말한다. Raymond Aron, *Peace & War*(2009), p. 80.

140) 특히, 아랍인의 시각으로 본 십자군 전쟁은 종교라는 명분으로 꾸며진 영토 침략이었다. 그에 의하면 교황 우르바누스 2세와 비잔틴의 알렉시우스 1세가 서로 뜻을 달리하면서도 정치적 야욕을 위해 협력한 사건이라는 것이다. Amin Maalouf, *Les Croisades vues par les Arabes*(Paris: Jean-Claude Lattès, 1999); 김미선 역, 『아랍인의 눈으로 본 십자군 전쟁』(서울: 아침이슬, 2002).

141) 이슬람교인 보스니아인들이 기독교정교의 세르비아로부터 독립에 대해 인종 청소를 당한 보스니아 내전에 대해 기록한 책이다. 여기서 작가는 인간의 냉혈적인 이면의 위험성을 제시하고 있다. Peter Maass, *Love Thy Neighbor: A Story of War*(New York: Alfred A. Knopf, 1996); 최정숙 역, 『네 이웃을 사랑하라』(서울: 미래의 창, 2002).

현실주의의 대부인 모겐소(Hans Morgenthau)도 결국 권력의 작용이 종교세계 속에 존재한다는 점을 명확히 한 바 있다.[142)]

3. 장기적인 문화침식 위협

또 다른 문제는 비국가와의 전쟁 속에 놓여있다. 랍(John Robb)은 4세대 전쟁이 생산하고 이끈 현상을 세 가지로 정리했다. 첫째, 국제관계의 주체인 국민국가(nation-state)의[143)] 폭력사용에 대한 독점의 상실, 둘째, 문화적, 인종적 그리고 종교적 분쟁의 증가, 셋째, 세계화(특히 기술적 통합을 통한 세계화)가 그것이다.[144)] 여기서 중요한 것은 주권을 가진 국가만이 폭력을 사용한다는 것에서 벗어났다는 것이다.

2015년 린드(William S. Lind)는 미국 외교정책의 새로운 방향과 관련해 '아메리카 컨설버티브(The American Conservative)' 토론에서 전쟁의 매우 큰 변화가 왔다고 단호한 주장을 한 바 있는데 이것이 의미를 더한다. 현재의 외교와 국방 정책은 이미 낡은 것이 되었다고 했다. 소위 1648년 베스트팔리아 평화체제 이후 국가가 전쟁을 독점했고, 이것은 유럽에서 출발해

---

142) 모겐소의 견해를 강성학은 다음과 같이 표현했다. "우리는 가장 높은 수준의 정치조직인 제국과 교회의 수준에서 다음과 같은 사실을 발견하게 된다. 즉 교회는 스스로를 유지하고 확장하기 위해 권력투쟁을 통해서 제국의 면모를 갖추었고, 다른 한편으로 제국은 자신의 존재와 정책을 정당화하기 위해 권력보다는 도덕과 신성한 신의 섭리라는 견지에서 스스로를 종교적 장식으로 치장하였다." 강성학, 소크라테스와 시이저, p. 207. 유럽의 역사 속에 종교의 세속성 다시 말해서, 정치권력과의 연합은 유럽 왕실의 탄생 속에 이루어졌다고 할 수 있다. 이에 대해서는 김현수, 『유럽왕실의 탄생』(파주: 살림, 2004), pp. 6-43을 참조할 것.

143) 또는 '민족국가'라고 표현할 수 있다. 국가의 주권이 동일민족 또는 국민에게 있는 주권국가. [네이버 지식백과](21세기 정치학대사전) 참조.

144) John Robb(2004).

서 전 세계로 전파되었다는 것이다. 현재 우리는 오로지 국가만이 군대를 갖고 외교정책을 수행하는 것으로 생각한다. 한 국가의 군대는 다른 국가의 군대와 싸울 것을 준비하고 싸우는 방법도 유사하다. 베스트팔리아 체제 속에서 우리의 외교정책도 유사한 모습을 띠고 이 체제에 국한하여 사고한다. 베스트팔리아 이전에 전쟁은 가족, 씨족, 부족, 도시 간의 싸움, 인종 종족 간의 싸움, 종교적 문화적 싸움이 포함되었다. 그리고 합법적, 비합법적 기업 간의 싸움도 있었다. 소위 영국은 17세기 초 함대를 동반한 동인도 회사를 통해 인도를 정복했다.

오늘날 국가의 군대는 더욱 많은 비(非)국가그룹과 전투를 한다. 이들이 소위 4세대 군사력이다. 이들은 베스트팔리아 이전처럼 부족, 인종, 종족, 종교 그리고 기업을 위해 싸운다. 이것들의 전쟁은 범죄와 매우 밀접한 면이 있다. 다시 말해서 베스트팔리아 이전의 질서로 복귀하는 모습인 것이다. 값싼 폭력방법을 사용하는 4세대 적에 대해 오늘날 군대는 오로지 더 좋은 무기를 얻기 위해 돈을 요구할 뿐이다. 이들에게 매년 대략 1조 달러의 국방비 사용은 낭비다. 이러한 분산된 적에 대해 F-22 전투기를 사용하는 것이 그다지 합리적일 수 없다. 그러나 이러한 현상이 지속되는 이유는 군대가 존재하는 합법성 때문이다. 기존 기득권층들은 자신들의 존재를 유지하는 것이 우선이다. 그래서 저변의 현실에 무감각하다고 주장한다. 결론적으로 그는 현 상태로 (미국에서) 예상되는 것을 두 가지로 본다. 첫째는 돈이 다 떨어지는 것이고, 둘째는 국가가 힘을 잃게 되고 현재의 기득권층을 새로운 세력으로 바꾸는 것이 그것이다.[145)]

---

145) 2015년 11월 4일 아메리카 컨설버티브는 차알스 코치 연구소와 조지 워싱턴 대학의 정치과학 분과와 협조하여 "현실주의와 규제에 관한 최고회의: 미국 외교정책을 위한 새로운 방향"을 주제로 토론을 가졌다. 여기서 린드의 주장을 요약한 것이다. 이 페널에서 전직 CIA 요원이었던 지랄디(Philip Giraldi)의 미국 내의 딥스테이트 주장이 전개되는데 이것과도 관련성을 가진다. https://www.

린드에 의하면 본질적으로 국가는 이데올로기를 필요로 하는데, 서구의 이데올로기가 무너질 수 있다고 보는 것에 가장 중요한 난제가 있는 것이다. 크게는 프랑크푸르트학파와 연계되어 있고, 소위 이것은 아직 끝나지 않은 사상전이 될 수 있다는 것을 의미한다. 루카치(György Lukács)의[146] 주장을 예로 들어보자. 이것은 소위 '문화적 마르크시즘'과[147] 관련된 것이다. 다시 말해서 "제도를 통한 대장정(the long march through the institutions)"을[148] 추구하여 문화적으로 서서히 서구의 기독교적 가치와 사상을 파괴시키는 것이다.[149] 이것은 아롱의 마르크스주의 혁명의 두 번째 견해와 다르지 않은

---

youtube.com/watch?v=ipWqr1Vnyj4(검색일: 2017. 4. 4)

146) 루카치는 서구 마르크시즘의 창시자중 한 명으로 알려져 있다. 그는 자본주의의 현상을 구체화하여 마르크시즘의 비젼을 제시했고 이어서 자각에 의한 사회적 변혁이 올 것이라고 주장했다. https://plato.stanford.edu/(검색일: 2017. 5. 16) 참조.

147) 이에 대해서는 다큐멘터리 Cultural Marxism(A James Jaeger Film, 2011) 참조. https://www.youtube.com/watch?v=VggFao85vTs&t=1192s(검색일: 2017. 5. 8)

148) 이에 대한 쉬운 이해를 위해서는 Paul Austin Murphy, "Antonio Gramsci: Take over the Institutions!," *The American Thinker*(Apr. 26, 2014) 참조. 머피는 비록 이 세대에 실패해도 마르크스 사상에 심취된 세대가 다음 세대의 BBC방송국의 장이 된다는 점을 말하면서 서서히 사상적으로 사회를 침식시킨다는 안토니오 그람스키의 사상을 제시한다. http://www.americanthinker.com/articles/2014/04/antonio_gramsci_take_over_the_institutions.html(검색일: 2017. 4. 4).

149) 이것은 Political Correctness와 연계된 것으로 이에 대해서는 The Free Congress Foundation 제작 영화를 참조할 것. William S. Lind, "The Roots of Political Correctness." https://www.youtube.com/watch?v=_w0TOJspijA(검색일: 2017. 4. 4). 아롱에게 기독교적인 가치는 매우 중요한 것이었다. 그는 "예인을 하자는 것은 아니지만, 종교를 갖지 않은 문명, 교회란 것이 스스로를 의심하고 때로 부정하기도 하는 그러한 문명, 애국적이고 전통적

것이었다고 할 수 있다.[150] 역설적이지만, 이러한 현상은 만일 절대신이 존재한다면 전혀 걱정할 필요가 없을 것이다. 프리드먼의 다음과 같은 주장을 음미해보자. “신이 구사한 방법들은 언제나 속임수였다. 이 속임수에 빠진 사람들은 모두 자기 운명을 스스로 개척할 수 있다는 잘못된 믿음에 사로잡혀 있었다.”[151]

인간사로 눈을 돌리고, 인간사회의 현상이라는 현실을 보게 된다면, 본질적으로 4세대 전쟁은 아롱이 말한 ‘사상(idea)’과 관련되어 있는 것이라고 할 수 있다. 인간사회는 사상전을 지속적으로 수행하고 있다는 것이 중요하다. 이러한 본질을 떠나 어떻게 보면 중국의 접근은 자신들의 철학을 버리고 서구의 실수를 반복하고자 하는 것인지도 모르겠다. 그 이유는 중국의 경우 차오량(喬良)과 왕썅쑤이(王湘穗)가 쓴 ‘초한전(Unrestricted Warfare)’의 개념을 발전시킨 것에 있다. 이들의 주장은 모든 것이 전쟁의 수단이 되며 모든 영역이 전장이 될 수 있다는 개념이다. 국가 테러, 첩보, 외교, 금융, 미디어도 싸움 수단으로 사용할 수 있다고 본 소위 하이브리드전 개념이다.[152]

가치를 상실한 문명은 종말의 마지막 단계에 사실상 돌입하고 말 것이다.”라고 언급한 바 있다. Raymond Aron, “지성은 왜 무력한가,” 『세대』, 제7권 통권 69호(1969년 4월), p. 76.

150) 아롱은 마르크스 혁명의 3가지 견해를 첫째, 부랑키파적인 것으로 무장한 소수 그룹으로 정권을 탈취하고 국가 지배자가 되어 제도를 고치자는 것. 둘째, 진보를 통하여 장래 사회는 최후에 구원될 위기가 올 때까지 현 사회체제 속에서 서서히 변해 가는 것. 셋째, 프롤레타리아당이 부르조아 당에 부단히 압력을 가해 사본주의 질시를 전복하는 것으로 보았다. Raymond Aron(1968), p. 55.

151) Lawrence Freedman(2013), p. 74 인용.

152) 사실상 이러한 개념은 러시아의 하이브리드전 개념과 유사하다. RAND의 연구에 의하면 러시아 하이브리드전 도구(Hybrid Warfare Toolkit)는 다음과 같다.

1. 정보작전: 정치적 상황을 만들기 위한 전략적 커뮤니케이션을 효과적으로 활용

이재정은 이것을 세계에서 가장 앞선 군사이론이라고 평하지만,[153] 본질은 아롱이 말한 사상에 있다는 것을 명확히 할 필요가 있다. 따라서 서구는 마치 클라우제비츠의 전쟁론에 혼란을 겪었던 것과 같이 4세대 전쟁의 본질을 모르고 혼란의 늪에 빠져있다고도 볼 수 있을 듯하다.

4세대 전쟁이론에 대한 많은 비판은 이를 증명하고 있는 듯하다. 몇 가지를 살펴보자. 비판의 첫 번째는 4세대 전쟁 이론이 역사적 근거들을 선별적으로 사용한 것이며, 정확성이 없는 역사적 기간의 구분으로 인해 문제가 있다고 본다.[154] 두 번째 비판은 이러한 전쟁의 구분이 마르크스주의자 스타일(Marxist-style)의 구분이라고 주장한다. 역사의 진행을 너무 일반화한 선형 모델이며 세대 구분이 너무 명료하다고 본다.[155] 세 번째 비판은 전

---

2. 사이버: 서구의 정보시스템을 해킹하고 가치 있는 정보를 수집
3. 프락치 형성: 러시아의 목표에 동의하는 그룹 조직, 활용
4. 경제적 영향: 천연가스 차단 등으로 직・간접적 영향력 행사
5. 비밀 수단 강구: 스파이 활용 등
6. 정치적 영향: 친러 외교관 우대, 반러 외교관 우롱 등.

세부내용은 Christopher S. Chivvis, "Understanding Russian 'Hybrid Warfare' and What Can be Done About It," *Testimony of Christopher S. Chivvis*(Santa Monica, CA: RAND Corporation, 2017).

153) 이정재, "왕이, 차오량, 쑹홍빙의 중국," 『중앙일보』(2016. 2. 18) 참조.

154) Lawrence Freedman, "War Evolves into the Fourth Generation: A Comment on Thomas X. Hammes," Aaron Karp, Regina Cowen Karp, Terry Terriff(eds.), *Global Insurgency and the Future of Armed Conflict: Debating Fourth-Generation Warfare*(Abingdon: Routledge: Taylor & Francis Group, 2007), p. 85.

155) Michael Evans, "Elegant Irrelevance Revisited: A Critique of Fourth Generation Warfare," Aaron Karp, Regina Cowen Karp, Terry Terriff(eds.), *Global Insurgency and the Future of Armed Conflict: Debating Fourth-Generation Warfare*(Abingdon: Routledge: Taylor & Francis Group, 2007), pp. 68-72.

쟁사가 국가 내부에서의 불화도 포함하고 있으며, 오늘날 전쟁이 보여주는 현상도 이미 과거 전쟁의 역사 속에서 발견할 수 있다고 보는 것이다. 경제적, 범죄적 모티브 그리고 민간인 살상, 인종 청소, 집단학살은 이미 히틀러 그리고 스탈린 등과 같은 사람들의 예에서 보듯이 20세기에도 존재했다고 주장한다.[156] 한 가지를 더 살펴보면, 4세대 전쟁은 지속적으로 재창조된 이론에 불과하다는 비판이 있다. 왜냐하면 세계화와 연계되어 등장한 것으로 보이는 전복세력과 게릴라, 테러리스트 등 비국가행위자(non-state actors)는 새로운 것이 아니기 때문이다.

과거나 지금이나 이들은 상대의 전투의지를 목표로 할 뿐 그들의 전투수단을 목표로 대항하지 않는 것은 어차피 같다는 것이다.[157] 비국가 행위자가 국가만큼 강하지도 않다. 김종인이 언급했듯이 회사의 연금과 국가의 의료보험은 비교할 수 없는 것이다. 비국가가 강해도 국가가 더 강할 수 있다.[158] 국가의 정치권력은 주권을 포기하지 않을 것이다.

하지만 4세대 전쟁의 다섯 가지 핵심주제 안에는 중요한 내용이 담겨져 있다. 첫째는, 가장 중요한 점으로 생각되는데, 전쟁의 승패를 가르는 핵심적인 영역을 정신 및 인지 영역에 주안을 두고 있다는 것이다. 물론 이것은 과학기술이 앞선 미국의 입장에서 보면, 사실상 보이드(John Boyd) 이론

---

156) Colin S. Gray, "How Has War Changed Since the End of the Cold War?" *Parameters*(Spring 2005), p. 19.

157) Antulio J. Echevarria II, "Deconstructing the theory of fourth-generation war," *Contemporary Security Policy* Vol. 26, No.2(August 2005), p. 233.

158) 김종인은 신자유주의를 통해 국가의 간섭을 배제하고 규제를 완화하는 것으로 국가의 본질을 흐리게 보아서는 안 된다고 한다. 그는 신자유주의 물결 하에서도 국가의 역할은 여전히 중요하다고 본다. 신자유주의의 역사적 배경과 그 한계를 이해하기 위해서는 김종인, 『지금 왜 경제민주화인가』(파주: 동화, 2012), pp. 60-66 참조.

[159]을 따른 것으로 보인다. 둘째는 최첨단 무기를 사용하여 단기간에 전쟁에서 승리한다는 미 국방부의 시각이 잘못된 것임을 확신하고 있다는 것이다. 셋째는 세계화와 네트워크화 추진에 따라 전쟁은 시간과 공간에 구애받지 않고, 전쟁과 평화, 전투원과 민간인, 질서와 혼란 등을 구분하는 경계를 모호하게 했다는 측면이다. 인간활동의 스펙트럼이 정치적, 사회적으로 네트워크화되어 보다 확장되었다고 본다. 넷째는 적을 찾아내기도 어렵고 속박하기도 어렵게 되었다는 것이다. 다섯째는 전쟁과 갈등은 도덕과 인지 영역에서 전개되므로 심리적인 작전이 미디어나 정보에 녹아들어가서 작전적 및 전략적으로 아주 중요한 수단이 된다는 것이다.[160] 이러한 핵심주제들은 본질이 무엇인지 알면서 그 본질을 찾지 못한 격임을 보여주는 듯하다. 결국 전쟁의 정치적 승패를 가르는 핵심적인 영역은 정신 및 인지 영역에 놓여 있다는 것이 문제의 본질이라고 할 수 있기 때문이다.

물론, 4세대 전쟁의 본질은 전략적으로 볼 때는 이미 영국과 프랑스의 전략사상가들이 언급한 내용을 조금 더 구체화한 것뿐이라는 생각이 든다. 마이클 하워드와 앙드레 보프르(André Beaufre)가 대표적이다. 하워드(Michael Howard)는 전략의 망각된 차원을 역설했고, 그것은 전략의 사회적 차원을 다룬 것이었다.[161] 하워드가 이미 월남전을 빗대어 미국에게 충분한 가르침

---

159) 이와 다른 시각도 있다. 예를 들어, 권영근은 보이드의 이론은 정신적이기보다는 정보화와 연계성이 있는 것이라고 주장한다. 권영근, "존 보이드(John Boyd)의 기동전 이론과 정보화(情報化)," 한국국방개혁연구소(네이버 블로그, 2017. 2. 6) 참조.

160) Lawrence Freedman(2013), pp. 471-472.

161) 마이클 하워드의 전략 이해를 위한 출발은 서구와 마르크스 레닌주의의 구분에서 출발한다. 그는 공산국가에서는 모든 전략사상은 마르크스 레닌주의의 전체적인 교리에 의해서 확인되어야 한다고 주장한다. 그리고 전략의 차원을 군수적, 작전적, 기술적, 사회적 차원으로 구분한다. 이중에서 사회적 차원을 서구의 망각된 차원으로 본다. 과거 소련은 핵전쟁에 대해서도 사회의 구조와 단

을 주었지만, 오늘날 미국의 전쟁모습을 보면, 미국은 여전히 전략의 망각된 차원을 잊고 있는 듯하다. 앙드레 보프르는 심리적인 간접전략의 중요성을 역설했다.[162] 여기서 그는 아롱의 "최후까지 견디어 내는 것"에 의미를 부각시킨다. 그리고 이것을 '침식방법(erosion method)'에 입각한 물리적 그리고 심리적 전략을 주도하는 것으로 평가한다.[163] 다시 말해서 끝까지 견디어 내라고 한 그의 소개는 미국에게 충격을 주기에 충분한 것이었다.

그럼에도 불구하고 린드가 미국의 국가적 정체성이 위협해지고 있다는 것을 문화적 마르크스주의자들의 음모와 연계시킨 부분은 무언가 이러한 의미를 깊이 인식하고 있다는 느낌이다. 아마 이 점에 대해서 아롱도 어느 정도 인정했을 것이다. 문화적 마르크스주의자들은 아직 마르크스주의는 패배한 것이 아니라고 주장하고 있다.[164] 그들은 문화적으로 충분히 개

결에 더 관심을 보였지만, 서구는 주로 기술적 차원에 의존했다는 것을 비판한다. 클라우제비츠의 삼위일체는 정치적 목적, 작전적 수단 그리고 사회를 의미하는 국민의 열정으로 구성되어 있는데, 이것을 망각한 서구는 주로 기술과 작전기술 그리고 그것을 지원해줄 수 있는 군수능력에 의존하고 있다는 것이다. 이러한 주장은 오늘날에도 상당한 의미를 가진다고 할 것이다. Michael Howard, "The Forgotten Dimensions of Strategy," *Causes of Wars*(London: Counterpoint, 1983).

162) 이에 대해서는 보프르의 간접전략의 개념 참조. André Beaufre, *An Introduction to Strategy*(New York: Frederick A. Preager, 1965): 이기원, 이종학 역, 『전략론』(서울: 국방대, 1975), pp. 141-154.

163) 보프르는 침식방법의 물질적 국면을 논하면서 "물질적 국면에 있어서 가장 중요한 필요조건은 최후까지 견디어 내는 것이다. 레이몽 아롱의 견해에 의하면 이것이 모든 전략의 궁극적인 목표라는 것이다. 그러나 어떤 경우에 있어서나 이것은 침식전술에 입각한 작전상의 전략임이 분명하다."고 주장한다. 이것은, 아롱의 저서 *Peace & War*의 Chapter XXII "To Survive Is to Conquer"를 참조하여 이끌어낸 생각이었다. André Beaufre(1965), p. 147.

164) Antonio Gramsci, *Selections from the Prison Notebooks* 참조. http://

조되는 시기까지 투쟁이 이어진다고 본다. 비록 마르크시즘이 한물간 것이

---

abahlali.org/files/gramsci.pdf(검색일: 2017. 4. 6) 그리고 RADIX 블로그에 Stendhal이라는 19세기 프랑스 작가의 이름을 사용하여 쓴 "Cultural Marxism and the Nature of Power"는 그람스키의 주장을 잘 표현하고 있다. 마르크스는 권력은 본질적으로 물질적이라고 보았다. 그래서 생산수단의 소유에서 권력이 나온다고 생각했다. 하지만 그람스키는 반대로 권력은 생산수단의 통제로부터 나오는 만큼 문화의 통제로부터도 나온다고 보았다. 사실상 마르크스나 아담 스미스는 같은 사상이지만 상이한 동전의 면으로 설명한 것에 불과한 것이라고 본다. 왜냐하면 둘 다 생산물이 권력을 구성하는 것으로 보았기 때문이다. 반면 공동의 소유냐 개인 소유냐가 개념적인 차이일 뿐이다. 그람스키는 제도를 통제함으로써 문화를 창출하고 이것이 권력을 구성하게 된다고 보았기 때문에 상당한 차이를 보인다. 그람스키는 권력은 두 개의 상부구조층을 가진다고 보았다. 하나는 민간사회로서 이것은 정치적 사회 또는 국가를 구성하는 각 개인의 유기적 총체이다. 국가는 생산수단의 생산물을 받아서 국가 권력을 가지고 이를 통해 사회를 통치하게 된다. 그러나 문화적 사회적 구성요소들이 국가 존재의 정당성을 세워준다. 그람스키는 철학자, 정치이론가, 그리고 지식인들은 이러한 지배적 그룹의 부차적인 기능을 수행한다고 보았다. 문화는 결국 권력의 지렛대인 것이다. 그리고 권력은 사상에서 나오는 것이다. 이것은 니체의 사상과 유사한 것이다. 니체는 문화적 가치가 결정 요소가 되는 것이고 이 속에서 사고, 경제, 통치 시스템의 형식은 합법성을 갖게 된다고 본다. 결국 사회의 동의가 있어야 전체주의적 독재에서 벗어날 수 있고, 이러한 동의는 교육, 미디어 시스템 통제를 통해서 달성되기 때문에 권력을 쟁취하는 효과적인 방법이 되는 것이다. 마르크시즘은 실패했지만, 문화적 마르크시즘은 그렇지 않다. 미국과 서부 유럽을 보면 대학 등 각종 교육제도 그리고 미디어의 대다수가 이러한 가치의 우세를 달성했고 보수주의자들에 비해 이러한 가치를 지닌 좌파들이 승리해왔기 때문이다. 이렇듯 문화적 가치에서 우세한 것은 굴락이나 비밀경찰을 이용하여 압제하는 것보다 훨씬 효율적이다. 그래서 보수주의 세력이 권력은 필연적으로 물질적이라고 보고 돈을 만들고 군사력을 키워서 선거에 승리하고, 냉전에서 승리했다고 떠들지만, 이들은 가치가 중요하지 않은 사회에서 사는 것이고, 이 속에서 그들은 점차적으로 물질적으로 부차적이 되어간다는 해석을 제시했다. http://www.radixjournal.com/journal/2015/9/3/cultural-marxism-and-the-nature-of-power(검색일: 2017. 4. 6).

지만,[165] 사상적 대립과 이를 통한 문화적 침식 시도는 아롱이 경고했듯이 어떤 형태로든 국제관계에서 상존하는 것이라는 점을 간과할 수 없다. 어떻게 보면 아롱은 마르크시즘의 유물론적, 결정론적 역사관은 부정했지만, 문화적 마르크시즘에 대해서는 전면적인 부정을 하지 못했을 것이다. 문화적 마르크시즘은 권력이 사상(idea)에서 나온다고 보았기 때문이다. 오늘날 미국의 자본주의의 한계를[166] 비난하면서 중국이 군사적 대비태세에 병행하여 '천하사상'을 주장하면서 패권에 도전하는 것은[167] 시사(示唆)하는 바가 크다.

---

165) 최근에는 마르크시즘에 대한 새로운 해석도 있다. Intelligence², "Karl Marx Was Right: Capitalism Post-2008 in Falling Apart under the Weight of Its Own Contradictions," *Royal Geographical Society*(April 9, 2013) 참조.

166) 본질적으로 미국식 자본주의의 한계는 이자를 만들어내어 경제를 순환시키고 발전시키는 시스템에 있다고 할 수 있다. 델리오의 분석을 기초로 할 때, 경제적 몰락을 가져올 수밖에 없다고 할 수 있다. 왜냐하면 계속적인 거래 또는 매매 활동(transactions)이 이루어지는 시장에서 투자를 위해서는 신용거래를 하게 되므로 이자가 발생한다. 이러한 계속적인 이자 발생 시스템의 흐름 속에서 돈의 버블현상을 막아야 하는데 그것이 불가능한 상태가 될 수 있다는 것이다. 델리오에 의하면 버블을 없애는 방법 중에 한 가지는 전쟁이다. 그는 이자로 인해 형성되는 버블현상은 자본주의가 안고 있는 불가피한 모순임을 지적하고 있다. Ray Dalio, "How The Economic Machine Works," https://www.youtube.com/watch?v=PHe0bXAIuk0(검색일: 2017. 8. 21). 또한, 금융자본가들은 더 많은 투자로 더 많은 돈을 벌게 되고 이러한 현상은 금융의 집적을 낳게 되는 모순을 지닌다. 여기에 한술 더 떠서 정치와 밀착될 수 있는 것이다. 이것은 대중의 불만을 낳게 될 것이고, 가난한 다수가 가진 소수를 살해하는 플라톤적 민주정치를 생각하게 만든다. 오늘날 미국의 도둑정치 현상을 경고하는 것은 분명히 의미를 갖는다고 할 수 있다. 이러한 현상을 논한 최근 자료로는 Sarah Chayes, "Kleptocracy in America," *Foreign Affairs*(sep/oct 2017) 참고할 것.

167) 조성환, "동아시아 전통질서 연구의 이데올로기적 성격: '천하' 유토피아와 국가 이데올로기." 참조. 중국은 점차 국제적인 행위를 강화하고 있다. 라틴 아메리카와 서브 사하라 아프리카, 중동에서 중앙아시아에 이르면서 이들은 지나

바로 이러한 측면을 볼 때, 4세대 전쟁이 정신적인 그리고 사회 인지적인 시각을 가진 것은 의미가 있다. 또한 중요한 것은 주권을 가진 국가 간의 전쟁 방식에서 탈피하여 비(非)국가 조직들이 사실상 전쟁 행위를 한다는 의미도 여전히 전쟁에 혼란을 가중시킬 것으로 보인다. 네트워크화된 세상 속에서 4세대 전쟁의 개념은 심각성을 배제하기 어렵게 되었다. 예를 들어 미국의 정보작전 개념을 보면, 미국은 정보 우위를 달성하고 이를 위해서 인간과 의사결정 장치에 영향을 미치거나 혼란을 야기해서 스스로 무너지도록 만들고자 한다. 이를 위해서는 심리전과 기만 그리고 전자전, 컴퓨터 네트워크 모두를 사용하게 된다. 해킹, 바이러스, 많은 양의 잘못된 정보 제공 등등은 엄청난 위협이 되고 있다.[168]

비록 비국가행위자와의 전쟁 개념이 특히 여러 가지 모순이 있다는 이유로, 또한 이것이 게릴라전과 밀접한 연관성을 가지고 있지만 권력은 비정규전이 아닌 정규전만이 장악할 수 있는 것이라는 이유로, 게릴라전 옹호 주장이 게릴라전의 현상을 과대 포장했다는[169] 이유로 4세대 전쟁의 이

가는 자취마다 중국적 가치 또는 사상을 전파하고 있다. CSIS에서 제작한 이커너미의 동영상은 중국이 자신들의 가치 즉 소프트 파워를 전파하기 위한 전략을 설명하고 있다. 예를 들어 수백 개의 공자 학술협회를 전 세계에 설치하여 그 사상을 전파하고 있다. Liz Economy, "Is China's Soft Power Strategy Working?"(CSIS, February 12, 2016). http://chinapower.csis.org/is-chinas-soft-power-strategy-working/(검색일: 2017. 6. 26). 반면 군사적 대비도 매우 강화하고 있다. 예를 들어, 백만 명을 수용할 수 있는 거대한 벙커도 가지고 있다. 뿐만 아니라 허난성 쑹산 지하에 길이 5000km의 핵 미사일 기지를 구축하였다. 핵 타격을 견디고 10분 내로 핵 반격을 할 수 있는 기지라고 한다. 김외현, "중국, 소림사 밑에 '길이 5000km' 핵미사일 기지있다."『한겨레』(2017. 5. 22).

168) Lawrence Freedman(2013), pp. 475-476

169) 랄프 피터스은 게릴라, 테러리스트, 용병, 해적, 국제적 범죄에 포함된 모든 전사들이 법이 지배하는 국가에 대해 계속 폭력행위를 할 것으로 본다. 비록 이들

론이 곧 소멸되었다고 주장하지만,[170] 역사사회학적 관점에서 비국가행위자들의 승리할 개연성과 역사적 현상을 고려해 본다면, 미래에도 이러한 위협을 방관해서는 안 될 것이며 재고(再考)해야 할 것이다.

아롱을 정치현실주의자라고 단정할 수 없다. 그러나 아롱에게 본질적인 국제관계의 모습은 독립적인 주권국가가 존재하고, 국가이익과 위신에 방심하지 않는 국가가 존재하는 사회였다. 아롱이 말한 바대로 국제사회에는 주권국가의 실체, 즉 안전(security)을 최우선시하고 이를 위한 권력(Power), 영광(Glory) 그리고 사상(Idea)[171]이 여전히 존재하는 사회이다. 권력과 영광의

과의 싸움이 피비린내 나고 오래 지속된다고 하더라도 만일 싸우고자 하는 의지가 적보다 확고하다면 이러한 전사들을 격퇴시킬 수 있을 것이라고 주장하여 결국, 클라우제비츠의 철학을 사실상 옹호하고 있다. Ralph Peters, "The New Warrior Class Revisited," *Small Wars & Insurgencies Journal* Volume 13, Issue 2(2002), pp. 16-25. 그러나 프리드먼은 피터스가 주장한 게릴라들이 정규군보다 오래 살아남기 위해 전술을 펼친다는 것에 대해 과대포장한 것으로 보고 있다. Lawrence Freedman(2013), p. 473.

170) Lawrence Freedman(2013), p. 472.

171) 아롱이 본 국가가 추구하는 첫 번째 목표는 홉스의 '자연상태'로부터 오는 것이다. 정치적 단위체는 생존을 갈망한다. 그러므로 자연상태에서 기본 목표는 안전(security)이다. 이를 위해 국가는 ① 권력을 추구한다. 권력은 인류의 운명과 문명의 미래에 영향을 미치기 위해서 자신의 의지를 상대에게 부과하는 것이다. 하지만 인간 개인과 마찬가지로 국가도 생존만을 갈망하지 않는다. 죽음을 무릅쓰고 위세를 보이기를 원한다. 그래서 ② 영광을 추구한다. 영광은 그리스 도시국가들의 신중한 계산만이 아닌 경쟁의 정신을 기저로 한다. 그러므로 권력을 위한 투쟁과 영광을 위한 투쟁은 동전의 양면과 같다고 본다. 하지만 영광을 추구하는 것은 불합리한 것으로 치부될 수 있다. 따라서 ③ 사상(idea)을 필요로 한다. 이것은 종교적 또는 사회적인 것을 포함하는 것으로 집합체가 동시에 주장하는 자신들의 사명에 대한 보편적 믿음이다. 상대를 완선히 말살하여 없애버리지 않는 한 그 지역의 공간과 주민을 소유하게 되므로 사상은 중요하게 된다. 이것은 클라우제비츠가 말한 현실전쟁의 의미를 부각시키는 중요한 내용이라고 할 수 있다.

추구는 모겐소(Hans J. Morgenthau)의 권력투쟁과[172] 위세정책을 표현한 것과 다르지 않다고 볼 수 있다.[173] 하지만 사상은 국제사회에서 갈등의 요인으로 계속 존재할 수 있다는 가능성을 항상 정치가들은 관심으로 가져야 하고, 모든 국제관계에 있어서 사실상 중심(中心)에 두어야 하는 것일지도 모른다.[174]

홉시안 입장에서 보았을 때, 인간사회는 끊임없는 전쟁에 놓이게 되고, 반면 칸티안 입장에서 보았을 때, 인간사회가 영구적인 평화를 위해 달려가고 있다고 본다면 그 최종 목적지에 이르기까지 전쟁은 지속되어야 한다. 그렇다면 인간사회의 권력, 영광, 사상이 낳고 있는 근본적인 문제는 국가이건 비국가조직이건 피할 수 없는 사회적 현상일 것이다. 종교적 이데올로기까지 가세하는 이 시대 그리고 불확정적인 미래에도 '사상'의 대립을 간과하는 것은 역으로 결정적 역사관의 위협에 다시 놓이게 되는 위험성을 갖게 될 것이다.

Raymond Aron, *Peace & War*(2009), pp. 72-77 참조.

172) 아롱은 "만일 전쟁 그 자체(for its own sake)를 추구하는 것이 아니라는 것을 인정한다면, 전쟁세력들은 전쟁을 끝내면서 평화조건을 강제할 때 가까운 미래에 즉각 싸우지 않아야 한다는 것을 보장하는 조건을 만들고자 할 것이고, 힘을 통해 얻어진 것을 유지하려고 할 것이다."라고 언급했다. 이것은 모겐소의 제국주의적, 현상유지적 정책을 클라우제비츠의 전쟁철학을 기초로 제시한 것이라고 할 수 있다. Raymond Aron(2009), p. 72.

173) 모겐소의 이와 관련된 주장에 대해서는 Hans J. Morgenthau, *Politics among Nations*(New York: Alfred A. Knopf, 1962); 이호재 역, 『현대국제정치론』(서울: 법문사, 1987), pp. 35-51.

174) Daniel J. Mahoney and Brian C. Anderson(2009), p. xi.

제5장

아롱의 전략, 전쟁 사상과 미래전쟁의 방향

제1절 정치의 목표 그리고 전략

1. 정치단위체가 전략목표를 달성한 최종상태

이 책의 2장과 3장에서는 클라우제비츠와 아롱의 전쟁 철학을 역사적 맥락을 고려하여 비교해 보았다. 먼저 클라우제비츠의 본질적인 철학을 기초로 할 때, 단기적인 결전보다는 장기전과 정치적 목적이 보다 연계성을 가질 수 있다는 점을 논한 바 있고, 이것이 현대전장에서 실제로 나타나고 있는 현상임을 밝히고자 했다. 전쟁은 단 1회만의 회전으로 끝나는 것이 아니고, 이런 의도를 갖게 되면, 전쟁을 절대전 수준으로 이끌 수 있다는 점을 언급했다.[1] 그렇다면 미래전쟁과 관련하여 아롱의 이와 관련된 사상이 충분한 의미를 부여할 수 있을지도 모른다. 아롱의 사상에서 이러한 미래전쟁과 관련된 추론을 이끌어 내기 위해서 아롱의 『평화와 전쟁』 제

1) 이와 관련하여 클라우제비츠의 이해를 위해서 "현실전쟁의 제한," "전쟁은 단 한 번의 순간적인 공격으로 이루어지는 게 아니다." 부분을 다시 한 번 볼 필요가 있다. Carl von Clausewitz, *Vom Kriege*(1832), pp.53–55, pp.56–59.

4부 '인간행동학: 외교-전략적 행위의 모순' 중에 '전략 추구(In Search of Strategy): 생존하는 것이 승리하는 것이다(To survive Is to Conquer)' 라는 부분에 대한 이해가 필요하다.[2] 앞서 언급했듯이 앙드레 보프르(André Beaufre)가 그의 간접전략에 영감을 얻었던 것이 이 부분이었다.

아롱에게 본질적인 전쟁 문제는 국제사회 내에서 정치단위체의 관계에 있었다. 조성환의 분석에 의하면 아롱적 국제사회는 본질적으로 관념상 평등, 불평등에 대해 생각하지 않아도, 실질상 불평등이 존재하고 따라서 동질적이 아니라 개별적이고 복수적인 관계를 갖게 되는 것이다. 국제사회는 합법적인 폭력을 독점하고 있는 권위 부재로 인해서 폭력 사용은 정상적인 국면을 갖게 된다고 볼 수 있다.[3]

그렇다면 아롱이 정치단위체에 내거는 정치의 목표가 무엇이었나를 검토할 필요가 있겠다. 조성환은 이것을 두 가지로 제시한다. 최소한 단위체는 생존을 추구해야 하고, 적극적으로는 제국적 정복을 추구하는 것이라고 본다. 국제관계를 규명하면, 적대적인 힘의 시험상태에서 출발하는 것이 합당하다. 그래서 외교적-전략적 (전쟁)행위는 수단과 가치를 포함한 목적이라는 양면성을 가지게 된다. 예를 들어, 아롱의 입장에서 경제적 행위의 표상은 순전히 수단적인 것이 된다.[4] 물론 키신저의 경우, 냉전이 종식

---

2) 본 책의 제4장 제4절 참조. 아롱은 차라리 항복해도 인간이 자유주의 가치를 지키는 한 결국 승리할 것이라는 논조를 펼쳤다. 이것은 하나의 자연법칙적이라고 할 수 있다. 하지만 앙드레 보프르는 이것을 인위적으로 만드는 방법에 대해 연구했다고 할 수 있다. 이러한 시각에서 볼 때 명확한 차이를 가진다. 간접전략에서 소위 '침식방법'은 인위적으로 상대의 사고방식을 전환시키는 것이다. 침식방법에 대해서는 André Beaufre(1965), pp. 146-152.

3) 조성환(1985), p. 7.

4) 조성환(1985), p. 8-9.

된 이후 자유주의 경제를 목적화했다고 할 수도 있다.[5] 어떻게 보면 시대가 변했기 때문인지도 모른다.

하지만 아롱은 클라우제비츠적 명제를 축으로 하여 이를 변증법적으로 해석하고 현대적 사회 상황과 조우시키고 있으므로 키신저의 시각과 다를 수밖에 없다고 하겠다. 앞에서 논했듯이, 아롱은 사회적 현상으로서 전쟁을 인식한 것이었다. 전쟁은 특수적 사회관계 중 하나인 것이다. 사회적 단위체로 본다면, "사회적 단위체의 외부적 적에 대한 방어적 및 호전적 제도에 의해 수행되는 것"이 전쟁인 것이다.[6] 인간사회는 유일 사회가 아닌 다수의 복수사회들의 관계를 갖게 되므로 당연한 것이다.[7]

따라서 핵무기 시대에 생존에 초점을 맞춘 아롱의 사상은 본질적으로 열핵전쟁(thermonuclear war)이 사회에 미칠 영향과 밀접할 수밖에 없었다. 사회가 생존하기 위해서 열핵전쟁을 선택하기보다는 차라리 항복하는 것이 더 나은 것이 아닌가에 관한 질문은 아롱의 이러한 시각을 반영한다.[8] 아롱의 출발점은 서구가 열핵전쟁을 피해야 할 뿐만 아니라 승리자도 패배자(to be vanquished)도 되어서는 안 된다는 것에 있었다. 수백만의 베를린 사람들의 생명을 담보로 열핵전쟁을 벌이는 것을 이성적이라고 생각할 수 없을 것

---

5) 키신저가 그의 저서 'Diplomacy'에서 미국의 두 개의 부류, 즉 비콘(beacon)으로서 미국과 십자군으로서의 미국이라는 부류를 말하면서 미국은 민주주의, 통상(commerce), 그리고 국제법을 기초로 한 전 지구적 국제질서가 표준적인 것으로 보았다. 따라서 경제는 목적이라고 볼 수 있겠다. Henry A. Kissinger, *Diplomacy*(New York: Simon & Schuster, 1994), p. 18.

6) 조성환(1985), p. 10.

7) 본 책에서 아롱의 사상이 홉스보다는 루소적이라고 했던 점을 상기해 보자.

8) 물론 이것은 유럽에 특히 해당하는 것이라고 할 수 있다. 왜냐하면 유럽은 당시 소련과 국경을 맞대고 대립하고 있었기 때문이다. 미국은 비록 핵무기의 시공간 초월성으로 위협이 되지만 유럽과는 비교할 수 없는 전략적 상황이었다. 즉, 대서양과 태평양의 보호를 받는 나라이다.

이다. 클라우제비츠의 전쟁의 에스컬레이션 개념에 의하면, 이러한 열핵전쟁은 베를린에 그치지 않을 것이다. 열핵전쟁을 받아들여야 할 만큼의 이해관계(stake)가 있는 것인가를 질문하는 것은 당연한 것이었다.[9)]

아롱에게 있어서 이해관계에 관한 본질적 질문은 우리가 이러한 전쟁을 통해 희생하고 위험을 겪는 것에 대해 정당화할 만한 무엇인가를 가지고 있느냐는 것이었다.[10)] 전쟁의 승패가 존재한다면, 과연 그 전쟁의 최종상태를 어떻게 구상하고 기대하며 만들어 가야 하는지가 중요하다. 따라서 이것은 자연스럽게 철학적인 판단을 필요로 하게 된다.

아롱은 좌익 사상이 지배했던 프랑스 사회에서 사르트르와 대립하면서 궁지에 몰렸던 사람이었다. 하지만 솔제니친의 『수용소 군도』 출판과 망명으로 소련의 본 모습이 노출되면서 소련은 압제적인 정치체제라는 점이 명확하게 노출되었다. 철학적으로 소련의 정치체제는 거짓된 체제였다.[11)] 아롱은 주장하기를 인간의 전체성을[12)] 짜 맞추어야 한다고 주장하는 체제가 전체주의고 이것은 본질적으로 폭정이라고 했다. 왜냐하면 이것은 잘못된 철학을 기초로 하고 있기 때문이다. 우연하게 폭정이 된 것이 아니다. 따라

---

9) Raymond Aron, *Peace & War*(2009), p. 665.

10) Raymond Aron, *Peace & War*(2009), p. 666.

11) 최윤필, "'소련의 민낯 파헤치다' 솔제니친의 수용소군도," 『한국일보』(2015. 12. 28) 참조.

12) 여기서 전체성은 헤겔의 주장을 기초로 하고 마르크스적인 전체성을 말한다. 헤겔(Georg Wilhelm Friedrich Hegel)은 전체는 부분들이 결합하여 이루어지는 전체성이고 사물은 전체를 통해 부분들의 성격을 지닐 수 있다고 본다. 마르크스(Karl Marx)는 전체성을 개념의 관계에서 사회적 관계로 전환시켜 사물의 내적 필연적 연관, 즉 본질을 이루는 보편적 규정들의 총합을 전체성으로 본다. 프롤레타리아 혁명은 하나의 보편적 규정에 의한 전체성의 발로인 것이다. [네이버 지식백과](문학비평용어사전)(검색일: 2017. 5. 17).

서 마르크스-레닌주의는 점차적으로 폐기될 것이었다.[13] 그렇다면 과연 항복하는 것이 반드시 잘못된 전략적 접근이라고 할 수 있겠는가를 질문할 수 있을 것이다.

보편적 가치가 존재한다면 더욱 그렇게 될 것이 자명한 것이었다. 특히 자유주의 가치는 당연히 열핵전쟁으로 인한 인류의 파멸을 부추기지는 않을 것이 분명해 보였다. 어떤 이해관계도 인류의 파멸보다 우위가 되지는 못할 것이다. 이것은 정치단위체에게도 마찬가지일 것이다. 아롱은 소련의 전체주의를 비극으로 볼 필요가 없다고 했다. 왜냐하면 이것은 이념의 체면 문제였기 때문이다. 후대 손자들의 시대에는 어차피 없어질 것이었다. 전체주의의 운명은 결국 시들어야 한다. 특히, 인간들이 전체주의라는 것은 "인간 본질의 영원한 원천(the eternal springs of human nature)"에 반대된다는 것을 느끼게 된다면 더욱 그렇게 될 것이었다.[14] 그렇다면 생존하는 것은 당연히 절대적 이익이 된다. 그리고 이것은 정치단위체에게는 승리를 하건 패배하지 않건 공동의 최종상태가 되어야 한다. 그러나 최종적으로 아롱은 이를 위해서는 단순히 두 손을 들고 항복하는 것이 아니라 그래도 싸워야 한다고 믿었다. 이것이 "참여자와 방관자"의 문제에 바탕을 두고 있는 것이라고 하겠다.[15]

---

13) 아롱은 프랑스 혁명에 대해서 이것도 한때 전체주의적이었다고 말한다. 따라서 교회로부터 반대되었고, 기존의 전통적인 가르침과 양립할 수 없는 것이라고 맹렬하게 비난 받았고, 이러한 운동은 역사적인 운동들과 마찬가지로 시들었다. 하지만 결국 기독교적 영감은 이와 함께 하게 되었다고 주장했다. 그렇다면, 아롱은 마찬가지로, 소련의 혁명도 시들 것이라고 보았다. 애초부터 잘못된 철학은 당연히 시들 수밖에 없는 것으로 생각한 것이다. Raymond Aron, *Peace & War*(2009), p. 671.

14) Raymond Aron, *Peace & War*(2009).

15) 이와 관련해서는 Raymond Aron(1981), pp. 319-330 참조.

아롱에게 목표와 관련된 문제는 매우 중요했다. 당시 소련과 미국의 대결은 단지 일시적인 것이 아니라 장기화된 분쟁이었다. '공존(coexistence)'이라고 하는 것도 단지 일시적으로 취한 태세에 불과했다. 서구는 분쟁에 대해 평화적인 해결을 찾고자 했다. 자유우방은 승리 없는 평화에 만족할 준비가 되어 있었다. 소련이 서방을 파괴하는 것을 포기하면, 서방은 환영하며 그들이 원하는 대로 살도록 할 것이었다. 따라서 놀랍게도 아롱은 1960년대 전략의 목표를 현재의 자유우방의 정치적 시스템을 유지하고 단합하는 것으로 언급했다. 이것은 마치 민주주의 확산과 유사한 개념이었다. 그는 비록 모든 세계를 우리의 시스템과 양립할 수 있는 것으로 만들 필요가 있을지, 또는 없을지 모르지만 세계의 중요한 부분에 대해서는 우방의 시스템과 양립할 수 있는 자유주의적 시스템을 지속적으로 수립해야 한다고 생각했다.[16]

따라서 아롱이 보는 시각은 명확했다. "미국의 정치체제의 생존(the survival of the political regime of the United States)"이 첫 번째 목표가 되어야 한다는 것이었다. 미국을 철수시킨다는 전략은 생각할 수 없는 것이었다. 하나하나씩 소련의 체제로 바뀌고 있었던 당시의 상황에서 받아들일 수 없었기 때문이다.[17] 아롱은 본질적으로 '사상(idea)'의 문제를 다루었다. 올바른 공식은 국제사회에서 반은 노예이고 반은 자유인인 시스템이 지속될 수 없는 것이었다. 마찬가지로 이질적인 시스템에서는 필연적으로 한 체제가 정복을 하고자 할 때는 한 체제를 완전히 제거하는 전쟁을 억제할 수 없는

---

16) 이것은 아롱이 지정학적 시각을 반영하고 있음을 보여주는 것이다. 아롱의 이론이 맥킨더의 지정학을 준용하고 있다는 것에 대해서는 Bryan-Paul Frost, "Forward to the Past: History and Theory in Raymond Aron's Peace and War," Jese Colen and Elisbeth Dutartre-Michaut(eds.), *The Companion to Raymond Aron*(New York: Palgrave Macmillan, 2015), p. 70.

17) Raymond Aron, *Peace & War*(2009), p. 673.

것이다. 오늘날을 생각해보자. 이슬람과 기독교 문명 간의 사상적 충돌에서 만일 한 쪽이 자신들의 사상으로 다른 쪽에 대한 지배력을 확고히 하고자 한다면, 소위 헌팅턴이 언급한 '문명의 충돌'을 피할 수 없을 것이다.[18] 이러한 문명 간의 충돌은 아롱이 『평화와 전쟁』에서 인용했던 '미국을 위한 전략을 향하여(A Forward Strategy for America)'의 주장대로 적을 침식시키고 적에게 혁명적 변화가 일어나는 상황에 의존하는 장기적인 전략이 되는 것이다.[19] 사실상 이러한 경우에 두 개의 이질적 제국들은 일단은 공존하는 모습을 보이게 될 것이다.

냉전시대에는 미소의 이데올로기는 모두 상대방에 대해 공격적이었다. 그리고 기술(技術)은 상호 간의 공포의 변증법을 증가시켰는데, 그 이유는 시간과 공간 등을 제거했기 때문이다. 하지만 아롱이 보았을 때 물리적인 대립은 대칭성을 이룰 수 있는 것이지만, 이데올로기는 대칭성을 이루기 어려운 것이었다. 그럼에도 불구하고 서구는 자유주의 사상을 기초로 소련이 적대적인 이데올로기를 포기하면 자신들의 적대성을 포기할 수 있

---

18) 정용석, "이슬람과 기독교의 보복 악순환 '문명의 충돌' 인가," 『일요신문』(2015. 2. 2) 참조.

19) 아롱은 다음 구절을 인용했다. "기본적인 결정은… 우리가 공존해야 하는가?… 최종적으로 공산주의를 패배시켜야 하는가? 이다. 만일 우리가 두 번째 행동노선을 택하게 되면 우리는 내부적인 침식 또는 혁명과 같은 행운적인 상황의 결과로 공산주의를 패퇴시키는 것에 의존해야 할지를 반드시 결정해야 한다. 또는 우리는 우리의 노력을 이러한 목표 달성을 위해 통합해야 할 것인가도 결정해야 한다. 우리는 수동적이고, 기다려서 바라보는 전략이 사실상 공산주의의 몰락을 지연시키는 위험이 없는지를 결정해야 한다. 반면 우리의 몰락을 서두르는 것이 아닌지도 결정해야 한다…" 여기서 느낄 수 있듯이 장기적인 전략에 대한 이해와 실천의 문제를 배제할 수 없는 것이다. 원문은 Robert Strausz-Hupé, William R. Kintner and Stefan T. Possony, *A Forward Strategy for America*(New York: Harper,, 1961), pp. 405-406; Raymond Aron, *Peace & War*(2009), p. 673 재인용.

다. 그리고 소련은 언젠가는 붕괴될 것이었다. 그렇다면 어떻게 해야 하고, 서구의 전략목표가 가져야 할 것이 무엇인가를 이끌어 내어야 했다. 아롱이 보았을 때, 그 해답은 생존과 평화공존이었다. 물리적 생존은 열핵전쟁을 피하는 것이고, 정신적 생존은 자유주의 문명과 평화를 지키고 상호 인정하는 것, 다시 말해서 상호 간의 존재와 존재의 정당성을 우선 인정하여 평화롭게 공존하는 것이었다.[20] 그래서 평화롭게 생존하는 최종상태의 달성이 아롱에게는 곧 서구의 승리를 의미했다. 서구가 생존하면 점점 소련의 마르크스-레닌적 이데올로기는 완화되고, 그 결과 서구를 파괴하는 것을 포기하게 될 것이었다. 그리고 이러한 승리는 피를 흘리지 않는 승리이고 결국 화해하는 방법이 된다.[21]

사회적 현상은 국가단위체의 현상을 그대로 투사한다. 그러므로 미래의 사회적 현상 역시 홉스, 로크, 몽테스키외, 루소, 그리고 칸트에 이르는 "영구 평화"에 대한, 어떻게 보면 이상적인 갈망 같은 것을 이끌 것이다.[22] 언급했듯이 아롱은 칸티안의 굴레를 벗어날 수 없었다. 비록 영구 평화는 불가능하지만[23] 그가 생각했던 정치단위체가 전략목표를 달성한 최종상태란, 마치 칸트가 구상한 "전통적인 평화조약(foedus pacis)"이 아닌 "평화

---

20) 오늘날 한반도의 문제는 여기서 얻을 바가 크다고 할 수도 있다. 북한의 핵무장은 상호인정과 공존의 전략적 상황을 요구하는 것이라고 할 수 있다.

21) Raymond Aron, *Peace & War*(2009), pp. 677-678. 여기서 더욱 흥미로운 점은 이러한 아롱의 사회적, 역사적 철학이 앙드레 보프르가 간접전략을 착안하게 했던 사상적 모티브로 작용했을지도 모른다는 점을 발견할 수 있다는 점이다.

22) 강성학(1997), pp. 179-186.

23) 아롱은 법에 의한 평화와 제국에 의한 평화를 언급했다. 그에게 사회학의 다양한 요소는 이해관계나 어떤 대의를 없앨 수 없게 만들기 때문에 영구적 평화는 사실상 불가능한 것이었다. 하지만 핵으로 인해 평화는 꼭 요구되었다. Raymond Aron, *Peace & War*(2009), p. 703, 706을 볼 것.

를 위한 조약(foedus pacificum)"과 같이,[24] 보다 나은 생존을 기초로 한 것이었다. 미래도 정치의 목표와 최종상태는 어쨌든 생존과 연계되어야 할 것이다.

2. 장기적 전략 효과

문제는 이러한 전략을 펼치는 것에 위험성이 없는가에 있었다. 아롱은 위험을 평가한다. 소위 '케이토니언 전략(Catonian strategy)'을[25] 주장하는 사람들은 소련이 진출하고 있는 상황을 무시하는 것은 어리석다고 할 것이었다. 아롱에게 있어서 20세기 중반의 국제시스템은 세계화되고 양극화된 시기였다. 모든 국가들, 모든 지역은 미 · 소의 영향과 UN의 영향을 받고 있었다. 따라서 서로 죽을 때까지 싸우는 것은 상호 자살하는 것과 다름없었다. 결국 한 쪽이 없어지면 자신들이 원하는 대로 세계를 지배하게 된다. 더욱이 열핵무기로 인해서 이러한 세상이 열렸다. 따라서 비록 소련이 조금씩 그들의 세력을 확장하고 특히 식민지에서 바로 독립한 나라들이 기존 식민지 체제에 대한 좋지 않은 감정으로 소련에 동조한다고 하더라도 문제가 될 것이 없다고 보았다. 왜냐하면 이미 전쟁으로 상대를 완전히 날려버릴 수 있는 상황에서 이것이 문제될 이유가 없기 때문이었다. 라오스나 뉴기니아 같은 나라들이 어느 쪽에 가든지 군사적 잠재력에 영향을 미치지 않을 것이다. 단지 군사기지를 제공하는 의미는 있을 것이다. 미 · 소 중 하나가 완전히 없어지면 헤게모니를 완전히 장악하는 시대에서 그리고 열핵무

---

24) F. Parkinson, *The Philosophy of International Relations*(Beverly Hills: Sage Publications, 1977), p. 67.

25) 카르타고를 완전히 파괴시키는 전쟁을 추구한 카토(Cato)를 빗댄 전략으로 결전을 통해 철저한 승리를 달성해야 한다는 전략을 의미한다. 3차 포에니 전쟁을 참조할 것.

기의 선제타격 능력을 지닌 상태에서 이것들은 위험으로 평가될 수 없는 것이다. 그리고 동맹국이나 위성국을 더 많이 갖는 것은 경제적인 부담만을 가중시킬 것이다.[26] 실제로 소련은 많은 위성국에 대한 지원의 한계에 다다랐고 그 결과 붕괴한 것이라고 할 수 있다.

아롱은 소련의 경제가 1950년에서 60년까지는 미국보다 좋았지만 그 이후는 미국이 앞질렀다는 점을 지적한다. 이러한 경제적 우위는 많은 약소국들과의 교류를 더욱 높이게 될 것이다. 반면 소련의 경제는 계속 악화될 것이다. 당시 소련은 인력의 40%를 농업에 투입했다. 아롱이 보았을 때, 서구는 소련이 사회주의의 풍요로움을 부르짖는 위협에 대해 걱정할 필요가 없는 것이었다.[27] 여기서 우리는 전략의 양면성 또는 모순을 볼 수 있다.[28]

예를 들어 한국이 북한으로 하여금 농업에 많은 인력이 투입되도록 만든다면 전략적으로 이득을 볼 수 있다. 예를 들어보자. 비료를 많이 지원하되 기계화장비를 지원하는 것을 최소화한다면 어떤 결과를 예상할 수 있겠는가를 생각해보자. 북한의 지배세력을 배부르게 할지는 모르지만, 적어도

---

26) Raymond Aron, *Peace & War*(2009), pp. 678-686.

27) Raymond Aron, *Peace & War*(2009), pp. 676-687.

28) 전쟁에서의 모순은 실제로 다양하게 나타난다. 루트워크는 이를 기습의 비용, 마찰 등으로 설명한다. 예를 들어, 기습은 좋은 것이지만 일부 전투력의 희생을 보아야 한다는 것이다. 간접접근을 통해서 지상에서 전투를 수행할 때, 적을 피해 장거리 기동로를 선택하고 극복하기 어려운 지형을 사용하게 되면, 병사들은 지치고 차량도 마모가 심해지며, 더 많은 보급품을 소모하게 되고, 병사들은 뒤에 처지게 되기도 해서 결국 결정적인 순간에 집중하여 전투할 수 없게 될 수도 있다고 주장한다. 이것은 전략의 양면성 또는 모순을 말하는 것이다. Edward N. Luttwak, *Strategy: The Logic of War and Peace, Revised and Enlarged Edition*(Cambridge, MA: The Belknap Press of Harvard University Press, 2001), pp. 3-15. '전쟁에서 모순의 의식적인 사용' 부분을 참조할 것.

북한의 전투력에 대해서는 악영향을 강요할 수 있을지도 모른다. 만일 농업에 대다수의 인민이 투입되고 군대도 지원된다면 전투력 유지에 문제를 일으킬 것이다. 아롱이 고려했듯이, 현대의 전쟁이 총력전의 모습으로 나타나는 경향이 강할수록 사회적인 현상들은 전쟁에 모두 영향을 미치는 요소인 것이다. 아롱의 역사사회학적 관점에서 볼 때, 장기적인 전략적 접근의 필요성은 다름 아닌 인간사회와 그들의 삶에 더욱 밀접하게 연결되는 효과를 갖는다고 할 것이다.

결국, 아롱은 중립적인 위치를 지닌 국가들에게 동서 베를린을 방문하게 하면 누가 풍요롭게 사는지를 알게 될 것이라고 지적한다.[29] 결국 소련은 자신들의 위치를 유지하기 위해 더욱 많은 경제적 무기를 보다 관대하게 사용하게 될 것이고, 그럴수록 소련은 더욱 사회적으로 곤란한 상황에 빠지게 될 것이다. 따라서 평화공존을 더욱 충실히 희망하게 될 것이다. 당시 소련의 모델이 바람직하다는 지식인들의 만연된 생각은 보편적 이성에 입각한 것이 아니라 선전선동에 의한 것이라고 아롱은 믿었다.[30] 서구는 걱정할 이유가 없었다. 아롱에게 있어서 장기적이고 사상적인 대결을 통해 승리하는 전략은 결코 '위험 평가(assessment of dangers)'에서 안 좋은 결과를 이끌어낼 필요가 없다고 본 것이다. 놀라운 점은 아롱의 예상이 맞았다고 보인다는 것에 있다. 실제로 소련은 미국과의 평화공존적인 입장을 점점 더 노출시켰고[31] 아마 이러한 현상은 미국이 냉전에서 승리하는 것에 대한

29) 88 서울 올림픽 참석 이후 동유럽 국가들이 심각한 혼란을 겪었다는 주장을 생각해 보자. 리처드 W. 파운드가 "졸도 나름대로 쓸모있는 법이고 제대로만 움직인다면 왕도 잡을 수 있는 것"이라는 비유를 의미있게 생각해 볼 필요가 있다. 하영선, 김영호, 김명섭 공편, 『한국외교사와 국제정치학』(서울: 성신여대 출판부, 2005), p. 372.

30) Raymond Aron, *Peace & War*(2009), p. 678.

31) 1960년대 이후 미소는 평화공존을 모색했다. 그러나 1980년대 초 신냉전으로 복

자신감을 갖게 해주었을 것이다. 장기적인 전략의 효과는 미래에도 완화와 절제를 수반하고, 포용의 의미를 부각시켜 사상적 및 정치적 정당성을 강화시켜 줄 것으로 판단된다.

3. 아롱적 "평화의 전략"

아롱에게는 '평화의 전략(Strategy of Peace)'이 있었다. 서구가 소련을 열핵전쟁으로 완전히 파괴할 방법이 없다면, 그리고 우언에 의해 소련이 파산하지 않고서는 전쟁은 어차피 장기화될 것이었다. 그러므로 두 세력 간의 점차적인 힘의 관계를 안정화시키는 것이 좋은 방법이었다. 결국 동구권의 생활이 향상되면 필연적으로 민주화를 동경하게 될 것이므로, 그리고 영원히 이들이 레닌과 스탈린의 의도에 기초해서 외교전략을 고수하지 못할 것이므로, 아롱은 소위 "방어적 전략(defensive strategy) 또는 공존의 전략(coexistence strategy)"이 바람직할 것이라고 보았다. 아롱은 이를 위해서는 우선 군사력의 균형 유지가 중요하다고 했다. 전복전이나 침투식 공격에 대비하는 것이 중요한 것이 아니라 더욱 위험한 정규적인 군사 위협에 대비해야 한다는 것이었다.[32]

물론 전복전은 야금야금 위협을 가할 것이고 억제 전략은 현상유지라는 소극적인 성공만을 달성할 수 있지만, 시간은 결국 자유민주주의의 편이 될 것이다. 그래서 아롱은 북반구(Northern Hemisphere)의 이해관계를 우선하

귀하게 된다. 그럼에도 불구하고 서방의 자유와 풍요는 동유럽에 퍼졌고 동경심을 일으켰다. 고르바초프 집권 이후 소련의 신사고는 냉전종식의 중요한 계기가 된다. 하영선, 남궁곤, 『변환의 세계정치』(서울: 을유문화사, 2007), p. 96 참조.

32) 앞에서 막스 부트의 게릴라전 승률을 생각해 보자. 자세한 내용은 Max Boot, *Invisible Armies: an epic history of guerrilla warfare from ancient times to the present*(New York: Liveright Publishing Corporation, 2013), pp. 569-590 참조.

고 남반구(Southern Hemisphere)에서는 중립 또는 어느 쪽에서 가담하지 않도록 하는 것이 중요하다고 보았다.[33] 오늘날 브레진스키는 맥킨더의 이론과 다른 시각을 가지고 있지만, 당시 아롱은 맥킨더의 본래 지정학적 이론에 동조하는 전략을 말한 것이었다고 할 수 있다.[34]

이러한 전략을 구현하기 위해서는 외교에 있어서 전략적인 접근이 중요하게 된다. 외교에 있어서 가장 핵심은 다름 아닌 동맹을 유지하거나 확대하는 것이다. 그래서 먼저 폐허가 된 유럽은 재건해야 했고, 식민지 제국은 포기해야 했다. 그리고 미국은 붙잡아야 했다.[35] 여기서 유추할 수 있는 것은 아롱이 알제리 독립 문제와 관련하여 드골에게 반대했던 것은 거대한 대전략적 차원의 고려였을 것이 확실해 보인다는 점이다. 이러한 동맹을 묶기 위해서 경제적인 협력은 필수적이라고 보았다. 그래서 미국은 더욱 필요한 존재가 되는 것이다. 아롱은 미국과 연합한 가운데 유럽 스스로의 억제력을 보유해야 한다고 했다. 그렇게 함으로써 미국 없이 나타날 수 있는 약점을 제거하고 미국의 보호령이라는 모습에서 벗어나야 외교적인 능력을 발휘할 수 있는 것이었다.[36] 결국 아롱에게 있어서 가장 중요한 국제세력

---

33) Raymond Aron, *Peace & War*(2009), pp. 689-692.

34) 파스칼 보니파스는 냉전시대의 '유럽의 냉전', 즉 북반구의 냉전 그리고 '남반구의 냉전'으로 구분하여 지정학적 상황을 잘 설명하고 있다. Pascal Boniface, *Le grand livre de la géopolitique: les relations internationales depuis 1945*(Paris: Eyrolles, 2014); 정상필 역, 『지정학에 관한 모든 것』(서울: 레디셋고, 2016) 참조. 맥킨더는 심장지역을 말하면서, 러시아와 동유럽을 지배하는 자가 세계를 지배할 수 있다고 보았다. 오늘날 브레진스키는 지리전략적 중심지를 동양으로 이동시킨다. William C. Martel, *Grand Strategy in Theory and Practice: The Need for an Effective American Foreign Policy*(New York: Cambridge University Press, 2015), pp.15-16.

35) Raymond Aron, *Peace & War*(2009), p. 692.

36) 한국의 예를 들어보자. 한국이 작전권을 왜 환수할 필요가 있는지를 생각할 수

균형의 핵심은 서부유럽과 미국의 동맹이었다.[37] 소위 제3세계에서의 공산세력의 영향력 확장은 지정학적으로 핵심지역에서 벗어난 주변지역에서의 현상일 뿐이었다.

강력한 무력, 다시 말해서 열핵무기도 전복세력에 의해 장악되는 현상을 막지 못했다. 여기서 얻을 수 있는 교훈은 비대칭적인(asymmetry) 전략적 태세였다. 아롱은 다음과 같이 언급했다. "우리는 우리를 파괴하려는 세력을 파괴하려고 하지 않을 것이다. 그러나 그 세력이 인내하고 평화롭도록 바꿀 것이다. 우리는 우리의 제도만이 희망을 제시하는 것이라고 설득하지 않을 것이다. 그러나 반대로 우리 적에게 그리고 제3세계에도 인간은 어떤 원리의 측면을 떠나서 다양성을 지향하는 본질적인 취향을 가진다는 것을 설득할 것이다."[38]

결국 아롱은 자유가 상대를 변화시킬 것이라고 본 것이다. 물론 공세제일주의자들 그리고 평화주의자들은 이러한 주장을 반대할 것으로 보았다. 하지만 이러한 전략에 대응하게 되는 상대도 진실로 평화롭게 경쟁할 것이고 인류는 열핵전쟁의 파멸 위기를 벗어날 수 있을 개연성이 더욱 커지는 것이다. 이것은 아롱에게 다름 아닌 "정치적인 것(the political)" 그 자체였다. 그리고 이 방법이 서구가 바로 그 시기에 항복하지 않고 적으로부터 승리를 얻어내지는 못해도 생존할 수 있는 유일한 방법이 될 것이라고 확신했다.[39]

아롱의 시대는 양극화 시대였다. 그리고 지금은 다극화 시대라고 볼 수도 있다. 이러한 전략적 사고가 미래전쟁에 여전히 영향을 미칠 수 있을 것

있는 내용이라고 하겠다.

37) Raymond Aron, *Peace & War*(2009), p. 693-697.

38) Raymond Aron, *Peace & War*(2009), p. 699 인용.

39) Raymond Aron, *Peace & War*(2009), p. 700.

인가를 생각해보자. 월츠는 강대국의 수가 적은 양극체제가 다극체제에 비해 정보 등의 측면에서 불확실성이 적어 보다 안정적이라고 본다.[40] 다극체제는 소위 헌팅턴의 시각에서도 매우 불안정적인 체제이다. 헌팅턴이 서구문명과 비서구문명의 충돌을 예상하고 서구의 문명이 기울 것이라고 보는 시각은 다극화를 기초로 한 것이었다고 할 수 있다. 그는 오늘날 지정학이 세계사에서 유래를 찾아보기 힘들 정도로 다극화 및 다문명적이라고 했다. 오늘날은 7~8개의 문명권 내에 세계 주요 국가들이 존재한다. 이들의 세력이 커지고 있다. 종교와 국제정치의 분리를 규정한 베스트팔리아 체제가 쇠퇴하면서 서구 문명을 대표로 하던 이데올로기는 다른 문명의 종교적, 문화적 요소로 대체될 것이고 이것은 충돌을 낳게 될 것이다. 서구는 종교 및 가치의 우월성이 아닌 무력으로 세계를 장악했던 약점을 가지고 있다.[41]

아롱의 철학은 마르크스적 실존철학을 거부했지만 베버적 실존철학에 기운다.[42] 그럼에도 불구하고 그는 역사의 어떤 패턴을 전혀 발견할 수 없다고 보지는 않았다. 박사논문 「역사의 철학 서설(Introduction to the Philosophy

---

40) 박재영(2013), p. 105.

41) Robert W. Merry, *Sands of Empire: Missionary Zeal, American Foreign Policy, and the Hazards of Global Ambition*(New York: Simon & Schuster, 2005): 최원기 역, 『모래의 제국: 21세기의 로마제국을 꿈꾸는 미국, 그 야망의 빛과 그림자』(파주: 김영사, 2006), pp. 105-106.

42) 아롱은 그가 칭송한 베버의 사상을 논하면서 "어느 과학도 인간에게 어떻게 살아야 할 것인가, 또는 사회에 대하여 그것이 어떻게 조직되어야 할 것인가를 결코 명령할 수 없다는 것" 그리고 "어느 과학도 인류에게 그 미래를 예언해 줄 수 없다는 것"을 언급한다. 특히 두 번째의 부정은 베버를 마르크스와 구분시키는 명제라고 했다. 아울러 그는 마르크스가 과학의 성격과 인간실존의 성격에 다 같이 모순된다고 주장한다. 아롱에게 실존은 행동인이 결정론을 물리치는 것이었다. Raymond Aron(1965), p. 484를 볼 것.

of History)」의 관점이 이를 설명해준다고 할 수 있다. 베버는 선택과 해석은 뻔뻔하게(unabashedly) 주관적이라고 보았다. 하지만 아롱은 '의도적' 그리고 '심리적'이라는 상반되는 것이 공존하는 통합된 전체로서의 자아적 지식을 고려했다. 따라서 선택은 베버와 같이 반드시 주관적인 것이 아니었다. 아롱은 선험적인 현실의 존재를 부정하지 않았다. 아롱에게 있어서 역사적 선택은 베버가 말했듯이 앞뒤가 맞지 않음(incoherence)으로 인한 주관적 선택도 아니고, 무한한 현실의 존재 때문에 마구 선택하는 것도 아니었다. 아롱은 논의의 여지가 없는(incontestable) 사실이 존재한다고 보았다. 그것은 역사가를 그 대상과 분리하는 인터벌이 존재한다는 것, 인식 자체로부터 인식을 분리하는 인터벌이 존재한다는 것, 그리고 관련된 당사자와 관찰자가 분리되어 있다는 사실을 말하는 것이었다. 그럼에도 불구하고 역사는 지속되고 다양하게 나타난다. 그 속에서 사실(fact)은 베버가 인정한 선택의 자유를 제한하고 있다고 본 것이다.[43] 그렇다면 역사의 패턴의 존재는 어느 정도 가능한 것으로 볼 수 있게 되는 것이다.

이러한 철학을 기반으로 했을 때, 아롱의 전략적 판단은 미래에도 어느 정도 유효할 것으로 볼 수 있을 것이다. 또한 미래에도 핵의 위협은 여전히 존재할 것이다. 그리고 분쟁이 계속된다면 클라우제비츠의 전쟁의 절대화라는 속성을 기초로 할 때, 분쟁을 통한 에스컬레이션을 완전히 배제하는 것은 어렵다. 하지만 오늘날 비국가행위자(non-state actors)와의 분쟁이 전통적인 전쟁과는 확실히 다를 것이며, 따라서 심각한 위협이 되지 못할 것이라고 당연히 생각할 수 있다. 실상을 볼 때, 현재 테러와의 '장기전(long war)'을 수행하는 미국조차도 핵의 위협과 사상전, 재래식 전쟁 위협 모두를 고려하고 전략적 대안을 발전시키고 있다는 점은 다극화체제로 전환되

---

43) 데이비스(Reed Davis)는 아롱의 박사논문에서 위의 논지를 잘 요약하여 설명한 바 있다. Reed Davis(2004), pp. 192-194 참조.

면서 오히려 소규모 분쟁의 가능성이 커졌을 뿐이지 전략적 혼란은 아롱의 시대와 명백히 구분될 수 없다는 것을 추론하게 한다. 아울러 미국이 고려한 전략적 대안들은 매우 놀랍게도 모두가 아롱이 주장하는 장기적인 전략, 생존 전략과 맥을 같이하고 있는 듯하다.[44]

한반도 미래 상황과 연계하여 생각한다면 아롱의 생존 및 평화전략을

---

44) RAND는 테러와의 장기전을 연구하면서 불확실성은 비국가행위자들이 고기술 장비를 사용하거나 또는 핵무기와 같은 것을 사용할 수 있다는 점을 지적한다. 다시 말해서 핵무기를 비국가행위자들이 핵무장국가로부터 지원받을 수 있다는 가능성을 전혀 배제할 수 없다고 보는 것이다. 여기서 제시한 전략은 7가지의 장기적인 전략적 옵션이다. 사실상 아롱이 주장했던 생존과 평화를 추구하는 전략과 맥을 같이한다는 것을 알 수 있다. 그것은 다음과 같다.

1. 분리 및 통치 전략: 다양한 살라피-지하디스트 그룹(Salafi-Jihadist groups) 간에 잘못된 노선을 이용하여 상호 간에 분쟁을 유발함으로써 그들의 에너지를 소멸시킴.
2. 늪을 감소시키는 전략: 천천히 살라피-지하디스트 그룹이 활동할 수 있는 무슬림 세계의 공간을 감소시킴.
3. 뒤집기 전략: 미국은 결정적인 재래식 군사력으로 주요 무슬림 국가 레짐을 교체하기 위해 운용하고 이 지역에 민주주의를 주입시킴.
4. 국가 중심의 전략: 설립된 레짐을 자원 지원 등을 통해 쉽게 무너지지 않도록 강화시켜 무슬림 세계에 대해 효과적인 통치관리를 확장시킴.
5. 봉쇄와 대응 전략: 기본적으로 방어적 전략으로 무슬림 세계에서 주변지역을 설정하고 주변지역이 돌파될 경우만 강력하게 대응함.
6. 잉크를 닦아내는 전략(점령, 제거 및 확보): 세계적으로 수행하는 대전복전 전략으로 전략적으로 지역안보 군사력과 적극적으로 협력하여 무슬림 세계에서 중요한 지역을 점령, 제거 및 확보함.
7. 대의명분 강조 전략: 국가에 특정하기보다는 지역적으로 무슬림 세계의 근본 사회경제적 문제에 대해 미국이 공격할 필요가 있다는 점을 유지함.

세부내용은 RAND Arroyo Center, *Unfolding the Future of the Long War: motivations, prospects, and implications for the U.S. Army*(Santa Monica, CA: RAND Corporation, 2008) 참조.

한반도에 적용하는 것에 대해 두 가지 질문을 할 수 있다. 첫째는 가까운 미래에 북한의 핵 위협이 확실한 신뢰성을 갖는다면 한국도 핵무장을 해야 할지 여부, 둘째는 핵전쟁을 감수할 정도로 지켜야 할 이해관계가 명확한 것이 있는가 여부에 대한 질문이다. 북한과 완전히 평화공존하는 것이나 더욱이 생존을 위해 항복하는 것이 오히려 나을 수 있다는 생각을 받아들이는 것은 완전히 불가능할 것으로 보인다. 그렇다면 다시 원론적으로 돌아가서 아롱의 주장처럼 싸워야 한다면 이것은 장기적인 사상전이 될 것이고 상기적인 침식방법을 기초로 한 간접전략에 의존해야 할 것이다. 이렇게 함으로써 한반도의 공멸을 피하고,적절한 공존을 도모하여, 자유주의 가치로 북한을 참여시키게 이끌 것이고, 이것이 결국 한반도의 평화를 가져올 개연성을 높일 것이다. 햇볕정책은 이러한 측면에서 새롭게 접근방법을 고려할 필요가 있을 것으로 보인다.

장기적으로 적의 시스템을 변화시키려면, 지정학적인 노력을 병행해야 하는데 그것이 가능한지에 대한 것도 질문할 필요가 있겠다. 왜냐하면 한국에게 있어서 지정학적인, 더 나아가 '지리전략적인(geostrategic)' 노력을 위해서는 자연스럽게 미국 및 일본과의 공조를 우선 필요로 할 것이기 때문이다. 일본과 가까이 하는 노선에 대한 오해는 우려된다. 그리고 아롱이 지적했던 "체면의 문제"와 "망각하는 정치"가 떠오른다. 아롱은 히틀러의 독일은 용서하지 않았음에도 불구하고, 새롭게 탄생한 서(西) 베를린은 인정했다. 즉 국제정치적 태세가 중요한 것이었다. 햇볕정책의 한계는 북한 독재정권을 인정하느냐 아니면 끝까지 배척하느냐의 문제, 그리고 북한의 모든 위협에 완벽히 대처하느냐와 밀접한 연관성을 가졌다.[45] 하지만 장기적

---

45) 햇볕정책은 아롱이 주장한 "평화의 전략"과 어느 정도 유사한 면이 있다고 볼 수 있다. 상호주의라든지 정경분리의 원칙 등은 이를 증명하기에 충분하다. 햇볕정책이 직면한 것은 독재정권을 상대해야 한다는 것에 있다. 이것은 아롱 시대였던 냉전 시에도 마찬가지다. 두 번째는 햇볕정책을 위한 억제력에 대한 것

인 전략을 추진하기 위해서는 유사한 정치적 시스템과 우선적으로 협력하는 것이 보다 용이할 것이다.

아롱의 생존과 평화를 추구하는 전략이 미래에 최선의 전략이라고 단정할 수는 없을 것이다. 왜냐하면 전쟁의 장기화가 반드시 바람직한 것은 아니고 이에 따른 혼란을 초래하는 전쟁방식도 바람직한 것은 아니기 때문이다. 부트(Max Boot)의 주장대로 미국은 장기 소모전적인 전쟁을 수행하면서 군인과 군에 투입된 민간인 그리고 민간사회에 엄청난 혼란을 주었고 비용을 치르게 했다.[46] 따라서 민주주의 국가에 대해서는 장기적이 전략이 바

도 중요하다. 모든 것을 대비하는 억제력이 없이는, 특히 정규전에 철저히 대비하지 않고는 이길 수 없다는 것이 아롱의 생각이었다. 햇볕정책을 한반도 상황에 적용하는 것에 대한 참고를 위해서는 이승규, "대북 포용정책의 한계와 보완방향," 『시대정신』4호(1999, 5-6월) 참조. 그리고 남시욱의 글 역시 독재정권과의 공존에 있어서 위험성을 지적하고 있다. 남시욱, "노 대통령의 평화지상론 북핵용인 가능성 풍긴다," 『월간 경제풍월』제88호(2006, 12월). 근본적으로 아롱의 입장에서 본다면, 햇볕정책을 통해 북한의 자유화를 유발기 위해서는 일단 남한부터 자유주의에 대한 보편성의 믿음을 필요로 한다. 특히, 그는 지적 엘리트의 노력이 매우 필요하다고 보았다. 그리고 정치권력의 변화가 있어야 한다고 생각했다. 이에 대해서는 김붕구, "사회발전과 이데올로기: 레이몽 아롱의 산업철학," 『사상계』(1965. 6월), p. 238.

46) 부트(Max Boot)는 와이글리(Russell Weigley)의 1973년 저서 "The American Way of War"는 계속적으로 적을 끊임없이 어려운 상황으로 이끌어가는 소모전략을 언급한 것이라고 본다. 그란트(Ulysses S. Grant)가 리(Robert E. Lee)의 군대를 1864-1865년 패배시켰을 때, 퍼싱(John J. Pershing)이 1918년 독일군을 소모시켰을 때, 그리고 미 공군이 독일과 일본의 주요 도시를 1944-1945년까지 파괴시킨 것을 볼 때, 남북전쟁, 1차 및 2차 대전 모두 전술적 또는 전략적 탁월함이 아닌 순전히 수적인 힘으로 승리한 것이라고 주장한다. 걸프전에서도 많은 부분에서 성공적이었지만, 미국은 여진히 소모전적인 전쟁을 수행했다고 하면서 그는 새로운 전쟁방식이 요구된다고 본다. Max Boot, "The New American Way of War," *Foreign Affairs*(July/August, 2003). 그리고 미국의 전략적 혼란에 대해

람직하지 않다고 할 수 있다. 왜냐하면 민주주의 국가는 사활적인 국가 이익이 아니고는 국민의 생명 손실을 원하지 않기 때문이다. 다시 말해서, 자유민주주의 국가는 정치에 무관심하고, 장기적이고 소모적인 손실을 감당하는 것을 참을 수 없으며, 인명 손실에 민감하게 반응하는 등 전쟁에 무관심한 문화를 가지고 있는 경향이 강하기 때문이다.[47] 하지만 아롱은 반드시 그렇지는 않다고 본다.[48]

전체주의 국가의 경우, 장기전략이 유리하다고 볼 수 있을 것이다. 전격전의 오리지널한 사상을 창안한 풀러(J. F. C Fuller)가 자신의 기계화 관련 주장을 제대로 구현하지 못하는 민주주의를 혐오하고 전체주의에 매료를 느낀 이유도 이러한 점에 있었다고 할 수 있다.[49] 전체주의가 정책을 변함없

서는 James Jay Carafano, "A Better American Way of War" *The National Interest*(May 8, 2015).

47) 이러한 문제를 직간접적으로 잘 다룬 논문은 Jeffrey Record, "The American Way of War Cultural Barriers to Successful Counterinsurgency,"(CA: Cato University, September 1, 2006). 레코드는 여기서 단기결전을 선호하는 미국인의 전쟁방식을 설명하고 있다. 특히 와인버거 독트린은 또 다른 베트남을 피하기 위한 것이었다고 본다. 그리고 그는 그레이(Colin S. Gray)의 미국의 전쟁방식을 소개한다. 그레이는 미국의 전쟁방식을 1. 정치에 무관심, 2. 비전략적, 3. 역사에 무관심, 4. 문제해결의 낙관주의, 5. 문화적 무지, 6. 화력에 집중하는 문화, 7. 대규모로 전쟁을 하는 문화, 8. 정규전에 심취된 문화, 9. 인내성 부족(가능한 한 빠르고 결정적으로 전쟁을 종결해야 한다는 사고에 의존), 10. 군수적인 우수성에 의존, 11. 사상자에 대한 민감함 등으로 설명한다. 그레이에 대한 세부내용은 Colin S. Gray, "The American Way of War: Critique and Implications," Anthony D. McIvor(eds.), *Rethinking the Principles of War*(Annapolis, MD: Naval Institute Press, 2005), pp. 27-33.

48) Raymond Aron, *Peace & War*(2009), p. 32. 아롱은 일본의 태평양 전쟁 계산 부분 참조.

49) Lawrence Freedman(2013), pp. 285-286. 그리고 Brian Holden Reid, ""Young

이 추진할 수 있다면 민주주의의 장기전략이 위험하다고 생각하는 것은 당연한 것이다.

하지만 비록 풀러가 전체주의가 오히려 낫다고 생각했음에도 불구하고, 히틀러는 승리하지 못했다. 산업사회는 자유가 보장될 때 더 생산적이고 발전적이었다. 반면 계획경제체제는 그 한계를 명확하게 드러냈다.[50] 민주주의는 정부의 잦은 변화를 수반한다. 그럼에도 불구하고 민주주의 국가인 미국이 전체주의 국가인 소련에게 승리했던 핵심 원인을 말하라고 한다면, 아롱은 분명히 자유주의에 있다고 말했을 것이다.

자유민주주의 국가에서 장기전략 추진이 가능하고 효과적인 이유를 생각해보면, 그것은 지성의 자유가 존재하기 때문일 것이다. 아롱은 인간의 자유 추구와 이를 주도할 지적 엘리트들을 중요시했다.[51] 그는 비록 정확한 역사 해석이 불가능하고 역사의 결정성에 반대했지만, 그럼에도 불구하고 어떤 공통적인 흐름이 있다고 보았다. 그것은 다름 아닌 자유의 추구였다고 할 수 있다. 이러한 아롱의 자유적 가치에 대한 신봉은 2차 대전 이후에 프랑스 지식인들의 반대에도 불구하고 미국과 서부유럽의 동맹을 찬성했던 이유에서 찾아볼 수 있다. 그는 상업주의를 반대하는 것은 인정할 수 있지만, 자유주의를 반대하는 것은 인정할 수 없었다.

Turks, or Not So Young?": the frustrated quest of Major General J. F. C. Fuller and Captain B. H. Liddell Hart," *The Journal of Military Hostory* vol. 73, No. 1(January 2009) 참조.

50) 하이에크의 이론은 이를 뒷받침한다. 계획경제는 개입이 따른다. 개입은 또 다른 개입을 가져오기 때문에 일단 국가의 개입이 시작되면 종국에는 계획경제와 독재로 빠진다고 주장한다. 실제로 1990년대 초 소련을 비롯한 계획경제체제는 몰락되었다. Rene Luchinger,(eds.) *Die zwolf wichtigsten okonomen der welt*(Zürich: Orell Füssli Verlag, 2007); 박규호 역, 『경제학 산책』(서울: 비즈니스맵, 2007), p. 138.

51) 김붕구(1965).

미국은 유럽에서 파생되어 나온 자유주의 국가였다. 미국을 끌어안아야 하는 이유는 미국이 자본주의 국가여서가 아니라 미국의 기반이 자유에 있다는 것에 있었다.[52] 물론, 베버(Weber)적 사상을 가진 아롱에게 역사사회적 철학은 실증주의를 앞서는 것이었다. 반드시 장기적인 전략이 원하는 바대로 흐르지는 않을 것이라고 보았다. 앞서 논했듯이, 프리드먼이 전략은 결국 변화에 민감하게 적응하는 것이라고 주장했던 것을 생각해 볼 때, 이러한 적응에 빠를 수 있는 것은 자유주의 정치체제가 될 것이다. 하지만 프리드먼은 장기적인 시각을 강조하기보다는 끝없이 지속되는 문제를 강조했다. 그렇다면 전략의 의미는 희석될 수 있다. 그리고 다시 역으로 보면 그가 말한 것은 결국 장기적인 전략이 필요하다는 것이 될 수 있다.[53] 이것을 프리드먼의 모순이라고 명명할 수 있을지 모르겠다.

전략의 기교는 순간순간 변화할 수는 있어도 전략의 목표와 방향은 순간순간 바꾸어서는 안 된다고 본다. 전략은 전술이 아니다. 더욱이 전략목표를 쉽게 바꾼다는 것은 전략수립 자체에 문제가 있다는 것을 의미한다. 자유적 지성은 다양한 그리고 변화하는 상황에 보다 잘 적응할 수 있다. 마치 히틀러가 1941년 이후 대소전역에서 그의 독선적 사고에 대한 이견을 용서하지 않았듯이, 스탈린이 그의 반대파를 대숙청하듯이, 오늘날 북한의 김정은이 수많은 반대파들을 숙청하듯이 전체주의는 상황에 신속하게 반응할 수는 있어도 적응할 수는 없다. 아롱적 입장에서 본다면, 그것은 자유적

---

52) Raymond Aron(1982), p 179.

53) 프리드먼은 전략은 계획이 아니라고 보았다. 그는 권력을 얻어도 여전히 해결할 문제들이 많이 발생한다고 본다. 프리드먼의 전략을 다룬 책을 쉽게 이해하기 위해서는 다음의 이코노미스트의 서평을 볼 것. "Why a strategy is not a plan," Economist(November 2, 2013) http://www.economist.com/news/books-and-arts/21588834-strategies-too-often-fail-because-more-expected-them-they-can-deliver-why(검색일: 2017. 5. 20)

지성이 지배하지 않기 때문이라고 할 것이다.

아롱적 장기전 전략은 자유주의체제에 더 적합하고 효과적인 전략이라 하겠다. 그럼에도 불구하고 대부분의 국가는 정치적, 경제적, 사회적, 문화적, 사상적, 심지어는 의지적 이유로 단기결전을 꿈꾼다. 그리고 완전한 승리와 무조건 항복에 치중해왔다. 이것은 애초에 잘못된 전략이었던 것이다.[54] 문화적 뿌리가 전략을 잘못 이끌었기 때문이다. 이것은 기독교적 문명의 세속적 사상에 뿌리를 두는 것이 아니다. 기독교가 완전히 지배하지 않던 로마에서 카토(Cato)와 같은 사람들이 존재했고 또한 이러한 사람들은 어느 문명에서도 존재할 수 있다. 악(惡)에 대해서는 완전한 승리만이 최선이라는 생각은 어디서나 존재할 수 있다는 의미이다.

아롱의 '정치적 이성'으로 볼 때, 상대하는 대상이 영원한 적일 필요는 없는 것이다. 정치적 목적은 상대를 일시적인 친구로 전환시킬 수도 있다. 그렇다면 우리는 장기적인 생존전략 또는 공존의 전략이 갖는 의미를 다시금 이해할 수 있을 것이다. 변증법적인 시각에서 본다면, 하나의 위협이 사라져도 또 다른 위협이 올 수 있다. 따라서 아롱적으로 보다 "정치적인 것(the political)"[55]은 장기적이고 생존에 주안을 둔 전략을 미래에도 요구할 것이다. 물론 김주일과 같이 철학적인 반론은 얼마든지 제기할 수 있다. 다시 말해 생존이 반드시 옳은 것이냐는 질문이다. 이는 소크라테스의 철학

54) 그래서 아롱은 무조건 항복이 갖는 무모함을 강조했다. 승리할 수 없다면 패배하지 않는 것을 선택해야 한다고 본다. Raymond Aron, *Peace & War*(2009), p. 30.

55) 여기서 '정치적인 것(the political)'은 노재봉의 견해, 즉 '국가와 국민이라는 정치공동체 전체의 문제를 해결하기 위하여 통치력이나 정치력을 발휘하는 것' 그리고 '갈등을 통하여 균형적인 긴장의 의미를 해결하는 창조적 기능을 가진 것'의 의미에 중점을 두고 있다. 노재봉, 김영호, 서명구, 조성환, 『정치학적 대화』(서울: 성신여대 출판부, 2015), p. 80, 82.

을 빗대어 말한 것이지만,[56] 철학이 아닌 정치가 지배하는 인간사회에서 이것에 대한 추구는 항상 지속될 수밖에 없을 것이다. 소크라테스의 제자 플라톤이 철인정치의 현실성에 회의적이었던 것을 반추해보며,[57] "정치적인 것"은 무엇을 요구하는가를 생각해보자. 소위 피할 수 없는 전쟁을 억제하려면 어떻게 해야 하는 것인가도 생각해보자. 가장 정치적인 방법은 상대의 '정치적 자유'를 일단 보장해주는 것이 될지도 모른다.

제2절 분별지에 기초한 정치적 중심

1. 역사의 패턴과 중심

클라우제비츠의 중심(重心, center of gravity) 개념이 사실상 효과적인 전쟁 수행에 있어서 혼란만 더했다면, 그리고 전략수립에 있어서 장애가 되었다면, 중심(重心)에 대한 사고는 보다 정치적일 필요가 있다.[58] 전쟁은 정치에

---

56) 김주일은 소크라테스를 논하면서 다음과 같이 언급한다. "아테네 민주주의는 다수의 의견이 힘을 낳는 정치체제다. 국가의 중요 의결사항이 민회에서 투표를 치러 다수결로 결정된다. 재판도 배심원들의 다수결 투표로 죄의 유무와 형량을 정한다. 특히 전시 상황에서 다수의 소통된 의지는 생존 본능으로 좌우되기 때문에 맹목적으로 흐르고, 다수의 생존의지에 반하는 의견은 묵살되거나 탄압받는다. 그러나 생존의지가 반드시 옳은 것도 아니고, 다수의 의견이 곧 진리인 것도 아니다. 여기서 소크라테스의 비극이 생겼다." 김주일(2006), p. 115.

57) 플라톤의 최고의 실제 정치적 작품은 '법률'로 알려져 있다. 여기서 철인왕이 직접 통치하는 정체가 아닌 인간이 지성으로 만들어낸 차선의 정체를 말한다. 강성학(1997), pp. 77-92 참조.

58) 이에 대한 착안은 NATO의 존재와 관련하여 논란이 되는 것에 대해 논한 베니테즈(Jorge Benitez)의 글에서 얻었다. 그는 나토의 중심은 정치적 의지라고 주장

의해 통제되고 정치적 목적달성을 위해 기여해야 되기 때문이다.

오늘날 군사적으로 가장 강력한 미국이 이라크와 아프가니스탄의 늪에 빠지게 된 이유를 물었다면, 아롱은 한마디로 정치적이지 못했기 때문이라고 답했을 것이다. 그리고 그는 미국이 빠져든 클라우제비츠의 중심(重心)의 늪을 대신할 것은 상대의 '정치적 자유를 보장'[59]하는 것이라고 말했을 것 같다. 이것은 역사의 패턴 속에서 발견할 수 있는 것인지 모른다.

정치적 의지가 방어적 중심(重心)이라고 주장한 베니테즈의 의미를 생각해 본다면,[60] 이것은 아롱적인 입장에서 볼 때도 당연히 정치적 수준에서의 중심(重心)이라고 할 수 있다. 아롱은 인류의 가치인 자유를 신봉하고 전체주의를 철저히 비판했던 정치적인 인간이었으므로 그에게 방어적인 중심(重心)은 더 커다란 의미를 가질 수밖에 없는 것이라고 보아야 한다.

왜 아롱에게 상대의 정치적 자유 보장이 중요했는지를 생각해 볼 필요가 있다. 이를 위해 잠시 아롱의 사상적 배경을 이해해 보자. 아롱에게 있

한 바 있다. 그는 방어적 중심을 언급한다. 나토가 일단 살아야 적의 중심(重心)을 공격할 수 있다는 주장을 한다. 그러면서 퍼트레이어스 장군의 승리는 "인간적 지형이 결정적인 지형(the human terrain is the decisive terrain)"이라는 것을 알았다는 것에 있다고 한다. 아롱적 관점에서 본다면 인간과 관련된 것은 결국 "정치적인 것"이 존재한다. 베니테즈의 "나토의 중심(重心)은 정치적 의지"라는 주장은 사실상 클라우제비츠의 중심(重心)의 모호함을 해결하는 열쇠라고 볼 수 있을지 모른다. Jorge Benitez, "NATO's Center of Gravity: political will," *Atlantic Council*(May 21, 2010). http://www.atlanticcouncil.org/blogs/new-atlanticist/nato-s-center-of-gravity-political- will(검색일: 2017. 4. 18).

59) 보장(保障)이란 "어떤 일이 어려움 없이 이루어지도록 조건을 마련하여 보증하거나 보호함"이라는 사전적 의미를 갖는다. 네이버 국어사전 참조. 국어사전적 의미 자체를 볼 때에도 아롱의 '정치적인 것(the political)'과 맥을 같이 하는 것으로 이해할 수 있다.

60) Jorge Benitez(2010).

어서 클라우제비츠 사상의 핵심은 전쟁은 본질적으로(by nature) 정치적 행동이라는 것이었다. 이러한 정치적 본질은 당연히 전쟁의 폭력성을 제한하게 된다. 김기봉이 평화주의자인 톨스토이와 칸트를 빗대어 언급했듯이 전쟁은 야만적인 것이고 최고의 악이지만, 전쟁의 문명사적 역할을 무시할 수는 없는 것이다.[61] 다시 말해서, 전쟁은 문명화된 사회에서는 더욱더 배제하기 어려울 수 있다. 그렇다면 정치가 반드시 전면에 서야 한다. 미래도 마찬가지일 것이다.

아롱이 클라우제비츠의 사상에 매료된 것은 그의 삶을 통해서 1, 2차 세계대전을 겪었기 때문이라고 할 것이다. 그는 소위 클라우제비츠가 적 부대를 격멸하는 것을 유일한 전략의 목적으로 보았는지에 대해 의문을 가졌다. 이러한 문제를 『클라우제비츠: 전쟁의 철학자』라는 저서에서 변증법적으로 다루고자 했다.[62] 클라우제비츠는 독일에게 있어서는 앞서 논했듯이 일반적으로 결전주의자로 인식되었고, 이것은 독일의 총력전 사상에 영향을 미쳤다.[63] 클라우제비츠는 전쟁에서 적 군사력에 결정적으로 타격을 가하는 것을 강조하면서 전쟁은 지속적으로 에스컬레이션 되는 경향이 있다고 보았다. 이러한 주장에 기초한 전쟁계획을 1, 2차 세계대전에 적용한 독일은 총력전을 수행한 것이었다고 하겠다. 냉전에 이르러서는 강대국 간의

---

61) 김기봉, "한반도의 전쟁과 평화," 『조선일보』(2017. 2. 15).

62) 특히, 공격과 방어의 변증법 부분을 참조할 것.

63) 이종학, "리델 하트의 전쟁론 비판에 대한 논평," 『해양전략』(해군, 2007)의 "전쟁론이 독일군인들에게 미친 영향은?" 부분을 참조할 것. 그리고 廣瀬隆, クラウゼヴィッツの暗号文(東京: 新潮社, 1992): 위정훈 역, 『왜 인간은 전쟁을 하는가』(서울: 프로메테우스, 2011)에서는 클라우제비츠를 완전히 군국주의라고 평가하고 있는데 이러한 평가가 오늘날에도 이어지고 있다는 점은 클라우제비츠가 공격제일 다시 말해서 결전주의자로 인식되는 면이 있음을 보여준다. 특히, 다카시의 제7장 '클라우제비츠의 대원리' 부분을 참조할 것.

전면적인 핵전쟁은 회피되었고, 대신 미 · 소가 형성한 이질적 시스템 구성 세력 간의 전쟁은 제한전쟁의 형태로 지속되었다고 할 수 있다.

아롱의 연구는 그의 태어난 시기와 연계성을 갖는다. 그는 1차 대전이 발발하기 이전인 1905년에 태어나서 어린 나이에 1차 대전을 겪었다. 이것은 리델 하트의 '제한된 개입'이라는 사상을 가져오게 한 1차 대전을 참전한 경험과 비교될 수 있는 것이다. 아롱은 '제한된 개입'이라는 전략적인 문제보다는 평화주의라는 철학에 더 큰 관심을 가졌던 것으로 보인다. 실제로 아롱이 런던으로 망명한 이후에나 「자유 프랑스(La France Libre)」 잡지에 전략에 대한 것을 다루기 시작했고, 이때 처음으로 군사에 관해서 생각하기 시작했다. 클라우제비츠의 삶과 유사한 삶을 산 것이다.[64] 처음에 그는 루덴돌프의 총력전에 관심을 가졌지 클라우제비츠에게 관심을 가지지 않았던 것으로 보인다. 아롱이 클라우제비츠에게 관심을 가졌을 때는 영국으로 망명한지 6개월이 지나서였다. 하지만 최초에 아롱의 눈에 클라우제비츠는 적의 군국주의자에 불과했다.[65]

---

64) 윈저는 클라우제비츠와 아롱의 삶을 다음과 같이 서술한 바 있다. "프랑스의 철학자로서 그의 나라는 독일군에 의해 점령되었고, 그의 망명은 이들에 대한 행동으로 인해 결정된 것이었다. 그러나 그는 드골에 의해 펜을 들도록 명령받았다. 그리고 결과적으로 그의 에너지를 사회와 전쟁과 평화 간의 이해에 바쳤고, 그의 마지막 삶까지 두 개의 연구를 만들어냈다. 클라우제비츠와 아롱은 군인으로 그리고 행동가로서의 삶을 바쳤다. 클라우제비츠의 프러시아는 프랑스 군에 의해 패배하여 점령당했고, 그는 왕에 의해 러시아와의 싸움에 합류하도록 명령받았다. 그러나 그는 이미 사회 간에 전쟁에 무엇이 포함되어지는가? 라는 질문에 사로잡혔고 침략자에 대항하기 위해 러시아에 합류하여 망명했으며 후에 많은 세월을 전쟁의 개념적 철학을 기술하는 데 소모했다. 정반대의 평행선을 그리는 레이몽 아롱과 클라우제비츠의 삶은 충격적이었다." Philip Windsor(2004), p. 129.

65) Joël Mouric(2015), p. 78.

그의 생각이 바뀌게 된 것은 우선 델브뤼크(Hans Delbruck)의 『병법사』를 통해서였다. 그와 동시에 아롱은 독일군이 동부전선에서 2차 하계 공세에서 실패한 것을 보았다.[66] 델브뤼크는 왜 한니발(Hannibal) 장군이 위대한 전략가인지를 장기전 전략을 통해 언급했다. 한니발은 로마를 점령하거나 봉쇄하려고 하지 않았고, 반대로 로마의 전투력을 소모시키고 조금씩 약화되도록 시도했다. 이유는 한니발이 평화의 협상에 도달하기 위해서 그러한 전략을 펼쳤던 것에 있었다.[67] 하지만 루덴돌프는 전쟁 그 자체의 승리에 우선 집중했다. 따라서 정치는 당연히 전쟁의 승리를 위해 봉사해야 하는 것이었다.[68] 1918년 독일은 유리한 조건으로 승리할 수 있었지만, 정치의 부재로 평화협상의 기회를 상실하고 패배에 이르게 되었다. 아롱은 여

---

66) 독일의 1차 하계 공세는 1941년 6월 22일 바바롯사 계획을 개시한 때이다. 2차 하계공세는 1941년의 모스크바 방면의 실패를 만회하기 위해서 그리고 동부전선에서 전쟁을 종결하기 위해서 1942년 스탈린그라드와 코카서스 방면을 목표로 하여 대대적인 공격을 펼친다. 스탈린그라드 전투에서는 11월 소련군의 반격으로 독일 6군이 괴멸하여 전쟁의 전세가 완전히 역전된다. 육군사관학교(1987), pp. 279-288.

67) 델브뤼크는 크로마이어(Kromayer)의 저서에서 한니발의 2차 포에니 전쟁 전략이 섬멸전략이라는 주장에 반대한다. 한니발이 결전을 벌이려는 의욕을 가진 섬멸전 전략가가 아니라는 것이다. 왜냐하면 섬멸전 전략을 추구했다면, 한니발은 로마군과 전투에서 승리하자마자 바로 로마시를 공격해야 했는데 그렇게 하지 않았기 때문이다. 칸나에 전투에서 대승을 거둔 한니발 장군이 타협을 통해 로마와 평화에 이르려 했다는 점은 그가 섬멸전략가가 아니라 소모전략가임을 보여주는 것이라고 주장한다. Hans Delbrück(1962). 2차 포에니 전쟁의 전략적 문제에 대해서는 '제Ⅲ장 제2차 포에니 전쟁의 전략적 대비 회고,' 그리고 '섬멸전 전략과 소모전전략' 부분을 참고할 것.

68) 이와 관련하여 독일 군부가 어떻게 독일의 민간정치세력을 장악했는가에 대한 좋은 예는 '조국당' 창당의 사례에서 볼 수 있다. Michael Howard(2003), pp. 170-171 참조.

기서 "정치적인 것(the political)"에 우선 기초한 전략의 올바른 방향을 생각하게 되었다.

따라서 아롱에게 전쟁이란 유럽 국가들의 물리적인 존재를 보전하고 정치적 자유를 유지하는 것이어야 했다.[69] 왜냐하면, 조성환이 분석했듯이 아롱의 정치개념은 광의적으로 볼 때, 일방이 타방의 존재성을 인식하는 것에서 출발하기 때문이다. 하지만 이것이 경합하기 시작하면서 정치적 문제가 변증법적인 관계를 가지게 된다. 물론 아롱은 모든 정치적으로 조직된 단위체, 다시 말해서 도시국가에서 제국에 이르는 정치적인[70] 단위체는 폭력의 산물이었다고 보았다. 하지만 변증법적으로 이 단위체 내의 정치권력의 첫 번째 과업은 평화유지인 것이었다.[71]

정치현실주의자들에게 평화는 평화적으로 오기 힘들다. 모겐소에게 평화유지는 권력에 의한 현상유지 정책으로 귀결되는 것이라고 할 수 있다. 키신저에게 평화유지는 도덕적 관심의 반영을 벗어나서 힘과 이익을 반영해야 한다는 신념에서 나오는 것이었다.[72] 정치단위체 간의 관계는 입헌적 질서가 부재하고 무정부적이며, 각 단위체는 스스로 운명을 결정하고, 다른 단위로부터 독립하는 것이 정상적이기 때문이다.[73] 하지만 힘을 믿었던 키신저도 외국에서 내적 문화를 창조하는 것에 대한 제한을 인정했다.[74]

---

69) Joël Mouric(2015), p. 79.

70) 여기서의 정치적인 것은 앞에서 언급했던 칼 슈미츠의 입장을 고려할 것.

71) 조성환(1985), p. 7 참조.

72) 이것은 현실주의 정치가인 키신저의 신념이었다. Peter Dickson, *Kissinger and the Meaning of History*(New York: Cambridge University Press, 1978): 강성학 역, 『키신저 박사와 역사의 의미』(서울: 박영사, 1996), p. 26.

73) 조성환(1985).

74) Henry A. Kissinger, "Detente with the Soviet Union: the reality of competition and imperative of cooperation," *The Department of State*

끝으로 편승외교를 생각해보자. 이것도 상대의 정치적 자유를 보장하는 것과 관련된다고 보아야 한다. 편승외교는 본질적으로 경쟁적이 아니다. 자주(自主), 독립을 유지하기 위한 약소국의 생존정치술(術)이라고 할 수 있다. 따라서 반드시 대립, 투쟁적일 필요가 생기지 않는다고 보아야 한다. 한반도에서 그렇게 평화를 외친다면, 오히려 편승외교를 선택하는 것이 아롱적 이성에 더 가까운 것인지도 모르겠다.

2. 파괴효과 제한

아롱에게 있어서 평화를 유지하기 위해서는 전쟁을 사회학적 현상으로서 본질적으로 이해해야 했고, 전쟁은 파괴적인 효과를 가능한 제한하여 승리를 쟁취하는 수단이 되어야 했다고 할 수 있다. 연합군이 독일과 일본의 도시에 대해 엄청난 폭격을 취하는 것에 대해 그는 두려움을 가졌다. 이것은 비록 한니발과 같이 직접적으로 점령하는 것이 아니지만, 화력에 의해 점령하는 것이나 다를 바가 없다고 생각했을 것이다. 실제로 아롱이 걱정한 것은 이러한 무자비한 폭격이 사회의 뿌리를 과거와 단절시키는 것이었다. 그렇게 되면 정치적 무정부 상태를 초래하게 되고 이것은 새로운 전제정치(tyrannies)를 출현시킬 수 있는 기반으로 작용할 수 있는 것이었다.[75] 오늘날 이라크에서 발생한 현상을 생각해보자.

Bulletin No. 1842(October 14, 1974)의 연설 참조. 키신저는 "우리는 우리의 원칙들을 결코 포기해서는 안 되며 타국에게 그들의 원칙들을 포기하도록 요청해서도 안 되고… 우리가 살아남지 않는 한 우리나 우리의 동맹국들이나 비동맹국들이 어떤 원칙도 실현할 수 없다는 것을 인식해야 한다."고 했다. Peter Dickson, p. 26.

75) 아롱은 특히 미국과 영국에 의한 전쟁 말기에 독일과 일본 도시에 대한 지역 폭격을 끔찍한 행위로 생각했다. 이러한 전략 폭격은 전략적으로 의미를 갖는지에 대해서도 의문을 가졌다. 하지만 더욱 위험하게 생각한 것은 이러한 폭격이 사회의 근원을 완전히 파괴시킬 것으로 본 것이다. Joël Mouric(2015), p. 79.

이러한 이유로 아롱에게 클라우제비츠의 공식 "전쟁은 또 다른 수단에 의한 정치적 행동의 연속"은 금언이었다. 따라서 2차 대전의 종말은 독일의 분할을 막고 또한 독일의 분할로부터 초래될 수 있는 동유럽에서의 소련의 헤게모니를 피하는 것이어야 했다. 미국의 정치와 전쟁을 분리시키는 행위, 다시 말해서 무조건 항복(unconditional surrender)이라는 협상의 조건을 고수하고,[76] 전쟁이 끝난 다음에야 정치적 해결을 하고자 했던 미국의 행위는 비판받아 마땅한 것이었다. 핵무기가 등장하면서 이것은 더욱 심각한 문제로 남게 되었다.[77] "정치적인 것(the political)"은 인간사회에 상존하는 갈등을 해소하고 보다 나은 방향으로 이끌어가는 창조적 힘이라는 점을 이해하지 못하는 것은 더욱이 국가가 존재하는 국제사회에서는 받아들여질 수 없는 것이었다.

아롱에게 있어서 냉전의 출현은 "호전적인 평화(bellicose peace)"였고, 그는 서구의 자유주의 사회가 유지되어야만 소련의 무력 사용과 사상전에 대적할 수 있을 것으로 보았다.[78] 그래서 아롱에게는 한국전쟁이 다시금 그의 사상을 확인시켜주는 것이었다고 할 수 있다. 한국전쟁은 1950년 6월 25일 북한의 2개 기갑사단이 주축이 되어 전격적인 공격으로 시

76) Raymond Aron, *Peace & War*(2009), p. 73.

77) 무조건 항복이 대량살상무기가 존재하는 시대에 갖는 의미에 대해서는 MAJ Thomas A. Shoffner, "Unconditional Surrender: a modern paradox,"(A Monograph of School of Advanced Military Studies, United States Army Command and General Staff College, 2003) 참조. 이 논문에서 쇼프너 소령은 무조건 항복이 영구적인 평화에 기여하는가를 논한다. 그는 모순적이지만 긍정적이라고 평가한다. 그러나 무조건 항복은 원하는 효과를 얻었지만, 21세기에는 적합한 정책으로 볼 수 없다는 것이다. 가장 중요한 것은 적의 적대적인 의지를 없애는 것이라고 본다. 대량살상무기가 존재하는 오늘날 무조건 항복은 모순적인 의미를 갖는다고 볼 수 있을 것이다.

78) Joël Mouric(2015).

작되었다. 인천상륙작전으로 연합군의 반격이 개시되어 압록강에 다다랐고, 다시 1950년 11월에 중공군이 개입하여 1951년 6월까지 전쟁은 기동전의 성격으로 수행되었다. 그리고 섬멸전략을 기초로 하고 있었다. 하지만 이후 전쟁은 진지전의 형태로 지속되면서 휴전협상을 지루하게 끌어갔고[79] 결국 한반도는 미소(美蘇) 대결의 최첨단에 선 격이 되었다.

아롱에게 맥아더의 해임은 정치가 군사에 대한 우위를 보여주는 것 이상의 의미를 지니는 것이었다고 볼 수 있다. 소모전략적으로 한국전쟁에서 자유민주세력은 적의 의지를 점차로 파괴시켜서 협상에 이르러야 했다. 한국전쟁에서의 단기 결정적 승리는 미·소 간의 전쟁을 불러올 수도 있고, 이것은 제한된 파괴를 넘어설 것이었다.[80] 한국전쟁에서 어느 한편이 결정적으로 승리하게 되면 세력균형의 틀이 무너질 수 있고, 이것은 클라우제비츠가 언급했듯이 절대전쟁으로 에스컬레이션되는 위험을 안고 있었다. 이러한 측면에서 맥아더에 대한 아롱의 비판은 건전한 것이었다.

한국전쟁의 결과는 제한전쟁을 낳게 되었다. 이 제한전쟁에서 강대국 간에는 직접적인 충돌이 없었다. 그리고 제한전쟁의 시대에는 강대국 간의 소모전략에 의한 주변국의 전쟁은 지속되었고, 이를 토대로 하여 한 세대를 넘는 기간 동안 양 진영은 자신들 국력의 엄청난 양을 투여해야 했다. 그 결과, 소위 군비경쟁을 이용한 레이건의 소모전략이 효과를 본 것은 사

---

79) 휴전협상을 지루하게 끌었던 것은 하나의 소모전 전략이라고 할 수 있다. 스탈린의 롤백이론은 이러한 문제를 이해하는 데 좋은 참고가 될 수 있다. 김영호, 『한국전쟁의 기원과 전개과정』(서울: 성신여대 출판부, 2006). 특히, '제3장 스탈린의 롤백 이론' 참조.

80) Peter Geiss(eds.), *Histoire: L'Europe et le monde depuis 1945: manuel d'histoire franco-allemand*(Paris: Nathan, 2006): 김승렬, 신동민, 이학로, 진화영 역, 『독일 프랑스 공동 역사교과서』(서울: 휴머니스트, 2008) pp. 78-79, "냉전의 절정" 부분을 참조할 것.

실이다.[81]

실제로 핵시대에 클라우제비츠의 이론은 여전히 타당성을 가졌다. 아롱은 핵무기를 지닌 현대의 전략이 클라우제비츠에게 우리를 더욱 가까이 다가서도록 만드는 것이라고 명확하게 이해했다. 핵무기는 결과를 가져오는 것이 아니라 조건을 결정하는 것이었다. 즉 억제전략은 의지의 시험이라고 생각했다. 그렇다면 핵무기는 "정치적인 것"에 의해 오히려 평화를, 다시 말해서 전쟁의 위험이 상존하는 평화를 가져올 수 있는 것이었다.[82] 그 유명한 아롱의 "전쟁은 불가능하지만, 평화도 올 것 같지 않다(impossible war, improbable peace)"는 말의 배경은 수소폭탄 개발을 통한 군비경쟁에 그 배경이 있었다.

1951년 미국의 수소폭탄 개발, 뒤이어 1953년 소련의 수소폭탄 개발, 1957년 소련의 세계최초 인공위성 스푸트니크호 발사를 통해 양 진영은 핵홀로코스트의 위험을 가지고 군비경쟁에 박차를 가했다. 물론 유럽의 이데올로기 논쟁은 여론을 자기편으로 만들기 위한 것이었을지도 모른다. 하지만 한국과 베트남 같은 주변 지역에서는 두 강대국의 실제 전쟁이 없이 간접적인 무력충돌만 발생했다.[83] 이러한 현상은 지속되었다. 미국은 베트남에서 엄청난 모멸감을 느꼈다. 심지어 베트남의 전투기록을 없앨 정도였다.[84] 오늘날 이라크에 대한 미국의 전쟁방식은 동일한 역사적 오류를 그대

81) 이상배, "'惡의 제국' 무너뜨린 스타워즈, 그리고 '핵무장론'," 『the 300』(2016. 1. 18).

82) Joël Mouric(2015), p. 80.

83) Peter Geiss(eds.)(2006), p. 78.

84) 존 나이글(John Nagl)은 UC 버클리에서 실시한 제31회 니미츠 제독 기념강연에서 "이론과 실제의 현대 전쟁"이라는 제목으로 강의를 실시했다. 여기서 충격적인 증언을 한다. 베트남 참전용사가 베트남지역은 산악과 정글이 많이 발전한 지역이라서 대전복전(counterinsurgency)에서 고전할 수밖에 없었는데 왜 평지

로 반복하는 격이었다.

제한전쟁과 제한핵전쟁에 대한 최초의 이론가는 아롱이었다는 점을 이미 언급했다.[85] 제한전쟁은 제한된 핵전쟁을 포함하여 냉전시대에 나온 이론으로 핵 전면전으로 발전할 것을 두려워하여 만든 개념이었다.[86] 하지만 오늘날 핵전쟁은 외견상 배제되고 있다. 그리하여 이러한 핵무기 사용을 배제하는 전쟁은 마치 지구상에서 일부지역에서 발생하는 지역적인 전쟁 의미로, 또는 제한된 자산과 비용을 투입하는 전쟁 의미로 이해되는 것 같다. 미국의 이라크 침공과 1989년 파나마 침공이 그 예라고 할 수 있다. 문제는 이러한 시각이 클라우제비츠의 전쟁의 본질과, 추구되어야 할 정치적 목적과 군사적 목적의 다양성을 고려하지 않는다는 것에 있다. 베쓰포드(Christopher Bassford)는 이것과 관련하여 특히 미국의 이라크 침공을 예로 들어 비판하고 있다. 미국은 이라크를 침공하면서 목표는 제한적이라고 했다. 하지만 그들이 추구한 목표는 사실상 제한적이지 않았다. 왜냐하면 정

인 이라크와 아프가니스탄에서 고전을 했느냐는 질문에 대해 미국은 이 전쟁에서 너무 고전하여 기록을 모두 파기했다고 증언했다. 그는 자신이 대전복전과 관련하여 베트남 전쟁의 전례를 연구하기 위해서 육군지휘참모대학 도서관에 있는 비밀자료 보관소을 방문하여 베트남전과 관련된 비밀 기록을 보여 달라고 하자 도서관의 사서는 전혀 없다고 말했다고 한다. 자신은 너무 큰 전쟁이라서 없을 수 없다고 하자, 사서는 베트남 전쟁 이후 10년이 지나서 대령이 도서관을 운영했는데 그는 베트남전쟁은 나쁜 전쟁이었고 그래서 여기서 연구하지 않을 것이라고 하면서 모두 파기했다는 것이다. 그래서 해병대의 2006년 대전복전 교범도 월남전이 끝난 31년이 지나서야 나왔다고 증언했다. John Nagl, "Modern War in Theory and Practice,"(31st Annual Fleet Admiral Chester W. Nimitz Lecture Series, UC Berkeley, March 4, 2015) 참조. https://www.youtube.com/watch?v=w0ypxEqYl4c&t=3502s(검색일: 2017. 4. 20).

85) Joël Mouric(2015).

86) 제한핵전쟁을 이해하기 위해서는 Y. Harkabi(1983), pp. 169-177 참조.

권을 교체하고 사회구조를 바꾸고자 했기 때문이다.[87]

아롱에게 있어서 기존 사회적 구조를 파괴시키고 바꾸는 전쟁은 결코 제한적인 전쟁이 아니었다. 소련이 바라보는 식의 핵전쟁은 과거의 전쟁과 다를 바 없이 전쟁의 승리를 추구하는 전쟁 이상의 것이었다.[88] 1958년 드골이 다시 권력을 잡았을 때, 아롱은 드골의 핵무장 독립에 대해 반대했다. 이것은 그의 철학과 전략적 분별지를 보여주는 단편적인 예에 불과하다. 핵 독립은 프랑스의 완전한 파괴를 수반할 수도 있었기 때문이다. 미국이라는 동맹이 있어야만 소련을 파괴시킬 수 있는 것이었다. 핵 독립은 오히려 '억제 수표'로서 신용조차 갖출 수 없는 것으로 보였을 것이다.

당시 아롱은 미국 민주주의의 방어자였으며, 소련의 주적(主敵)이었다. 그러나 그는 미국의 정책에도 비판적이었다. 왜냐하면 미국의 정책은 "제

87) 미국은 이라크에 침공하면서 다음과 같은 목표를 설정했다고 했다. 그것은 1. 이라크 군사력 완전격멸, 2. 지배세력 및 기타 정치적 지도자 제거, 3. 전통적으로 지배력을 발휘하는 종족 세력 교체, 4. 급진적으로 이라크의 정치, 사법 및 경제 시스템 변화, 5. 지역의 지정학적 세력균형을 완전히 대체하는 것이었다. 이를 통해서 궁극적으로 중동지역에 대해 민주주의의 폭발적 확산을 이끌고자 했다고 주장했다. Christopher Bassford, "Clausewitz's Categories of War and the Supersession of 'Absolute War'," *Clausewitz.com* vers.13(January 2017), p. 2. http://www.clausewitz.com/mobile/Bassford-Supersession5.pdf(검색일: 2017. 4. 7) 이것은 마치 중세 십자군 전쟁의 새로운 서막과 같은 모습으로 인식하기에 충분한 것이다. 미국의 외교정책의 쿠데타가 발생한 격이라 하겠다. 클라크 장군의 매우 충격적인 다음 연설도 참고할 가치가 있다. Wesley K. Clark, "A Time to Lead"(FORA TV, 2007) http://library.fora.tv/2007/10/03/Wesley_Clark_A_Time_to_Lead(검색일: 2017. 10. 23)

88) 소련은 사회적인 접근의 전쟁을 추구했다. Raymond Aron, *Politics and History: selected essays*(New York: The Free Press, 1978), p. 206-207. 특히 소콜로브스키에 대해 볼 것.

국주의적 헤게모니 공화국"을 건설하는 것으로 보였기 때문이다.[89] 아롱이 소련에 대해 더욱 강력한 반대를 했던 주된 이유는 소련은 자신들의 시민들로부터 자유를 박탈했기 때문이었다. 아롱은 시민으로부터 자유를 박탈하는 것은 비록 고귀한 목적을 가진다고 해도 합당하지 않다고 생각했다. 그리고 더 나아가 국제관계에 대해서 그는 사회학적 접근론을 주장했다. 국제관계를 연구하는 목적은 단지 군사 및 외교 역사 그리고 국제 질서를 구성하는 합법적 규범만을 연구하는 것만이 아니었다. 국제시스템을 만드는 다양한 행위자들 간의 관계도 중요했다.[90] 소유를 추구하는 것이 아닌 관계

---

89) 아롱은 미국의 제국주의적인 면에 대해서 논한 바 있다. 하지만 그는 결국 미국은 이것에 대해서 부끄럽게 생각할 것이 없다고 보았다. 왜냐하면 냉전의 현상 자체가 그러한 것이었고, 또한 역사의 변증법에 근원을 두고 있기 때문에 이것은 역사적 현실이라고 보았다. 따라서 아롱의 '제국주의적 공화국'이라는 저서는 아롱의 현실주의적 철학을 보여주는 저서로 알려져 있다. 특히, 아롱은 비록 케네디의 정책이 다소 공격적이었지만, 전체적으로 미국의 세계 전략은 순수하게 방어적이라고 보았다. 그리고 미국의 베트남 전쟁은 공포와 어리석음을 지속한 전쟁으로 생각했다. 그는 키신저의 정책을 매우 유연하고 야심적인 것으로 보았는데 근본적으로 미국의 고립주의는 윌슨의 십자군정신으로 제국주의적 현실주의로 변화했다고 보았다. 경제적 제국주의에 대해서는 미국의 이러한 정책이 세계를 위해 이익을 줄 것이라고 믿었다. 미국은 군사력을 사용하여 화폐 시스템을 부과하여 달러의 우위를 점유했지만, 미국의 파트너들이 자신들 스스로 경제적 자유를 구축하고 자국을 방어할 수 있었다면 이러한 시스템에 동조하지 않았을 것으로 본 것이다. 그러므로 미국의 제국주의적 공화국 시스템은 현실적으로 거부할 수 없는 것이었다. Raymond Aron, *The Imperial Republic: The United States and the World 1945-1973*(Frank Jellinek transl., Washington: University Press of America, 1982).

90) Jean-Vincent Holeindre, "Raymond Aron on War and Strategy: A Framework for Conceptualizing International Relations Today," Jese Colen, Elisabeth Dutartre-Michaut(eds.), *The Companion to Raymond Aron*(New York: Palgrave Macmillan, 2015), pp. 22-23.

를 유지하는 사회적 대립 속에서는 파괴 효과가 제한되어야 했다. 전쟁이 모두 다 죽자고 하는 것이 아닌 이상, 적어도 한쪽을 절멸시키자고 하는 것이 아닌 이상, 파괴의 제한은 보다 정치적인 것이라고 하겠다.

3. 국가 간의 행위 관계와 정치적 자유 보장

여기서 다시 부각시켜 볼 것은 국가를 구성하는 시민의 자유와 국가 간 행위의 관계이다. 미국의 이라크 침공의 목표는 클라우제비츠와 아롱의 생각과는 거리가 먼 것이었다. 상대 국가의 사회를 변화시키고, 그들의 문화적 자유를, 비록 민주주의의라는 고귀한 목적을 가지고 있다 하더라도, 구속할 수 있느냐에 대한 질문은 정당한 것이다.

실제로 미국이 이라크를 침공하면서 추구했던 목표는 이라크 지배계층의 변화를 가져옴으로써 사회의 시스템을 뜯어 고치고 정치문화까지도 바꾸어서 이라크를 서구화하는 것과 다름없었다. 이것은 럼즈펠드의 역사사회적 철학의 부재에서 나온 오류였다고 할 것이다. 역사적으로 팍스 로마나가 가능했던 이유도 이민족의 종교 및 문화 그리고 사상을 인정하고 이용했다는 것에 있다. 다시 말해서 상대의 정치적 자유를 보장했기 때문이었다.[91] 아롱은 당연히 이라크에 대한 미국의 전쟁 목적을 비판했을 것이다.

---

91) 시오노 나나미의 『로마인 이야기』는 이를 잘 해석해주고 있다. 나나미는 "로마인이 1,000년 동안 번영할 수 있었던 것은 타민족에 대한 개방성과 유연함 때문이었다."고 했으며, 로마의 멸망이 상대의 종교를 인정하지 않은 일신교를 받아들인 것에 있다고 보았다. 오화정도 이와 관련하여 "로마는 패자인 동맹국과 속주의 주민들에게 관용을 베풀고, 로마 시민권을 주는 개방정책을 폈다… 피정복민인 적과 노예로부터도 배우는 그들의 개방성은 타의 추종을 불허할 정도였다… 로마인들은 다른 민족의 신을 배척하지 않고 기꺼이 수용했다. 만신전인 판테온은 지중해 모든 나라의 신을 모신 곳이다. 남의 신을 인정한다는 것은 남의 존재를 인정한다는 뜻이다."라고 분석했다. 塩野七生, 日本人へ: 國家と歴史篇(文春新書, 2010); 오화정 편역, 『시오노 나나미의 국가와 역사』(서울: 혼미디어,

그러면서도 미국에 대해서 그의 필요적 제국주의 공화국이라는 최초 입장은 분명하게 고수했을 것이다.

미국의 이라크 침공은 아롱의 역사사회적 철학과는 확실히 배제되는 것이라고 할 수 있다. 왜냐하면 미국의 지나친 힘이 세상을 마음대로 통제할 수 있다는 확신을 가지게 할 수 있기 때문이다. 이것은 아롱의 시각에서는 그가 우려했던 또 다른 '전체주의'의 출현일 것이다. 한 문명과 사회를 뿌리째 흔드는 것은 앞서 언급했듯이 아롱의 사상과 완전히 반대되는 것이다. 그리고 이것은 분명히 아롱이 말한 클라우제비츠의 "정치적 전략"일 수 없었다. 국가 간의 적대관계에서 협상을 통한 평화에 이르는 것은 본질적으로 정치가 작용해야 하고 그 핵심에는 인간의 의지 그리고 사회구성원의 의지가 존재해야 되기 때문이다.[92] 정치적 자유와 연계했을 때 의지에 대한 통제는 중요한 것이다.

물론, 9.11 이후 미국의 이러한 행보를 걱정한 지식인이 없었던 것은 아니다. 그럼에도 불구하고 미국의 이라크 침공은 본질적으로 월트 화이트만(Walt Whiteman)의 시에서 유추할 수 있듯이 미국 자신 스스로 모순적일 수 있지만, 미국은 모든 것을 품을 정도로 매우 덩치가 큰 최강의 세력국가(hyperpower)이기에 문제될 것이 없을 수도 있다. 미국의 힘은 너무 강해서 누구와도 견줄 수 없게 되었고, 또한 이것은 하버드의 조셉 나이(Joseph Nye)가 언급했듯이 미국의 "소프트 파워"에서 나온 것이었다. 군사력에 대해서 로마 이후에 대항할 국가가 없는 것은 처음이었다. 문제는 최고의 힘을 마

2015), p. 10, 221, 233 참조.

92) 아롱은 클라우제비츠가 비록 정치적 전략이라는 용어를 사용한 적이 없지만, 그의 전체적인 의미를 보면 전략은 순수한 군사적 수준이 아니라 정치적 수준을 포함한다고 주장했다. 여기에 작용하는 가장 중요한 요소는 결국 의지라고 보았다. 세부적인 이해를 위해서는 Raymond Aron, "클라우제비츠에 있어서의 정치적 전략개념," 『국제문제』 230(1989. 10월), pp. 52-54를 볼 것.

구 사용하는 유혹에서 이겨내기란 쉽지 않다는 것이다. 견제할 세력도 찾기 힘들다.[93] 냉전 당시의 대립적인 세력이 존재하지 않는 이 시점에서 만일 이러한 힘이 제국주의적인 개입 정책으로 변화한다면, 이것은 '자유주의' 라는 아롱의 근본철학을 달리하는 것이 된다.

물론 미국은 사회학적으로 개혁적이다. 아롱이 지적했듯이, 미국 사회학자들은 미국사회에 대해 동조적이다. 그래서 그들의 동조는 미국사회의 전체적인 우수성을 인정한다. 이러한 특징은 자연스럽게 부분들을 비판하는 형식을 취하게 되고, 이러한 모습은 개혁주의를 표방하는 것이다. 이것은 과거 소련의 학자들이 혁명적이었던 것과는 반대이다.[94] 하지만 이러한 개혁적인 마인드가 부시 행정부의 네오콘들을 중심으로 민주주의 확산이라는 극히 혁명적 모습으로 전환한 것은 모겐소의 이론을 근거로 할 때, 가히

93) 티모시 갈톤 애쉬(Timothy Garton Ash)는 미국의 강력한 힘의 임의적 사용을 우려한다. 따라서 자유민주주의적 입장에서 견제는 중요한데 미국의 일방적인 정책으로 인한 이라크 개입 등은 아랍의 단결과 반미주의를 낳게 될 것을 우려한다. 미국을 견제할 세력은 유럽밖에 없으므로 유럽의 협조적인 견제가 필요하다고 역설한다. Timothy Garton Ash, "US and the Hyperpower," *The Guardian*(April 11, 2002) 참조.

94) 아롱은 미국 사회학은 분석적이고 경험적 방법에 근본을 두고 있다고 보았다. 미국은 전 세계에 대해 개혁주의적이고 미국 사회에 대해서는 개량주의적인 경향이 있다고 주장한다. 왜냐하면 그들의 관심은 우선 미국 사회에 있다는 것이었다. 하지만 분석적, 경험적 방법으로도 혁명적인 변화를 추진할 수 있다고 본다. 왜냐하면 개혁주의적 입장만으로 안 되는 상황이 있을 수 있기 때문이다. 부시행정부의 아랍에 대한 전략은 체제 전복적이었다. 아롱의 관점에서 이를 달성하기 위해서는 전체적 관점을 취하고, 종합적 방법을 채택하며, 특정사회의 본질을 정의하여 그 본질을 배척해야 했다. 아롱이 존재했다면 부시 행정부에 대해 혁명적이라고 평가했을 것이고 정의 없이 본질을 배척하는 노선의 추구에 대해 위험성을 경고했을 것이다. 관련하여 Raymond Aron(1965), p. 16 참조.

제국주의적이라 아니할 수 없다는 점을 보여준다.[95)]

미래와 관련해서 아롱의 철학에서 얻을 수 있는 교훈은 권력(power)과 관계성(relationships)에 대한 것이다. 권력은 인간 및 물질적 자원에서 나온다. 이것을 아롱은 '평화와 전쟁'에서 두 개의 챕터로 다루고 있다.[96)] 중요한 것은 권력은 가지고 있는 것만으로는 적을 격퇴할 수 없다는 것에 있다. 그러므로 권력이라는 것은 소유하는 것이라기보다는 관계성(relationships)을 가진다. 이러한 아롱의 사상은 오늘날에도 명확하게 적용된다고 할 수 있다. 오늘날 분쟁에서 보여주는 것은 아무리 더 우세하고, 더 많은 장비를 보유해도, 그리고 훨씬 훈련이 잘된 군대를 보유해도 자주 실패하고, 결국 정치적 · 전략적으로 상이한 결과를 초래한다는 것이다. 아롱은 1960년대 이미 게릴라 전략이 강력한 국가를 상대할 수 있다는 점을 강조했다.[97)] 따라서 한 국가가 다른 국가의 정치적 자유를 또는 어떤 세력적, 종족적 집단의 정치적 자유를 위협하는 것은 상대가 저항의지를 갖는 한 계속해서 적대 행위를 할 수 있다는 것을 보여주고, 이러한 모습은 미래에도 유효할 수밖에 없을 것으로 판단된다. 이것은 역사를 단정적으로 일반화할 수 없지만 어떠한 패턴이 있다는 의미를 떠오르게 한다.

아롱에게 있어서 상대의 정치적 자유를 구속하는 것은 소위 '분별지의 도덕성(morality of prudence)'을 위배하는 것으로 볼 수 있다. 아롱이 비록 정치현실주의적인 면을 가지고 있었지만, 그가 근본적으로 정치현실주의자들과 다른 것은 국가의 비도덕성을 국제사회에서 합법화할 필요가 있다고 보

---

95) 이에 대해서는 John McGowan, *American Liberalism: an interpretation of our time*(Chapel Hill: University of North Carolina Press, 2007), pp. 124-133.

96) Raymond Aron, *Peace & War*(2009), 'chapter Ⅷ On Number,' 그리고 'chapter Ⅸ On Resources'를 참조할 것.

97) Jean-Vincent Holeindre(2015), p. 24.

지 않았다는 것에 있다. 앞서 언급했듯이 아롱이 본 국가 간의 권력은 짐승들이 정글 속에서 살아가는 그러한 사회적 관계와는 비교할 수 없는 것이고, 따라서 권력에서의 상호 관계는 중요한 것이며, 도덕성이 필요하다. 또한 정치적 역사는 완전히 무자비한 자연상태가 아니었다. 왜냐하면 외교적-전략적 행위는 사상(idea)으로 스스로를 정당화하는 경향이 있기 때문이다.[98] 이데올로기적 이상주의는 역사적 사상을 고려하는 것으로 구성된다. 이것은 양립할 수 없는 정의와 비정의를 지닌 기준이 된다. 예를 들어 스스로의 결정권을 갖는 권리, 민족적 사상 등이 그것이다. 아롱이 『제국주의적 공화국』에서 언급한 윌슨주의의 모습을 떠올려 보자. 실제로 유럽의 역사 속의 평화체제는 이러한 이상 또는 사상의 틀이 존재했던 것을 보여준다. 하워드(Michael Howard)가 연구한 결과는 이와 다르지 않다.[99] 그런데 상대의 정치적 자유를 완전히 박탈한다는 것은 이러한 권리와 사상을 박탈하는 것이 되는 것이다. 이렇게 하면, 이성적 문명 속에서 완전히 비이성적인 자연상태를 표방하는 것이 된다.

상대를 완전히 굴복시키고 노예화한다면 상대의 정치적 자유를 박탈할 수 있을 것이다. 소위 무자비하게 진압하는 것이 성공을 거둔다면 가능할 수도 있을 것이다. 하지만 정치가 인간의 역사와 분리될 수 없다는 것을

98) Jean-Vincent Holeindre p. 581.

99) 하워드는 사상 또는 이데올로기를 근간으로 평화시기를 설명한다. 첫째는 신의 정당성을 근간으로 한 서기 800년 샤를마뉴의 신성로마제국 시기이다. 둘째는 중세 권력구조에 대한 종교적 지지가 와해되고 비판적인 성직자들과 왕의 결속을 배경으로 등장한 베스트팔리아체제, 셋째는 계몽주의와 민족주의가 결합했고 교회와 국왕의 신성한 권위를 믿지 않았지만 질서 회복을 위해 이를 유지한 비엔나체제, 그리고 1945년 이후 민주주의와 공산주의라는 이데올로기를 근간으로 한 평화체제이다. 하워드가 평화를 발명했다고 주장하는 것은 다름 아닌 사상과 이데올로기를 근간으로 하여 발명한 것을 시사(示唆)한 것이라고 해도 과언이 아니다. Michael Howard(2000). 참조.

고려할 때, 역사는 분명히 정치적 자유 박탈에 대해 저항하는 인간들의 모습을 충분히 보였다. 설사 국가가 망해도 그 국민의 후손 마음 속에 여전히 남아있는 상처는 자유와 인간의 관계를 쉽사리 분리시킬 수 없다는 것을 보여주는 것일지도 모른다. 몽고로부터, 청나라로부터 사실상 정복당한 고려와 조선이 여전히 살아남은 것을 생각해 보자. 일본의 민족말살정책에서도 살아남은 민족의 사상은 분명히 존재한다. 아롱의 언급에서 유추하자면 정치적 자유를 박탈하는 것이 불가능하다는 것이 이상주의적 망상일지 모르시난 이것을 무시하면 분명히 역사적 기소(起訴)를 당할 수 있을 것이다.[100)]

그래서 아롱에게 있어서 분별지를 지닌 정치인은 폭력의 제한을 선호하는 사람이어야 했다. 소위 절대적인 정의에 비해 제한된 폭력을 사용하는 것이다. 그는 확실하고 접근 가능한 목표를 추구해야 한다고 보았다. 이것은 국제관계의 세속적인 법률에 적합한 것이어야 한다. 따라서 아롱은 소위 민주주의를 위한 세계 안정 또는 권력정치가 사라진 세계와 같은 의미 없고 무한정적인 목표를 국제관계에서 추구하면 안 된다고 경고했다.[101)] 상대의 정치적 자유를 박탈하는 것 자체가 의미 없고 무한정적인 목표라고 볼

---

100) 아롱의 권력을 추구함에 있어서 사상, 일반 규준, 원칙이 단지 위선이고 실제 효과를 얻지 못한다고 생각하지만, 모든 국제관계가 반드시 힘에 의해 유지된다는 생각을 하는 사람들은 이상주의적 망상으로 기소당한다고 보았다. Raymond Aron, *Peace & War*(2009), p. 581.

101) Bryan-Paul Frost(2013), p. 100. 아롱은 분별지는 정치인의 최고 미덕이라는 것을 명확히 제시한다. 이러한 정치인은 조지 케난의 말을 빌려 정원사가 되어야 하지 기계가 되어서는 안 된다고 언급한다. 관련하여 Raymond Aron, *Peace & War*(2009), p. 585. 아롱의 분별지를 지닌 도덕성은 책임을 지닌 도덕성이다. 분별지 있는 외교관은 혼자의 확신으로 행동하는 것과는 다르게 그의 결정으로 인해 초래될 결과를 항상 고려해야 한다. 무제한적인 것 또는 대체로 의미 없는 목표를 추구하는 것이 되어서도 안 되는 것이다. Bryan-Paul Frost(2015), p. 65.

수 있다.

클라우제비츠의 제한전쟁 사고는 오늘날까지도 지속적으로 영향력을 갖는다. 합리적인 정책으로 전쟁을 수행할 수 있지만, 폭력과 증오, 적개심, 그리고 급격히 커지는 걷잡을 수 없는 어떤 보이지 않는 힘에 의해서 극단으로 달릴 경우 전쟁은 제한되지 않고 "절대전 수준으로 끌어 올려놓은 전쟁" 형식으로 치닫게 될 수 있을 것이다. 패전 국민들이 가지는 내재적 저항과 패배에 대한 부정은 승전국이 거둔 명백한 승리를 서서히 침식시킬 수 있다. 더욱이 이들의 세속적 종교관, 관습을 포함한 정치적 자유는 더욱 그렇게 만들 수 있을 개연성을 갖는다. 그래서 만일 전쟁의 보다 광범위한 정치적 결과들을 기대하기 어렵다면 군사력의 사용은 보다 구체적이고 제한된 목적을 추구해야 할 것이다. 그래서 모든 교전국들이 전략의 원리를 이해하고 학습한다면 당연히 이러한 상태에서는 교착된 지구전이 형성될 것이다.[102]

더욱이 폭력의 제한된 사용은 대량살상무기가 테러조직에 노출될 수 있는 이 시기에 매우 중요한 의미를 갖는다. 정치현실적으로 상대를 인정하고 공생(共生)하는 것은 아롱의 사상에서 전혀 벗어나지 않을 것이다.[103] 미래

---

102) Lawrence Freedman(2013), pp. 215-216. 그리고 Briand Bond, *The Pursuit of Victory: From Napoleon to Saddam Hussein*(New York: Oxford University Press, 1996), p. 47.

103) 리트워크(Robert S. Litwak)는 7세기의 종교적 문화 세력이 오늘날 인터넷, 위성통신, 민간 항공기를 무기화하는 이때 대량살상무기를 지니게 될 경우의 위협을 제시하고 있다. 그는 아롱의 제국주의적 공화국을 언급하면서 미국이 나아가야 할 바를 제시한다. 하지만 리트워크는 키신저의 외교정책을 정치현실주의로만 보고 있다. 그는 실제로 키신저가 중국과 손을 잡은 것이 유연성 있는 분별지를 말해주는 것이라는 점은 간과하고 있다. 그러나 그의 전체적인 주장은 분명하게 미국의 단독주의적 행동이 보다 많은 연합세력들의 도움을 필요로 한다는 것이었다. Robert S. Litwak, "The Imperial Republic after 9/11,"

의 위협은 공생을 요구할 것이다. 그리고 이러한 역사사회적 현상을 고려할 때 미래에도 상대의 정치적 자유를 보장하는 것은 긴장을 이룬 상황 하에서 평화를 유지하게 해주는 분별지(分別智) 있는 노선이 될지도 모른다. 북한이 핵무장을 완성했을 때, 광신적인 집단이 대량살상무기를 획득했을 때를 대비해서 사상적 자유를 일단 보장해 주는 것은 먼 미래를 준비하는 차원에서 이해할 필요가 있다. 인간의 자유추구가 역사의 패턴으로 작용하는 한, 그리고 자유주의의 승리가 역사의 페틴이라면 그렇게 못할 이유가 없을 것이다. 전쟁에서 협상된 평화를 이끌어내기 위해서 상대의 정치적 자유를 보장하는 것이 핵심이라면, 이것이 미래에 정치적 중심(重心, center of gravity)으로 반드시 고려되어야 할지도 모른다.

아롱의 사상을 고려했을 때, 민주주의의 우월성은 분명하다. 하지만 민주주의가 우월하다고 해서, 사상이 완전히 다른 상대에게 민주주의를 폭력적으로 강요하는 것은 아롱에게는 전체주의나 다름없는 것이다. 미국이 민주주의를 확산하려는 것은 소위 후쿠야마의 민주주의 결정론을 바탕으로 한 것으로 볼 수 있다. 생각해보자. 아롱에게 있어서 마르크스의 공산주의 결정론과 이상주의가 잘못되었듯이, 당연히 후쿠야마의 민주주의 결정론도, 존 그레이(John Gray)의 자유주의적 이상주의도 잘못된 것이어야 한다.[104] 자유민주주의가 우수해도 반드시 정치적 행위자들은 "절제(moderation)"를 생각해야 할 것이다. 이 속에서 어떻게 현실주의적인 권력을 추구해야 할지 생각해보자. 인내하고 적이 무너지도록 장기적인 정치적 전략을 펼쳐야 하고, 자신은 사상적 우수성을 확신해야 할 것이다.[105] 그리

Wilson Quarterly(Summer 2002) 참조.

104) 아롱의 자유주의가 결정론적 자유주의나 이상주의적 자유주의와 다르다는 점을 이해하기 위해서는 Brian C. Anderson(2000), pp. 167-194를 볼 것.

105) 아롱은 서구의 자유주의 사상을 아무리 법령과 선전문구를 통해서 막으려

고 모든 것에 대비할 수 있는 군사적 유연성을 유지해야 할 것이다.[106] 이러한 시각은 아롱이 클라우제비츠의 정치적 전략을 이해할 필요성을 역설한 배경에서 발견될 수 있다.[107]

제3절 동맹체제

1. 동맹 형성

동맹의 중요성은 투키디데스의 펠로폰네소스 전쟁사에 잘 묘사되어 있

고 해도 막을 수 없다고 보았다. Raymond Aron, *In Defense of Decadent Europe*(New Brunswick: Transaction Publishers, 1979), p. 258. 경제적으로 풍요로운 자유주의체제와 이데올로기로 무장한 전체주의체제의 대립에서 자유주의체제가 승리하기 위한 조건을 이해하기 위해서는 pp. 243-263을 볼 것. 앤더슨은 아롱의 저서 In Defense of Decadent Europe에서 서구는 경제적 성장만으로는 전체주의의 위협에 맞서서 이길 수 없다고 보았다는 점을 강조한다. 특히, 아롱은 전체주의 체제에 의한 정신적(spiritual) 그리고 군사적 위협에 직면했을 때에는 능동적인 시민정신으로 대항하고 아울러 마키아벨리의 용기(virtu)도 지녀야 한다고 보았다고 했다. Brian C. Anderson(2000), p. 177 참조. 아울러 Raymond Aron, *Thinking Politically*(New Brunswick: Transaction Publishers, 1996) p.333 "The Relations Between Totalitarianism and Democracy" 부분을 참조할 것. 이러한 자료들을 통해 아롱이 사상적 우수성에 대한 확신을 중요시 여겼다는 점을 이해할 수 있을 것이다.

106) 아롱의 이와 관련된 사상을 이해하기 위해서는 Joël Mouric(2015), pp. 80-81을 볼 것.

107) 아롱은 클라우제비츠의 정지적 전략이란 군사적 및 비군사적인 모든 것을 종합하여 전쟁에서의 목표를 달성하기 위한 것이라고 말하고 있다. Raymond Aron(1989. 10월). 참조.

다. 기원전 461년 아테네의 정치인 페리클레스는 동맹의 범위를 확장하지 않고 현재의 제국을 유지하려고 노력했다. 그리하여 기원전 460년에서 445년까지 계속된 전쟁을 치르고 30년간 휴전하기로 합의했다. 이러한 관계가 틀어진 이유는 약한 쪽이 더 많은 이익을 보면서 힘을 강화하는 정책 때문이었다. 아테네는 동맹국들로부터 많은 이익을 사실상 강제했고, 동맹국들을 보다 아테네적으로 바꾸길 원했다. 아마 이러한 모습은 오늘날 민주주의의 이념으로 세계를 구성하려 하면서 한편 트럼프 행정부가 미국의 이익을 우선시하는 미국의 노력과 비유될 수 있을지도 모르겠다.[108]

이미 언급했듯이, 사실상 인류의 역사는 새로운 국제시스템이 평화를 발명할 때까지 지속적인 전쟁을 치렀다고 할 수 있다. 왜 정치가 중요한가를 생각해보자. 군인들은 단기결전을 자신해야 할 것이다. 아마도 자신의 권좌를 유지하기 위한 것도 있을 것이고 이것이 군인답다고 믿을 수도 있기 때문일 것이다. 군인들은 일반적으로, 마치 독일의 전략가들이 그랬듯이, 단기결전이 정치적으로 그리고 경제적으로 유리한 이익을 줄 것이라고 말할지도 모른다. 이렇게 한다면, 결과는 어떤 양상으로 펼쳐질 것인가를 생각해보자. 한 예로, 미국에서 또는 심지어 한국에서 보듯이 군대는 지속적으로 더 좋은 무기, 더 많은 무기 그리고 결정적인 무기를 요구할 것이다.[109] 이러한 요구는 전면적인 전쟁을 수행하건 게릴라전을 수행하건 테러와의 전쟁을 수행하건 동일한 모습으로 나타날 것이다. 그러나 전쟁은 여

---

108) The White House, "America First Foreign Policy." 참조. https://www.whitehouse. gov/america-first-foreign-policy(검색일: 2017. 5. 18).

109) 육사 38기 카페에 정치학 박사 장순휘의 글 참조. 장순휘, "국방개혁2014~2030을 위한 국방예산이 절대 부족하다." http://cafe.naver.com/kma6438/2950(검색일: 2017. 5. 18). 아울러 참여연대의 한반도평화보고서 분석내용인 이태호, "시민의 입장에시 평가한 국방개혁 2020." http://www.peoplepower21.org/Peace/572555(검색일: 2017. 5. 18) 등을 참조할 것.

러 가지 정치적 수단 중 하나에 불과하다. 정치가 문명국가의 전쟁을 조정할 것이며, 비록 비국가화된 테러집단과 대립한다고 해도 결국 정치가 대결 상황을 종결하는 가장 확실하고 유용한 인간의 소유물일 것이다. 왜 맥그리거가 미국의 군대를 트랜스포메이션하면서 군인이 아닌 민간인이 나서야 한다고[110] 강하게 주장했는지 쉽게 알 수 있지도 모르겠다.

국제사회의 세계 속에서 정치는 외교적인 노력과 병행하여 수행될 것이며 결국 동맹을 계속 중요하게 만들 것이다. 윈스턴 처칠이 언급했던 "동맹국을 전투현장으로 이끌어내는 작전은 대규모 전투에서 승리를 거두는 것만큼 유용하다. 아무리 중요한 전략적 정당성을 주장할 수 있는 작전이라고 하더라도 잠재적인 위험을 안고 있는 중립국을 회유하거나 윽박지르는 일에 비하면 가치가 낮다."는[111] 말은 역사를 통해 자명한 사실로 인식될 수 있다. 독일이 프랑스에 대해서 전격적인 승리를 거두었지만, 대서양의 동맹들에 대해서 동시에 전격적 승리를 한 것은 결코 아니다. 전격전과 같은 작전술이 프랑스에 대해 승리를 거두었지만,[112] 결국 독일은 미국, 영국 그리고 소련이 합세한 연합전력을 이겨내지 못했다. 다시 말해서 이러한 사실은 작전적 차원은 전략적 차원의 하위라는 것을 증명한 예라고 하겠다.

동맹관계가 아니라도 협조관계조차 국제사회에서는 매우 중요한 역할

---

110) 맥그리거는 트렌스포메이션에서 군대의 고질적인 문제를 지적하는데 그것은 자기 보존적이고 자기 합리적이라는 것이었다. 그리고 자신들의 이익관계를 벗어나지 못한다고 보았다. 미국 군대가 야근을 많이 해서 열심히 하는 모습을 보이거나 장군을 잘 만나서 인맥을 쌓는 경우 이익을 본다는 것을 사실상 노골적으로 지적한다. 그래서 그는 군인이 아닌 민간인이 나서야 군을 개혁할 수 있다고 주장한다. Douglas A. Macgregor(2003), pp. 365-368 참조.

111) Lawrence Freedman(2013), pp.300-301 재인용.

112) 전격전은 군사전략으로 볼 수는 없다. 리델하트의 간접접근은 사실상 작전적 수준이라고 이해해야 한다.

을 한다는 것에 의심의 여지를 둘 수 없다. 테러와의 전쟁은 국제적 공조의 중요성을 입증해 보인다. 예를 들어, 2001년 11월 25일 STOM(Ship to Objective Maneuver), 소위 '함선으로부터 목표 기동' 개념을 적용한 작전이 성공할 수 있었던 것은 국가 간의 협조에 있었다. '특수임무부대(Task Force) 58'은 400마일을 헬기로 기동하여 아프가니스탄에 진입하고 전방작전기지를 설치하는 데 성공한다. 이러한 성공이 가능했던 이유는 파키스탄의 협조로 인해 비행장 사용 및 재급유 지원이 가능했던 것에 있다.[113)]

베스트팔리아 이전 시대에 베게티우스(Vegetius)는 적과 싸워 무릎을 꿇리는 것보다 적을 굶겨서 스스로 항복하게 하는 것이 바람직하다고 보았다. 그는 굶주림이 칼보다 더 무서운 것으로 생각했다. 그래서 전투를 마지막에 선택해야 한다고 했다. 이러한 장기적이고 지구적인 전략은 중세를 기해 많이 강조되었다. 비잔틴 황제였던 마리우스의 병법도 속임수, 기습, 굶주림으로 적에게 타격을 주고 전면전을 하지 말라는 것이었다. 전면전은 용기의 과시가 아니라 행운의 과시였다.[114)]

모리스 드 삭스의 경우는 정치적인 요소들이 군사적인 요소들보다 더 중요하다고 했다. 그래서 그는 전투를 회피하면 적을 맥 빠지게 하여 상황을 호전시키고 소규모 교전을 자주 벌여 적을 분산시키라고 했다. 100년 전쟁에서 정치가 전면에 부상했다. 영국은 프랑스에 있는 자신의 동맹자들을 최대한 활용했고, 프랑스도 스코틀랜드를 부추겨서 영국에 부담을 주었다.[115)]

베스트팔리아 이전의 전략도 동맹 또는 협조의 관계가 중요했다. 이것

113) Austin Long, "The Marine Corps: sticking to its guns," Harvey Sapolsky, Benjamin Friedman, Brendan Green(eds.), *US Military Innovation Since the Cold War: Creation Without Destruction*(New York: Routledge, 2009), p. 129.

114) Lawrence Freedman(2013), pp. 124–125.

115) Lawrence Freedman(2013), p. 126.

은 정치적인 것이 전면에 등장해야 함을 의미하는 것이었다. 따라서 4세대 전쟁을 주장하는 사람들의 말대로 오늘날 국제사회가 베스트팔리아 체제를 벗어난 듯해도 비국가적 단체와의 전쟁양상 역시 이러한 정치적인 것을 요구할 것이라는 점은 역사적 패턴이라고 할 수 있을 것이다. 미래의 전쟁은 베스트팔리아 이전의 그리고 그 이후의 이러한 역사적 패턴을 벗어나지 못할 것이다.

냉전 이후에 미국이 최고의 세력이 되면서 클린턴 행정부는 개입과 확대 전략을 추진했다. 자유경제와 민주주의 확대라는 양대 축을 구축하고자 했다. 여기서 주목할 것은 나토의 미래를 결정하는 것이었는데 클린턴 행정부의 나토의 기능은 민주주의를 확산하기 위한 기반이 되는 것이었다. 미국은 장기적인 목표를 설정하여 미국 주도 하에 민주주의 사회를 보급하고자 했다. 그래서 나토는 필요한 것이었다.[116]

아롱의 시대에도 나토는 정말 중요했다. 아롱은 북대서양 동맹결속에 대한 모호한 태도에 대해 반대했다.[117] 아롱이 군사동맹에 대해 중점적으로

---

116) 이와 관련하여 클린턴의 자유경제 정책에 대해서는 Stephen E. Ambrose and Douglas G. Brinkley, *Rise to Globalism: American Foreign Policy Since 1938, Eighth Revised Edition*(New York: Penguin Books, 1997), pp. 398-427. NATO 팽창 관련해서는 Alison Mitchell, "Clinton Urges NATO Expansion in 1999," *The New York Times*(Oct. 23, 1996). 특히 NATO가 민주주의 확산에 기여한다는 점은 허치슨(Kay Baily Hutchison) 상원의원의 "나토의 확장이 어떻게 유럽인과 미국인의 안전을 향상시키는가?" 라는 질문에 대해 클린턴 행정부는 유럽에서 민주주의의 역사적 이득을 안전하게 도울 것이라고 답했다. Arms Control Association, "The Dabate Over NATO Expansion: A Critique of the Clinton Administration's Responses to Key Questions"(September 1, 1999) http://www.armscontrol.org/act/1997-09/nato(검색일: 2017. 6. 29).

117) Raymond Aron, "French Public Opinion and the Atlantic Treaty," *International Affairs*, Vol. 28, Issue 1(January, 1957).

다루지는 않았지만 그렇다고 그가 동맹의 의미를 소홀히 한 것은 아니다. 그는 국제시스템을 헤테로지니어스 체제와 호모지니어스 체제로 분류했고, 이것은 근본적으로 국제사회의 대립성과 관계를 갖는다. 그 속에는 이미 동맹의 의미가 내포되어 있다. 아롱은 모든 국가들의 국민들이 동일한 세계정부를 주장하지 않는 한 국제사회는 이질적일 수밖에 없으며, 이러한 이질적인 국제사회에서 종주국(宗主國)과 다른 이데올로기를 가진 나라는 적국의 동맹국으로 간주(看做)된다고 보았다는 점은 동맹 형성의 본질적 모습이라고 하겠다.[118] 또한 아롱은 프랑스의 4공화국에 대해 비록 그것이 약체였지만, 상당한 공헌을 했다고 보았는데 첫째는 인도차이나에서의 분쟁을 종결한 것이었고,[119] 둘째는 미래의 유럽연합을 건설한 것이었으며,[120] 셋째는 나토 동맹에 가입한 것이었다.[121] 아롱에게 특히 나토의 가입은 앞으로 예상되는 소련이라는 대규모 그리고 공격적인 동맹체제에 대항하여 생존하기 위한 필수불가결한 선택이었다.

아롱은 동맹을 두 가지 부류로 분류했는데, 그 전제는 동맹 간의 잠재적인 경쟁(potential rivalries)이었다. 먼저 영구적인 동맹(permanent allies)을 말하면서 아롱은 미국과 영국의 관계를 예로 들고 있다. 그들 간에는 이익에 대

---

118) Raymond Aron(1989. 12월), p. 93.

119) 디엔비엔푸 전투에서 프랑스군이 패배한 이후 프랑스 국내외적으로 종전의 요구가 강해졌고, 인도차이나 식민지 전쟁에서 20만이 넘는 피해를 입은 프랑스는 피에르 망데스 정권에 의해 1954년 제네바 합의를 통해 베트남의 독립을 인정했다.

120) EU의 전신인 유럽 철강 석탄 공동체(ECSC) 창설을 주도했다.

121) Bryan-Paul Frost, "An Introduction to Raymond Aron: The Political Teachings do the Memoirs," Bryan-Paul Frost, Daniel J. Mahoney(eds.), *Political Reason in the Age of Ideology: Essays in Honor of Raymond Aron*(New Brunswick: Transaction Publishers, 2007), pp. 295-230.

한 약간의 분쟁이 있어도 가까운 미래에 상호 적대세력이 될 것으로 생각하지 않았다. 영국의 현명한 지도자들은 영국이 바다에서 지배력을 상실하면 미국이 이를 대신할 것을 받아들일 수 있는 것으로 보았다는 것이 이를 증명한다. 반면 필요에 의한 임시적인 동맹(occasional allies)은 동맹국이 강해지면 장기적으로 위협이 되는 관계이다. 이들 관계에는 공동의 적에 대한 대항 외에 이를 강하게 연결해줄 것이 없다. 예를 들어 보자. 루즈벨트는 영국과 프랑스를 제국주의국가로서 영원한 적으로 보았지만, 실제는 공동의 적을 위해 싸웠던 소련이 영구적인 적이었다. 다시 말해서 임시적 동맹은 깊게 보면 영구적인 적이 될 수 있는 것이다.[122]

임시적 동맹은 오늘날 테러와의 전쟁에서 의미를 가질 것이다. 미국은 여전히 지배적인 위치를 점하고 있다. 그러므로 자유우방국가에서는 영구적인 동맹 대상으로 생각할 수 있겠다. 아롱의 입장에서 볼 때 한국에게 미국은 영구적인 동맹이어야 할 것이다. 왜냐하면 미국은 지리적으로 접하고 있지 않고, 가장 강력하기 때문이다. 반면 중국이 강해지는 것은 한국에게는 바람직하지 않다. 아롱의 입장에서 본다면, 중국은 임진왜란과 같은 사건이 발생했을 때와 같은 상황에서 임시적인 동맹으로 가치가 있을 뿐이다. 미국이 민주주의 확산을 지속적인 전략목표로 할 때, 미국은 임시적인 동맹을 많이 필요로 할 것이다. 테러와의 전쟁은 이에 대한 요구를 강화시키고 있다.[123] 특히 칸티안적 입장에서 볼 때, 민주주의 확산과 임시적 동맹

---

122) Raymond Aron, *Peace & War*(2009), pp. 27-28.

123) 테러와의 전쟁을 수행하면서 럼즈펠드의 경우 한 국가가 리드하고 대의명분이 옳다면 다른 국가들도 계속 따를 것이라고 주장했다. 황과 파시코란은 미국이 동맹 그리고 타국가의 지원을 받아 테러와의 전쟁을 수행하는 것이 군사적, 경제적, 자원적 모든 측면에서 바람직하다고 주장한다. 특히, 아시아의 동맹국의 역할이 상징성을 가질 것으로 본다. Balbina Hwang and Paolo Pasicolan, "The Vital Role of Alliances in the Global War on Terrorism,"

은 상호 간 위험을 방지할 것으로 보인다.

아롱적 입장에서 볼 때, 동맹을 형성해야 하는 이유는 간단하다. 다양한 방법일수록 다양한 능력을 필요로 한다면 정치가는 동맹을 강화하여 유리한 상황을 만들어야 한다. 동맹은 다양한 능력을 줄 수 있다는 것을 인식해야 한다. 이것은 모든 것에 대비해야 한다는 아롱의 생각과 맥을 같이 한다. 일반적으로 성공하는 전략은 적이 동맹을 결성하지 못하도록 하고 자기의 동맹을 강화할 줄 아는 정치적 분별지에 달려있다. 동맹은 전쟁을 단기화시키는 것을 분명히 방해한다. 아무리 혁혁한 승리를 거두어도 평화를 어떻게 지속하고 보장할 것인가, 그리고 패전국을 어떻게 처리할 것인가 하는 문제는 군사전략을 넘어서는 문제이다.[124] 또한 동맹은 국제사회에서 법적인 능력을 보강한다는 점도 인식해야 한다.

2. 힘의 관계와 동맹의 상대적 배열

동맹관계를 위협하는 것은, 아롱에게는 한마디로 경쟁이었다. 모든 동맹의 파트너들은 전쟁의 승리를 통해 동일한 결과를 얻지 못한다. 논리적으로 동맹국가들은 자신들을 소모시키게 된다. 이 상태에서 동맹국가들 사이에서 경쟁 상황이 존재한다. 파트너가 상대적으로 강해질 수 있기 때문에 동맹의 효과는 치명적으로 감소될 수 있다. 따라서 아롱에게 동맹은 두

The Heritage Foundation(Oct. 24, 2002). 바이만은 미국의 동맹 관련하여 테러와 전쟁을 수행하면서 미국은 어떤 새로운 동맹이 필요하고, 어떤 과거 동맹이 덜 중요한가? 그리고 이에 따라서 어떤 정책과 제도적 변화를 가져와야 하는가에 대해서도 충분한 검토가 필요하다는 주장을 펼친 바 있다. Daniel Byman, "Remaking Alliances for the War on Terrorism," *The Journal of Strategic Studies* Vol. 29, No. 5(October 2006), pp. 767-811 참조.

124) Lawrence Freedman(2013), pp. 500-501. 이와 관련하여 아롱의 인간행동학과 연계시킬 수 있다.

가지 고려사항이 병존했다. 하나는 자신의 이익이고 또 다른 하나는 공동의 대의에 기여하는 것이다. 그러므로 동맹은 가급적 매우 중요한 곳에 힘을 집중해야 한다.[125] 이러한 관계로 동맹은 그 이면에 항상 깨어질 수 있다는 전제를 생각해야 한다. 그럼에도 불구하고 동맹은 만들어진다. 아롱에게 동맹의 등장은 국제시스템에서 자연스러운 것이었다. 동맹의 국제시스템은 조화를 이루지만, 그 속에서 국가 간의 결속은 하나의 경쟁이 되는 것이었다.[126] 그리고 이러한 국가 간의 결속은 항상 소수에 의해 독점적으로 이루어진다고 보았다. 다시 말해서 주요행위자는 소수가 되는 과두적 시스템을 이룰 것으로 보았다. 역사를 보면 매 시기마다 시스템은 주요행위자에 의해 결정된다는 것이었다.[127] 예를 들어, 펠로폰네소스 동맹체제도 실제로 주요국가에 의해 결정된 것이라고 할 수 있다.

그렇다면 동맹의 의미를 다시 생각할 필요가 있다. 핵무기가 존재하는 세계 속에서 궁극적으로 정치적 이성을 살리고 살아남기 위해서 국가는 힘의 균형을 추구하는 상대적 배열을 고려하지 않을 수 없을 것이다. 아롱에게 있어서 동맹의 의미는 첫째는 전통적으로 유지됐던 군사-정치적인 측면의 참여가 이루어진다는 것이다. 그리고 둘째는 동맹은 반드시 지리적인 위치에 결정적인 영향을 받지 않지만, 힘의 배열에는 영향을 미친다는 것

---

125) 아롱은 예를 들어 인도차이나와 알제리를 비교한다. 인도차이나에 프랑스가 힘을 많이 집중한 것은 동맹에게 위험을 줄 수 있었지만, 알제리는 오히려 프랑스가 힘을 많이 집중하여 프랑스의 사단 다수를 투입했어도 얇아진 방어 밀도로 인해 소련과의 전쟁 위험을 나토가 크게 받지 않았을 것으로 보았다. 즉, 동맹이 추구하는 이익과 그에 따른 공헌이 항상 다를 수 있다는 것을 지적했다. Raymond Aron, *Peace & War*(2009), p. 44.

126) Raymond Aron, *Peace & War*(2009), p. 94.

127) Raymond Aron, *Peace & War*(2009), p. 95.

이다.[128] 지리적 힘의 배열은 국가 간에 인접해 있다고 해서 결정적인 영향을 미치는 것이 아니다. 더욱이 아롱에게 핵과 미사일이 존재하는 세상은 더욱더 지리적인 거리가 중요한 것이 아니었다. 그래서 아롱에게 강대국 미국은 중요한 세력이었다.

아롱에게 원래 또는 영구적인 친밀성, 또는 적대성을 부여하는 것은 어떤 힘의 관계를 나타내는 지도를 설계하는 것이었다.[129] 힘의 관계가 변화하면 정책은 변화해야 하는 것이었다. 프랑스 주변국을 예로 들었을 때, 어떤 하나의 유럽 국가는 자신의 동맹을 정당화하기 위해서는 당연히 프랑스보다 강력해야 했다. 독일의 경우 프랑스와 대적하기 위해서는 프랑스보다 강력한 프랑스의 적을 동맹으로 맺어야 했다. 소련이나 폴란드가 당시 서독이나 또는 통일된 독일에 대해 적대적인 것은 어리석은 것이나 다름없었다. 이러한 관계 속에서 보면, 프랑스는 당연히 독일과 밀접해야 하는 것이었다. 하물며 독일을 더욱 약화시키는 행위는 전체주의 국가인 소련을 상대하면서 합리적일 수 없었다. 따라서 아롱은 힘의 관계가 변화하면 이에 따라 등장하는 정책은 이성적으로 달라져야 한다고 본 것이다.[130]

물론 지리적인 위치가 전혀 중요하지 않은 것은 아니다. 한국이 오랜 역사 기간 동안 중국의 영향력 하에 생존할 수 있었던 것은 완전히 부정할 수 없는 사실이다. 저물어가는 송나라보다 지리적으로 접근하기 쉬웠던 요나라, 그리고 저물어가는 명나라와 지리적으로 가까웠던 청나라의 관계를 유

128) 아롱은 국제시스템을 다루면서 힘의 관계의 상대적 배열에 대해 말하고 있다. 여기서 그는 군사적 정치적 참여가 언어적 대화능력보다 더욱 중요하다고 보았다. 다시 말해서 국제시스템 속에서는 물리적인 거리, 문화 또는 언어와 같은 정신적 차이보다는 정치적 군사적 관계가 더 앞선다고 본다. Raymond Aron, *Peace & War*(2009), p. 95.

129) 이러한 측면에서 아롱은 스파이크먼의 이론에 비교적 가까운 입장을 보인다.

130) Raymond Aron, *Peace & War*(2009), p. 97.

지한 것이 지리적인 위치의 중요성을 보여준다. 하지만 미국은 지리적으로 멀리 떨어져 있다. 중국과 러시아 그리고 일본은 매우 가깝게 위치하고 있다. 만일 지리적인 거리가 결정적이라면 미국은 한국과 동맹으로서 적합하지 않았을 것이고, 따라서 6.25 전쟁에서 공산세력의 침략을 이겨내지 못했을 것이다. 힘의 관계를 지도에 설계(projection)하는 것은 사실상 지정학적인 관계 이상의 지리전략적(geostrategic)인 관계를 포함하는 것이라고 할 수 있다. 일반적으로 지정학적으로 한국의 위치를 불리하게 보는 경향이 있다.[131] 하지만 아롱적 사상을 기초로 하여 미국의 대(對) 중국 포위작전 속에서 한국의 위치를 본다면,[132] 한미동맹이 세계지도 속에 아롱적으로 힘의 관계를 설계한다면, 지리전략적(geostrategic)으로 상당한 의미를 가질 수 있다.[133]

각 나라들의 위치는 어떠한 의미를 갖는 것인가에 관해서 앞서 일부 언급했듯이, 아롱은 가장 강력한 국가가 원거리에 있는 경우 덜 걱정해도 된다고 본다. 반면 가까운 나라는 만일 영구적인 동맹이 아니라면 적이 되기

131) 매우 많은 분석가들은 한국의 지정학적인 위치에 대해 불리점을 강조한다. 물론 이러한 점이 오히려 잘 이용하면 이득이 될 수 있다고 보지만, 기본적인 전제로 불리점은 항상 기저에 두고 있다고 하겠다.

132) 이에 대해서는 김정민, "국제정세 속에서의 한국"(ITI, 2017) 참조. https://www.youtube.com/watch?v=4B9CtzRdzAI(검색일: 2017. 10. 23).

133) 이와 관련하여 EungJo Do, *The Gando Dispute and the Future of Northeast Asia's Stability*(USAWC, 2011) 참조. 이 논문에서는 한국의 위치에 대해 특히, 간도지역의 지리전략적 의미와 함께 한미동맹이 가질 수 있는 전략적인 이점을 간접적으로 제시하고 있다. 간도는 지리적으로 가까운 중국과 러시아를 접하고 있는 지정학적 특성을 갖지만 지리전략적으로 미국이 중국을 견제하기 위해서 아주 중요한 지역이라는 것이다. 따라서 지리적으로 원거리에 위치하지만 미국의 전략적 포위에서 벗어나려는 중국에게 사활적인 위협을 부과할 수 있다고 본다. 따라서 일반적으로 한국의 위치를 지정학적으로 불리하다고 볼 수 있지만, 전략적으로는 그렇지 않다고 볼 수 있는데 이것은 아롱의 소위 힘의 상대적 배열과 관련되는 것이라고 하겠다.

쉽다고 보았다. 실제로 한반도 상황을 보면 역사적으로 가까이 위치한 나라들과 영구적인 동맹을 유지하지 못했을 때 항상 적이 되었다는 것은 사실이라는 점을 발견할 수 있을 것이다. 하지만 아롱은 공간이라는 것은 외교적 중요성을 갖는다고 보았다. 강대국과 약소국의 국지적인 군사력 배치, 안정적인 국가와 비안정적인 국가의 배치, 정치군사적으로 민감한 지역, 평화구역에 대한 기능적인 중요성을 갖는다는 것이다.[134)]

힘의 관계와 동맹의 상대적 배열을 최근 이슈가 되었던 사드배치와 연계해서 생각해보자. 만일 사드를 독도에 배치했다면, 힘의 관계에서 볼 때, 중국의 도련선 개념에 의한 방어에 커다란 위협을 줄 것이다. 그리고 한국과 미국의 함대가 지키는 독도는 자연스럽게 한국 땅임을 기정사실화 해주면서 한일 간의 외교적 마찰도 줄여줄 수 있을 것이다. 그렇게 함으로써 동맹의 가치를 더욱 높일 수 있을지 모른다. 동해에 위치한 한국, 미국, 그리고 더 나아가 일본의 함대 배치는 중국의 방어선–반접근/접근거부전략(A2AD: Anti–Access Area Denial)을 기초로 한 도련선[135)]–의 측방을 노리는 상대적 배열이 된다. 중국의 제1도련선과 제2도련선의 동측은 한국과 일본을 종점으로 하고 있기 때문이다. 만주를 직접 위협할 수 있는 수준의 의미도 가지고 있다.[136)]

동맹은 아롱과 스파이크먼의 이론을 기초로 할 때, 현재 및 잠재적국을 포위하는 배열 또는 배치를 고려하여 맺는 것이 바람직할 것이다. 예를 들어, 미국은 일본을 포위하는 모습이다. 만일 한국이 현재 상태에서 동맹의

---

134) Raymond Aron, *Peace & War*(2009), p. 97.

135) 중국의 도련선 방어에 대해서는 네이버 블로그(안시성 645년 그날), "중국이 사드를 반대하는 이유." https://m.blog.naver.com/PostList.nhr?blogId=cnc9778(검색일: 2017. 12. 19).

136) 독도가 작아서 사드를 배치 못한 이유가 없다. 이미 일본이나 중국이 인공심을 만들었던 것을 생각해보면 문제될 것이 없다.

상대적 배열을 고려하여 장차 관계를 강화해야 한다면, 중국 저 너머의 카자흐탄, 우즈베키스탄과 같은 중앙아시아 국가들이 아롱적으로 볼 때, 보다 의미를 가질 것으로 생각할 수 있다.

3. 방어적 동맹

아롱에게 동맹은 국제사회를 구성하는 매우 긴요한 시스템이었다. 그런데 동맹은 군사적 대결의 결과를 대부분 이끌어 왔다. 아롱이 볼 때, 이것은 도덕적 신중성의 결여가 원인이었다. 그리고 계산의 착오 때문이었다고도 할 수 있다. 그렇다면 국가의 생존과 연관시켰을 때 공격적인 동맹이 방어적인 동맹보다 바람직하다고 볼 수 없을 것이다.

대부분의 역사적 사례는 공세에 매력을 느꼈던 것으로 보인다. 예를 들어, 공세적 섬멸을 추구했던 결전이었던 칸나에 전투의 영향은 엄청나다. 독일은 이 영향을 확실히 받았으며, 이 결과 전통적으로 공세적인 동맹과 함께 섬멸전 전략을 추구했다. 몰트케의 경우 독일은 미래전쟁에서 빠르게 승리를 거두어야 한다는 생각을 가졌다. 이러한 전통은 독일의 많은 군인들에게 깊이 뿌리내려졌다.[137] 특히 쉴리펜은 공세를 위해서 수적 우위에 대해 우려하면서도 수적 우위를 행동으로 실천할 것을 강조했다. 수적 우위 달성을 위해 그는 철도에 의존했던 몰트케의 작전을 그대로 섭렵하려고 했다. 쉴리펜의 공세적 작전계획은 수정되었고, 소 몰트케에 의한 제안이 반영되었다. 소 몰트케는 프랑스와의 전투에서 이번 전쟁의 승패가 결정될 것으로 보았다. 그 결과는 가혹했다. 2차 대전 역시 다르지 않았다. 1차 대전의 강박관념, 즉 먼저 프랑스를 패배시켜야 한다는 것은 2차 대전 당시 섬멸전략의 기본적인 가정이었다.[138] 그러나 2차 대전에서 초기에 성공적이

137) Lawrence Freedman(2013), p. 251.

138) Lawrence Freedman(2013), p. 253.

었던 독일은 1941년 이후 패배하기 전까지 사실상 방어작전을 수행했다.[139)]

결전은 이미 살펴본 바대로 섬멸전략에 가깝다. 반대로 장기지구전은 소모전략에 더 가깝다.[140)] 소모전략을 구현한 경우, 상대를 더 이상 공세적 행위를 하지 못하도록 만드는 최종상태를 기본 가정으로 한다.[141)] 그러므

---

139) 이것 때문에 독일은 3년을 견딜 수 있었다. 독일이 적용한 방법은 소위 기동방어라고 하는 것인데 이러한 기동방어를 특히 자전적 수준으로까지 다양하세 펼치려고 힘겹게 노력했다. 만슈타인은 동부전선에서 방어적인 작전을 주장했던 대표적인 인물이었다. Erich von Manstein, *Lost Victories*(St. Paul, MN: Zenith Press, 2004): 정주용 역, 『잃어버린 승리: 만슈타인 회고록』(고양: 좋은 땅, 2016) 참조. 러시아 전역에서 전차 전력을 거의 잃은 독일은 방어적인 병과인 보병의 초인적인 전투에 의지할 수밖에 없었다. 보병은 방어적인 병과이다. 보병의 이러한 전투에 대해서는 Steven H. Newton, *German Battle Tactics on the Russian Front, 1941–1945*(Atglen, PA: Schiffer Publishing Limited, 1994) 참조. 심지어 전술적 수준에서 조차 독일의 기동방어를 수행하려는 노력은 처절할 정도였다. 예를 들어 타글스 프러모스 전투는 본부요원까지 투입하면서 기동방어를 성공시켰던 처절한 전투였다. 이 전투에 대해서는 Richard Simpkin(1979), pp. 45–47 참조.

140) 만일 섬멸전략을 기초로 결전을 수행한 공격자가 적을 완전히 살상하고, 적국을 완전히 파괴한다면 이것은 섬멸전략을 통해서 소모전략으로 만들어낼 수 있는 최종상태를 구현한 것이 될 수 있다. 즉 매우 짧은 시간에 나의 손실을 최소화하면서 적을 무자비하게 제거하는 것이다. 이것은 마치 아쟁꾸르 전투의 현상을 키건이 묘사했듯이 적의 포로를 완전히 살상함으로써 적이 재기(再起)하지 못하도록 하는 비이성적 전쟁을 수행할 때만이 가능할 것이다. 클라우제비츠는 비이성적인 전쟁을 반대했다고 할 수 있다. 아쟁꾸르 전투에 대해서는 John Keegan, *The face of battle: a study of Agincourt, Waterloo, and the Somme*(New York: Penguin Books, 1986): 육본 번역, 『전쟁의 실상』(대전: 인쇄창, 1986) 참조, 이성적 전쟁관련해서는 Carl von Clausewitz, *Vom Kriege*(1991, 1992), p. 35 참조.

141) 이것은 공세종말점을 의미한다. 현대 교리에서도 여전히 사용하고 있다. 미국은 공세종말점을 야전교범 100–5에서 공격자의 전투력이 방어자의 전투력을

로 이러한 논리라면 섬멸전략은 공격에 가깝고 소모전략은 방어에 가깝다고 볼 수 있다. 클라우제비츠의 이론을 기초로 했을 때 섬멸전략보다 소모전략이 더욱 강한 전략의 형태라고 결론지을 수 있을 것이다. 앞서 분석했던 바대로 클라우제비츠는 방어를 더욱 강력한 형태로 보았다.[142] 그리고 역사적으로 앞서 언급했던 1차 대전, 1941년 이후 2차 대전, 6.25 전쟁 외에도 과거 1870년 세당전투,[143] 미국의 남북전쟁 등[144] 수많은 소모적인 전쟁

압도적으로 능가하지 못하여 더 이상 공격을 계속 하지 못하는 시점으로 본다. 지나친 병찬선 신장의 위험, 역습 및 패퇴의 위협을 받을 수 있는 것으로 묘사한다. U.S. Army, *FM-100-5, Operations*(US Army, 1986).

142) 클라우제비츠가 방어를 더 강하게 본 이유는 다음과 같은 것들이 있다. 특정지점에서 방어자가 예상보다 강력하면 역습을 당할 수 있다는 점. 유리한 지점을 활용할 수 있고 짧은 보급선, 지역 주민의 도움 특히, 정보와 보충병력의 원천이 된다는 점. 공격이 성공해도 점령군에 대해 게릴라전과 폭동을 계속 가할 수 있다는 점. 방어 국가가 항복하지 않고 버틴다면 다른 국가들이 나서서 공격자에 대항해 동맹을 결성할 수 있다는 점. 마지막으로 세력 균형의 측면에서 어떤 국가가 다른 국가의 공격을 받고 위기에 몰리면 공격한 국가의 힘이 너무 강해지는 것을 우려하여 이를 저지하기 위해 개입하는 경향이 있다는 점이다. 결국 전쟁을 함에 있어서 동맹의 중요성은 사실상 국제사회에서 너무 중요한 사항일 것이다.

143) 남북전쟁 이전의 1870년 세당전투에 대해서 그로스(Gerhard P. Gross)는 게릴라 전쟁과 연관시켜 소모전쟁이었다고 주장한다. 그는 세당전투의 게릴라는 인민전쟁 사상과 비교할 수는 없지만, 결정적 전투 또는 결전에서 프랑스가 패배 이후에도 계속 저항할 수 있었던 근원이었다고 본다. 독일군은 한 달간의 인민 전쟁을 치르고 승리했다. Gerhard P. Gross, *The Myth and Reality of German Warfare: operational thinking from Moltke the Elder to Heusinger*(Lexington: University Press of Kentucky, 2016), p. 48.

144) 역사적으로 미국의 남북전쟁은 소모전략의 완전한 승리를 보여준 것이라 인정된다. 장기전을 우려한 링컨은 다방면에 걸친 공세적 압박을 주장했지만, 전쟁은 소모전이 되었다. 남부의 지도자 제퍼슨 휘니스 데이비스(Jefferson Finis

이 존재했다.

소모전을 꺼리는 이유는 더 많은 자원이 소모된다는 것에 있는 것이라고 앞서 언급한 바 있다. 결전은 제한전쟁으로 수행될 경우에는 그 효과가 분명하게 나타날 수 있다. 하지만 만일 제한전쟁을 수행하고자 하는 공격자의 의도가 받아들여지지 않는다면 이것은 커다란 파국으로 치닫게 된다. 그리고 장기적인 전쟁으로 전환될 경우 양측은 모두 소모전으로 갈 수밖에 없다. 국제시스템이 존재하는 상황에서 이러한 소모전 모습에서 벗어난 경우를 찾기란 사실상 불가능하다. 프리드먼의 말처럼 "여러 국가들을 서로 대립하는 진영으로 갈라놓는 커다란 쟁점들은 무력을 통해서 얼마든지 해결될 수 있다는 나폴레옹의 논리는 그가 몰락한 뒤에 함께 몰락했다. 결정적인 한방에도 불구하고 적이 무릎을 꿇지 않는 경우, 그 다음 상황에 대처할 매력적인 전략은 그 어디에도 없었다."[145] 나폴레옹은 동맹을 이끄는 데 실패했고 상대의 동맹으로 인해 실패했다.

결정적 전투를 위해서는 중심(重心)을 포착해야 하고 적을 하나의 통일체로 보아야 하는데 만일 중심에 대한 공격이 적을 무너뜨리지 못한다면 또한 적이 중심을 보이지 않거나 적의 중심을 발견할 수 없다면, 더욱이 적이 중심을 형성하지 않는다면 중심은 의미가 없어지게 된다.[146] 예를 들어 강력한 동맹의 경우에는 동맹의 구심 국가가 중심이 될 수 있다. 하지만 느슨한 동맹으로 형성되어 있고, 경우에 따라서 그 결속 정도가 변화하는 경우라면, 잘못하면 전체 국가 모두를 반드시 격파해야만 승리를 달성할 수 있을 것이

Davis)는 북부의 엄청난 병력과 자원 그리고 자금 동원력에 의해 결국 남부는 병력이 소진 되리라고 예상했다. 실제로 북부는 남부에 비해 인구가 훨씬 많았고 산업능력도 우수했다. 소모전을 치른 남부는 완전한 패배를 인정하지 않을 수 없었다. Lawrence Freedman(2013), pp. 245-249.

145) Lawrence Freedman(2013), pp. 255-256 인용.

146) Lawrence Freedman(2013), p. 210.

다. 클라우제비츠는 이러한 사실을 알고 있었을 것이다. 왜냐하면 그는 나폴레옹이 1805년 오스트리아와 러시아에 대해서 압도적인 승리를 했고, 1806년에는 프러시아를 굴복시켰지만, 그 승리는 영원한 것이 아니었고 상대 국가들은 한 번의 패배로 완전히 굴복하지 않고 다시 전열을 정비하고 싸웠기 때문이다. 그들은 나폴레옹의 전쟁방식을 이해하고 그에 대비해 갔다.[147] 나폴레옹도 나중에 깨달은 것은 한 국가의 정규군을 상대하기 위해 조직된 강력한 정규군에 대항하는 효과적인 방법은 게릴라전을 수행하거나[148] 아니면 동맹을 통해서 전체적인 수적 우위를 차지하는 것이었다. 분명한 것은 동맹의 가치를 정치세계에서는 받아들여야 한다는 것이었다.

오늘날 동맹 관련 사항을 미국과 러시아, 중국 그리고 일본의 상황에 비유해 보자. 미국과 중국은 서로 대치한 주요 세력이고 러시아가 중국을 지원하고 일본이 미국을 지원한다고 했을 때, 미국은 일본의 핵심이익을 무시한다면 일본을 잃을 수 있을 것이라는 두려움을 가질 수 있다. 중국 역시 필요악(必要惡)으로 결코 러시아를 적으로 만들 수 없는 상황이다. 만일 미국의 지략으로 러시아가 미국과 가까워진다면 중국은 이를 결코 받아들일 수 없을 것이다. 물론 이러한 가정을 통해 투키디데스의 시대와 현 시대를 밀접하게 관련짓는다는 것은 지나친 추론이 될 수 있다.

클라우제비츠의 전쟁론에 '동맹정책(Alliance Politics)'에 대한 심도 있는 내용은 사실상 없다고 할 수 있다.[149] 아롱은 이러한 클라우제비츠의 부족

147) Lawrence Freedman(2013), pp. 212-214.

148) 러시아로 진격했을 때 미하일 쿠투조프는 전투를 하려했던 나폴레옹이 원하는 대로 전통적인 전투를 수행하지 않았다. 나폴레옹은 게릴라에 의해 고통을 받았다. 모스크바에 진입하여 사실상 아무런 물자가 없는 모스크바의 2/3를 불태웠지만 그가 수행한 대규모 전투는 사실상 없었다. 오히려 그는 패주하면서 러시아의 유격대에 지속적으로 괴로움을 당했다. 육군사관학교(1987), pp. 124-131 참조.

149) Tony Corn(2006).

한 부분을 메우려 한 것일지도 모른다. 또한 클라우제비츠의 국가 대(對) 국가, 부대 대(對) 부대 위주의 대결적 사상은 오늘날까지 불변적 사고로 유지될 수 없다. 4세대 전쟁의 이론가들은 이러한 도그마에서 벗어나려 하고 있다. 그들은 초국가적 행위자들 그리고 비(非)국가행위자들의 중요성을 전략적 수준에서 강조하고 있다. 작전적 수준에서는 부대의 집중보다는 분산을 말하고 있다. 그러므로 토플러 파트너의 비국가행위자와 국가 간의 "깊은 연합(Deep Coalition)"이 중요할 수 있다.[150)]

아롱의 사상을 종합했을 때 동맹관계에서의 이익은 4가지로 정리할 수 있다. 첫째는 생존이다. 둘째, 공동의 번영을 달성하는 것이다. 셋째는 국민의 피를 덜 흘리게 하는 것이다. 마지막으로는 승리함으로서 얻는 이익보다는 손실이 더욱 적어야 하는 것이다.[151)] 다시 말해 손실을 받아들이지 못한 상태에서 승리하는 것은 심각한 문제가 된다는 것이다.

이 내용은 특히 오늘날 한미동맹이 직면한 상황과 미래를 생각할 때 시사하는 바가 크다고 하겠다. 한국과 미국 어느 한 나라가 생존하지 못하는 경우 동맹이 존재할 수 있을지, 한미동맹이 공동으로 달성할 수 있는 번영이라는 목적이 없다면 국민의 지지를 받을 수 있을지, 동맹으로 인해 만일 너무 많은 피를 흘리게 된다면 어떤 결과를 초래할지, 한국전쟁에서 미국이 더 많이 피를 흘렸다면 미국 국민의 여론이 어떻게 변했을지, 월남전에

---

150) 깊은 연합이란 걸프전쟁과 같이 제2의 물결, 즉 산업사회의 국가연합이 아니라 세계화 시스템의 출현으로 비국가행위자가 중요하게 됨에 따라 나타난 개념이다. 토플러 파트너는 이러한 비국가행위자가 언젠가는 국가로부터 영향을 받지 않게 될 수 있다고 본다. 그래서 앞으로 국가와 이러한 비국가행위자들의 연합이 중요하다고 본다. Alvin Toffler and Heidi Toffler, "Forward: The New Intangibles," John Arquilla, David Ronfeldt(eds.), *In Athena's Camp: Preparing for Conflict in the Information Age*(CA: RAND, 1997), pp. xix–xx.

151) Raymond Aron, *Peace & War*(2009), p. 45.

서 만일 한국군의 손실이 매우 컸다면 어떠했을지, 동맹이 승리했다고 해도 한국이 경제적인 손실이 너무 커서 국제사회에서 현재까지 누렸던 지위를 누리지 못하게 된다면 받아들일 수 있을지를 생각해 보자.

대등한 조건에서 방어적 입장이 공격적 입장보다 손실이 덜 할 것이고, 공격은 보다 많은 피해를 감수해야 한다면, 당연히 공격보다는 방어적인 입장을 취하는 것이 동맹체제 속에서 합리적일 것이다. 아롱에게 있어서 자유주의는 하나의 보편적인 가치였다고 볼 수 있다. 따라서 자유를 추구하는 입장이라면 더욱 방어적인 동맹체제가 바람직할 것이다. 생존에 유리하고, 피를 덜 흘릴 수 있으며, 국민의 지지를 더 얻을 수 있다면, 승리에 따른 이익보다 손실을 더 입지 않기 위해서는 비교적 피해가 적은 방책을 선정해야 할 것이다. 오늘날 무기의 파괴력이 향상되었고, 대량살상무기가 존재하므로 기습적인 공격이 유리하다는 주장은 비논리적이지 않다. 그러나 적의 동맹이 강력해서 단 한 개의 전역으로 전쟁이 끝나지 않는다면, 비록 핵무기를 사용한다고 하더라도 적을 일격에 보낼 수 없다면, 미국과 같은 초강대국이 아니고서야 공격에 의존하는 것은 확실히 위험할 것이다. 심지어 미국조차도 위험에서 자유롭지 못할 것이다.

확고한 동맹, 즉 영구적인 동맹체제를 유지한다면 방어적 동맹이 유리할 것이다. 공세종말점에 도달하게 되어 더 이상 공격하지 못하는 상황에 이르게 되면 방어 측의 공격을 각오해야 하고 방어 측의 일격은 치명적 잘못을 저지르지 않고서는 효과를 볼 수 있을 것이다. 이것이 클라우제비츠의 논리이자 철학이었고[152] 아롱도 이러한 논리에 다르지 않다고 본다.

또한 방어적 동맹은 아롱이 "클라우제비츠에 있어서 정치적 전략"이라고 말한 것을 적용하기에 더욱 용이할 수 있을지 모른다. 이것은 보다 융통

152) 클라우제비츠는 전쟁을 방어로 시작하여 공격으로 종료하는 것은 자연스러운 진행이라고 했다. 그는 전쟁의 궁극적 목적이 방어라는 것은 전쟁의 개념과 모순된다고 했다. Carl von Clausewitz, *Vom Kriege*(1991, 1992), p. 259 참조.

성 있는 대응을 필요로 할 것이다. 미국이 중국과 협조했던 것으로 인해 소련이 극동에 약 50개 사단을 배치하지 않을 수 없었던 것, 과거 등소평이 중국은 서구제국과 공동의 적에 대치한다고 했던 점, 그리고 순전히 방어적 동맹인 NATO의 가맹국들은 그 이외의 국가들과 평시에 자유스러운 외교관계를 전개할 수 있다는 장점을 아롱은 언급한 바 있다.[153] 비록 이질적인 국제사회가 존재하지만, 그 속에서도 방어적 태세는 더욱 융통성을 가질 수 있을 것이다.

한반도의 세력균형의 틀을 생각해보자. 동북아에서 어느 한 국가의 힘이 강해지면 투키디데스적 질투와 두려움이 존재할 것이다. 만일 강해진 측이 공세적인 입장을 취하게 된다면 이들을 더욱 위험에 빠뜨릴 수 있다. 질투와 두려움은 적대적 행위를 자극할 것이다. 이것은 아롱이 우려한 것이었다.[154] 이러한 논지라면, 방어적 태세는 어차피 평화를 유지하는 데 보다 나은 억제를 달성할 수 있을 것이고 자유주의의 가치를 옹호하는 것이라고 할 수 있다. 아롱은 공산 측에서 먼저 침공을 한다는 가설 하에서 지정학적으로 증명된 스파이크먼의 가설인 림랜드를 제어하는 자가 유라시아를 제어할 것이라고 보았다. 이러한 방어적 전략을 추구하게 되면, 서구는 나폴레옹이나 히틀러가 실행하여 자멸한 모스크바로의 진격을 하지 않을

153) Raymond Aron(1989. 12월), pp. 95-97 참조.

154) 아롱은 세력균형과 관련하여 다음과 같이 언급한 바 있다. "만일 우리가 안전이 국가 정책의 최종 목표라고 가정한다면, 효과적인 수단은 새로운 힘의 관계를 설정하는 것 또는 과거의 관계를 개선하는 것이 될 것이다… 유럽은 전통적으로 국가가 인구, 부, 병력을 다른 국가의 공포와 질투를 자극하지 않고 향상시킬 수 없었다. 따라서 적대적인 동맹의 형성을 자극했다. 모든 주어진 시스템 속에서 힘의 최적화가 존재했다. 이것을 벗어나는 것은 변증법적인 전도를 생산할 것이다." Raymond Aron, *Peace & War*(2009), p. 72. 한반도를 둘러싼 지역에 나타나는 현상도 세력균형의 틀 속에서 변증법적인 관계를 벗어나기 쉽지 않을 것이다.

것이라고 했다.[155] 방어적 태세는 나폴레옹과 히틀러가 초래한 위험과 파멸을 회피하는 데 있어서 이익을 줄 것으로 본 것과 다르지 않다. 물론 아롱은 현대무기의 발전, 소련과 대적 당시의 서독의 전방방어태세, 기습의 우월성 등을 말하면서 NATO의 방어가 유리한 것인가를 실증할 수 없다고 본다. 하지만 이것은 작전적 수준에서 말한 것에 불과하다. 그는 아랍-이스라엘 전쟁에서 공격의 이점을 인정했지만, 전략적으로 강대국들은 이스라엘에게 아랍의 영토를 점령하게 허용하지 않을 것이라고 분명히 말했다.[156] 한국은 아롱의 입장에서 보았을 때, 방어적 전략밖에는 어떤 전략도 선택할 수 없는 나라일 것이다. 그러므로 방어를 취하게 될 한국은 아롱의 말대로 더욱 강력한 청년층의 국방의지를 필요로 할 것이다.[157] 그리고 무엇보다 중요한 것은 자유민주주의 우월성에 대한 정치적 이성을 명확히 하는 것이라고 하겠다. 아롱은 이와 관련된 NATO의 군사적 방어태세의 취약성을 인정했다. 따라서 정치전략적으로 이데올로기를 고려한 공세적인 심리전적 노력이 병행되어야 하는 것이었다.[158]

제4절 이성적 국민의지

1. 이데올로기와 문화

이 책의 제2장과 제3장에서 국민의 열정과 감정 그리고 의지의 중요성

155) Raymond Aron(1989. 12월), p. 97.

156) Raymond Aron(1989. 12월), p. 98.

157) Raymond Aron(1989. 12월), p. 99.

158) Raymond Aron(1989. 12월), p. 101.

을 다루었다. 그리고 제4장에서는 과학기술의 발전에 의존하는 것이 어떻게 인간의 의지와 성향에 의해서 저항을 받을 수 있는가에 대해서 논했다. 이를 기초로 미래전쟁과 관련해서 여기서 논하고자 하는 점은 국민의지에 대한 것이다. 궁극적으로는 다음 항에서 다룰 클라우제비츠의 삼위일체와 연관성을 갖는다. 클라우제비츠의 전쟁론에서 언급한 "전쟁이란 정부 정책과 군부의 행위들, 그리고 민족(국민)들의 열정으로 이루어진 삼위일체"를 기저로 한 것은 큰 의미를 부여한다.[159)]

오늘날 이데올로기는 낡은 용어로 이해될 수 있다. 벨(Daniel Bell)은 과학기술의 발전으로 이데올로기는 사멸할 것이라고 본다.[160)] 하지만 아롱의 입장에서 본다면, 공산주의 이데올로기는 종말을 고할 것이지만, 사상(Idea)은 정치권력의 작용으로 인하여 이념화되고 조작될 수 있는 것이다. 이것은 마르크스와 엥겔스의 공산주의 이데올로기를 예로 들 수 있다.[161)] 이러한 공산주의 이데올로기는 종말을 고해도, 민주주의 이데올로기의 존속과 앞으로 새로운 정치이념으로서의 다른 이데올로기 등장을 부정하기는 쉽지 않

159) 최파일은 1차 대전 당시 전쟁의 교착상태와 기술의 발전으로 인명 손상이 크게 나고 있음에도 국민들이 전쟁을 계속하게 된 것을 국민 또는 민족의 열정으로 보았다는 점을 지적하고 있다. 최파일, "후기," Michael Howard(2003), p. 212를 참조할 것. 하지만 삼위일체의 해석 문제는 본 절에서 다시 논할 것이다.

160) Daniel Bell, *The End of Ideology*(New York: Free Press, 1965): 이상두 역, 『이데올로기의 종언』(파주: 범우, 2015); *The Coming of Post-Industrial Society*, special anniversary edition(New York, Basic Books, 1999): 김원동, 박형신 역, 『탈산업사회의 도래』(파주: 아카넷, 2006) 참조.

161) 프랑스의 드트라시가 최초로 사용한 용어인 이데올로기는 마르크스와 엥겔스의 『도이치 이데올로기』와 『경제학 비판』을 통해 계급투쟁적 이데올로기로 성립되었다. 이것은 소련의 붕괴와 함께 종식된 것으로 주장되기도 했다. 『인터넷 두산백과』 참조. http://terms.naver.com/entry.nhn?docId=1188086&cid=40942&categoryId=31500(검색일: 2017. 12. 26).

을 것이다. 다니엘 벨 자신도 항상 사회는 특히 젊은 지식인 사이에는 이데올로기에 대한 갈망과 동경이 있을 것이라고 주장했다.[162]

핵전쟁과 이데올로기를 기반으로 하는 4세대 전쟁을 연관시키는 것은 미래전쟁에서 중요하다. 오늘날 세계가 우려하는 것은 광신적인 테러리스트들이 대량살상무기를 가지는 것이다.[163] 핵전쟁 그리고 게릴라전, 오늘날로 말하면 4세대 전쟁이라는 것은 아롱의 입장에서 볼 때, 본질적으로 이질적인 면이 있으면서도 법적인 측면에서는 동질적인 요소를 갖는 것이라고 할 수 있다.

일단 핵전쟁을 생각해 보자. 열핵전쟁이 발발했을 때, 항복하지 않는다면 그것은 투쟁의 이해관계가 저항에 따른 위험을 감수할 가치가 있기 때문일 것이다. 그런데 이것은 앞서 언급했듯이 아롱에게는 모순적인 면을 가지고 있었다. 서구의 구원이 수백만의 희생을 대가로 방어될 가치가 있는가 하는 문제 때문이었다. 다시 말해, 그 가치가 수백만의 희생을 정당화할 수 있어야 한다.[164] 무엇이 정의인가를 생각해 보아도 마찬가지이다. 대의(大義)를 지닌 정치적 정의도 핵무기와 같은 공포의 수단을 사용하는 것을

---

162) 쉬운 이해를 위해서는 Daniel Bell, Tom Bottomore, "End of Ideology? Daniel Bell, reply by Tom Bottomore," *The New York Review of Books*(June 15, 1972) 참조.

163) 오늘날 1,800 메트릭 톤의 핵무기로 사용할 수 있는 고농축 우라늄과 플루토늄이 25개 국가 수백 개의 저장시설에 위치하고 있다. 이중 일부의 경계는 취약하다. 이러한 취약한 장소를 테러리스트가 노릴 수 있다. NTI, "The Nuclear Threat," http://www.nti.org/learn/ nuclear/(검색일: 2017. 7. 16). 오늘날 미국의 고위 소식통에 의하면 파키스탄의 핵무기가 테러 집단의 손에 넘어갈 수 있다고 경고한다. 파키스탄의 핵 저장소의 취약성을 우려한다. Tom Batchelor, "Pakistan's Nuclear Weapons Stockpile Could Be Stolen by ISIS Terrorists," *Sunday Express*(April 1, 2016).

164) Raymond Aron, *Peace & War*(2009), p. 665.

정당화하지 않는다. 우리가 과연 희생과 위험을 정당화하기 위하여 구제할 만한 것을 가지고 있는지 의문이 생긴다.[165]

그러나 여기에는 반문의 여지가 있다. 개인적 체제와 집단적 체제는 근본적으로 이질적이다. 마르크스-레닌주의에 의하면 서구의 정당 복수주의는 독점적 자본주의의 독재를 감추는 것이었다. 오로지 공산당만이 이러한 독재를 없애고 계급 없는 사회를 만든다고 보았다.[166] 이러한 공산주의에 항복함으로써 열핵전쟁에서 살아남는 것이 가치를 버리는 것보다 낫다고 단언하기 쉽지 않을 것이다.

아롱은 공산주의에 프롤레타리아 정당이 없다고 했다. 공산주의가 개인소유를 없애도 경제 및 사회의 불평등을 없애는 것이 불가능하다고 보았다. 그렇다면 역으로 코란의 이데올로기에 놓인 사람들이 바라보는 민주주의를 생각해보자. 민주주의는 알라신에 대한 배신이고, 자신들의 가치를 버리는 것으로 본다면 대립은 끊이지 않게 되어있다.[167] 이러한 대립은 결국 권력을 수단으로 하고 이것에 의해 좌우될 것이라는 것이 일반적으로 생각할 수 있는 바이다. 권력을 이용해서 마치 십자군 전쟁을 수행하듯이 무

---

165) Raymond Aron, *Peace & War*(2009), p. 666.

166) Raymond Aron, *Peace & War*(2009), p. 669.

167) 'The Religion of Peace' 사이트에서는 코란의 내용을 기초로 서구의 민주주의가 이슬람에서 받아들여질 수 없다고 본다. "이슬람이 민주주의와 병립할 수 있는가?" 라는 질문에 대해 이슬람 법은 절대적으로 진정한 민주주의와 맞지 않는다고 본다. 알라에 의한 신정주의 시스템은 오로지 종교지도자에 의해 통치되고 알라의 법이 해석되어야 한다는 것이다. 이 자체가 인간이 평등한 세속적 정치 시스템을 받아들일 수 없다는 것이다. "What Does Islam Teach About…Democracy," https://www.thereligionofpeace.com/pages/quran/democracy.aspx(검색일: 2017. 7. 16). 특히, Quran(4:141) 그리고(5:44), Sahih Bukhari(89:251) 참조.

력으로 상대의 사상을 뒤엎으려 할 것이다.[168] 그람스키가 본 권력은 경제와 이데올로기에서 나온 것이다. 이데올로기는 환원주의적 입장에서 더욱 의미를 갖는다.[169] 환원주의에 입각하여 본질적인 것을 찾는다고 한다면 무슬림 세계는 계급적으로 볼 때 신권이 상위의 헤게모니를 장악하고 있다는 것

---

168) 이것과 관련하여 아롱이 논한 사상(idea)의 한계를 생각해볼 필요가 있다. 그는 상대국의 지역과 주민을 지배하기 위해서는 사상이 필요하다고 했다. 개종의 문제도 이와 연계될 수 있다고 보았다. 그럼에도 불구하고 아롱은 국가가 비록 예언자적인 면을 보인 것은 사실이지만, 항상 무장했다고 역사를 분석했다. 만일 예언자가 무장하지 않았다면 상황은 달라진다. 하지만 마키아벨리는 무장력 없이 순수하게 개종을 하려 했던 예언자들은 사라졌다고 했다. 결국 권력과 영광 그리고 사상의 확대라는 현실이 국제사회에 존재한다고 본 것이다. 다시 말해서 사상의 전파가 종교를 기반으로 한다고 해도 집합체 간에는 권력이 작용한다고 본 것이다. 그러나 아롱은 알사스-로렌 지방을 프랑스가 회복하는 것은 어떤 정치적 정당성을 필요하지 않은 당연한 선(善)이었다고 예외를 인정한다. Raymond Aron, *Peace & War*(2009), p. 75.

169) 그람스키는 이데올로기(이념)를 부수현상설(epiphenomenalism)과 환원주의(reductionism)적 해석에서 더 나아가 발전시켰다. 부수현상설적으로 보았을 때, 이데올로기의 상부구조는 경제적 기반구조에 의해 기계적으로 결정된다. 환원주의적으로는 이데올로기는 계급의 특성을 가진다는 것이다. 그람스키는 이데올로기는 생산 분야 그리고 사회의 전체 시스템에서 중요한 역할을 하게 된다고 본다. 왜냐하면 사회의 생산 시스템의 평형과 관련하여 구조적 위기를 갖는 시스템으로 인해서 이데올로기는 권력투쟁과 연관성을 갖게 되기 때문이다. 기반을 이루는 계급들은 상부구조 속에 중복되지 않는다. 그러나 민간사회에서는 이데올로기의 교차가 가능하다. 계급의 근본적인 이데올로기(organic ideology)는 계급의 룰을 갖는 시스템으로 정의되는데 소위 헤게모니를 통해서 이데올로기 요소들의 근본적인 정돈 상태를 갖게 된다고 본다. Valeriano Ramos, Jr., "The Concepts of Ideology, Hegemony, and Organic Intellectuals in Gramsci's Marxism," *Theoretical Review* No. 27(March-April 1982) 참조. https://www.marxists.org/history/erol/periodicals/theoretical-review/1982301.htm(검색일: 2017. 4. 29).

을 어느 정도 인정해야 한다. 이것은 이슬람 문명이 기독교 문명과는 차이를 보이는 것이라고 할 수 있다. 왜냐하면 기독교 문명의 신권은 세속적 권력에게 정치적 권력을 이양했기 때문이다.[170)]

하지만 분명한 것은 이슬람도 상당히 세속화되었다는 것이다. 그래서 그들의 페트로(petro) 머니는 국제사회에서 권력적 수단이 된다. 화폐에 의한 전쟁 여건 조성은 전략적 수준에서 전통적인 전쟁의 모습에 변화를 가져올 수 있다. 한때 유로(Euro)는 새로운 무기로 부각되었다. 미국의 거대한 취약점은 중국과 러시아 그리고 OPEC 국가들의 상호 협조 속에서 부각되었다. 1999년 유로가 등장한 이래 이들 국가들은 달러가 아닌 유로를 비축통화로 늘려갔다. '유럽금융연합(European Monetary)'에 대한 착상을 통해 유로는 달러의 경쟁자가 되기도 했다. 이러한 페트로 달러의 분쟁은 사실상 정치적 목적달성을 위한 다른 수단인 것이지, 다른 수단에 의한 비정치적 행위의 연속이 아니라고 볼 수 있다. 다른 수단이 바로 전쟁이 될 수 있고, 경제가 될 수 있다는 의미이다. 물론 경제는 공동의 이익추구라는 측면이 존재하기 때문에 합리적이면서도 다른 한편으로는 이성적이기도 하다. 그리고 폭력을 사용하지 않기 때문에 당연히 전쟁이라는 수단과는 구분되어야 할 것이다.[171)] 그러나 정치적이라는 의미를 가질 때, 다시 말해서 정치

---

170) 강성학(1997), p. 207.

171) 경제적 압력 또는 화폐를 이용한 압력은 오늘날 매우 강력한 것이다. '화폐전쟁' 이후 '기축통화 전쟁의 시작,' '자본전쟁,' 등등 수많은 자본주의와 관련된 주장들이 등장했다. 미국 중심의 자본이 얼마나 무서운 지를 보여주었다. 특히 화폐전쟁은 중국이 미국 자본의 공격에 철저히 대비해야 한다는 경고를 보냈다. 쑹훙빈, 『화폐전쟁』(렌덤하우스, 2008) 참조. 아롱의 경우 경제적 분야는 전쟁과 보다 밀접한 관계를 갖는 외교와는 다른 것이었다. 그는 동일한 경제체에 대해서는 인정했지만, 동일한 역사적 외교행위는 인정할 수 없었다. 경제는 단일 목표를 추구하기 때문이다. 그것은 수량을 최대한 생산하면서 최고의 수익을 올리는 것이다. 외교에서는 유일한 목표만을 추구하지 않는다. 물론 아롱은 힘 또는

적 인간이 존재하는 한, 비록 비국가행위자라고 하더라도 권력을 추구하는 인간의 본성이 존재할 것이고 그렇다면 전쟁도 그리고 경제도 수단으로서 정치적 행동의 연속에 속할 수밖에 없다. 이것은 클라우제비츠의 유언이며, 또한 인간의 정치사회 속에 엄연히 존재하는 사회적 현상일 것이다.

아롱에게 지정학적 이데올로기는 두 가지 부류였다. 하나는 경제적인 것으로 이것은 "사활적인 공간(espace vital)"과 관련이 있고 다른 하나는 전략적인 것으로 이것은 자연적 국경과 관련이 있는 것이었다.[172] 소위 자국민의 삶을 위한 것은 사활적인 문제이므로 마치 독일과 일본이 추구했던 것이라고 할 수 있다. 그럼에도 불구하고 아롱은 맥킨더와 같이 지리적 이데올로기를 중요시했지만 이것은 근본적인 사상으로 귀결된다고 생각했다. 문제는 사상을 조작하는 것은 어렵지 않은 것이었고, 이것은 정당성과는 상관이 없는 것이었다. 따라서 정복자들은 힘과 문명 또는 신의 우세를 들먹이게 되는 것이다.[173]

따라서 문제는 광신적인 이데올로기가 합리적, 이성적인 정치적 환경을 크게 바꿀 수 있다는 점이다. 정당성은 문제가 되지 않을 수 있다. 아롱은 이 점을 명확하게 경고한다.[174] 경제는 본질적으로 합리성을 기초로 하지만,

---

수단을 계산할 필요성이 있다고 했다. 이를 통해서 개념적 골격을 정교하게 만들 수 있기 때문이다. 아롱은 경제와는 다르게 외교-전략적행위의 다양한 목표는 이론화하기가 어렵다고 본다. 아롱에게 경제는 사실상 권력투쟁의 가장 중요한 수단은 아니었다고 할 것이다. Bryan-Paul Frost(2013), p. 101 참조.

172) Raymond Aron, *Peace & War*(2009), p. 198.

173) Raymond Aron, *Peace & War*(2009), pp. 199-200.

174) 아롱은 종교의 원초적 위험성 때문에 '절제(moderation)'를 강조했다. 이러한 절제는 아롱에게는 정치적 이성이었으며, 합리성에 앞서야 하는 것이었다고 할 수 있다. '평화와 선쟁'에서 아롱은 다음과 같이 경고한다. "국가의 절제를 보장하는 것은 없다. 그러나 개인화된 이데올로기의 정치 또는 메시아적 계급(messianic class)의 정치는 절제(moderation)를 추방한다. 그리고 이것은 죽을 때까

이러한 이데올로기는 정당성을 무시하고, 합리성을 벗어나며, 이성을 벗어날 수 있다. 최종기의 말대로 이데올로기가 "어떤 제도에 대한 사상(idea), 혹은 어떤 사실(reality)에 대한 태도를 표시하는 견해, 사회적인 문제와 계급, 정당 및 국가에 대한 포부에 대한 견해"를 말하는 것이라면,[175] 이슬람의 신앙은 신(神)에 대한 포부와 연관된다. 특히 이슬람의 사회적인 특성을 고려했을 때, 이것은 이데올로기적이라고 할 수 있다. 테러세력이 신권에 의존하게 될 경우 '어떤 대립현상이 이어질 것인가' 라는 문제는 간과할 수 없는 문제이다. 우려되는 것은 인간사회집단이 추구하는 종교를 포함한 사상은 무제한성을 가질 수 있다는 점이다. 아롱의 말대로 진리(truth)가 관계되는 한, 무엇인가 아직 완전히 이루어지지 않은 또는 이루어져야 할 것이 남아 있는 한, 달성된 것은 없다.[176] 적어도 유대인과 아랍의 사상적 이질성은 한정성을 가지지 않을 것으로 보인다. 이렇게 될 경우, 슬프게도 그들은 상호 공멸의 길로 가게 될 것이라는 조심스런 견해를 가질 수밖에 없다.

문제는 서구의 입장에서 아무리 경제조직을 효과적으로 잘 갖춘다고 하더라도 이질적인 사회와의 이데올로기적인 대립은 비록 세속적이라고 하더라도 여전히 중요하게 살펴야 할 현실이라는 점이다. 마샬 플랜이 완전히 성공하지 못한 것, 그리고 이란의 혁명은 경제발전이 이데올로기의 승리를

지 투쟁을 수반한다." Stanley Hoffmann(1985), p. 22 재인용 및 참조.

175) 최종기, 『러시아 외교정책』(서울: 서울대출판부, 2005), p. 125 인용.

176) 아롱은 구원의 종교는 보편적 사명(vocation)을 가진다고 했다. 만일 예언적 집단이 무기를 들고 무장하여 자신들의 믿음을 번식하여 퍼뜨리고자 모험적인 기획을 한다면, 이것이 전체 지구를 덮을 때까지 끝을 모를 것이라고 했고, 그래서 그는 십자군은 터무니없고(sublime) 위험하다고 경고했다. 이 점은 이슬람과의 대립을 보이는 서구 역사에서 상당한 의미를 갖는다. Raymond Aron, *Peace & War*(2009), p. 76.

가져오는 것은 아니라는 점을 단편적으로 보여준다.[177]

전쟁은 사회적 현상이다. 인간이 세속화될수록 그리고 타락하고 부패할수록 전쟁은 악을 씻기 위한 수단이 되기도 했다고 할 수 있지만, 그 바탕에는 인간사회에서 사상 그리고 이것이 목적을 추구하면서 생기는 이데올로기가 중요하다는 것을 거부할 수 없다. 하지만 위험하고 타락할수록 사회는 더욱더 종교적 의미에 의존할 수밖에 없었다. 로마가 이민족의 지속적인 공격을 받고 도덕적으로 타락했을 때, 전사들과 교회가 카롤링거 왕조를 받아들였다. 나폴레옹의 혁명정신이 세상을 뒤덮으려 했을 때 알렉산드로는 신성동맹과 기독교에 의존했다.[178] 세속적 종교는 사회의 사상으로서 중요한 것이었다. 물론 이것이 영구적 평화를 가져온 것은 아니다. 전쟁은 인간사회에서 계속되었다. 인간사회가 혼란에 빠졌을 때, 인간은 베스트팔리아라는 정치적 타협체제를 가져온 것뿐이라고 할 수 있다.

아롱은 이론적인 외교와 전략에 비관적이었다. 그 예로 미국은 베트남전쟁에 대한 잘못된 이론적 접근을 통해 곤욕을 치렀다. 미국은 강대국을 다루는 전략적 이론을 방패막이로 했다. 결국 다양한 결과가 어떤 모습으로 나올 수 있는가에 대해 제대로 이해하지 못했다. 아롱은 『평화와 전쟁』에서 게임이론을 다루었다. 이것의 유용성을 완전히 배제할 수는 없지만 이론적 모델은 정책을 잘못 이끌고 잘못 이해할 수 있는 위험성을 부과한다

---

177) 아롱은 마샬 플랜은 전반적으로 성공적이었지만 미국이 예상하지 않았던 문제에 직면했는데, 예를 들어 이탈리아에서는 막대한 지원을 받고도 공산세력이 감소하지 않았던 사실을 들고 있다. 경제가 급격히 발전하면서 사회가 점점 부패하고 무절제하게 됨에 따라 저항감, 과거에 대한 향수 등으로 혁명사상이 나타났다고 보았다. 이란의 혁명은 경제발전이 국가 안정의 요인은 아니라는 증거라고 했다. Raymond Aron(1989, 12월), p. 94.

178) Raymond Aron, *Peace & War*(2009), p. 131.

는 점을 명확히 했다.[179] 이렇게 되면 외교관은 동맹과 적의 진짜 동기를 이해할 수 없게 되고, 어떤 외향적 이론에 대해 노예로 전락할 수 있게 되는 위험을 감수해야 한다.[180] 인간사를 기하학의 정신으로 접근하는 것은 재난을 초래할 수 있는 것이다.

아롱은 역사사회학적으로 너무 많은 요소가 영향을 미친다는 것을 강조했다. 클라우제비츠를 분석하면서 전쟁 전구에서 국민 지원의 중요성을 역설했다. 역사사회학이 매우 많은 요소들을 고려해야 한다면 사회를 구성하는 개인들에 대한, 다시 말해서 국민에 대한 이해는 결코 간과할 수 없는 것이다. 아롱은 국민은 명확히 방어 측에 유리하고 최소한 호의적인 환경을 만든다고 분석했다. 그리고 극단적으로도 변할 수 있다고 강조했다.[181]

---

179) 아롱은 이론의 한계를 다음과 같이 언급한 바 있다. "이론은 약속했던 모든 것, 또는 그 이상의 것도 달성했으나 이론이 사회의 본질을 변화시키지는 못했다. 인간의 본질이란 것이 사회발전에 어느 한도까지 뒤따를 수 있는지를 결정하거나 또 생각하지를 않고 사람들은 정당이나 계급 또는 폭력이 갖지 못한 힘을 역사라는 신비로운 창조물에 부여하고 있다." 물론 이것은 공산주의 이론을 부정한 것이지만, 아롱은 본질적인 인간사회를 이론이 지배할 수 없다고 생각했다고 하겠다. Raymond Aron(1968), p. 100. 물론 아롱은 자신의 저서 '평화와 전쟁'을 국제관계 이론서라고 했다. 그는 여기서 지정학만을 이론적 가치가 있는 것으로 본다. 이것은 사실상 이론의 한계를 말한 것이다. 그의 시각을 이해하기 위해서는 Raymond Aron, *Peace & War*(2009), pp. 2-3. 하지만 전쟁 이론서는 아니라고 했다. Raymond Aron(1981), pp. 299-230 참조. 이론 앞에 부정관사를 쓴 것이 감춰진 수수께끼다.

180) Bryan-Paul Frost(2013), p. 101.

181) 아롱은 다음과 같이 언급했다. "요새들, 하천들 그리고 산지들은 이동을 늦춘다. 따라서 승리를 추구하는 공격자가 전적으로 의지하는 속도와 기세를 방해한다(check). 국민들이 만일 공격자 측에 대한 호의(sympathy), 자신들 국가나 왕에 대한 적의를 갖는 것(being hostile)이 없다면, 명백히 방어 측을 돕게 된다. 적어도 최소한의 호의적인 환경을 만들고 정보를 제공하며, 극난석으로는 자신들이 스스로 무장하여 소규모 전쟁에 참여한다." Raymond Aron, *Clausewitz:*

만일 국민들이 신(神)에 대한 절대 복종의 감정에 휩싸여 있다면, 이러한 환경은 아롱이 말한 적어도 최소한의 호의적인 환경이라기보다 대체로 극단적인 이질적 환경을 만들게 될 것이다. 오늘날 중동 지역에서 나타나는 상황들, 다시 말해서 실제로 미군이 이라크와 아프가니스탄에서 고전하는 것은 아롱이 강조한 내용에서 전혀 벗어나지 않았다.

이데올로기 외에도 문화적인 문제 역시 국민적인 열정을 이해하는 데 매우 중요하다. 클라우제비츠는 사실상 문화적 측면에 대해 전혀 다루지 않았다고 할 수 있다. 콘(Tony Corn)이 언급했듯이 현재 미국이 상대하는 중동을 중심으로 한 세계에 분산된 미국의 적은 여러 가지 질문을 던지게 한다. 시아파(Shiites)는 단지 무슬림 세계의 15%를 차지하지만 그 잠재력은 매우 크다. 시아파는 소수이지만 사우디에서 파키스탄까지 광범위하게 퍼져 있고, 바로 그 시아파는 주로 오일 지대에 분포되어 있다.

시아의 중심지(이란)와 주변지역(이라크로부터 파키스탄) 간의 관계의 본질을 생각해보자. 종교적(시아파) 요소 대 인종적(페르시아) 요소 중 어느 것이 이란 국가 및 비국가 행위자들(하마스, 헤즈볼라) 간의 "깊은 연합"에 더 큰 비중을 차지하고 있는가? 그리고 어떤 조건 하에서 시아(Shiites)와 수니(Sunnis)는 그들의 이질성을 극복하고 서구에 대항하기 위한 대전략(grand strategy)을 하나로 통합할 것인가도 생각해보자. 이러한 어려운 문제에 대해 클라우제비츠의 전쟁론은 답을 구할 방향을 제시하지 못하고 있다고 본다.[182]

합리적 선택 이론은 이러한 이데올로기적, 문화적 장벽 속에서 효과를 발휘할 수 없을 것이다. 극단적이고 광신적인 집단에게는 더욱 그럴 것이다. 만일 북한의 김일성주의를 광신적 이데올로기로 간주한다면, 이것도 마찬가지일 것이다. 그러므로 이러한 상대를 단순히 국가행위자라고 보

Philosopher of War(1983), p. 152 인용.

182) Tony Corn(2006).

는 사고에 대한 집착은 이러한 상대에 대해서는 스스로의 망상, 이탈, 잘못된 계산을 가져올 수밖에 없다. 그리고 이것은 "구조적 현실주의(structural realism)"라기보다는 "문화적 현실주의(cultural realism)"로 이해해야 할 것이다. 그래야만 국가행위자이건 비국가행위자이건 그들 간의 대결과 협조의 지속적인 변화발전을 이해할 수 있을 것이다.

2. 이성적 현실전쟁과 삼위일체

클라우제비츠의 현실전쟁은 이성적이어야 했다. 야만적인 전쟁은 절대전으로 흐를 수 있었다. 그래서 그의 삼위일체는 중요한 키워드였다. 그럼에도 불구하고, 크레벨드(Martin van Cleveld)는 클라우제비츠의 국가 중심적 전쟁 사고는 구식이라고 보았다. 왜냐하면 현대의 전쟁은 비국가행위자에 의해 많이 수행되었기 때문이다.[183] 오늘날 민족적, 인종적으로 비이성적인 폭력행위는 비정치적으로 수행하는 경우가 많다는 것이다.[184] 하지만 이러한 사고는 클라우제비츠의 삼위일체에 대한 해석의 차이에 있다고 볼 수 있다. 왜냐하면 서머스가 삼위일체를 국민, 군대, 정부라고 해석하고, 또한

---

183) Martin van Creveld, *On Future War*(London: Brassey's, 1991) 참조.

184) 트로타(Trutz von Trotha)의 주장은 이를 뒷받침한다. 그는 이와 관련하여 모든 전쟁은 사회적 행동의 경향이 있다고 보았다. 그리고 이것은 실제로는 외부로부터 독립적인, 어떤 목적을 지닌 것으로 보았다. 소위 서브사하라와 아프리카 지역에서 나타나는 현상이 일반적이라는 것이다. 국가 내에 공공이익과 공공의 공간은 그리스 도시국가의 유산이라고 보는 것이다. 이제 이것은 색다른 것에 불과하고 유럽은 미래에는 서브사하라와 같이 끝없는 내부적 전쟁, 집단학살이 만연될 것으로 주장한다. 이것이 역사적인 정상상태라는 것이다. 전쟁을 보다 환원주의적인 시각으로 본 것이라고 할 수 있다. 문명은 다시 만인의 만인에 대한 투쟁으로 돌아갈 것이라는 것이다. 인간사회는 다시 외롭고, 가난하고, 헐벗고, 더럽고, 폭력적인 부족한 사회가 된다는 것이다. Andreas Herberg-Rothe, "Clausewitz's Wondrous Trinity," *IJCV*, Vol.3(2)(2009), p. 207.

정부를 가장 높게, 이어서 군대, 마지막으로 국민 순으로 순서를 정한 것을 크레벨드가 그대로 수용했기 때문이라고 할 수 있다. 서머스는 군사이론가의 과업은 이론을 발전시키는 것이라고 보았다. 그래서 그는 삼위일체(국민, 정부, 군대) 간의 균형을 유지시켜야 한다는 이론을 만들었다.[185)]

하지만 국민, 정부, 군대는 클라우제비츠의 진정한 삼위일체라고 완전히 단정할 수는 없을 것이다. 왜냐하면 클라우제비츠의 삼위일체를 서머스의 이해를 기초로 정리한 것에 있다고 볼 수 있기 때문이다. 그리고 이러한 사고는 키건(John Keegan), 크레벨드(Martin van Creveld), 누이(Gert de Nooy) 등이 함께 했다. 이들은 클라우제비츠의 주장은 더 이상 적용할 수 없고, 해로운 것이며, 자멸적인 행위라고 했고, 클라우제비츠의 명제를 단축시켜서

---

185) 빌라크레(Edward J. Villacres)와 베쓰포드(Christopher Bassford)는 클라우제비츠의 삼위일체를 국민people, 군대army, 정부 government라고 최초로 주장한 사람은 Harry Summers로 판단한다. 그의 영향력 있는 연구 On Strategy: A Critical Analysis of the Vietnam War(1983)에서 클라우제비츠의 두 번째 토론에서 발전시킨 Remarkable trinity of war인 폭력감성, 기회, 합리적 정책을 사회적 삼위일체인 국민, 군대 그리고 정부와 연계시켜 발전시켰다. 서머스는 전쟁의 삼위일체(국민, 정부, 군대) 간의 균형을 유지시키는 이론을 발전시켰고, On Strategy 2: A Critical Analysis of the Gulf War에서는 걸프전은 이것을 잘 조화시킨 성공적 전역이라고 주장했다. 즉, 이것을 필수적인 군사작전의 기초로 본 것이다. 그러나 이것은 전쟁론에서 표현된 개념의 대안 중 하나였을 뿐이다. 즉, 서머스 자신의 삼위일체였던 것이다. 이것과 관련하여 마이클 하워드의 짧은 책에서도 서머스와 유사한 주장을 했다. 그 책은 Past Masters 시리즈로 단순히 Clausewitz라는 제목을 가진 책이었다. 하워드도 정부가 주도하는 정책, 군대의 전문적인 질, 국민의 태도 모두가 동일하게 중요한 부분이라고 주장했다. 그리고 국민, 군대, 정부의 관계를 지적하면서 명확한 오리지널 삼위일체를 기술하지 않았다. 물론 하워드의 경우 그의 책 마지막 부분에 클라우제비츠의 원문을 그대로 인용했다. Edward J. Villacres and Christopher Bassford, "Reclaiming the Clausewitzian Trinity," *Parameters*(Autumn 1995), pp. 9–10.

"전쟁은 정책의 연속(war is the continuation of policy)"이라고 주장했다. 이것은 클라우제비츠의 변증법적인 요소인 "다른 수단에 의한(by other means)"을 제외시킨 것이었다고 할 수 있다. 반면 아롱은 삼위일체를 클라우제비츠의 유산으로 받아 들였다. 그는 이를 다른 용어로 표현하지 않았다. 헐버그-로쓰(Andreas Herberg-Rothe)의 견해처럼 아롱에게 있어서 삼위일체는 폭력적 분쟁의 일반이론일 뿐이었을 것이다. 왜냐하면 냉전이 끝나도 전쟁은 지속되었고, 이것은 아롱에게 놀라운 일이 아니었을 것이기 때문이다. 분명히 클라우제비츠는 정치가 으뜸임을 말했다. 하지만 이것은 전쟁이론의 경향 중 하나라고 본다면, 다른 경향과 극단을 이루는 것이 된다. 이런 의미에서 국민, 군대, 정부는 역사적으로 타당해 보이지만, 이것은 원래 클라우제비츠의 의미가 아니었고 원래의 의미를 생각했을 때 이 세 가지 경향은 상이한 의미와 영향을 가지는 것이라고도 할 수 있다.[186]

클라우제비츠가 말한 삼위일체는, 전쟁론을 보다 면밀하게 보면서 전쟁의 원시적 폭력성, 개연성과 우연의 작용, 정치적 도구로서의 전쟁의 본질을 말한 것이었다.[187] 따라서 본래 의미상 전쟁의 본질은 국가행위만을 말한 것이 아니라 사회를 구성하는 의도된 목적을 가진 모든 행동에 대해 언급한 것이었다고 할 수 있다.[188] 클라우제비츠는 크레벨드와 같이 니체적이

186) Andreas Herberg-Rothe(2009), p. 208.

187) 클라우제비츠는 이 세 가지 경향이 국민, 최고지휘관 및 군대, 정부와 관련되어 있다고 한 것이지, 같은 것이라고 하지 않았다. 그는 이러한 경향들 사이에 임의의 관계를 세우면 안 된다고 했다. 다시 말해서, 전쟁은 카멜레온이고 그래서 이론은 불필요한 것이다. 이 부분의 해석은 김만수의 번역판이 보다 정확하다고 본다. Carl von Clausewitz, *Vom Kriege*(1832), pp. 81-82.

188) 이와 관련하여 에체버리아(Antulio Echevarria)의 주장도 의미를 갖는다. 그에 의하면 클라우제비츠의 정치 개념은 확장적이고 다른 모습을 포함할 수 있는 것이었다. 이것은 아롱의 생각과 다르지 않다고 하겠나. Antulio Echevarria II, "War, Politics, and RMA: The Legacy of Clausewitz," *JFQ*(Winter, 1995/1996).

지 않았다. 그는 모든 것을 관념적이면서 변증법적으로 생각했다. 반대급부를 항상 생각했다. 따라서 헐버그-로쓰(Andreas Herberg-Rothe)의 말대로 클라우제비츠의 삼위일체는 절대성으로의 극단에서 제한전쟁으로의 절제와 상호작용을 이끄는 것으로 볼 수 있다.[189] 폭력, 싸움, 사회 속의 전투원간의 상호작용인 것이다. 상호 간의 관계성이 존재하는 것이다. 국민의 열정, 적개심은 원시적 폭력성과 연계된다. 광신적 인간들의 폭력성, 다시 말해서 이성과 합리성이 작용하지 않는 원초적인 폭력성도 작용할 수 있는 것이다. 싸움의 결과를 예측하기 어렵기 때문에 여기에는 개연성이 항상 존재한다. 그래서 사회적 전투원은 결국 정치의 영향을 받는다. 즉 전쟁은 사회적 상호관계를 갖는 폭력적 싸움인 것이다.

중요한 것은 아롱이 결정론에 반대했다는 것에 있다. 세속화된 사회는 산문(散文)적인 모습인 것이다. 이것은 시(詩)와 같이 정형적이고 동일한 유형의 양상을 추구하는 것이 아니다. 아롱에게 인간의 사회적 삶은 결국에는 무미건조한 것이 되는 것으로 보였다. 그래서 혁명은 환상에 불과한 것이었다. 아리스토텔레스에게 정치는 좋은 삶을 인간에게 주는 것이었지만, 그것은 사실상 불가능한 것이었고, 따라서 모든 것을 준다는 약속은 고통과 가난을 가져올 것이었다. 인간에게 좋은 삶을 주는 것은 불가능한 것이었다. 그에게 공산주의는 인간의 자연상태를 정복하려는 야망에 지나지 않았다. 따라서 무미건조한 인간의 사회적 삶 속에서 인간에게 반드시 남아야 할 것은 자유였다. 인간사회는 신(神)의 사회가 아니었다. 그가 세속적인 종교를 포함한 사상(idea)의 힘을 말한 것은 정치의 현실을 말한 것이었다.[190] 스피노자의 종교정치학은 현실이었다. 결국 인간에게 인간적 자유를

189) Andreas Herberg-Rothe(2009), p. 209.

190) 아롱은 국제관계에서 공평함(impartiality)의 존재를 부정했다. 그는 이상주의 이론가들은 끊임없는 민족의 현실, 전쟁, 그리고 종교를 무시한다고 보았다. 아롱

보장해주는 것이야 말로 아롱이 역사에서 발견한 하나의 패턴이었다. 사실상 아롱의 역사사회적 철학은 역사의 보편성을 거부한 것이나 다름없다. 역사는 어떤 패턴만이 존재할 뿐이다.[191] 그러므로 광신적 집단에 대해서도 역사의 패턴은 자유로운 사상과 삶을 받아들이는 것이 될지도 모른다. 이러한 역사적 패턴은 평화에 기여할 것인가를 묻는 것은 자연스러운 것이다. 미래에 삼위일체는 사회적 조건으로서의 자유주의적 정치로 통합될 경우 보다 나은 미래를 가져올 것이라 말하고 싶다.

3. 사회적 조건으로서의 정치, "정치적인 것(the political)"의 회복

클라우제비츠의 정치개념은 두 가지였다. 첫째는 목적이 분명하고, 합리적 목표를 지향하며 이를 통해 힘을 조직하는 것이었다. 두 번째로는 사회적 조건의 명백한 표현을 반영한 것이었다. 이것은 아롱이 말한 안내하는 지식으로서의 주관적 정치, 그리고 사회정치적 조건으로서의 객관적인 정치와 연계되는 것이다.[192] 정치가 군사의 우위라면 정치의 형태가 중요해지는 것이다. 이것이 결국 삼위일체를 이끌 것이다. 예를 들어 정치가 합리적이냐 아니면 사회적이냐에 따라 좌우될 수 있다. 합리성이 폭력의 양(量)과 강제에 연관되고 물리적인 힘에 의존한다면, 사회성은 폭력의 질(質)과 연관된다. 여기서 폭력의 질(質)은 이성에 의해 또는 원시적인 적개심에 의

에게 민족의 현실, 전쟁 그리고 종교문제는 '정치의 현실(the realities of politics)'이었다. Brian C. Anderson(1997), p. 172.

191) 이러한 주장은 사실상 아롱이 말한 사상의 힘을 의미한다고 할 수 있다. 그는 비관적이었지만, 인간의 악덕도 결국 국가의 선(善)에 기여한다고 보았다. 따라서 자유를 소중히 하는 사상은 현실적인 평화를 가져오는 것이라고 할 수 있다. Roger Kimball(2001). 참조.

192) 이것은 Dan Diner의 주장이다. 아롱 역시 이와 연계성을 갖는 주장을 했다. Andreas Herberg-Rothe(2009), p. 210 참조.

해 그 질(質)이 달라진다. 따라서 이것은 극히 정신적인 힘에 의존한다. 그렇다면 인간의 사회적 삶의 역사적 패턴 다시 말해서 자유의 보장은 정신적인 힘으로써 작용할 때, 보다 평화로운 자연상태와 폭력의 질(質)을 가져올 것이었다.

사회적 조건으로서의 정치는 곧 국민의 의지결집과 관계된다고 할 수 있다. 안내하는 지식으로서의 주관적 정치는 하나의 전략으로서 의미를 갖는다. 국민에게 정치가의 실제 전략적 목적과 목표를 제시하기는 어렵기 때문이다. 클라우제비츠의 매우 중요한 의미는 전쟁은 심사숙고로도 개략적 생각으로도 할 수 없는 것이고, 실제는 그 사회와 국가의 정치적 태도에 의해 작용된다는 것이었다.[193] 결국 국민의 경향이 또는 심리적 열정이 미래에도 작용될 것이다. 국가가 아닌 테러조직도 결국 그 구성원의 정치적 의지 또는 정치적 자유를 반영하게 될 것이다. 만일 테러조직이 정치적 자유를 무시한다면 장기적으로 두려워 할 이유는 상대적으로 적어질 것이다. 왜냐하면 이렇게 되면 테러조직은 전체주의적인 정치적 모습을 갖게 된다. 정치적 자유를 잘 반영한 테러조직이라면 장기적으로 볼 때, 오히려 더욱 두려워해야 할 것이다. 하지만 더욱 중요한 것은 이성적이지 않을 경우이다. 아롱이 중동문제를 가장 우려해야 할 것으로 보았다고 주장하는 호프만의 언급은 의미를 갖는다.[194]

결국 국민 또는 부족의 적대적인 열정, 광신적이고 원초적인 열정은 통제되어야 한다. 물론 물리적 폭력도 분명히 영향을 미친다. 2013년 부트(Max Boot)는 프리츠커 라이브러리에서 자신의 저서 "보이지 않는 군대

---

193) Andreas Herberg-Rothe(2009), p. 211.

194) 호프만은 다음과 같이 언급했다. 비록 아롱이 핵전쟁을 예상하지 않았지만 세계에서 가장 위험한 지역은 페르시아 걸프지역이고 걸프 국가들 체제의 미래에 관해 비관적이었다는 점을 언급했다. Stanley Hoffmann(1985), p. 27 참조.

(Invisible Armies)"를 소개하면서 게릴라 전쟁은 일종의 부족 전쟁이라고 소개했다.[195] 오늘날 4세대 전쟁에서 말하는 국가의 "합법성의 위기"가 문제된다면, 더욱 원초적 적개심으로 무장된 부족적 폭력집단에 대한 대책을 강구해야 한다. 미 국방성이 인류학자 맥페이트(Montgomery McFate)를 통해 이라크에서의 실수를 연구하였는데, 그녀는 먼저 미군은 이라크 사회의 권력구조에서 부족적인 충성심이 얼마나 큰 역할을 하는지 몰랐다는 점을 지적했다.[196]

분명히 냉전 종식 이후 베스트팔리아 질서는 국제질서의 전체가 될 수 없었다. 다시 말해서 주권이 국제사회의 전체로서 작용하는 것으로 볼 수 없었다. 그리고 오늘날 미국이 싸우는 실체의 대부분은 전통적인 국가가 아니다. "반-국가(quasi-states)"다. 하지만 오늘날 비국가적 테러리즘과의 전쟁만이 존재하는 것은 아니다. 국가의 합법성의 위기가 있다고 해서 이로 인해 테러리즘이 발생한 것은 아니다. 테러리즘에 의해 대리전쟁과 민족적 갈등에 의한 내전 등이 가려져서는 안 된다. 작은 위협이 분산되었다고 국가가 정치적이지 않아도 된다는 생각은 매우 위험하다. 오히려 테러리즘은 국가들의 동맹을 더욱 강화시킬 필요성을 증대시킨다. 심지어 국가, 정보시스템, 그리고 비정부기구 간의 깊은 연합에 의해 이루어지는 "떼지어 모이는(swarming)" 전략의 필요성이 요구된다.[197] 더욱이 미래에도 "카멜레온" 같은 전쟁 양상이 존재할 것이다.[198]

---

195) Max Boot, "The History and Future of Guerrilla Warfare"(Pritzker Military Library Presents Series, 2003). https://www.youtube.com/watch?v=W7ah26QEdUI(검색일: 2017. 2. 10).

196) Lawrence Freedman(2013), p. 481.

197) Tony Corn(2006). 특히, "Virtual States" and "Nonlinear Wars" 부분을 볼 것.

198) 그레이는 다음과 같이 전쟁의 미래를 예상한다.
1. 전쟁(war and warfare)은 항상 우리와 함께 할 것이다. 전쟁은 인간 조건의 영

나폴레옹의 소모적 전쟁 이후 19세기 중반 존 스튜어트 밀(John Stuart Mill) 같은 철학자들은 상업은 개인 이익을 강화하는 것이므로 전쟁을 아주 빠르게 낡은 행위로 전락시킬 것으로 보았다. 자유무역 옹호자들은 전쟁에 의존하는 것이 어리석다는 점을 밝히기 위해서 무역과 국제 교류의 다양한 형태를 구축하고자 했다.[199] 그러나 여전히 민족, 인종, 종교적 갈등 등은

원한 모습이다.

2. 전쟁은 지속적이고, 바뀌지 않는 본질을 가진다. 그러나 매우 다양한 특성을 가진다. 여기에는 역사가 따르는데 비록 미래에 대한 불완전한 가이드를 제시하지만, 이것이 최상이다.
3. 국가 및 비국가 적들(non-state foes) 사이의 비정규전은 당연히 앞으로 올 몇 년간 지배적인 적대 유형이 될 것이다. 그러나 강대국의 분쟁을 포함한 국가 간의 전쟁도 여전히 가능하다. 사실상 오늘날 일부 시각에 의하면, 미래의 예상되는 물결은 비정규적 형태의 분쟁이라는 것에 초점을 맞추고 있지만, 강대국의 적대적 대립의 전략적 역사 싸이클 속에 다음 라운드는 이미 형성되고 있다. 중국과 러시아 주축이 가능하며 이것은 단극화 세계 질서를 갈망하는 미국의 생각에 상당한 도전을 부여할 것이다.
4. 정치적 맥락(the political context)이 중요하다 비록 이것만 중요한 것은 아니지만, 전쟁의 발생과 특성을 이끄는 것이다. 무엇보다도, 전쟁은 정치적 행위이다.
5. 전쟁은 사회적 문화적 또한 정치적 그리고 전략적 행위이다. 이와 같이 이것은 전쟁을 수행하는 사회의 특성을 반드시 반영해야 한다.
6. 전쟁은 항상 선형방정식의 형태로 혁명적으로 바뀌지 않는다. 기습은 그저 가능한 것이 아니고, 심지어 개연적이지도 않다. 분명하다.
7. 제한전쟁과 전면전쟁을 국제정치적, 합법적 그리고 규범적이고 윤리적인 수단과 행동으로 통제하는 노력은 추진할 가치가 있다. 그럼에도 불구하고, 이러한 노력의 이득은 적대행위를 필요하다고 생각하는 지도자에 의해 뒤집히기 쉽고, 취약하다.

Colin S. Gray, *Another Bloody Century: Future Warfare*(London: Weidenfeld & Nicolson, 2005), pp. 24-25.

199) Lawrence Freedman(2013), p. 219.

이러한 희망에 찬물을 뿌렸다. 예를 들어 크리미아 전쟁은 상업 그리고 자유주의와는 무관한 민족적 열정 하에서 수행된 전쟁이라고 볼 수 있다.[200] 체첸, 코소보, 보스니아, 서브사하라, 예멘의 상황은 신자유주의의 기대와는 달랐다.

만일 국가적이건 부족적이건 상대가 대량살상무기를 가졌다면, 물리적 강제는 심각한 위험을 감수해야 한다. 따라서 미래는 정신적인 통제, 즉 국민의지와 생각에 대한 심리전과 같은 전쟁의 수행 방법이 더욱 중요하다고 보아야 한다. 150개 국가들이 1945년 이후 나타났다. 이 과정에서 나타난 분쟁형태는 식민지 전쟁을 포함하여 다양했다. 특히 알제리 전쟁 이후 분쟁 속에서 미디어의 역할은 엄청나게 증가되었다.[201]

1960년대는 이미지, 연예인들의 모조 이벤트의 시대였다. 카스트로와 아라파트는 이것을 잘 이용한 사람들이다. 70년대 호메이니(Khomeini)는 작은 미디어를 전력 증강원(force multipliers)으로 사용하여 대혁명을 추구했다. 80년대 팔레스타인 반란, 90년대 발칸에서 미디어를 이용하여 전투공간을 형성했다. 1990년대 중반 이후 100개의 무슬림 위성 텔레비전 방송이 출현했을 때, 그리고 알 자지라 방송의 시대가 도래했을 때, 클라우제비츠와의 연관성에 대해 의구심을 느꼈다. 테러리즘에 대해서 서구는 커뮤니케이션이 정지한 것으로 취급했다. 그러나 이것은 실제 다른 수단에 의한 커뮤

---

200) 시각을 달리하면 크리미아 전쟁은 상업 및 자유주의와 연계될 수 있는 면도 있다. 이를 이해하기 위해서는 조광동, "아, 크리미아! 한국 통일 큰일 났다," 『New Daily』(2014. 3. 23) 참조. 하지만 직접적인 원인은 민족주의라고 보는 것이 타당하다고 할 것이다.

201) 알제리 전쟁은 심리전의 중요성을 알 수 있었던 전쟁이었다. 막스 부트는 알제리 전쟁에서 물리적인 진압이 효과를 본 것이 사실이라고 했다. 하지만 잔인한 고문 이후 나타난 사회적 반감은 미디어를 통해시 나타났다. 이러한 상황은 알제리에서의 프랑스 군 작전을 사실상 수렁에 빠뜨렸다. Max Boot(2003). 참조.

니케이션의 연속 상황이었다. 미국은 결국 "전략적 커뮤니케이션(strategic communication)"에 의해 이 기나긴 전쟁의 승리를 거둘 것으로 주장했다.[202] 트럼프의 내러티브는 그냥 나온 것이 아닐 것이다.

프리드먼(Lawrence Freedman)은 "여론은 받은 정보에 의해 형성되기보다는 해석되고 이해되는 정보를 통해 만들어진다."고 했다. 마찬가지로 콘(Tony Corn)은 "아마추어는 메시지를 이야기하고 프로페셔널은 내러티브를 말한다."고 강조했다. 오늘날 국경을 뛰어넘는 사이버는 미래의 여론을 조성하는 데 매우 의미가 크다. 아마 가장 결정적인 역할을 하게 될지도 모른다.[203] RMA와 함께 사이버는 공격과 방어의 클라우제비츠적 관계를 전이시킨 것으로 볼 수 있을지도 모른다. 다시 말해서 사이버 공격이 더욱 우세할지도 모른다. 사이버 세계는 산업화 사회와는 다르게 실제 존재하지 않는 가상의 세계 속에서 대결하는 것으로 클라우제비츠의 현실세계와는 다르다고 할 수 있다. 이것은 핵전쟁이 마치 공격과 방어의 구분을 모호하게 한 것[204] 이상의 변화를 초래한 것으로 보인다. 왜냐하면 사이버는 핵전략

202) 미 국방성은 "장기전에서 승리는 궁극적으로 전략적 커뮤니케이션에 의존한다."고 했다. Thomas Rid and Marc Hecker, *War 2.0: Irregular Warfare in the Information Age: Irregular Warfare in the Information Age*(New York: Praeger Security International, 2009), p. 70.

203) 사이버전쟁은 네트워크 전쟁과는 다른 것이다. 아퀼라(John Arquilla)와 론펠트(David Ronfeldt)는 사이버 전쟁과 네트워크 전쟁을 구분하면서 전자는 군사체계에 후자는 사회적 차원으로 접근했다. 이 두 사람은 1993년 사이버 전쟁 개념을 처음으로 제시하면서 애초에는 군사적 영역에 초점을 맞췄다. 이에 대해서는 John Arquilla and David Ronfeldt, "Cyberwar is Coming!," *Comparative Strategy* 12, no. 2(Spring 1993), pp. 141-165.

204) Frederick Kagan, *Finding the Target: The Transformation of American Military Policy*(New York: Encounter Books, 2006), p. XIII.

의 억제효과에 대해 혼란을 가져오기 때문이다.[205)]

정신적인 측면은 영역이 매우 넓다. 클라우제비츠는 전쟁의 모든 활동을 어렵게 만드는 요소들을 위험, 육체적 노력, 정보, 마찰로 분석했다.[206)] 여기서 특이한 사항은 정보에 관한 것이다. 손자가 용간(用間) 편에서 정보가 우선해야 한다는 것과는[207)] 달리 클라우제비츠는 전쟁의 본질은 우리가 얻은 정보가 실상과는 다를 수 있다는 점을 강조한다. 이 점은 클라우제비츠가 전쟁을 과학(science)보다 술(art)로 이해한 것이라는 점을 보여준다. 산업사회가 과학을 대표적인 특징으로 하고 있으며, 더욱이 정보화 혁명에 의해 인간은 더욱 정확한 정보에 대한 기대를 늦추지 않고 있다. 하지만 오늘날에도 정보는 더욱 사실과 다른 내용을 생산하는 경향이 강한 것 같다. 특히 SNS 등을 통해서 번지는 많은 오보들은 오늘날 사회를 혼란스럽게 만든다.[208)] 이러한 실상이 군사적으로 미치는 영향 역시 심대할 것이다. 대중적 열정에 대해서는 말할 것도 없다.

물론, 물리적 군사력 운용이 갖는 의미는 여전할 것이다. 여론과 관련하여 전술적 수준에서의 메시지 취급은 조기 경고 및 신속한 대응에 중점을

---

205) 핵 경쟁시대에는 현존하는 위협에 대한 인지가 가능했다. 반면 사이버공격은 누가 무기를 가지고 있는가? 하는 점이 불분명하다. 2016년 미국 DNC의 이메일 해킹은 이러한 현상을 보여주었다. 사이버 공격을 억제할 수단이 무엇인가? 하는 점 역시 중요한 논점이 된다. 왜냐하면 억제의 논리가 적용되기 힘들기 때문이다. "네가 공격하면, 보복할 것이다."라는 억제가 적용될 수 있는가? 라는 문제가 있다. 따라서 현재까지 사이버 공격에 대한 대응은 물리적 공격이 주를 이루는 것이었다.

206) 이 내용에 대해서 클라우제비츠는 전쟁론 제1편 제4장에서부터 제7장까지 다루고 있다. Carl von Clausewitz, *Vom Kriege*(1991, 1992), pp. 95–106 참조.

207) 孫武, *孫子兵法*: 임용한 역, 『손자병법』(서울: 사단법인 올제, 2012), p. 408.

208) 한국사회과학협의회, 정용덕 등, 『한국사회 대논쟁』(서울: 메디치미디어, 2012), p. 276 참조.

두고 있다. 하지만 2011년부터 2013년까지 아랍을 강타했던 반란의 바람에 대해 당시 정권은 자기가 가졌던 사회적 정보 네트워크로 대응하지 않고 결국 물리적인 힘으로 대응했다.[209] 이런 측면에서 본다면 물리적 공격과 방어가 다시 전면으로 등장하게 된다. 하지만 사회시스템이 네트워크로 연결되었을 때, 해킹이나 바이러스에 의해, 예를 들어 원자력 발전소를 공격했을 경우[210] 또는 은행 시스템을 마비시켰을 경우[211] 그 심각성은 예측하기 힘들다. 그리고 이러한 공격은 사이버 상에서는 최대의 방어가 될 수 있다. 다시 말해 사이버 세계에서는 공격이 방어보다 유리한 작전형태가 될 수 있다는 것이다.

사이버는 물론 물리적인 특성을 가진다. 하지만 일반적으로 장기전으로 추진되는 경향을 보일 것이다. 그리고 사이버 세상은 어떻게 보면 지속적인 전쟁 상황으로 유지될지도 모른다. 초기 정보흐름의 초점은 표준적인 군사작전을 유지하고 보다 빠른 결심을 지원하는 데 초점을 맞추겠지만, 이라크와 아프간 전쟁을 수행했던 미국에게 있어서 장기적으로 추진해야 했던 것은 적의 의식을 바꾼다는 차원의 것이었다.[212] 그렇다면 사이버는 단기적 그리고 기동전적인 사고로는 사실상 성공을 거두기 불가능한, 본질적으로 공격적이고 소모적이며 장기전적인 특성을 갖게 될 것이다.

---

209) Lawrence Freedman(2013), p. 480.

210) IAEA 사무총장 유키야 아마노는 지난 몇 년 동안 사이버 공격이 원전에 혼란을 일으킨 적이 있다고 밝힌 바 있다. 이 점은 원전에 대한 사이버 공격의 위험이 현실화될 수 있음을 보여주고 있다. 한종진, "사이버공격, 원자력발전소 노린다," 『Tech Holic』(2016. 10. 14) 참조.

211) 예를 들어, 시만텍의 '인터넷 보안 위협 보고서 제22호'는 금융권에 대한 사이버 절도의 위험을 경고하고 있다. 한지훈, "북한 사이버 공격 집단, 세계은행들 상대 1천억 탈취," 『연합뉴스』(2017. 4. 26) 참조.

212) Lawrence Freedman(2013), p. 480.

상대의 지도자에 대한 심리전도 매우 중요하다. 빌라그레와 베쓰포드는 삼위일체를 설명하기 위해 국민, 군대, 정부를 말한 것은 한 예에 불과하다고 주장한다. 사실 이 부분은 상당한 의미를 갖는 것이다. 왜냐하면, 클라우제비츠는 사회정치적 본질을 고려하여 설명했기 때문이다. 예를 들어, 군사적 천재 부분이 이를 보강해줄 수 있는 부분이다. 그는 군사적 천재를 모든 제한사항을 극복할 수 있는 사람으로 보았다.[213] 이것은 곧 우연이나 정치적 리더십의 부재를 해결해줄 수 있는 능력, 그리고 국민적 단합을 얻어낼 수 있는 능력이나. 만일 비국가행위자의 지도자가 군사적 천재라면 그는 당연히 합리적인 그리고 이성적인 정치적 해결책을 모색하려 할 것이다. 비록 자신의 구성원이 매우 난폭하고, 광신적이라 할지라도 이러한 삼위일체의 기본 구성을 모른다면 이성적 국가와 대결하기 쉽지 않을 것이다. 그러므로 토니 콘(Tony Corn)의 비판은 스스로의 모순을 갖게 된다. 그는 이슬람이 지난 30년을 넘게 간접전략을 수행해왔다고 했다.[214] 그렇다면 이들이 오히려 이성적이라고 볼 수도 있다. 상대의 지도자를 이성적으로 변화시키려는 노력은 의미가 크다.

일반적으로 민주주의는 열핵무기를 써서 적을 굴복시키지 않을 것이라고 생각할 수 있다. 그래서 아롱은 위협을 줄 수 있는 능력을 중요하게 여겼다. 아롱은 톨스토이적이라고 평가될 수 있다. 톨스토이는 지위가 높은

---

213) Carl von Clausewitz, *Vom Kriege*(1991, 1992), pp. 72–73, 95 참조.

214) 예를 들어, 유럽으로의 대량 난민은 점점 이슬람 인구의 출산을 유럽에서 증가시키고 있으며 폭력과 폭동을 거세지게 만들고 있다는 것을 들 수 있다. 이 문제를 이해하기 위해서는 Tom Wyke, Jay Akbar, Ulf Anderson, Nick Fagge and Sara Malm, "Migrant rape fears spread across Europe: Women told not to go out at night alone after assaults carried out in Sweden, Finland, Germany, Austria and Switzerland amid warnings gangs are co-ordinating attacks," MailOnline(Jan 8, 2016) 참조. http://www.dailymail.co.uk/news/article-3390168(검색일: 2017. 5. 20).

사람이 상당히 중요한 판단과 결정을 한다는 믿음보다는 개인이 개인적으로 가지는 의지의 합을 강조했다. 사람은 무리로서의 삶과 개인적인 삶이 동시에 존재한다는 것이다.[215] 소위 전쟁을 결정하고 지도하는 집단의 이성적인 행동이 필요한 것이었다. 하지만 만일 상대가 이성적이지 않다면, 결국 국민의 열정 그리고 상대 지도자의 열정을 식히는 노력이 미래전쟁의 열쇠가 될 것이다. 이성과 원초적 열정 간의 모순을 해소하는 것이 본질적인 문제라고 하겠다.

오늘날 한국의 상황을 바라보자. 북한과 얼싸안고 통일을 외치면 된다는 것은 원초적 열정일 것이다. 하지만 국제사회의 정치 역사는 이러한 열정만으로 모든 것을 이룰 수 없음을 보여준다. 물론 아롱은 이성의 힘을 완전히 신봉하지는 않았다. 하지만 현실적으로 이러한 열정을 제어할 수 있는 이성은 필요한 것이다. 북한이 민족을 생각하고 그래서 평화적으로 협상에 응할 수 있다. 하지만 아롱적 역사사회학은 이것의 위험성을 명확히 제시하고 있다. 돌변하는 정치적 권력의 작용은 얼마든지 순수한 민족적 열정을 무력화시킬 수 있다. 아롱의 경고가 사르트르주의에 던지는 메시지는 결코 잊을 내용이 아니다.[216] 자유주의 지성들이 열정을 제어할 기반을 조성하고 정치적인 것을 회복시키는 원천이라고 믿는다.

215) Lawrence Freedman(2013), p. 224.

216) 사르트르를 아롱과 비교하여 이해하기 위해서는 김붕구(1965. 6월), pp. 233-234.

제6장
결 론

지금까지 이 책의 범위로 설정한 클라우제비츠 전쟁론의 네 가지 주요 쟁점에 대한 결론은 다음과 같이 정리될 수 있다.

첫째, 단기전은 무제한 폭력을 이끌 수 있으므로 정치적 단위체를 심각한 위기로 몰아넣을 수 있다. 클라우제비츠가 전쟁의 본질에 중점을 두었다면, 아롱은 국제관계와 대전략차원에서 보다 폭넓게 다루었기 때문에, 그의 시각에 의하면 전쟁수행은 전쟁을 수행하는 당사자 국가보다 국제사회 속에서 동맹을 이루는 집단 간의 힘의 관계에 의해 더 크게 영향을 받는다. 국제관계 속에서는 힘의 관계가 형성되기 때문에, 경쟁 상대국 당사자 간의 단일 회전에 의한 전쟁으로 끝나는 것이 아니라, 동맹을 형성한 커다란 세력의 경쟁이 수반되므로 전쟁은 보다 신중하고, 멀리 보며, 장기적인 전략적 시각을 토대로 수행되어야 한다.

둘째, 중심의 개념은 실제전쟁에서 군사적으로 적용되기 힘들다. 중심이 존재한다면 모든 전쟁은 단기결전과 무제한적인 폭력이 더욱 요구되므로 이것은 명확한 모순이다. 만일 중심이 존재한다면, 군사가 정치를 지배할 수 있는 위험이 있으므로 이것은 아롱의 사상과는 완전히 배치되는 것이며, 위험한 것이다. 만일 중심을 선정해야 한다면 그것은 정치적 수준의 것이 되어야 한다.

셋째, 클라우제비츠의 집중과 분산은 변증법적 상호작용을 하는 것이므로 공격과 방어라는 이분법적인 관계를 갖는 것이 아니라, 결국 정치적 목적하에 수단으로서 의미를 가진다. 그러므로 정치적 목적이 이끌어야 한다. 국제 정치적 수준에서는 힘의 관계의 상대적 배열과 관련 있다.

넷째, 인간의 열정은 역사적 사례를 볼 때, 정치적 이성을 굴복시키고는 했다. 따라서 제어되지 않는 원초적 열정은 인간사회를 파멸의 길로 이끌 수 있다. 이러한 위험이 존재할수록 더욱더 정치적 이성과, 분별지를 지닌 도덕성이 요구된다.

이를 통해 미래전쟁방향을 다음과 같이 이끌어냈다.

먼저 미래에도 정치적 목적이 지배하는 전쟁을 수행해야 한다고 보았다. 이것은 아롱의 자유주의적 철학, 역사 및 사회학에 기초한 연구에서 나온 결론이었다. 특히 아롱에게 있어서 자유주의란 개인에게 자유를 부여하는 것이자, 동시에 점진적인 정치적 개혁을 이루어 나가는 것이었다. 따라서 이러한 개념을 전쟁에 적용한다면, 극단으로 치닫지 않기 위해서는 오히려 장기간의 시간이 걸린다고 하더라도 절제되고 완화된 전쟁이 보다 정치적 이성을 이끌 수 있다고 보았다. 따라서 아롱적 평화의 전략은 방어적 동맹 하에 공존의 전략을 취해야 하고, 전략의 최고의 목표는 생존으로 설정했으며 그것이 옳을 것으로 평가했다.

또한, 인간의 역사와 사회는 너무 많은 다양성이 존재하고 이것이 이질성을 이끌며, 사상에 의해 극단적인 대립으로 치닫는 위험이 있으므로 상대의 정치적 자유를 보장하는 것이 정치적 중심으로서 설정되어야 한다고 생각했다.

끝으로, 미래전쟁에서도 반드시 사상의 우위가 전쟁을 제어해야 한다고 보았다. 특히 아롱이 우려했듯이, 현대의 가공할 핵무기는 인간사회 자체를 파괴시킬 수 있다. 그러므로 인간사회를 완전히 파괴시키는 전쟁행위를 제어하기 위해서는 합리성만으로는 불가능하며, 정치적 이성의 지배하에 강한 국민의 의지를 이끌 수 있는 사상적 무장이 결정적이다. 이 때 정치적 이성은 순진한 도덕성을 갈구하는 이성과는 다른 것이어야 하며, 동시에 인간의 원초적이고 악마적인 열정과도 반드시 대립되어야 한다. 이런 가운데 사상적 우위에 대한 강한 신념은 자발적인 동원과 힘의 관계 모색에 긍정적으로 작용하는 원천이 될 것으로 평가했다.

또한 사상적 신념은 상대의 정치적 자유를 보장하고, 평화공존을 이루어가면서 상대를 서서히 변화시키는 장기적인 전략의 바탕이 되어야 한다고 보았다. 이렇게 되면 보다 분별지 있고, 도덕성을 지켜갈 수 있는 미래의 전략을 이끌 것이다. 이러한 전략적 시각과 분별지는 자유주의적 지성이 이를 이끌 때 사회적 현상으로서의 전쟁을 이해하고 대비하게 될 것이다.

이러한 논결은 아롱의 깊은 철학과 사상으로부터 얻어진 것이다. 아롱의 사상적 출발은 홉스와 스피노자의 두 가지 관점을 받아들인 것에 있다고 할 수 있다. 첫째는 비사회적으로 생각되는 "인간의 심리상태(psychology of men)," 둘째는 "힘을 지닌 도덕성"으로, 이것은 일반적으로 인정된 규준의 부재 속에서 유효한 것이다.[1] 그리고 그는 몽테스키외로부터 사회학적 시각의 중요성을 배웠고 토크빌의 자유주의를 옹호했다. 여기서 그의 '의지적 상황주의'의 골격이 형성되었다고 할 수 있다. 그러나 사회의 제 문제를 어떻게 인간이 받아들이고 행동하는가는 그의 난제였다. 왜 인간은 이러한 결정을 하고 행동하는가를 해결하는 데는 막스 베버의 인간 행동 철학을 적용했던 것으로 보인다.

따라서 아롱에게 정치적 이성 또는 정치적으로 생각하는 것은 인간 역사와 경험이 보여주는 정치적 현상을 무시해서는 안 된다는 것이었다. 그는 이론적 접근이 너무 현실을 무시한다고 했다. 그저 합리성에 기초한 과

---

1) Raymond Aron, *Peace & War*(2009), p. 339.

학적 이론과 순수한 도덕성과 같은 관념적인 이론 수준에 고착되어 자신이 원하는 이미지대로 세상이 만들어질 것으로 바라보아서는 안 된다고 믿었다.

현실의 정치 속에는 매우 다양한 요소들이 작용하므로 인간사회는 유토피아를 부르짖는 거짓된 이데올로기에서 벗어나야 한다고 생각했다. 17세기 스피노자의 사상을 기초로 신의 정치에서 인간의 세속적 정치로 패러다임을 전환한 인간사회에서 유토피아는 불가능한 것이었다. 그는 결국 '정치 현상학'적 시각을 가졌다고 보인다. 그러므로 '정치 현상' 속에서 인간의 사회는 분쟁을 피할 수 없는 것이었다. 따라서 아롱에게는 "힘을 지닌 도덕성"이 보다 현실적이었다.

비록 홉스적인 비사회적 "인간의 심리상태"로 인해 영구평화는 인간사회에서 불가능한 것이었다고 하더라도, 바로 그러한 이유로 인해서 그는 칸티안의 시각을 버릴 수 없었다. 그러므로 아롱의 자유주의는 쉬클라(Judith Shklar)의 "공포를 가진 자유주의(liberalism of fear)"와 유사하다고 할 수 있다. 자유는 공포 없이는 얻을 수 없는 것이다. 이것은 "힘을 지닌 도덕성"과 다르지 않을 것이다. 자유주의 제도의 목표는 기본적으로 부정적인 것으로 그리 나쁘지 않은(decent) 인간 삶을 살아가기 위해 다양한 장애물을 완화시키는 것이다. 이를 위해 정치적 이성이 작용해야 하는 것은 필연적이다.[2] 선악의 구분보다 중요한 것은 비교적 옳은 방향을 선택하는 것이다.

하지만 그는 이성의 한계를 알았다. 1968년 5월 혁명에서 지성의 무력함을 느꼈던 그였다. 따라서 사회 현상에 직면하여 원초적 감성과 열정을 벗어나 도덕적 이념을 갈구하는 자유의지인 이성조차 뛰어넘어야 했다. 그럴수록 헤겔적인 변증법론이나 역사철학보다는 대상을 객관적 그리고 주

2) Brian C. Anderson(2000), pp. 3-17. 제1장 "Introduction: Raymond Aron and the Defense of Political Reason"의 "1. What is Political Reason?" 부분을 볼 것.

관적으로 인식하고 그 성질을 개념화하는 오성(intelligence)의 시각을 받아들여야 했을 것으로 보인다. 바로 이것이 아롱이 갈구했던 "정치적인 것(the political)"의 회복과 연관된다고 하겠다.

아롱에게 권력은 소유가 아니라 상대적 관계였다는 것은 매우 중요한 의미를 갖는다. 지성은 따라서 항상 멀리 보는 것이어야 했다. 유틀란트 해전에서 제리코 제독이 독일 해군을 추격하여 괴멸시켰다면, 독일 해군은 괴멸되었을 것이다. 하지만 영국 해군도 독일 잠수함 작전에 말려서 치명적인 피해를 봤을 것이라고 보았다. 만일 이러한 현상이 나타났다면 서구 세력은 해양통제권을 잃었을 것이며, 이것은 세계를 지배하는 서구 세계에게 사활적인 악영향을 미칠 수 있었을 것이라고 보았다. 그는 제리코 제독의 생각과 행동이 분별지 또는 실천지를 지녔다고 보았다. 만일 공멸했다면, 서구는 그 세력을 다른 세력에게 곧바로 넘겨주게 될 것이었다. 그가 원했던 것은 적어도 공존하는 것이었다. 칸티안적인 분별지 있는 도덕성과 오성은 적어도 역사사회의 종말은 막아야 하는 것이었다. 바로 이러한 시각이 아롱이 본 전략적 시각의 정수였을 것이다. 하지만 아롱이 역사사회의 주축을 서구에 두고 있다는 점은 어쨌든 아쉬움을 보인다.

아롱은 자유주의의 사상적 승리를 믿었다. 그에게 자유주의는 절대로 전체주의에 패배할 수 없는 사상적 우위에 놓여있었다. 인간이 자유를 추구하는 것은 역사의 보편성은 아닐지라도 명확한 패턴이었다. 그러므로 아롱의 역사학은 보다 인내하며, 지혜를 발휘하는 것이었다. 인내는 폭력의 무제한적 사용이라는 극단을 피하게 해줄 것이었다. 지혜는 장기적인 전략하에 전체주의 체제를 스스로 무너지게 하여 결국 자유주의로 이끄는 것이었다. 아롱의 이러한 전략의 효과성은 입증되었다. 아롱의 예상과 다르지 않게 소련은 스스로 무너졌다. 인류는 미소간의 핵 교환(nuclear exchange)의 위협에서 크게 벗어났다. 하지만 아롱은 불행하게도 이러한 역사적 현상을 목격하지 못했다.

아롱의 사상과 전략에 대한 연구 주제는 여기서 제시하기 어려울 정도로 많다고 생각한다. 종합사상가로서 그의 업적이 이를 증명할 수 있을 것이다. 하지만 종교적, 인종적, 민족적, 사상적, 권력지향적 갈등 등이 극단에 치닫는 것처럼 보이는 현재 세계의 전략적 상황과 한반도의 상황을 고려했을 때, 아롱의 사상을 적용한, 보다 구체적이고 현실적인, 미래의 전쟁 및 전략 연구가 필요하다고 하겠다. 어쨌든 아롱의 전략은 구현되었고, 그의 예언은 적중했기 때문이다.

아롱은 평화주의자라고 볼 수 없다. 왜 아롱 사상의 정수를 조성환은 "의지적 상황주의"라고 했는지 다음의 단편적인 사례로 설명될 수 있을지 모르겠다. 아롱은 한 인터뷰에서 1961년에 그가 케네디의 말을 부인했더니, 그가 그러면 쿠바 문제를 어떻게 해야 하냐고 물었다고 했다. 그는 마키아벨리의 말을 다른 말로 풀어서 답했다고 했다. "당신의 적을 죽일 수 있는 기회가 있으면, 쏴라. 기회가 없다면, 기다려라."[3)]

아롱적 의지를 기초로 할 때, 중소 국가들은 미래 위기를 효과적으로 제어하기 위해서 어떻게 해야 하나? 우선 정치철학 및 체계와 동질적인 세력과 힘의 관계의 상대적 배열을 구축하고, 국민의지를 자발적인 힘의 근원으로 이용해야 하며, 장기적인 방어적 태세를 유지하되, 확고하게 사상적 우세를 달성하는 것을 대전략의 기조로 삼아야 할 것이다. 국제질서가 전환하면서 주요 국가들은 소위 하이브리드 전을 수행할 것이다. 그 양상이 어떻건 미래에도 변증법적 대립은 역사사회의 현상으로 남을 것이다. 인간이 존재하는 한 역사사회는 지속할 것이고, 아롱적 무미건조한 인간의 삶과 함께 다양하게 대립하는 역사사회를 맞이하는 것은 그 존재의 운명이다.

---

3) William Echikson, "Raymond Saw His Liberal Pluralism Triumph over Marx," *The Christian Science Monitor*(October 18, 1983). https://www.csmonitor.com/1983/1018/101820.html(검색일: 2017. 12. 22).

후기
아롱 시각의 관계적 역사에 대한 소고

몇 번–비록 인정하고 싶지 않거나 밝혀지기를 원하지 않겠지만–에 걸친 동방으로부터의 강한 타격을 경험한 유럽은 서구의 유일신에 대한 믿음을 넘는 그 무엇인가를 필요로 했다. 그것이 비록 유일신의 뜻이었거나, 프리드먼의 말대로, 기만이었다고 할지라도 교황의 권력 하에서는 아롱이 말한 생존 추구의 한계를 느낄 수밖에 없었다. 신의 권력을 대신한 특정 인간의 통치보다는 실제 칼을 쥔 인간의 권력정치가 자신들을 지켜줄 것이었다. 몽골의 속담에서 유추할 수 있듯이 벼룩을 잡는 민족이기보다는 몽고와 같이 칼을 쥔 민족이 필요했던가? 서구가 왜 이토록 힘없이 무너졌던가? 그것은 맥킨더의 말대로 동방으로부터 오는 세력에 대항하는 거대한 장애물인 바다가 유라시아 대륙의 대략 중앙지역을 가로지르지 않아서였던가? 동방의 거대한 세력을 피하거나 그들을 둘러싸기 위해서 바다는 새로운 전략적 기동로가 되어야 했던가? 르네상스와 산업혁명을 끌어낸 유럽은 바다로 향했고, 특히 앵글로색슨은 대서양과 인도양으로 진출하면서 대제국을 형성하였으며 소위 리델 하트의 간접접근을 하듯이 유라시아를 에워싸는 태세를 구축해가고 있었다. 이것은 아이러니하게 나중에 미국에게 전략적 교훈으로 전파되었다.

식민지 개척은 부를 창출하면서 자본주의의 힘을 구축했지만, 자본주의가 안고 있던 모순은 유럽을 다시금 거대한 전쟁의 소용돌이로 몰아넣었다. 대전쟁은 민족의 생존과 영토를 기초로 한 이데올로기와 아롱이 철저히 비판했던 거대하고 이상적이며 세계적인 이데올로기를 낳았다. 모두가 평등한 사회를, 유일신은 현실세계에서 주지 않지만, 인간이 건설할 수 있다는 욕망은 오로지 혁명만이 이 세상을 바꿀 것이었다. 그러나 역으로 인간의 능력이 그렇다면 왜 자본주의의 모순을 분별지적 이성을 가지고 점차로 개선하지 못한다는 말인가? 유라시아의 양대 이데올로기는 대서양과 태평양을 건너 이상주의 또는 자유주의, 그리고 현실주의-사실 이 두 가지는 상호 중첩성을 크게 가진다-라는 미국 내의 거대한 정치철학 기반을, 인식하기 그다지 쉽지 않게, 조성하고 있었다.

20세기의 양차 대전은 절대전 수준의 전쟁이었다고 말할 수 있을 것이다. 국가의 총력을 지향한 전쟁이었고 심지어 사용되어서는 안 될 핵무기를 개발하고 실제로 사용한 전쟁이었다. 유럽은 더 이상 르네상스와 산업혁명을 거쳐 이루어낸 위대한 문명일 수 없었다. 그들 스스로 지킬 능력조차 없었다. 이제 미국만이 유럽을 대신할 수 있는 코카서스 문명의 후예였던 것인가? 자신조차 지킬 수 없었던 서유럽은 마치 모로아의 말에서 유추할 수 있듯이 스스로 몸을 미국에 내던졌다. "맨해튼 계획"의 실행은 유럽이 미국에게 줄 수 있었던 유일한 능력인 과학기술능력을 스스로 바친 격이 되었다. 서구 문명은 유일신만이 아니라 인간도 전 세계를 파괴할 수 있다는 가능성을 확인시켜주었다. 심프킨의 의미대로 코카서스 문명의 위대함은 바로 그 코카서스 문명의 멸망을 위협하게 되었다. 1945년 이후 유럽은 하워드의 표현에 의하면 카롤링 제국의 동쪽 경계를 따라 나누어졌고 유럽은 더 이상 세계의 중심이 되지 못했다. 하지만, 이 현상은 토크빌의 예언이 실현되는 모습을 보여주었다.

냉전 당시에는 두 초 강대국 사이에서 유럽은 가장 강력한 군사력이 밀집했던 아주 민감한 지역으로 생각되었지만, 이것은 사실상 서부 유럽 자신들이 원한 바였다. 아롱에게 서부유럽은 미국이라는 "제국주의적 공화국"이 필요했지, 소련이라는 독재적 제국주의 국가가 필요한 것은 아니었다. 적어도 미국은 제국주의였다 할지라도 공화정이었던 것이다. 따라서 또 다른 세계대전을 가져올 가장 위험한 지역으로 평가되는 것이, 오히려 미국의 힘을 기초로 한다면, 국제적 힘의 관계 속에서 안정을 유지하는 길이었다.

하지만 사회적 변화는 전쟁의 필요성에 대한 의구심을 더했다. 특히 서구이 문화적 변화는 전쟁을 중요한 정책의 수단으로 여기지 않는 추세였다. 양차 대전의 재앙을 직접 주도했던 독일로서는 평화 외에는 해답이 없었던 것을 넘어 그것을 반하는 어떤 명분조차 서지 않았다. 그러나 아롱의 "에코 채임버" 속에서 독일은 유아독존 할 수 없는 존재에 불과했다. 미국의 핵무장, 그리고 연이은 소련의 핵무장, 이어서 등장한 열핵폭탄으로 독일은 미국의 핵우산 속에서 핵무장력을 배제해야 했다. 소련도 나폴레옹 이래 절대적 수준의 전쟁을 경험한 유럽의 역사 속에서 동원체제를 절대로 포기할 수 없었고, 이것은 다시 서구에 위협으로 작용했다. 결국, 독일만큼은 재래식 전력으로 소련을 막고 그것이 성공할 때만이 세계의 재앙을 막을 수 있을 것으로 보였기에 서구 문명 속에서 가장 중요한 평화의 사도가 되어야 했다. 아이러니하게 이것은 미국의 지원 아래 오늘날 유럽을 먹여 살리는 독일로 재성장하는 기회를 제공했다.

하지만 여타 유럽의 과거 제국주의적 강대국들은 전쟁 이후에도 자신들의 패권을 지속해서 유지하고자 몸부림쳤다. 영국은 중동과 말라야에서 프랑스는 중동, 아프리카, 베트남에서 처절할 정도로 자신들의 이권을 유지하고자 했다. 그러나 이미 강력해진 두 거대한 국가 사이에서 이들은 반공과 반자본주의의 물결에 휩싸여 오로지 생명을 유지하는 것이 중요했을 뿐이지 더 이상의 제국주의적 낭만시대를 재현할 수 없었다.

한국전쟁을 시작으로 동아시아의 대결은 끊이지 않았다. 베트남까지 개입한 미국에 대해 유럽의 동맹들은 유럽에서의 관심이 전환되지 않기를 바랄 뿐이었다. 다행히 한국과 베트남은 소련과 중국에 대해 적대적인 정책을 유지하고 있었다. 베트남에서 철수한 미국은 베트남의 동(VND) 가치를 파괴하고 베트남을 중국으로부터 지켜주면서 베트남이 다시 돌아올 날만 기다리면 되는 것이었다. 그리고 탄탄한 일본이 항상 태평양의 전진기지로서 무한한 신뢰를 보여주었다. 일본은 19세기와 20세기에 중국을 상대로 그리고 러시아를 상대로 아시아에서 유일하게 싸워서 승리했던 자칭 대일본제국의 기질이 남아있는 국가였다. 한국전쟁 이후 국제연합은 완전히 미국의 편을 들어주었고 집단안보의 모습을 다시 회복시켰다.

아프리카와 남미에서의 소련의 지원으로 이루어진 반식민적, 반자본주의적 투쟁은 마치 롬멜을 이용한 히틀러의 양동작전과 같은 것이었다. 하지만 남반구에서의 이러한 분쟁은 솔직히 아롱에게 있어서는 작은 충돌에 불가했다. 아무리 그들이 승리한다고 해도 그것은 주변국에 불과한 것이었지 서구를 직접 위협할 수는 없었다. 롬멜의 역할이 연합국의 주위를 전환하고 그 세력이 서유럽과 동유럽으로 전환되는 것을 막아야 했지만 실패했던 것과 같이 소련의 유인작전은 사실상 그들 스스로 빠른 몰락을 가져오는 것에 불과한 것이었다. 소련은 쿠바에서 스스로 허약함을 입증해 보였다. 그리고 터키에서 미사일 철수는 소련의 승리가 아니라 소련 스스로 무력함을 증명해 보인 격이 되었다. 오늘날 중국이 함반토타-지부티-유럽을 연결하려는 의도 속에 놓인 아프리카 전략은 상당한 유사성을 보일 수 있다. 하지만 이미 낭패한 과거 경험이 있는 소련의 모체 국 러시아에 시리아를 왜 내준다는 말인가? 그리고 홍콩, 대만, 심지어 한국에서 무력함이 증명된다면 어쩌라는 것인가?

중동만큼은 유럽의 국가들이 패권을 유지하고자 했을 때, 미국은 이를 방관하지 않았다. 엄청난 오일은 향후 새로운 패권을 좌우하기 충분하지 않았던가? 팔레스타인의 해방운동은 이스라엘을 철저히 지지하는 또는 지지할 수밖에 없는 미국에는 반드시 완화되어야 할 대상이었다. 한편, 미국의 자유주의적 그리고 기독교적 문화는 이슬람에게 받아들여질 수 없는 것이었고 이란 왕정 붕괴 이후 이슬람의 사탄인 미국을 중동에서 몰아내는 것만이 그들이 유일하게 받아들일 수 있는 "정치적인 것"을 벗어난 종교적 요구였다. 헌팅톤은 아마도 이러한 매우 노골적인 용어를 사용하는 대신 문명의 충돌이라고 기술했을 것 같다.

이러한 주변 국가들의 분쟁 속에서 아롱에게 어차피 소련이라는 거짓된 혁명의 산물은 사라질 것이었다. 비록 폭력을 지닌 도덕성이 허약해 보이기도 하지만, 역사의 패턴은 혁명적 산물의 허구를 확실하게 보여주었다. 그렇다면 그러한 허구는 당연히 패망할 것이었다. 하워드가 말했듯이 유럽이 가장 민감한 지역이었기에 유럽을 제외한 거의 모든 지역에서 전쟁이 난 것은 사실로 보인다. 하지만 아롱적 시각에서 본다면 유럽은 클라우제비츠가 말했던 문명국가로서의 자신들의 위상이 야만적 전쟁을 수행하는 모습으로 더 이상 추락되어서는 안 되는 것이었다고 할 수 있다. 사상적 승리를 달성한 다음 서구는 소련을 소모시키면 되는 것이었다.

아롱의 시각으로도 서유럽은 가장 중요한 지역이었다. 이것은 맥킨더의 하트랜드 이론의 변형체적 견해라고 볼 수 있을지도 모른다. 반면, 소련을 소모시키기 위해서는 지정학적으로 유럽을 제외한 아시아, 중동, 남미, 아프리카에서 제한된 소모전을 지속해야 했다. 이것은 또한 스파이크먼의 지정학 이론의 변형적 적용이 된다. 인간의 폭력성은 어디에선가는 지속적인 싸움이 있어야 한다. 그에게 서유럽이 아닌 곳은 문제가 될 것이 없었다. 자유주의는 서구 문명의 사상적 근원이었다. 이것이 지켜진다면, 주변국의 상황은 문제될 것이 없다. 결국, 서구의 자유주의 사상의 승리는 인류에게 보다 나은 칸트적 희망을 줄 수 있을 것이다.

아롱에게 가장 큰 문제는 서구 문명의 섬멸적 파괴였다. 이것은 사실상 서구 세력의 정치적 권력의 파괴를 가져오는 것 이상의 문제였다고 할 수 있다. 서구의 자유주의 사상은 서구가 만든 역사적 패턴 속에서 가장 의미 있는 것이었다. 근대 민족주의는 서구의 자유주의 사상을 기저로 했을 때, 풍요를 가져왔다. 하지만 민족주의가 또는 혁명적 이데올로기가 자유주의를 무너뜨렸을 때는 또 다른 전제정치가 출현했다. 프랑스의 혁명은 자유를 가져온 것이 아니라 오히려 전제정치와 전쟁이라는 괴물을 낳기도 했다. 결국 혁명은 허구였다. 오늘날까지 시도되었던 많은 혁명들은 인간들에게 더 나은 미래를 약속했지만, 그러한 미래는 올 수 없는 것이었다. 공정한 분배는 인간을 우둔하게 또는 좋게 말하면 소박하게 만들거나 아니면 강력한 전제권력 아래 놓지 않고는, 더 많이 가지려는 인간의 본성을 고려했을 때 구현될 수 없다. 인간의 역사는 희극이 아니라 항상 비극이었다. 혁명은 오히려 더 많은 문제를 만들었다.

이와 관련한 아롱의 역사적 패턴은 분명한 것이었다. 그것은 혁명이 인간에게 좋은 것을 가져오는 것이 아니었다는 점을 확실히 증명했다는 패턴이다. 인간사회의 폐단을 청산하면 유토피아가 온다고 보는 것은 환상이었다. 실낙원을 경험한 인간은 현실세계에 사는 것이지 이상세계에 사는 것이 아니었다. 이미 아담과 이브가 낙원에서 쫓겨날 때부터 더 이상 이 지상세계 속에는 낙원이 존재할 수 없었다. 오로지 신의 세계 속에서만 가능한 낙원을 약속하는 것은 아롱에게는 분명한 사기극이었다. 이 세상은 어차피 모순투성이였다. 그러므로 그의 인간행동학은 선하고 악한 것의 문제가 아니라 상대적으로, 또는 관계적으로, 조금 더 옳고 조금 더 그른 것 사이에서의 선택 문제였다. 니체의 『선과 악을 넘어서(beyond good and evil)』와 같이 역사는 진실이란 없는 것이고 변덕스럽다. 그럼에도 불구하고 인간은 그 진실되지 못하고 변덕스러운 인간의 역사사회를 사랑해야 했다. 그렇다면, 현실세계에는 무엇인 존재하게 되는가? 그리고 무엇이 인간을 이끌어야 하는가? 전자는 정치이고, 후자는 "정치적인 것(the political)"이었다. 그러므로 아롱의 역사사회는 서서히 변화해야 했다. 급진적인 변화는 인간의 원초적 열정을 자극하는 것이 될 수 있고 이것은 전제적인 결정과 행동을 가져오기 충분한 것이었다. 결국, 인간의 역사사회는 혁명적 변화가 아닌 조심스럽고, 위험을 완화하고 열정을 절제하는 분별지 있는 개혁과 변화를 이끌어야 하는 것이었다. 아롱의 "평화의 전략"은 절제와 인내 그리고 지혜를 통해서 공존하면서 상대를 서서히 무너뜨리는 것이어야 했다. 이러한 전략을 미국이 적용했는지는 중요하지 않다. 하지만 분명히 이러한 접근은 시도되었던 것으로 보이고 이것은 적중했다.

소련의 붕괴로 유토피아가 왔던가? 역사의 종말은커녕 이데올로기의 종말조차 오지 않으리라고 느껴진다. 아롱의 철학은 여전히 효력을 발휘하고 있다. 소련의 붕괴와 함께 동유럽 국가들의 나토 가입은 러시아의 새로운 세력균형 추구를 낳게 된 것으로 보인다. 더욱이 나토는 더는 군사적 단합체가 아니었다. 1991-1999년까지 유고 개입은 그 실태를 여실히 보여주었다. 이것은 새로운 전쟁의 시발점인지도 모른다는 우려를 낳았다. 다시 리델 하트의 시대로 돌아가서 미국은 강력한 해 · 공군력을 유지하고 세계의 주요 분쟁지역에 "제한된 개입"만으로 평화를 가져올 수 있을 것인가?

냉전 이후 미국은 국제정치 수단으로 전쟁을 이용하지 않을 수 없었다. 이라크로 하여금 이란을 침공하게 했고 무려 10년이 넘는 전쟁 속에서 자유와 평화를 외치며 개입하지 않았다. 후세인은 쿠웨이트의 침공을 통해 새로운 중동의 힘을 증강하려 했다. 하지만 불운하게도 그는 소련의 붕괴를 목전에 목격했다. 그의 백그라운드는 사라졌고, 제국주의적 정책은 국제사회의 힘의 관계 속에서 연명조차 할 수 없었다.

미국의 중동정책은 초기에 성공적으로 보였지만, 이슬람의 성전에 새로운 불길을 쏟아 부었다. 가장 친미적이라고 보이는 사우디아라비아 출신의 오사마 빈라덴이 미국의 쌍둥이 빌딩을 공격함으로써 미국의 네오콘들은 제한 없는 테러와의 전쟁을 선포했다. 미국은 국민의 프라이버시까지 통제할 수 있는 수준으로 국가보안체제를 강화시켰다. 이것은 향후 디지털 혁명 속에서 문제를 가져올 어떤 것과 관계성을 의심하게 하고 있다. 더욱이 그들은 이라크부터 미국적 민주주의 국가로 변모시킨다는 모토 아래 새로운 십자군적 전쟁을 다시 시작하는 듯했다. 이것이 마치 중세 십자군 전쟁의 새로운 서막과 같은 모습과 대조될 수 있는 것인가? 아니면 중동의 통제는 미국의 패권을 지속할 수 있는 정치적 기반이 될 것인가? 더 나아가 중동에서 민주주의 구현은 미국의, 알 수 없는, 디지털 혁명에 가능성을 보여줄 것인가? 이러한 혁명은 아롱의 철학대로라면 허구가 되어야 하고 더 나은 미래를 가져오지 못한다.

미국은 군사에서의 혁명(RMA)를 통해 원거리에서 정밀한 타격으로 상대의 정규군을 손쉽게 굴복시켰다. 그러나 베트남에서 실패했듯이 그들은 대중의 마음을 사로잡지 못했다. 미국의 민주주의와 기독교적 가치관과 문화는 한국에서처럼 거의 역사에서 찾아보기 힘들 정도의 속도로 쉽게 전파되고 성공할 수 없는 문화적 그리고 역사사회적 뿌리 속에 파묻혀 있었다. 소위 쌍둥이 빌딩이 아프간 지역 어떤 산 너머에 있느냐고 묻는 무슬림들에게 민주주의라는 의미가 어떤 영향을 미친다는 말인가? 이라크를 비롯한 중동의 내전 상황은 새로운 세력을 만들었다. 이것은 미국이 그간 전쟁으로 상대했던 국가의 모습이 아니었다. 비국가 단체의 등장은 1648년 이후 베스트팔리아 체제 이전으로 회귀하는 것으로 보아야 하는가?

이슬람 문명은 유럽에 심각한 위협의식을 고조시킨다. 이슬람 난민의 계속된 유럽으로의 진입은 유럽으로 하여금 자유주의를 포기하든 아니면 이슬람을 받아들이든 양자택일의 정치적 노선을 강요하는 듯하다. 민주주의 선거제도 아래에서 이슬람 인구의 증가는 사실상 국내 정치의 영향력으로 작용하고 있다. 아롱의 입장에서 서구가 자유주의의 중심이라면, 이슬람 인구의 서구 국가들 내에서의 영향력 확대는 국제정치적인 문제로 서서히 다가올 수밖에 없다. 이것은 히틀러의 포퓰리즘과 유사한 현상을 자극할지도 모른다는 우려를 낳는다.

인구 이주를 하는 등 간접침략은 제국주의의 전형적인 수단이었지만 이제 이것은 역으로 패권 국가에 대응하는 너무나 일반화된 책략이 되었다. 소련 멸망 이후 단일 초강대국으로 부상한 미국은 나토의 확장과 중동에 대한 민주주의 확산을 통해 자유주의 철학을 구현하고자 했다. 세계 유일의 초강대국이 된 미국에 대항하는 방법은 군사적인 것 외에 다양한 수단을 모두 사용하는 소위 하이브리드전(hybrid warfare), 초한전(unrestricted warfare)이 될 수밖에 없었다. 예를 들어, 나토의 확장은 하이브리드전이라는 장애물과 함께 우크라이나에서 막혔다. 빵 바구니로서 유럽의 전략적 가치를 가진 우크라이나는 소련제국의 내부적 식민주의(internal colonialism)를 구현할 수 있었던 하나의 원천이었다. 냉전 시부터 의도적으로 이주시킨 러시아인들은 스스로 크리미아를 러시아에 바쳤으며, 이로써 흑해의 요충지를 확보한 러시아는 우크라이나를 관통하는 가스관을 흑해로 돌렸고, 북유럽에서는 발틱해를 관통하여 독일에 직접 연결함으로써 우크라이나를 위협하고 자신들의 경제적 이익을 확장함으로써 서구에게 커다란 충격을 안겼다. 이것은 역사적 티핑포인트가 되기에 충분해 보인다.

더욱이 중동에 대한 급진적인 개입은 미국의 브래튼우드 체제의 숨겨진 기반에 타격을 입히고 있다. 아랍 스프링과 같은 자유주의 확산은 결국 더 강력한 민족주의에 패배할 수 있다는 교훈을 미국은 값비싸게 다시 한 번 얻었다. 중동에서 가장 긴 전쟁을 수행하면서 엄청난 달러를 소모하여 달러의 가치가 하락했으며, 아울러 자본주의 시스템이 가진 내생적 특성인 거대한 "부채 사이클"의 위기를 전례 없이 맞이했다. 하기야 닉슨의 임금물가통제(wage-price control)는 이러한 현상을 해결하려는 노력이었지만, 결국 그가 FED의 권한을 사실상 무제한으로 강화해준 것은 아닌가? FED를 누가 통제한다는 말인가? 세계 금융을 좌우할 수 있는 거대한 조직이 국가의 통제를 벗어나면 부에 대한 유대인적 욕망이 어느 누구라도 손을 잡고 개인 또는 개별적 부와 권력을 늘려갈 수 있지 않겠는가? 비국가적 조직의 성장은 미국의 자유주의 또는 이상주의적 철학과 반대될 것이 없지 않은가? 더욱이 디지털 혁명은 모두를 통제할 가능성을 가지고 있지 않은가? 탄핵당하지 않았지만 스스로 물러난 닉슨이 유대인을 극단적으로 비난한 이유를 생각해보기 이전에, 그의 분별지 수준을 생각할 필요가 있다. 이때가 2차 대전 이후 하나의 티핑포인트가 아니었겠는가? 미국이 유럽과 중동에 주의를 집중하는 이러한 역사사회의 전후 관계 속에서 아시아에서는 세계의 중심이라는 철학을 지닌 강력한 전체주의 세력이 부상했다.

민족국가들의 본래 이질성이 유라시아에서 단일 제국을 만들지 못하기보다, 바로 그 강한 민족주의로 인해서 유라시아의 역사는 각각 독립된 민족국가가 아닌 강력한 민족국가에 의한 제국의 역사를 장식했었다는 사실이 중요했다. 단일 제국의 등장은 미국에 대한 사활적인 도전이 된다. 미국은 전형적으로 달러, 에너지, 해양 무역 등을 통제하는 자유주의적 전략을 추진하여 제국 출현을 막고자 했다. 유라시아의 세력들은 암호화폐 사용, 금 확보, 오일 등 무역 거래에서 다른 화폐 사용, 부채 함정을 이용하여 BIS의 감시를 벗어나고자 했다.

특히 중국의 경우는 색달랐다. 과거 미국은 전체주의 국가에 대해서는 경제적 압박을 가하여 전체주의 국가가 중국과 같이 부자가 된 적은 없었다. 미국은 공산주의 역시 자유경제를 주면 자유국가로 바뀔 것으로 보았다. 코킨은 주장하기를 공산주의자는 공산주의자일 뿐이라고 했다. 일당독재체제인 공산주의는 그들의 정체 성격상 적당한 공산주의자가 있을 수 없다는 것이다. 그의 말대로 미국이 이렇게 부자인 전체주의 국가를 상대하게 된 적은 역사상 처음이었다. 그래도 중국의 부는 미국의 빅텍(Big Tech)을 살찌우지 않았던가?

아시아에서 중국은 일대일로(一帶一路) 정책으로 사실상 중국의 근본적인 문제인 에너지 및 물 확보에 박차를 가하고 있다. 이것은 중앙아시아와 중동으로 나가면서 서구의 패권에 도전하는 모습으로 비추어지고 있다. 실제로 서구는 중앙아시아에서 중국의 희망을 차단했으며 티벳의 전략적 중요성을 무시하지 않고 있다. 그리고 이란과 중국의 연결, 파키스탄과 중국의 연결에 민감한 반응을 보인다. 소위 중국의 바다로의 진출은 제한을 받는 모습이다. 아이러니하게 중국의 경제발전은 태평양을 연한 중요 도시들을 기반으로 하고 있어 태평양으로의 진출을 위해 파키스탄과 긴밀한 협조를 필요로 하며, 극동의 작은 반도 역시 대안이 될 수 있다. 하지만 중국은 바다에서 방어적인 태도를 보이는 행동을 보이며, 내륙에서는 견고한 방호시설을 만들어 침혹한 전생도 대비하지만 공세적인 행동을 취하고 있는 듯하다. 이러한 노력 속에서 만일 중국이 한국 그리고 일본과 협조하며 세력을 확장하려 한다면 동북아에서 새로운 충돌이 가능할 수 있다.

중국은 근본적으로 자유민주주의 국가가 아니다. 내부적인 권력 투쟁은 중국의 미래를 불투명하게 하는 것으로 보인다. 특히 장쩌민 계열의 북부전구의 장악은 사실상 한족 세력과 만주족 세력의 전통적인 분리현상을 보이는 듯하다. 재미있게도 현재 산동반도가 북부전구에 포함되어 있는 모습은 발해만과 관계를 보이는 것으로 판단되며, 이러한 가운데 북으로는 몽고가 사실상 중국에 대한 지정학적 의미를 부각시킨다. 하지만 서구의 역사적 경험을 볼 때, 그들의 감추고 싶은 역사 속에서 만주세력의 부활은 쉬운 문제가 아닐 것이다. 더욱이 만주로의 한족 이동은 만주의 이질성을 높였다. 반면, 대만과 홍콩 등과의 체제적 동질성은 어떤 가능성을 더 높일 수 있다. 서구가 하필 이질적인 지역에 왜 전략적 노력을 지향해야 하는가? 아롱이 극찬했던 토크빌의 예언이 맞았어도 그것은 유라시아 전체의 하트랜드를 의미하는 것은 아니었다. 그래서 아롱의 지정학적 시각으로 본다면, 한국은 몽고, 중앙아시아 국가들, 이란을 포함한 중동의 국가, 인도와의 관계가 요구될 수 있다.

이러한 상황 속에서 중국은 한국의 제주도와 평택에 대한 간접적인 접근을 펼치는 우려를 자아낸다. 만일 제주도의 해안가를 중점적으로 노릴 경우, 한미동맹은 일본을 포함하여 상당한 부담을 가질 수 있다. 아롱적 지정학에 의하면 이것은 하나의 긴 띠를 두르는 모습이며, 궁극적으로 태평양의 방어선을 강화하는 것으로 보일 수 있다. 오늘날 미국의 MDO 구상은 미국과의 동맹을 와해하려는 스텐드 오프 위협을 고려한 것이다. 더욱이 일본에서 미군기지 주변에 중국이 부동산을 구매한다는 경고 역시 간접전략과 무관할 수 없다.

또한 중국은 국제적인 행위를 강화하기 위해서 라틴 아메리카와 서브사하라 아프리카, 중동에서 중앙아시아에 이르기까지 이들은 지나가는 자취마다 중국적 가치 또는 사상을 전파하려고 한다. 이러한 중국의 세력 확장은 이데올로기적 냉전시대에 버금가는 상황으로 갈 수 있다는 우려를 일으킨다.

앵글로색슨의 지정학은 이미 북미, 영국과 프랑스, 호주, 남아프리카를 차지함으로써 세계의 지도를 포위하는 모습이다. 프랑스에 대해서는 다르게 볼 수 있을지도 모르지만, 노르망디 공국이 영국해협을 건너가 영국을 만들지 않았던가? 아롱에게 영국과 프랑스는 영구적 동맹이었다. 프랑스의 노르망디가 영국으로 건너갔듯이, 2차 대전 당시 영국에서 노르망디로의 프랑스 해방을 위한 "지상 최대의 작전"은 역사적 의미를 지닌다. 그렇다면 서유럽에서 독일만이 남는다. 그들의 향방은 어디로 향할 것인가? 이러한 세계의 정세 속에서 미어샤이머의 말대로 중국은 평화롭게 부상할 수 있을 것인가? 독일은 스스로 국방비를 사용할 시기가 되었는가? 극동을 통제하기 위해 일본을 파이브아이에 가입시켜야 하는가?

러시아는 내부적으로 안정과 성장이 중요하다는 것이 일반적인 인식이다. 하지만 아롱의 지정학적 시각으로 본다면, 서구 세력은 러시아의 부활을 오히려 생각할 수 있을지도 모른다. 서구는 오늘날 콘스탄티노플의 정교회 세력을 같은 기독교 문명적 뿌리로 인식할 수밖에 없는 것이 아닌가? 서구가 러시아의 도움이 필요하다면, 과거에도 그랬듯이 힘의 흐름은 러시아로 지향될 것이고, 그러면 다시금 양극체제에 대한, 원하건 원하지 않건, 가능성을 인식해야 하지 않겠는가? 러시아가 강해진다면, 거대한 기독교 문명적 연결을 어떻게 견제해야 할 것인가? 오스만의 부활이 필요한 것인가? 다시 말해서, 동서 연결에 대응할 수 있는 터키 에도르간의 이슬람 부활을 어느 정도 묵인해야 할 것인가? 아롱적 시각으로도 이질적(heterogeneous) 시스템으로서 양극체제는 인간 역사사회 속에 자연스럽게, 심지어는 필연적으로 존재할 수 있는 것이라고 보아야 한다. 그렇다면 다극화 역시 헤테로지니어스 시스템의 또 다른 대안이 된다.

물론 러시아는 상당히 약화되었다. 러시아 약화는 중국을 상대하기 전에 반드시 달성되어야 할 사전 여건조성일 것인가? 그래도 사실상 러시아를 무시할 수 있는가? 러시아의 대전략은 알렉산더 두긴의 수직벨트(vertical belt)로 집약된다. 아틀란티시즘(Atlanticism)의 권력은 해양지배와 같은 군사적 통제, 나토 및 IMF와 같은 제도적 통제, 그리고 인터넷 등 정보통제에서 나온다고 본다. 두긴은 서구에 대한 불만세력 확대 그리고 중동, 인도 지역 등에서 중심적인 위치를 차지함으로써 아틀란티시즘의 롤백을 이루어 내야 한다고 주장한다. 게다가 다가올 북극해 개방은 러시아에게 엄청나게 전략적 이점을 줄 것이다. 아울러 극동의 전략적, 역사적 의미를 뒤바꿀 수 있다.

한반도에서 북한은 핵 능력을 손에 넣었고 6 · 25전쟁의 경험은 이것에 대한 정치적 해결을 더욱 강하게 요구하는 듯하다. 중동의 테러세력은 민다나오를 거쳐 미얀마에 이르고 있다. 두테르테의 민다나오에서 굴욕은 자주보다는 임페리얼 리퍼블릭이 오히려 낫다는 생각을 떠올린다. 이러한 무슬림 세력의 이동은 영국이 과거에 차마 손을 대지 못했던 극동지역에 대해 세계화된 시대를 이용한 점진적인 접근으로 생각할 수도 있다. 이러한 상황 속에서 대한민국에서 열정적 민족주의의 씨앗이 크게 자랄 우려는 생각해볼 만한 것이라고 보아야 한다. 근대 민족주의의 발전 과정에서와 같이 한국에서 자유주의가 열정적인 민족주의적 열망을 제어할 것인가는 매우 중요한 이슈가 될 것이다.

이런 상태 속에서 한국의 동맹 문제도 중요하다. 만일 아롱적 시각에서 본다면 한국은 역사적 패턴을 고려했을 때, 국경을 접한 중국과의 관계가 간단하지 않다. 베스퀴즈의 말대로 "전쟁 퍼즐"을 풀어보면 국경을 접한 국가 간에 주로 전쟁이 발생한다는 점은 상식적이다. 이것은 아롱이 그보다 약 30년 전에 이미 통찰했던 역사적 패턴이었다. 영구적 동맹과 일시적인 동맹을 구분할 줄 아는 분별지적 선택을 떠나서 아롱의 역사적 패턴을 생각했을 때, 한국은 "힘의 관계의 상대적 배열"을 이해해야 하고, 미국을 중심으로 한 서구 세력의 스파이크먼식 전략도 이해해야 한다. 아롱적 시각에서 본다면 동맹은 가급적 포위 태세를 형성하는 것이어야 한다. 이렇게 하면 외교력을 상승시킬 수 있다. 국경을 접한 국가 간에는 '소유적 정치권력'이 '관계적 정치권력'보다 우선할 수 있다는 역사의 패턴을 이해할 필요가 있다.

과거 일본이 만주에만 만족했다면 오늘날 역사가 달라지지 않았겠는가? 그들은 중일전쟁을 일으켰고, 따라서 아롱적 입장에서 본다면, "힘의 관계의 상대적 배열"을 무시했다. 아롱이 지적했듯이 일본은 서구를 대적할 수 있는 능력을 가진 나라가 절대로 될 수 없다. 이것은 아롱의 사회학이기 이전에 몽테스키외의 사회학 시각으로도 충분히 알 수 있는 바이다. 그러므로 일본의 경험과 일본의 지성은 미국을 더는 포기할 수 없을 것이다. 미일동맹에 대적하여 한중동맹을 꿈꾼다면 이것은 방어적 동맹을 벗어나는 것이 될 수 있다. 이질적 정치체제를 받아들이는 것 자체는 아롱적 시각에서 전혀 방어적인 것이 아니다. 동질적(homogeneous) 체제 내에서는 그래도 안정을 추구할 수 있다. 정치적으로 동질적인 국가들과의 동맹을 거부하고 만일 이질적 정치체제로 기울게 된다면, 항상 선택의 자유는 있지만, 그 동맹 선택 속에서 우리의 정체를 스스로 변질시키거나 변질 당할 위협을 추가로 받아야 한다. 뻔한 잘못의 선택은 지성의 부재보다 지능의 저속함 또는 존경할만한 독선이 된다.

아롱의 경고대로 영구적 동맹은 질투하거나 시기해도 안 되고 싫증을 내서도 안 된다. 국가 간의 관계는 젊었을 때 사랑했지만 시간이 지나면서 싫증을 내는 그런 커플의 관계가 아니다. 누구나 제국주의적이지만, 아롱이 왜 미국을 임페리얼 리퍼블릭이라고 했겠는가? 미국은 임페리얼 오토크래시 국가가 아닌 것만으로도 현실주의적으로 힘이 지배한다는 국제사회 속에서 사상적인 동실성을 포기하기는 쉽지 않다. 이질적인 사상에 러브콜을 하는 것은 사실상 의도적으로 방어적 동맹을 포기하는 위험을 갖게 된다.

한편 북한의 핵은 아롱이 지적했던 비스마르크의 알사스 로렌에 대한 전략적 분별지의 한계를 나타내는 수준의 것이 아니라고 할지언정, 미래에 치명적인 위험성을 명백히 지닌다. 한때, 북한 핵의 근원을 제거하려 했던 것을 스스로 막았던 한국이 미래에 비스마르크의 분별지적 한계를 대변하는 역사적 현상으로 분석될지는 두고 볼 일이다.

아롱의 "평화의 전략"과 유사한 "포용정책"은 한국의 중요한 정책 중에 하나라는 점을 부인할 수 없다. 아롱의 평화의 전략과 한국의 포용정책은 몇 가지 질문을 기초로 면밀한 분석을 할 필요가 있을 것이다. 아롱이 말했듯이 특히 정규전에 완벽하게 대응할 수 있는 준비를 하였는가? 방어적 동맹을 확고히 하여 모든 상황에 대처할 수 있는 융통성을 확고하게 유지할 수 있는가? 우리의 자유주의적 사상이 위협국의 사상보다 분명히 앞섰고, 그러한 신념이 한국 사회에 확고히 자리 잡고 있는가? 이러한 국민적 신념은 합의되고 적극적인 동원능력을 가져올 것인가? 아롱에게 있어서 사상의 우월성에 대한 확고한 믿음이 없이 그리고 그러한 노력 없이 포용하는 것은 평화주의에 불과한 것으로, 아롱의 "평화의 전략"은 이것들의 부재로 존재할 수 없었다.

클라우제비츠의 정치철학은 서구의 문명화된 국가에서 출발한다고 봐야 한다. 역사적으로 서구가 경험한, 그들의 시각에서 보았을 때 야만적 국가에서 보여준 14세기 이전의, 자신들 스스로에 의하면 17세기 이전의 무자비한 살상, 방화, 약탈의 역사는 달갑지 않다. 그런 현상이 오늘날 완전히 없어졌던가? 휘고 그로티우스의 전쟁과 평화의 법과 같이 기독교 사회의 화합이라는 전통적 개념을 기초로 자연법으로 도출된 국제법에 따른 구속이 미래에 국제사회의 명분적 틀로 실질적으로 형성될 것이라고 누가 장담할 수 있겠는가? 아니면, 기독교적 가치에 의해 이러한 만행을 제거해야 한다는 사고가 사라질 것인가? 신에 대한 절대 맹종이라는 깃발 아래 새로운 극단적 세력에 의한 심각한 대결이 올 것인가? 야만적 전쟁을 최소화하는 방법은 무엇인가?

헤겔적인 '인정을 위한 정치적 투쟁'과 클라우제비츠의 '섬멸을 위한 정치적 투쟁'은 차이가 크다. 로마의 전쟁은 일반적으로 정정당당한 모습이었다. 그들은 기만과 술책에 대해 부정적이었다. 로마의 원로원은 이러한 전쟁행위를 비난했으며, 실제 로마군은 매복하거나, 기습하거나 야간전투를 하지 않고 적을 유인 격멸하려고 일부러 도망치는 모습을 보이는 기만행위를 하지 않으려 했다. 미국은 법적 투쟁을, 즉 적을 이기기 위한 전략적 법률의 사용에 관심을 가져왔다. 칼 슈미트의 입장에서 본다면 "법은 다른 수단에 의한 정치의 연속"인 것이다. 하지만 법적 대결에서 슈미트적인 입장을 견지하고 있는 공산주의나 나치 같은 거짓 혁명적 집단 또는 현재의 하이브리드전 세력은 다양한 상황에 다양하고 거침없는 모습으로 대응하고 있는 것 같다. 프리드먼이 성경 속의 전쟁사와 그리스 시대의 전쟁의 모습을 보았을 때 신은 기만적이고 속이는 것을 당연히 여긴다고 보았다는 주장은 역사사회의 미래를 예상하는 중요한 요소가 되기에 충분할지도 모르겠다.

국가이건 비국가이건 모든 것을 단기적인 결전을 통해 끝낸다는 사고에 사로잡히면, 무모하고 가혹해질 수 있다. 섬멸의 경우는 단 하나의 전투장이면 족하지만, 소모전략의 경우에는 전쟁의 정치적 목적을 달성하기 위해서 여러 가지 방법을 가질 수 있을 것이다. 이것은 하나의 유연반응적인 것이고 융통성과 탄력성을 가진다. 그러므로 아롱에게 유연반응적 전략은 그의 "평화의 전략"의 실질적인 기반으로 작용해야 했다. 융통성 있고 탄력적인 전략은 다양한 능력을 필요로 한다. 이것은 지정학적으로 또는 지리전략적으로 동맹의 형성을 통해서 유리한 상황을 만들어야 함을 시사한다. 아롱에게 성공적인 전략은 "힘의 관계의 상대적 배열" 속에서 적이 동맹을 결성하지 못하도록 하고 자기의 동질적인 동맹을 강화할 줄 아는 분별지를 요구하는 것이었다고 할 수 있다. 군사전략이 어떤 대상에게 나의 의지를 부과하려는 충동에서 유래한 것이라면, 이 충동 때문에 적군을 조기에 완벽하게 섬멸하려는 노력은 매력적이지만, 이것은 핵 시대에는 너무 위험하다. 그러므로 방어적 동맹과 간접전략의 추구는 더욱 유연하고 절제된 전략적 선택이 될 것이다.

현재 역사사회는 단극화 세계화에서 다극화 세계화 시대로 향하고 있는 느낌이다. 세계화는 금융 이동의 방어막을 제거했다. 어떻게 보면 세계화는 아롱적 시각에서 볼 때 소유적 권력이 아닌 관계적 권력시스템을 구하려 했던 것인지도 모른다. 그럼에도 불구하고 미래에 국가의 틀을 벗어난 금융 세력, 종교적 세력, 또는 민족적 집단 등의 극단적 활동은 계속 존재할 것이다. 이런 가운데 인간에 대한 전체주의적 통제 욕망은, 비록 그것이 미어샤이머가 사용한 용어인 거대한 망상(grand delusion)일지라도, 점차 자라날 수 있다. AI는 인간의 프라이버시를 빼앗고 인간의 모든 정보를 활용하여 인간을 통제할 수 있게 해줄 것이다. 전쟁은 인간이 하는 것이고 인간의 정치를 위해 하는 것이다. 그런데 만일 완전한 전체주의 통제가 절대 가능하다는 자만감에 빠진다면, 그리고 정치적 이성을 전체주의적 갈망 속에 완전히 묻어버린다면, 새로운 과학기술의 능력 속에 정치적 영역은 완전히 사라질지도 모른다. 그럴수록 폭력과 그것을 이끄는 능력에 대한 통제는 더욱 강화되어야 한다는 것은 자연스러운 논리적 결론이 될 수 있을 것이다. 핵무기라는 엄청난 과학기술 산물의 등장이 이에 대한 철저한 통제를 가져왔듯이, 이제 역사사회는 AI와 같은 엄청난 과학기술의 산물을 통제해야 할 시점을 맞이하게 될 것 같다.

아롱이 왜 칸티안적인 사상과 인류의 도덕성을 결코 포기하지 않았던가? 왜 그는 정치적 자유를 박탈하는 사상적 대립의 위험성을 경고했던가? 왜 그는 생존을 가장 중요한 전략 목표로 고려했던가? 왜 그는 교육으로 인간을 변화시킬 수 있다는 마지막 희망을 가졌던가? 유토피아로 가려진 전체주의를 향한 원초적 본능이 왜 터무니없고 위험한 것이라고 보았던가? 그에게 인간사회는 가장 소중한 것이었고, 그들의 사회를 뿌리째 뽑아버리거나 인간의 자유를 구속하는 것은 인간존재의 의미를 박탈하는 것이었다. 그래서 완벽한 통제와 무제한적 폭력을 사용할 수 있는 위험 속에 살아가는 인류에게 권력, 영광, 사상은 현실이며 또한 절제되어야 하는 것이었다.

지금까지의 역사가 정치 단위체 내에서의 또는 동질적 질서 속에서의 정치적 자유를 보장하는 것에 중점을 두었다면, 미래의 역사는 이질적 인간사회에 대해서도 정치적 자유를 보장하는 방향으로 나아가야 한다는 생각을 지울 수 없다. 그런 가운데 분별지 있는 전략으로 점진적인 안전장치를 마련하고 가동해가는 것이 인류 전체를 파괴할 수 있고, 인간을 철저히 통제할 수 있는 수단이 존재하는 이 세상에서 자유 인류를 존재하게 하는 현실적인 대안이 될 것이다. 미래에도, 쉽지는 않겠지만, 외교-전략적 행위는 여전히 카멜레온이 되어야 한다. 아롱의 다음과 같은 논지는 의미를 더한다. “진정한 현실주의는 모든 현실을 고려한다. 만일 정치가가 그들의 이기주의 속에서 현명하다면, 국제정치는 어떻게 될 것인가를 나타내는 완성된 초상화에 외교적-전략적 행위를 맞추도록 하지 않지만, 대신 열정들에 대해, 어리석음에 대해, 세기의 사상과 폭력에 대해 적응하도록 지시한다.”

참고문헌

1. 국내 문헌

(1) 단행본

강성학, 『소크라테스와 시이저』 서울: 박영사, 1997.
______, 『전쟁신과 군사전략: 군사전략의 이론과 실천에 관한 논문 선집』 서울: 리북, 2012.
강원택, 박인휘, 장훈, 『한국적 싱크탱크의 가능성』 서울: 삼성경제연구소, 2006.
강진석, 『전략의 철학: 클라우제비츠의 현대적 해석 전쟁과 정치』 서울: 평단문화사, 1996.
구종서, 『칭기스칸에 관한 모든 지식: 칭기스칸이즘: 세계를 정복한 칭기스칸의 힘은 무엇인가 그의 철학과 전략』 파주: 살림, 2009.
김영호, 『한국전쟁의 기원과 전개과정』 서울: 성신여대 출판부, 2006.
김종인, 『지금 왜 경제민주화인가』 파주: 동화, 2012.
김주일, 『소크라테스는 '악법도 법이다' 라고 말하지 않았다. 그럼 누가?』 서울: 프로네시스, 2006.
김준봉, 『한국전쟁의 진실 상(上)』 파주: 아담북스, 2010.
김현수, 『유럽왕실의 탄생』 파주: 살림, 2004.
김희상, 『중동전쟁』 서울: 전광, 1998.
노재봉, 김영호, 서명구, 조성환, 『정치학적 대화』 서울: 성신여대 출판부, 2015.
도응조, 『기계화전』 서울: 연경, 2002.
박재영, 『국제정치 패러다임 제3판』 파주: 법문사, 2013.
박창희, 『현대 중국전략의 기원:중국혁명전쟁부터 한국전쟁 개입까지』 서울: 플레닛미디어, 2011.
안철현, 『한국현대정치사』 서울: 새로운 사람들, 2009.
오정석, 『이라크 전쟁』 서울: 연경, 2014.
온창일 등, 『군사사상사』 서울: 황금알, 2006.
육군본부, 『클라우제비츠의 전쟁론과 군사사상』 대전: 인쇄창, 1995.
육군사관학교, 『세계전쟁사』 서울: 일조각, 1987.
윤용남, 『기동전: 어떻게 싸울 것인가』 육군본부 군사연구실, 1987.
이건일, 『모택동 vs 장개석』 서울: 삼화, 2014.
정토웅, 『전쟁사 101장면』 서울: 가람기획, 1997.
조영갑 『테러와 전쟁』 서울: 북코리아, 2004.
차영구, 『국방정책의 이론과 실제』 서울: 오름, 2009.
최종기, 『러시아 외교정책』 서울: 서울대출판부, 2005.
최진태, 『알카에다와 국제테러조직』 서울: 대영문화사, 2006.
하영선, 김영호, 김명섭 공편, 『한국외교사와 국제정치학』 서울: 성신여대 출판부, 2005.
하영선, 남궁곤, 『변환의 세계정치』 서울: 을유문화사, 2007.
한국사회과학협의회, 정용덕 등, 『한국사회 대논쟁』 서울: 메디치미디어, 2012.
한완상, 한균자, 『인간과 사회』 서울: 한국방통대, 2013.
황병무, 『전쟁과 평화의 이해』 서울: 오름, 2001.

(2) 논문, 기사

김광수, "제1차 세계대전과 루덴도르프의 총력전 사상," 온창일 등, 『군사사상사』 서울: 황금알, 2006.
김기봉, "한반도의 전쟁과 평화," 『조선일보』 2017. 2. 15.
김기주, "머핸과 코벳의 해양전략사상," 군사학연구회, 『군사사상론』 서울: 플래닛미디어, 2014.
김동석, "미 기독교우파, 줄리아니 밀기로," 『Views & News』, 2007. 11. 20.
김병재, "감독 랜들 월리스, 출연 멜 깁슨의 '위 워 솔저스(We Were Soldiers)', 2002," 『국방일보』 2017. 2. 22.
김봉구, "사회발전과 이데올로기: 레이몽 아롱의 산업철학," 『사상계』 1965. 6월.
김성걸, ""돈 없어 전투력 강화 못해" 불평만," 『한겨레』 2004. 8. 16.
김성만, "국방개혁 기본계획 2012~2030에 대한 분석," 『Konas.net』 2012. 9. 3.

김성훈, 박광은, “제4차 중동전쟁시 이스라엘의 역도하작전 교훈: 손자의 ‘궤도(詭道)’와 클라우제비츠 ‘군사적 천재’를 중심으로,” 『군사평론』 대전: 인쇄창, 2011.

김순규, “말 그리고 탱크,” 『월간 평화』 1989. 6월.

김시덕, “선조 vs 도요토미 히데요시 3,” 『조선비즈』 2015. 6. 5.

김외현, “중국, 소림사 밑에 ‘길이 5000km’ 핵미사일 기지있다.” 『한겨레』 2017. 5. 22.

김우영, “핵 가진 북한이 남한 노골적으로 무시할 것,” 『헤럴드 경제』 2016. 1. 19.

김의곤, “한스 모겐소의 「국가간의 정치(Politics among Nations)」,” 『교수신문』, 2003, 8. 10.

김재명, “‘정의의 전쟁’ 잣대로 본 이라크 침공 4년,” 『신동아』 2007. 4. 25.

김현수, “해양차단작전에 관한 국제법적 고찰,” 『해양전략』 해군, 2003.

나현철, “전차 부대 출현에 마지노선만 믿다 무너진 프랑스,” 『중앙 SUNDAY』 2016. 5. 1.

남시욱, “노 대통령의 평화지상론 북핵 용인 가능성 풍긴다,” 『월간 경제풍월』제 88호, 2006, 12월.

도응조, “미국의 대한반도 정책: 휴전협정 체결 전후를 중심으로,” 석사논문, 고려대, 2001.

______, “전쟁억제와 국민의지,” 『육사신보』 1989.

류재갑, “클라우제비츠와 현대 국가안보전략,” 강진석, 『전략의 철학: 클라우제비츠의 현대적 해석 전쟁과 정치』 서울: 평단문화사, 1996.

박일송, “군사혁신(RMA)과 미래전쟁,” 온창일 등, 『군사사상사』 서울: 황금알, 2006.

______, “화약혁명과 근대 서양군사사상,” 온창일 등, 『군사사상사』 서울: 황금알, 2006.

배기수, “이라크전에 적용된 새로운 군사작전 이론,” 『군사논단』 2003. 여름.

안승회, “새롭게 보는 6.25전쟁〈4〉 맥아더 장군, 고독한 결단자,” 『국방일보』, 2016. 6. 29.

오광세, “한반도에서의 전쟁 패러다임 변화와 한국의 대응전략에 관한 연구: 4세대 전쟁을 중심으로,” 박사학위논문, 조선대, 2016.

온창일, “현대전략과 억제이론,” 온창일 등, 『군사사상사』 서울: 황금알, 2006.

이내주, “제2차 세계대전: 스탈린그라드 전투(1942. 8~43. 1)(상),” 『국방일보』 2016. 5. 3.

이상배, "'惡의 제국' 무너뜨린 스타워즈, 그리고 '핵무장론'," 『the 300』 2016. 1. 18.
이승규, "대북 포용정책의 한계와 보완방향," 『시대정신』4호, 1999, 5-6월.
이정재, "왕이, 차오량, 쑹훙빙의 중국," 『중앙일보』 2016. 2. 18.
이종학, "리델 하트의 전쟁론 비판에 대한 논평," 『해양전략』 해군, 2007.
이창조, "평화와 전쟁: 레이몽 아롱의 이론을 중심으로," 『平和硏究』 1988. 6월.
전덕종, "효과중심작전(EBO)에 대한 비판적 고찰," 『합동군사연구』 국방대, 2009.
정토웅, "클라우제비츠," 온창일 등, 『군사사상사』 서울: 황금알, 2006.
조성환, "난세의 현자, 레이몽 아롱," 『세계시민』 9호, 2017 여름.
______, "레이몽 아롱의 전쟁 및 전략사상 연구: 현대전쟁의 클라우제빗츠적 해석을 중심으로," 석사학위 논문, 서울대, 1985.
정광용, 최영관, "모택동의 전략전술에 관한 연구: 게릴라 전을 중심으로," 『통일문제 연구』5, 전남대 아태지역 연구소, 1981. 12.
정용석, "이슬람과 기독교의 보복 악순환 '문명의 충돌' 인가," 『일요신문』 2015. 2. 2.
최영진, "물리적 섬멸보다 적의 행동을 마비시켜라," 『국방일보』 2017. 2. 13.
______, "보불전쟁 막판 파리시민들의 130일 항쟁," 『국방일보』 2015. 1. 27.
최윤필, "'소련의 민낯 파헤치다' 솔제니친의 수용소군도," 『한국일보』 2015. 12. 28.
최윤희, "한국의 해양차단적전능력 발전방향 연구," 석사학위논문, 경기대, 2006.
황수현, "제2차 세계대전과 작전술 이론," 온창일 등, 『군사사상사』 서울: 황금알, 2006.
한종진, "사이버공격, 원자력발전소 노린다," 『Tech Holic』 2016. 10. 14.
한지훈, "북한 사이버 공격 집단, 세계은행들 상대 1천억 탈취," 『연합뉴스』 2017. 4. 26.
허연, "시오노 나나미 '십자군' 으로 돌아오다," 『매일경제』 2011. 7. 14.

2. 국외 문헌

(1) 단행본

Alberts, David S., Garstka, John J., and Stein, Frederick P., *Network*

Centric Warfare: Developing and Leveraging Information Superiority 2nd Edition, Washington: CCRP, 2000.

Ambrose, Stephen E., and Brinkley, Douglas, G. *Rise to Globalism: American Foreign Policy Since 1938, Eighth Revised Edition*, New York: Penguin Books, 1997.

Anderson, Brian C., *Raymond Aron: The Recovery of Political*, New York: Rowman & Littlefield Publishers, 2000.

______________, *Clausewitz: Philosopher of War*, translated by Christine Booker and Norman Stone, London: Routledge & Kegan Paul, 1983.

Aron, Raymond, *In Defense of Decadent Europe*, New Brunswick: Transaction Publishers, 1979.

____________, *Le Spectateur Engagé,* Année, 1981: 이종호 역, 『참여자와 방관자』 서울: 홍성사, 1982.

____________, *L'opium des Intellectuels*, Paris: Gallimard, 1968: 안병욱 번역, 『지식인의 아편』 서울: 삼육출판, 1986.

____________, *Main Currents in Sociological Thoughts*, New York: Basic Books, 1965: 이종수 역, 『사회사상의 흐름』, 서울: 홍성사, 1982.

____________, *On War*, Terence Kilmartin trans., New York: Doubleday & Company, Inc., 1959.

____________, *Peace & War: A Theory of International Relations,* New Jersey: Transaction Publishers, Brunswick, 2009, Originally published in 1966 by Doubleday & Company, Inc.

____________, *Politics and History: selected essays*, New York: The Free Press, 1978.

____________, *The Imperial Republic: The United States and the World 1945-1973*, Frank Jellinek transl., Washington: University Press of America, 1982.

____________, *The Opium of the Intellectuals*, Terence Kilmartin transl., The Norton Library, 1962.

_____________, *Thinking Politically*, New Brunswick: Transaction Publishers, 1996.

Beaufre, André, *An Introduction to Strategy*, New York: Frederick A. Preager, 1965: 이기원, 이종학 역, 『전략론』 서울: 국방대, 1975.

___________, *An Introduction to Strategy: With Particular Reference to*

Problems of Defense, Politics, Economics, and Diplomacy in the Nuclear Age, New York: Frederick A. Preager, 1965.
Bell, Daniel, *The Coming of Post-Industrial Society*, special anniversary edition, New York, Basic Books, 1999: 김원동, 박형신 역, 『탈산업사회의 도래』 파주: 아카넷, 2006.
___________, *The End of Ideology*, New York: Free Press, 1965: 이상두 역, 『이데올로기의 종언』 파주: 범우, 2015.
BG. Grange, David L., BG. Czege, Huba Wass De LTC., Liebert, Richard D., Maj. Jarnot, Charles A., Sparks, Michael L., *Air-Mech-Strike 3-Demensional Phalanx: Full-Spectrum Maneuver Warfare for the 21st Century*, Nashville: Turner Publishing Company, 2000.
Black, Jeremy, *War and the World*, New Haven: Yale University Press, 1998.
Blainey, Geoffrey, *The Causes of War*, New York: Free Press, 1973: 이웅현 역, 『평화와 전쟁』, 서울: 지정, 1999.
Bobbitt, Philip, *Terror and Consent: The wars for twenty-first century*, New York: Alfred A. Knopf, 2008.
Bond, Briand, *The Pursuit of Victory: From Napoleon to Saddam Hussein*, New York: Oxford University Press, 1996.
Boniface, Pascal, *Le grand livre de la géopolitique: les relations internationales depuis 1945*, Paris: Eyrolles, 2014: 정상필 역, 『지정학에 관한 모든 것』 서울: 레디셋고, 2016.
Boot, Max, *Invisible Armies: an epic history of guerrilla warfare from ancient times to the present*, New York: Liveright Publishing Corporation, 2013.
_________, *War made new: technology, warfare, and the course of history, 1500 to today*, New York: Gotham Books, 2006: 송대범, 한태영 역, 『전쟁이 만든 신세계 = Made in war』 서울: 플레닛미디어, 2007.
Brown, Seyom, *Multilateral Constraints on the Use of Force: A Reassessment*, Carlisle Barracks, PA: SSI, March 2006.
Carver, Michael, *War Since 1945*, New York: Putnam, 1981: 김형모 역, 『1945년 이후 전쟁』 서울: 한원, 1990.
____________, *The Apostlcs of Mobility*, London: Weidenfeld and Nicolson, 1979: 김형모 역, 『기동전의 영웅들』 병학사, 1988.
Clark, Wesley K., *Waging Modern War: Bosnia, Kosovo, and the Future of*

Combat, New York: Public Affairs, 2002.
Clausewitz, Carl von, *Vom Kriege*, Berlin: Dümmlers Verlag, 1991; Reinbek: Rowohlt Taschenbuch Veriag, 1992: 류제승 역, 『전쟁론』 서울: 책세상, 2014.
________, *Vom Kriege*, Berlin: Ferdinand Dummler, 1832: 김만수 번역, 『전쟁론: 국내 최초 원전 완역. 1』 서울: 갈무리, 2009.
Colen, Jese, Dutartre-Michaut, Elisbeth(eds.), *The Companion to Raymond Aron*, New York: Palgrave Macmillan, 2015.
Cordesman, Anthony, H., *The Iraq War: Strategy, Tactics, and Military Lessons*, Washington, DC: CSIS, 2003.
Cordesman, Anthony H., and Wagner, Abraham R., *The Lessons of Modern War: Volume I, The Arab-Israeli Conflicts, 1973-1989*, Boulder, CO: Westview, 1990.
Cummins, Joseph, *History's Greatest Hits: Famous Events We Should Know More About*(London: Murdoch Books, 2007): Murdoch Books, 2007: 송설희, 김수진 역, 『만들어진 역사: 역사를 만든, 우리가 몰랐던 사건들의 진실』 서울: 말글빛냄, 2008.
Delbrück, Hans, *Geschichte der Kriegskunst im Rahmen der politisc hen Geschichte*, Berlin: Verlag De Gruyter & Co., 1962: 민경길 역, 『병법사: 정치사의 범주 내에서. 1, 고대 그리스와 로마』 파주: 한국학술정보, 2009.
Department of Defense, *Measuring Stability and Security in Iriq*, DoD: March, 2008.
Desportes, Vincent, *Le Piège Américain*, Paris: Economica, 2012: 최석영 역, 『프랑스 장군이 본 미국의 전략문화』 서울: 21세기군사연구소, 2013.
Dickson, Peter *Kissinger and the Meaning of History*, New York: Cambridge University Press, 1978: 강성학 역, 『키신저 박사와 역사의 의미』 서울: 박영사, 1996.
Dietrch, John W. ed., *The George W. Bush Foreign Policy Reader: Presidential Speeches with Commentary*, Armonk, NY: M.E. Sharpe, 2005.
Do, EungJo, *The Gando Dispute and the Future of Northeast Asia's Stability*, USAWC, 2011.
Echevarria II, Antulio J., *Clausewitz's Center of Gravity: changing our warfighting doctrine—again!*, Carlisle Barracks, PA: SSI, September,

2002.

Edwards, Sean J. A., *Swarming on the Battlefield: past, present, and future*, Santa Monica, CA: RAND, 2000.

Eisenhower, Dwight D., *Crusade in Europe*, Baltimore: Johns Hopkins University Press, 1997.

Everett-Heath, John, *Helicopters in Combat: The First Fifty Years*, London: Arms and Armour, 1993.

Fabian, Sandor, *Irregular Warfare: The future military strategy for small states*, FL: Sandor Fabian, 2012

Foley, Robert T., *German Strategy and the Path to Verdun: Erich Von Falkenhayn and the development of attrition, 1870-1916*, Cambridge: Cambridge University Press, 2005.

Freedman, Lawrence, *Strategy: a history*, Oxford: Oxford University Press, 2013: 이경식 역, 『전략의 역사: 3,000년 인류 역사 속에서 펼쳐진 국가, 인간, 군사, 경영전략의 모든 것. 1』 서울: 비즈니스북스, 2013.

Fukuyama, Francis and Shulsky, Abram N., *The Virtual Corporation and Army Organization*, Santa Monica, CA: RAND Arroyo Center, 1997.

__________, Francis, *The End of History and the Last Man*, New York: Free Press, 1993: 이상훈 역, 『역사의 종말』 서울: 한마음사, 1992.

__________, *The Origins of Political Order*, New York: Farra, Straus and Giroux, 2011: 함규진 역, 『정치질서의 기원』 서울: 웅진지식하우스, 2012.

Fuller, J. F. C., *The Decisive Battle in the Western World*, London: Granada Press, 1976.

Geiss, Peter,(eds.), *Histoire: L'Europe et le monde depuis 1945: manuel d'histoire franco-allemand*, Paris: Nathan, 2006: 김승렬, 신동민, 이학로, 진화영 역, 『독일 프랑스 공동 역사교과서』 서울: 휴머니스트, 2008.

Grantz, David M., and House, Jonathan M. *The Battle of Kursk*, Kansas: University Press of Kansas, 1999.

Grau, Lester W., *The Bear Went Over the Mountain: Soviet Combat Tactics in Afghanistan*, New York: Routledge, 1998.

Gray, Colin S., *Another Bloody Century: Future Warfare*, London: Weidenfeld & Nicolson, 2005.

__________, *Modern Strategy*, New York: Oxford University Press, 1999: 기세찬, 이정하 역, 『현대전략』 서울: 국방대 안보문제연구소, 2015.

Gross, Gerhard P., *The Myth and Reality of German Warfare: operational thinking from Moltke the Elder to Heusinger*, Lexington: University Press of Kentucky, 2016.

Guderian, Heinz, *Panzer Leader*, New York: Dutton, 1950: 민평식 역, 『기계화부대장』 서울: 한원, 1990.

Handel, Michael I.,(eds.), *Clausewitz and Modern Strategy*, New Jersey: Frank Cass, 1989.

__________, *Masters of War: classical strategic thought*, Portland, OR: Frank Cass, 2000.

__________, *Masters of War: classical strategic thought, 3rd revised and expended edition*, London; Portland, OR: Frank Cass, 2001.

__________, *Masters of War: Sun Tzu, Clausewitz and Jomini*, Portland, Or: Frank Cass, 1992: 박창희 역, 『클라우제비츠, 손자 & 조미니』 서울: 평단문화사, 2000

Harkabi, Y., *Nuclear War and Nuclear Peace*, London: Macmillan Press, 1983: 유재갑, 이제현 번역, 『핵전쟁과 핵평화』 서울: 국방대, 1988.

Harrison, Richard W., *The Battle of Kursk: The Red Army's Defensive Operations and Counter-Offensive, July-August 1943*, Solihull, West Midlands: Helion & Company, 2016.

__________, *The Russian Way of War: Operational Art, 1904-1940*, Lawrence, Kansas: University Press of Kansas, 2001.

Headquarters Department of the Army, *FM 3-0 Operations*, Washington: Headquarters Department of the Army, June 2001.

Herring, George C., *America's Longest War: The United States and Vietnam*, 1950-1975, Boston: McGraw-Hill, 2002.

Heuser, Beatrice, *Reading Clausewitz*, London: Pimlico, 2002: 윤시원 역, 『클라우제비츠의 전쟁론 읽기: 현대 전략사상을 만든 고전의 역사』 서울: 일조각, 2016.

Hoffmann, Stanley, *The State of War*, London: Pall Mall Press, 1965.

Hogg, Ian v., *Armour in Conflict*, London: Jane's, 1980.

Howard, Michael and Paret, Peter(eds.), Clausewitz, Carl von, *On War*, New Jersey: Princeton University Press, 1989.

Howard, Michael, *Causes of Wars*, London: Counterpoint, 1983.

__________, *The First World War*, Oxford; New York: Oxford University

Press, 2003: 최파일 역, 『1차 세계대전』 파주: 교유서가, 2015.
_________, *The Invention of Peace: reflections on war and international order*, New Haven: Yale University Press, 2000: 안두환 번역, 『평화의 발명: 전쟁과 국제 질서에 대한 성찰』, 서울: 전통과 현대, 2002.
_________, *War in European History*, New York: Oxford University Press, 2009: 안두환 역, 『유럽사 속의 전쟁』 파주: 글항아리, 2015.
Kagan, Frederick, *Finding the Target: The Transformation of American Military Policy*, New York: Encounter Books, 2006.
_________, *Finding the Target: The Transformation of American Military Policy*, New York: Encounter Books, 2006.
Kaplan, Fred, *The Wizards of Armageddon*, Stanford University Press, 1984.
Keegan, John, *The face of battle: a study of Agincourt, Waterloo, and the Somme*, New York: Penguin Books, 1986: 육본 번역, 『전쟁의 실상』 대전: 인쇄창, 1986.
Kelly, Christopher, America Invades: *How We've Invaded or Been Militarily Involved with Almost Every Country on Earth*, Bothell, WA: Book Publishers Network, 2015.
Kennedy, Paul M., *The Rise And Fall of British Naval Mastery*, Amherst, NY: Humanity Books, 2006: 김주식 역, 『영국 해군 지배력의 역사』 서울: 한국해양전략연구소, 2010.
_________, *The Rise and Fall of the Great Powers: economic change and military conflict from 1500 to 2000*, London: Fontana, 1989: 한국경제신문 역, 『강대국의 흥망』 서울: 한국경제신문사, 1997.
Kennedy, Robert F., *Thirteen Days: a memoir of the Cuban missile crisis*, New York: Norton, 1999: 박수민 역, 『13일』 파주: 열린책들, 2014.
Kissinger, Henry A., *Diplomacy*, New York: Simon & Schuster, 1994.
_________, *Nuclear Weapons and Foreign Policy*, New York: W.W. Norton, 1969): 이춘근 역, 『핵무기와 외교정책』 서울: 청아출판사, 1980.
Koch, Charles G., *The Science of Success: how market-based management built the world's largest private company*, New Jersey: Hoboken, 2007: 문진호 역, 『시장중심의 경영』 서울: 시아출판, 2008.
Kress, Moshe, *Operational Logistics: The art and science of sustaining military opcrations*, Boston: Kluwer Academic Publications, 2002: 도응조

역, 『작전적 군수』 서울: 연경, 2008.

Liddell Hart, B. H., *Strategy*, New York: Frederick A. Praeger, 1967.

LT. Pagonis, General William G., *Moving Mountain: Lessons in Leadership and Logistics from the Gulf War*, Boston: Harvard Business School Press, 1992.

Luchinger, Rene,(eds.) *Die zwolf wichtigsten okonomen der welt*, Zürich: Orell Füssli Verlag, 2007: 박규호 역, 『경제학 산책』 서울: 비즈니스맵, 2007.

Luttwak, Edward N., *Strategy: The Logic of War and Peace, Revised and Enlarged Edition*, Cambridge, MA: The Belknap Press of Harvard University Press, 2001.

Maalouf, Amin, *Les Croisades vues par les Arabes*, Paris: Jean-Claude Lattès, 1999: 김미선 역, 『아랍인의 눈으로 본 십자군 전쟁』 서울: 아침이슬, 2002.

Macgregor, Douglas A., *Breaking the Phalanx: A new design for landpower in the 21st century*, Westpoint, Conn: Praeger Publishers, 1997.

__________, *Transformation Under Fire: revolutionizing how America fights*, Westpoint, Conn: Praeger Publishers, 2003: 도응조 역, 『비난 속의 변혁』, 서울: 연경, 2009.

Maass, Peter, *Love Thy Neighbor: A Story of War*, New York: Alfred A. Knopf, 1996: 최정숙 역, 『네 이웃을 사랑하라』 서울: 미래의 창, 2002.

Malkasian, Carter, *A History of Modern Wars of Attrition*, Westpoint. Conn: Preager, 2002.

Manstein, Erich von, *Lost Victories*, St. Paul, MN: Zenith Press, 2004: 정주용 역, 『잃어버린 승리: 만슈타인 회고록』 고양: 좋은 땅, 2016.

Martel, William C., *Grand Strategy in Theory and Practice: The Need for an Effective American Foreign Policy*, New York: Cambridge University Press, 2015.

McGowan, John, *American Liberalism: an interpretation of our time*, Chapel Hill: University of North Carolina Press, 2007.

Mearsheimer, John J., *Liddell Hart and the Weight of History*, Ithaca: Cornell University Press, 1988: 주은식 역, 『리델하트 사상이 현대사에 미친 영향』 서울: 홍문당, 1998.

Merry, Robert W., *Sands of Empire: Missionary Zeal, American Foreign*

Policy, and the Hazards of Global Ambition, New York: Simon & Schuster, 2005: 최원기 역, 『모래의 제국: 21세기의 로마제국을 꿈꾸는 미국, 그 야망의 빛과 그림자』 파주: 김영사, 2006.

MG. Scales, Jr., Robert H., *Future Warfare Anthology*, U.S. Department of Defense, 2000.

Morgenthau, Hans J., *Politics among Nations*, New York: Alfred A. Knopf, 1962: 이호재 역, 『현대국제정치론』 서울: 법문사, 1987.

Nathan, James A., *Soldiers, Statecraft, and History: Coercive Diplomacy and International Order*, New York: Preager, 2002.

National Research Council, *Making the Soldier Decisive on Future Battlefields*, Washington DC: The National Academies Press, 2013.

Newton, Steven H., *German Battle Tactics on the Russian Front, 1941-1945*, Atglen, PA: Schiffer Publishing Limited, 1994.

Ohmae, Kenichi, *The Borderless World: Power and Strategy in the Interlinked Economy*, New York: Harper Business, 1999.

Owen, John M., *The Clash of Ideas in World Politics: Transnational Networks, States, and Regime Change, 1510-2010*, New Jersey: Princeton University Press, 2010.

Paret, Peter(eds.), *Makers of Modern Strategy: from Machiavelli to the nuclear age*, Princeton, N.J.: Princeton University Press, 1986.

Paret Peter, *Understanding War: essays on Clausewitz and the history of military power*, New Jersey: Princeton University Press, 1992: 육군본부 역, 『클라우제비츠의 전쟁론과 군사사상』 대전: 인쇄창, 1995.

Parkinson, F., *The Philosophy of International Relations*, Beverly Hills: Sage Publications, 1977.

Pools, H. John, *Phantom Soldier: The enemy's answer to U.S. firepower*, North Carolina: Posterity Press, 2001.

RAND Arroyo Center, *Unfolding the Future of the Long War: motivations, prospects, and implications for the U.S. Army*, Santa Monica, CA: RAND Corporation, 2008.

RAND, *Vulnerability of U.S. Strategic Air Power to a Surprise Enemy Attack in 1956*, Santa Monica, CA: RAND Corporation, 1953.

Ricks, Thomas, *Fiasco: The American military adventure in Iraq*, London: Penguin, 2006.

Rid, Thomas and Hecker, Marc, *War 2.0: Irregular Warfare in the Information Age: Irregular Warfare in the Information Age*, New York: Praeger Security International, 2009.

Sheehan, Michael J., *The Balance of Power: History and Theory*, New York: Routledge, 1996.

Simpkin, Richard and Erickson, John, *Deep Battle: The Brainchild of Marshal Tukhachevskii*, London: Brassey's Defence, 1987.

Simpkin, Richard, *Race to the Swift: Thoughts on twenty-first century warfare*, London; Washington, DC: Brassey's Defence Publishers, 1985: 연제욱 역, 『기동전』 서울: 책세상, 1999.

__________, *Tank Warfare*, London: Brassey's Publishers, 1979.

Sloan, Elinor C., *Modern Military Strategy: an introduction*, New York: Routledge, 2012.

Strachan, Hew and Herberg-Rothe, Andreas ed. *Clausewitz in the Twenty-First Century*, Oxford, New York: Oxford University Press, 2007.

Strassler, Robert B.,(eds.), *The Landmark Thucydides: A Comprehensive Guide to the Peloponnesian War*, New York: Free Press, 1996.

Summers, Jr., Harry G., *On Strategy: The Vietnam War in Context*, Carlisle Barracks, PA: Strategic Studies Institute, US Army War College, 1981: 민평식 역, 『미국의 월남전 전력』 서울: 병학사, 1983.

Summers, Jr., Harry G., *On Strategy II: A Critical Analysis of the Gulf War*, New York: Dell Pub., 1992: 권재상, 김종민 역, 『미국의 걸프전 전략』 서울: 자작아카데미, 1995.

Taylor, A. J. P., *The First World War: An Illustrated History*, London: Penguin Books, 1966.

U.S. *Army, FM-100-5, Operations*, US Army, 1986.

__________, *FM-100-5 Operations*, HQs of U.S. Army, 1993.

U.S. Dept. of Defense, *Doctrine for Joint Operations, Joint Publication 3-0*, Washington, DC: Dept. of Defense, February 1, 1995.

__________, *Doctrine for Joint Operations, Joint Publication 5-0 Joint Operation Planing*, Washington, DC: Dept. of Defense, August 11, 2011.

Warden Ⅲ, John A., *The Air Campaign: planning for combat*, San Jose: toExcel, 2000: 박덕희 역, 『항공전역』 서울: 연경문화사, 2001.

Wilkinson, Richard and Pickett, Kate, *The Spirit Level: Why Greater*

Equality Makes Societies Stronger, New York: Bloomsbury Press, 2010.
Wilson, Ward, *Five Myths About Nuclear Weapons*(Boston: Houghton Mifflin Harcourt, 2013: 임윤갑 역, 『핵무기에 관한 다섯 가지 신화: 지금까지 믿어왔던 핵무기에 관한 불편한 진실』 서울: 플래닛미디어, 2014.
Zuber, Terence, *Inventing Schlieffen Plan: German war planning, 1871–1914*, Oxford: Oxford University Press, 2002.
鹽野七生, 繪で見る十字軍物語, 東京: 新潮社, 2010: 송태욱 역, 『그림으로 보는 십자군 이야기』 파주: 문학동네, 2010.
_________, 日本人へ: 國家と歷史篇, 東京: 文春新書, 2010: 오화정 편역, 『시오노 나나미의 국가와 역사』 서울: 혼미디어, 2015.
廣瀨隆, クラウゼヴィッツの暗号文, 東京: 新潮社, 1992: 위정훈 역, 『왜 인간은 전쟁을 하는가』 서울: 프로메테우스, 2011.
孫武, 孫子兵法: 임용한 역, 『손자병법』 서울: 사단법인 올제, 2012.

(2) 논문, 기사

Aron, Raymond, "국가, 동맹 그리고 분쟁," 『국제문제』 1989. 12월.
_________, 심상필 역 "사회학의 방법론," 『정경연구』 제8권 통권88호, 1972년 5월.
_________, "지성은 왜 무력한가," 『세대』 제7권 통권69호, 1969년 4월.
_________, "클라우제비츠에 있어서의 정치적 전략개념," 『국제문제』230, 1989. 10월.
_________, "French Public Opinion and the Atlantic Treaty," *International Affairs*, Vol. 28, Issue 1, January, 1957.
Arquilla, John and Ronfeldt, David, "Cyberwar is Coming!," *Comparative Strategy* 12, no. 2, Spring 1993.
Ash, Timothy Garton, "US and the Hyperpower," *The Guardian*, April 11, 2002.
Bell, Daniel and Bottomore, Tom, "End of Ideology? Daniel Bell, reply by Tom Bottomore," *The New York Review of Books*, June 15, 1972.
Ben–Moshe, Tuvia "Liddell Hart and the Israel Defence Forces – a reappraisal," *Journal of Contemporary History* Vol. 16, No. 2, April, 1981.
Bernard Brodie, "The Continuing Relevance of On War," Howard, Michael and

Paret, Peter(eds)., Clausewitz, Carl von, *On War*, New Jersey: Princeton University Press, 1989.

Bond, Brian and Alexander, Martin, "Liddell Hart and De Gaulle: The Doctrines do Limited Liability and Mobile Defense," Paret, Peter(eds.), Makers of Modern Strategy: from Machiavelli to the nuclear age, Princeton, N.J.: Princeton University Press, 1986.

Boon, Tan Teck, "Weapons of Mass Disruption: The Fourth Industrial Revolution is Here," *International Policy Digest*, October 30, 2016.

Boot, Max, "The Guerrilla Myth," *The Wall Street Journal*, January 18, 2013.

__________, "The New American Way of War," *Foreign Affairs*, July/August, 2003.

Boulding, K. E., "Theoretical systems and political realities: a review of Morton A. Kaplan, System and process in international politics," *Journal of Conflict Resolution*, 1958.

Byman, Daniel, "Remaking Alliances for the War on Terrorism," *The Journal of Strategic Studies* Vol. 29, No. 5, October 2006.

Cantrell, Levi Del, "Ariel Sharon's Crossing of the Suez Canal: Factors and people who contributed to the crossing, 1948–1973," Oklahoma State University, the Degree of Master of arts, May, 2015.

Carafano, James Jay, "A Better American Way of War" *The National Interest*, May 8, 2015.

Chayes, Sarah, "Kleptocracy in America," *Foreign Affairs*, sep/oct 2017.

Chivvis, Christopher S., "Understanding Russian 'Hybrid Warfare' and What Can be Done About It," *Testimony of Christopher S. Chivvis*, Santa Monica, CA: RAND Corporation, 2017.

Clemons, Eric K. and Santamaria, Jason A., "Maneuver Warfare: Can Modern Military Strategy Lead You to Victory?," *Harvard Business Review*, April, 2002.

Cooper, Barry, "Raymond Aron and Nuclear War," *Journal of Classical Sociology* II (2), 2011.

Cozette, Murielle "Raymond Aron and the Morality of Realism," *Australian National University Department of International Relations*, December, 2008.

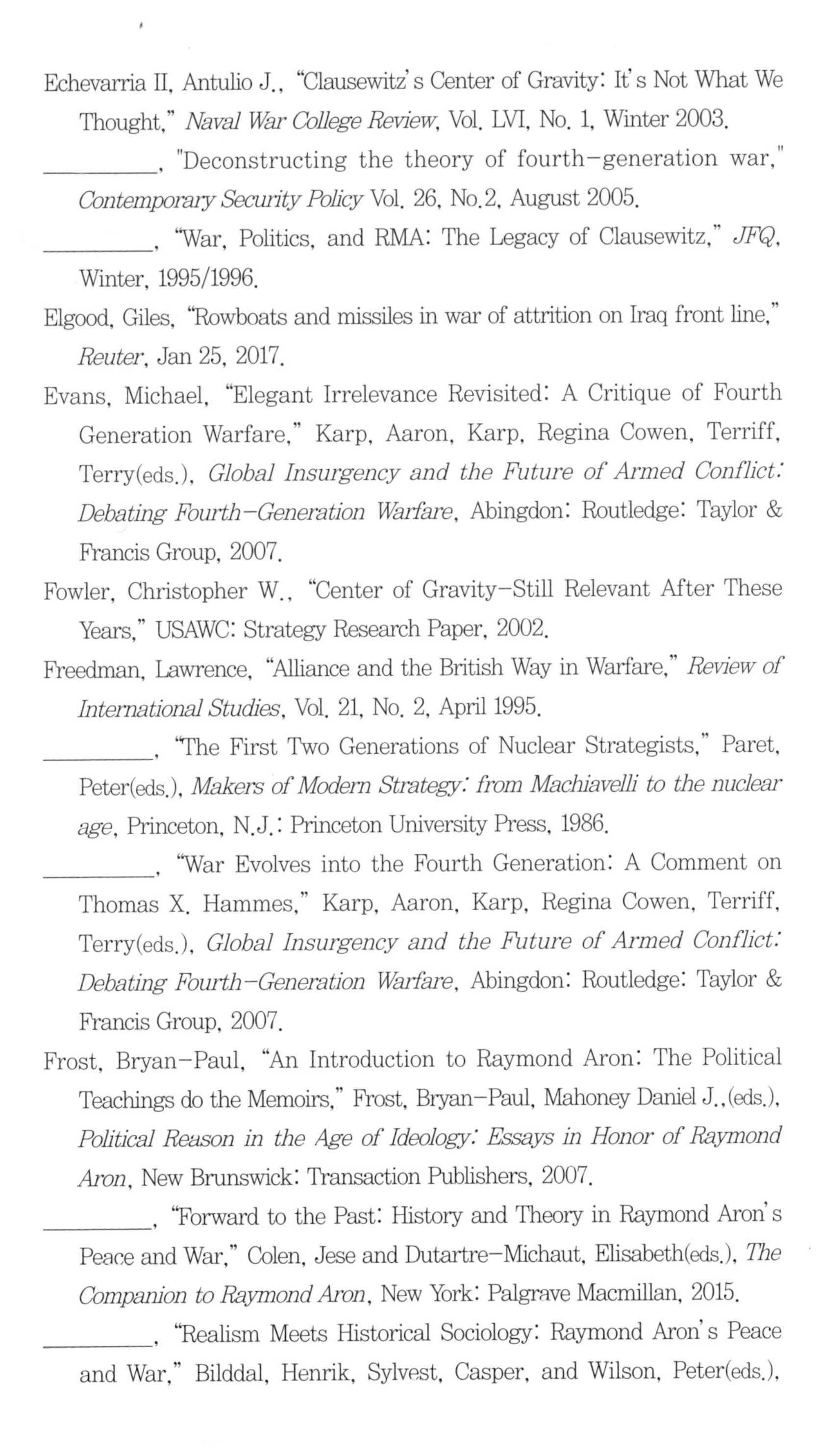

Echevarria II, Antulio J., "Clausewitz's Center of Gravity: It's Not What We Thought," *Naval War College Review*, Vol. LVI, No. 1, Winter 2003.

__________, "Deconstructing the theory of fourth-generation war," *Contemporary Security Policy* Vol. 26, No.2, August 2005.

__________, "War, Politics, and RMA: The Legacy of Clausewitz," *JFQ*, Winter, 1995/1996.

Elgood, Giles, "Rowboats and missiles in war of attrition on Iraq front line," *Reuter*, Jan 25, 2017.

Evans, Michael, "Elegant Irrelevance Revisited: A Critique of Fourth Generation Warfare," Karp, Aaron, Karp, Regina Cowen, Terriff, Terry(eds.), *Global Insurgency and the Future of Armed Conflict: Debating Fourth-Generation Warfare*, Abingdon: Routledge: Taylor & Francis Group, 2007.

Fowler, Christopher W., "Center of Gravity-Still Relevant After These Years," USAWC: Strategy Research Paper, 2002.

Freedman, Lawrence, "Alliance and the British Way in Warfare," *Review of International Studies*, Vol. 21, No. 2, April 1995.

__________, "The First Two Generations of Nuclear Strategists," Paret, Peter(eds.), *Makers of Modern Strategy: from Machiavelli to the nuclear age*, Princeton, N.J.: Princeton University Press, 1986.

__________, "War Evolves into the Fourth Generation: A Comment on Thomas X. Hammes," Karp, Aaron, Karp, Regina Cowen, Terriff, Terry(eds.), *Global Insurgency and the Future of Armed Conflict: Debating Fourth-Generation Warfare*, Abingdon: Routledge: Taylor & Francis Group, 2007.

Frost, Bryan-Paul, "An Introduction to Raymond Aron: The Political Teachings do the Memoirs," Frost, Bryan-Paul, Mahoney Daniel J.,(eds.), *Political Reason in the Age of Ideology: Essays in Honor of Raymond Aron*, New Brunswick: Transaction Publishers, 2007.

__________, "Forward to the Past: History and Theory in Raymond Aron's Peace and War," Colen, Jese and Dutartre-Michaut, Elisabeth(eds.), *The Companion to Raymond Aron*, New York: Palgrave Macmillan, 2015.

__________, "Realism Meets Historical Sociology: Raymond Aron's Peace and War," Bilddal, Henrik, Sylvest, Casper, and Wilson, Peter(eds.),

Classisc of International Relations: essays in criticism and appreciation, New York: Routledge, 2013.

Galloway, Joseph L., "Rumsfeld's War Strategy Under Fire," *Knight Ridder Newspapers*, March 25, 2003.

Gray, Colin S., "How Has War Changed Since the End of the Cold War?" *Parameters*, Spring 2005.

_________, "Strategy in the Nuclear Age: The United State, 1945-1991," William Murray(eds.), *Making of Strategy: Rulers, States, and War*, Cambridge: Cambridge University Press, 1994.

_________, "The American Way of War: Critique and Implications," McIvor, Anthony D.,(eds.), *Rethinking the Principles of War*, Annapolis, MD: Naval Institute Press, 2005.

Guang Zhang Shu, "Between 'Paper' and 'Real Tigers': Mao's View of Nuclear Weapons," John Gaddis, Philip Gordon, Ernest May, and Jonathan Rosenberg(eds.), *Cold War Statesmen Confront the Bomb: Nuclear Diplomacy Since 1945*, London: Oxford University Press, 1999.

Herberg-Rothe, Andreas, "Clausewitz's Wondrous Trinity," *IJCV*, Vol.3(2), 2009.

Hoffmann, Stanley, "Raymond Aron(1905-1983)," *NY Review of Books*, Dec. 8, 1983.

Hoffmann, Stanley, "Raymond Aron and the Theory of International Relations," *International Studies Quarterly*, Volume 29, Number 1, March, 1985.

Holeindre, Jean-Vincent, "Raymond Aron on War and Strategy: A Framework for Conceptualizing International Relations Today," Colen, Jese, Dutartre-Michaut, Elisabeth ed., *The Companion to Raymond Aron*, New York: Palgrave Macmillan, 2015.

Howard, Michael, "Men against Fire: The Doctrine of the Offensive in 1914," Paret, Peter(eds.), Makers of Modern Strategy: from Machiavelli to the nuclear age, Princeton, N.J.: Princeton University Press, 1986.

_________, "The Forgotten Dimensions of Strategy," *Causes of Wars*, London: Counterpoint, 1983.

_________, "The Influence of Clausewitz," in Howard, Michael and Paret, Peter(eds)., Clausewitz, Carl von, On War, New Jersey: Princeton

University Press, 1989.

Hwang, Balbina and Pasicolan, Paolo, "The Vital Role of Alliances in the Global War on Terrorism," *The Heritage Foundation*, Oct. 24, 2002.

Intelligence², "Karl Marx Was Right: Capitalism Post–2008 in Falling Apart under the Weight of Its Own Contradictions," *Royal Geographical Society*, April 9, 2013.

Janiczek, Rudolph M., "A Concept at the Crossroads: Rethinking the Center of Gravity," US Army College's selected paper, Oct. 2007.

Kaldor, Mary, "Elaborating the 'New War' Thesis," Duyvesteyn, Isabelle and Angstrom, Jan(eds.), *Rethinking the Nature of War*, New York: Frank Cass, 2005.

Kaplan, Fred, "JFK's First–Strike Plan," *The Atlantic*, Oct. 2001.

Kerkvliet, Benedict J., "A Critique of Raymond Aron's Theory of War and Prescriptions," *International Studies Quarterly* Vol. 12, No. 4, December, 1968.

Krulak, Charles, "The Strategic Corporal: Leadership in the Three–Block War," *Marine Corps Gazette*, Vol. 83, no. 10, October. 1997.

__________, "Operational Maneuver from the Sea," *Joint Forces Quarterly*, Vol. 80, No. 6, Spring, 1999.

Lind, William S., Nightengale, Keith, Schmitt, John F., Sutton, Joseph W., and Wilson, Gary I., "The Changing Face of War: Into the fourth generation," Terriff, Terry, Karp, Aaron and Karp, Regina eds., *Global Insurgency and the Future of Armed Conflict: debating fourth–generation warfare*, New York: Routledge, 2008.

Litwak, Robert S., "The Imperial Republic after 9/11," *Wilson Quarterly*, Summer 2002.

Long, Austin, "The Marine Corps: sticking to its guns," Harvey Sapolsky, Benjamin Friedman, Brendan Green(eds.), *US Military Innovation Since the Cold War: Creation Without Destruction*, New York: Routledge, 2009.

LTC. Edmonds, David K., USAF, "In Search of High Ground: The Airpower Trinity and the Decisive Potential of Airpower," *Airpower Journal* XII/1, Spring, 1998.

LTC(P) Czege, Huba Wass de and Col Holder, L.D., "The New FM 100–5,"

Military Review vol. LXII, no. 7, July, 1982.

MacAskill, Ewen, "Donald Rumsfeld's Iraq strategy was doomed to failure, claims John McCain," *Guardian*, February 3, 2011.

MacIsaac, David "Voices from the Central Blue: The Air Power Theorists," Paret, Peter(eds.), *Makers of Modern Strategy: from Machiavelli to the nuclear age*, Princeton, N.J.: Princeton University Press, 1986.

Mahoney, Daniel J. and Anderson, Brian C., "Introduction to the Transaction Edition," Aron, Raymond, *Peace & War: A Theory of International Relations*, New Jersey: Transaction Publishers, Brunswichk, 2009, Originally published in 1966 by Doubleday & Company, Inc.

Manent, Pierre, "Foreword," Colen, Jese, Dutartre-Michaut, Elisbeth ed., *The Companion to Raymond Aron*, New York: Palgrave Macmillan, 2015.

Mao Tse-tung, "On the Protracted War," *Selected Works of Mao Tse-tung*, Vol. 2, Peking: Foreign Languages Press, 1967.

McNaugher, Thomas L. "The Real Meaning of Military Transformation: Rethinking the Revolution," *Foreign Affairs*, Jan./Feb., 2007.

Messenger, C. R. M., "Mobility on the Battlefield," *The Mechanized Battlefield*, New York: Pergamon-Brassey's, 1985.

Metz, Steven, "The Next Twist of the RMA," *Parameters*, Autumn, 2000.

Mitchell, Alison, "Clinton Urges NATO Expansion in 1999," *The New York Times*, Oct. 23, 1996.

Mock, Steven and Homer-Dixon, Thomas, "The Ideological Conflict Project: Theoretical and methodological foundations," *CIGI Papers*, No. 74, Jury 2015

Montgomery, Dave, "First Squadron of V-22s Quietly Deployed to Iraq," *Fort Worth Star Telegram*, Sep. 19, 2007.

Mouric, Joel, ""Citizen Clausewitz": Aron's Clausewitz in Defense of Political Freedom," Colen, Jese and Dutartre-Michaut, Elisabeth(eds.), *The Companion to Raymond Aron*, New York: Palgrave Macmillan, 2015.

Moyn, Samuel, "The Concepts of the Political in Twentieth-Century European Thought," Jens Meierhenrich, Oliver Simons(eds.), *The Oxford Handbook of Carl Schmitt*, London: Oxford University Press, 2016.

Nicholas Davis, "What is the fourth industrial revolution?," *World Economic*

Forum, January 19, 2016.

Ohn Chang-Il, "The Joint of Staff And US Policy And Strategy Regarding Korea 1945-1953," Dissertation of UOK, 1982.

OXFAM, "An Economy for the 1%: How privilege and power in the economy drive extreme inequality and how this can be stopped," *210 OXFAM Briefing Paper*, January 18, 2016.

Pangelinan, James G., "From Red Cliffs to Chosin: The Chinese Way of War," School of Advanced Military Studies United States Army Command and General Staff College, 2010.

Paret, Peter, "Clausewitz," 육군본부 역, "클라우제비츠," 『클라우제비츠의 전쟁론과 군사사상』 대전: 육군인쇄창, 1995.

Peters, Ralph, "The New Warrior Class Revisited," *Small Wars & Insurgencies Journal* Volume 13, Issue 2, 2002.

Pollack, Kenneth M., "Air Power in the Six-Day War," *The Journal of Strategic Studies* Vol. 28, No. 3, June 2005.

Porch, Douglas, "Clausewitz and the French," Handel, Michael I. ed., *Clausewitz and Modern Strategy*, New Jersey: Frank Cass, 1989.

Record, Jeffrey, "The American Way of War Cultural Barriers to Successful Counterinsurgency," CA: Cato University, September 1, 2006.

Reid, Brian Holden, ""Young Turks, or Not So Young?": the frustrated quest of Major General J. F. C. Fuller and Captain B. H. Liddell Hart," *The Journal of Military History* vol. 73, No. 1, January 2009.

Quester, George H., "Offense and Defense in the International System," Brown, Michael E., Cote Jr., Owen R., Lynn-Jones, Sean M., and Miller, Steven E.(eds.), *Offense and Defense, and War*, Cambridge, Mass.: MIT Press, 2004.

Saxman, John B.(LTC), "The Concept of Center of Gravit: Does It Have Utility in Joint Doctrine and Campaign Planing?," School of Advanced Military Studies' Monograph, 1992.

Schuurman, Bart, "Clausewitz and the New Wars Scholars," *Parameters*, Spring, 2010.

Shoffner, Thomas A., "Unconditional Surrender: a modern paradox," A Monograph of School of Advanced Military Studies, United States Army Command and General Staff College, 2003.

Tally, Ian, "End of History Author Says Donald Trump Could Signal a Shift from the Liberal World Order," *The Wall Street Journal*, Nov 25, 2016.
Toffler, Alvin and Toffler, Heidi, "Forward: The New Intangibles," John Arquilla, David Ronfeldt(eds.), *In Athena's Camp: Preparing for Conflict in the Information Age*, CA: RAND, 1997.
Villacres, Edward J. and Bassford, Christopher, "Reclaiming the Clausewitzian Trinity," *Parameters*, Autumn 1995.
Wakeam, Jason, "The Five Factors of a Strategic Alliance," *Ivey Business Journal*, May/June 2003.
Windsor, Philip, "The Enigma of a Gifted Soul: Aron on Clausewitz," in Berdal, Mats(eds.), *Studies in International Relations: Essays by Philip Windsor*, Brighton; Portland, Or: Sussex Academy Press, 2004.
Wright, Quincy, "Reviewed Work: Peace and War: A Theory of International Relations," *Political Science Quarterly*, Vol. 83, No. 1, March, 1968.
Yukawa, Taku, "Heterogeneity and Order in International Society," 『國際公共政策研究』 第19巻第1号, 2014. 9.

3. 기타(인터넷 홈페이지, 블로그, 동영상 강의 등)

권영근, "존 보이드(John Boyd)의 기동전 이론과 정보화(情報化)," 한국국방개혁연구소, 네이버 블로그(검색일: 2017. 2. 6).
김정민, "국제정세 속에서의 한국," ITI, 2017. https://www.youtube.com/watch?v=4B9CtzRdzAI(검색일: 2017. 10. 23).
네이버 블로그(안시성 645년 그날), "중국이 사드를 반대하는 이유." https://m.blog.naver.com/PostList.nhr?blogld=cnc9778(검색일: 2017. 12. 19).
이태호, "시민의 입장에서 평가한 국방개혁 2020." http://www.peoplepower21.org /Peace/572555(검색일: 2017. 5. 18).
Arms Control Association, "The Dabate Over NATO Expansion: A Critique of the Clinton Administration's Responses to Key Questions," September 1, 1999. http://www.armscon trol.org/act/1997-09/nato(검색일: 2017. 6. 29).
Bassford, Christopher, "Chapter 19. New German Influences: Delbrück and the German Expatriates," *The Reception of Clausewitz in Britain and America*, Oxford: Oxford University Press, 1994. https://www.

clausewitz.com/readings/Bassford/CIE/Chapter19.htm#Delbruck(검색일: 2017. 1. 27.)
Bassford, Christopher, "Clausewitz's Categories of War and the Supersession of 'Absolute War'," *Clausewitz.com* vers.13, January 2017. http://www.clausewitz.com/mobile/Bassford-Supersession5.pdf(검색일: 2017. 4. 7).
Batchelor, Tom, "Pakistan's Nuclear Weapons Stockpile Could Be Stolen by ISIS Terrorists," *Sunday Express*, April 1, 2016.
BBC, "Islamic State: Where does jihadist group get its support?," *BBC*, September 1, 2014. http://www.bbc.com/news/world-middle-east-29004253(검색일: 2017. 6. 6).
Benitez, Jorge, "NATO's Center of Gravity: political will," *Atlantic Council*, May 21, 2010. http://www.atlanticcouncil.org/blogs/new-atlant icist/nato-s-center-of-gravity-political-will(검색일: 2017. 4. 18).
Bienaimé, Pierre "Why France's World War II defense failed so miserably," *Business Insider*, April. 14, 2015. http://www.businessinsider.com/the-story-of-the-maginot-line-2015-4(검색일: 2017. 3. 23.)
Blackaby, Randy, "Worldwide Conflict: Why Islam and the Christian Faith Clash," *Rethinking Magazine*. http://allanturner.com/magazine/archives/rm1105/Blackaby004.html(검색일: 2017. 4. 2)
Blodgett, Brian, "Clausewitz and the Theory of Center of Gravity As It Applies to Current Strategic, Operational, and Tactical Levels of Operation," *Blodgett's Historical Consulting*. https://sites.google.com/site/blodgetthistoricalconsulting/(검색일: 2017. 5. 8).
Boot, Max, "The History and Future of Guerrilla Warfare"(Pritzker Military Library Presents Series, 2003). https://www.youtube.com/watch?v=W7ah26QEdUI(검색일: 2017. 2. 10).
Clark, Josh, "Who won the Cold War?" https://history.howstuffworks.com/history-vs-myth/who-won-cold-war.htm(검색일: 2017. 12. 10).
Clark, Wesley K., "A Time to Lead," FORA TV, 2007. http://library.fora.tv/2007/10/03/Wesley_Clark_A_Time_to_Lead(검색일: 2017. 10. 23).
Codevilla, Angelo M., "Nuclear Weapons and Foreign Policy, by Henry A. Kissinger(1957)," *Hoover Institution*, March 8, 2016) http://www.hoover.org/research/nuclear-weapons-and-foreign-policy-henry-kissinger-

council-foreign-relations-1957(검색일: 2017. 3. 31).

Corn, Tony, "Clausewitz in Wonderland," *Policy Review*, Sep. 1, 2006. http://www.hoover.org/research/clausewitz-wonderland(검색일: 2017. 2. 8).

Cultural Marxism, A James Jaeger Film, 2011. https://www.youtube.com / watch?v=VggFao85vTs&t=1192s(검색일: 2017. 5. 8).

Dalio, Ray, "How The Economic Machine Works," https://www.youtube.com/watch?v=PHe0bXAI uk0(검색일: 2017. 8. 21).

Davis, Reed, "Raymond Aron and the Politics of Understanding," *The Political Science Reviewer* 3, 2004. https://isistatic.org/journal-archive/pr/33_01/davis.pdf(검색일: 2017. 2. 1).

DePietro, Andrew, "How 9/11 shocked America's economy," *MSN.com*, Sep. 9, 2016. https://www.msn.com/en-us/money/markets/how-9-11-shocked-americas-economy/ar-AAiI3cq#page=1(검색일: 2017. 4. 2).

Drehle, David von, "Donald Rumsfeld, You're No Winston Churchill," *Time*, January 26, 2016. http://time.com/4193324/donald-rumsfeld-winston-churchill/(검색일: 2017. 5. 8).

Echikson, William, "Raymond Saw His Liberal Pluralism Triumph over Marx," *The Christian Science Monitor*, October 18, 1983. https://www.csmonitor.com/1983/1018/101820.html(검색일: 2017. 12. 22).

Economist, "Why a strategy is not a plan," *Economist*(November 2, 2013) http://www.economist.com/news/books-and-arts/21588834-strategies-too-often-fail-because-more-expected-them-they-can-deliver-why(검색일: 2017. 5. 20)

Encyclopedia Britannica. https://global.britannica.com/topic/first-strike(검색일: 2017. 3. 31).

English Oxford Living Dictionaries. https://en.oxforddictionaries.com/definition/arm chair_strategist(검색일: 2017. 3. 15).

Freedman, Lawrence, *Classical Military Strategy: the 65th annual current strategy forum*, June 17, 2014. https://www.youtube.com/watch?v=wKRSKh888go(검색일: 2017. 5. 8).

Fromkin, David, "Nothing Behind Wall," *The New York Times*, November 7, 1999. http://www.nytimes.com/1999/11/07/opinion/nothing-behind-the-wall.html(검색일: 2017. 2. 22).

Gramsci, Antonio, *Selections from the Prison Notebooks*. http://abahlali.org/files/gramsci.pdf(검색일: 2017. 4. 6).

Greenspan, Jesse, "Napoleon's Disastrous Invasion of Russia," *History in the Headlines*, 2012. 6. 22. http://www.history.com/news/napoleons-disastrous-invasion-of-russia-200-years-ago(검색일: 2017. 2. 4).

Haines, John, "Strategy: Deos the Center of Gravity Have Value?," *War on the Rock*, July 15, 2014. https://warontherocks.com/2014/07/strategy-does-the-center-of-gravity-have-value/(검색일: 2017. 6. 6).

Indyk, Martin, "The Clinton Administration's Approach to the Middle East," *Soref Symposium*, 1993 참조. http://www.washingtoninstitute.org/policy-analysis/view/the-clinton-administrations-approach-to-the-middle-east(검색일: 2017. 2. 16).

Inver Hills United, "4 Generations Of Warfare." https://www.youtube.com/watch?v=UdKt1zT T3IE(검색일: 2017. 4. 2).

Kaplan, Robert D., and Gertken, Matt, "The Asian Status Quo," *Stratfor*, Feb 26, 2014. https://worldview.stratfor.com/article/asian-status-quo(검색일: 2017. 6. 6).

Kimball, Roger, "Raymond Aron & the Power of Ideas," *The New Criterion*, May, 2001. https://www.newcriterion.com/issues/2001/5/raymond-aron-the-power-of-ideas(검색일: 2017. 3. 31).

Lind, William S., *On the Origins of Political Correctness, Part 1*, Free Congress Foundation. https://www.youtube.com/watch?v=jyFCNj52DeA(검색일: 2017. 2. 15).

__________, "The Roots of Political Correctness." https://www.youtube.com/watch?v=_w0TOJspijA(검색일: 2017. 4. 4).

Liz Economy, "Is China's Soft Power Strategy Working?" CSIC, February 12, 2016. http://chinapower.csis.org/is-chinas-soft-power -strategy-working/(검색일: 2017. 6. 26).

MailOnline, Jan 8, 2016. 참조. http://www.dailymail.co.uk/news/article-3390168(검색일: 2017. 5. 20).

Milken Institute, "Hybrid and Next-Generation Warfare: The future of conflict," 2016. https://www.youtube.com/watch?v=tR_BER01NTw&t=885s(검색일: 2017. 5. 15).

ML Cavanaugh, "What Is Strategy?," *Modern War Institute*(November 10,

2016). http://mwi.usma.edu/what-is-strategy/(검색일: 2017. 2. 18).

Murphy, Paul Austin, "Antonio Gramsci: Take over the Institutions!," *The American Thinker*, Apr. 26, 2014. http://www.americanthinker.com/articles/2014/04/antonio_gramsci_take_over_the_institutions.html(검색일: 2017. 4. 4).

Nagl, John, "Modern War in Theory and Practice," 31st Annual Fleet Admiral Chester W. Nimitz Lecture Series, UC Berkeley, March 4, 2015. https://www.youtube.com/watch?v=w0ypxEqYl4c&t=3502s(검색일: 2017. 4. 20).

NTI, "The Nuclear Threat." http://www.nti.org/learn/nuclear/(검색일: 2017. 7. 16).

Praxeology, http://praxeology.net/praxeo.htm(검색일: 2016. 12. 22).

RADIX, "Cultural Marxism and the Nature of Power." http://www.radixjournal.com/journal/2015/9/3/cultural-marxism-and-the-nature-of-power(검색일: 2017. 4. 6).

Ramos, Jr., Valeriano, "The Concepts of Ideology, Hegemony, and Organic Intellectuals in Gramsci's Marxism," *Theoretical Review* No. 27, March-April 1982. https://www.marxists.org/history/erol/periodicals/theoretical-review/1982 301.htm(검색일: 2017. 4. 29).

Robb, John, "4WG-Fourth Generation Warfare," Global Guerrillas Blog. http://globalguerrillas.typepad.com/globalguerrillas/2004/05/4gw_fourth_gene.html(검색일: 2017. 4. 2).

Slick, Eric, "If it has not been for the numerical superiority and a massive industrial base, could the Red Army rely on re-organization, tactics, and efficiency to defeat the Nazi armed forces while keeping a 1:1 ratio during WWII?" https://www.quora.com(검색일: 2017. 2.18.)

Strange, Joe and Iron, Richard, "Understanding Center of Gravity and Critical Vulnerabilities," 1996. http://www.au.af.mil/au/awc/awcgate/usmc/cog2.pdf(검색일: 2017. 5. 8).

The American Conservative, "Realism & Restraint: A New Way Forward for American Foreign Policy." https://www.youtube.com/watch?v=ipWqr1Vnyj4(검색일: 2017. 4. 4).

The Clausewitz Homepage, "Clausewitz, On War, excerpts relating to term 'Center[s] of Gravity'." https://www.clausewitz.com/opencourseware/

Clause witz-COGexcerpts.htm(검색일: 2017. 6. 6).
The Indirect Approach. http://erenow.com/ww/strategy-a-history/12.html(검색일: 2017. 3. 24)
The Lecture of Lawrence Freedman, "Strategy: A history,"(Carnegie Council, 2013. 9. 30). http://www.carnegiecouncil.org/studio/multimedia/20130930/index.html(검색일:2017. 2. 18).
The Religion of Peace, "What Does Islam Teach About…Democrocy," https://www.thereligionofpeace.com/pages/quran/democracy.aspx(검색일: 2017. 7. 16).
The Stanford Encyclopedia of Philosophy. https://plato.stanford.edu/(검색일: 2017. 5. 16).
The White House, "America First Foreign Policy." https://www.whitehouse.gov/america-first-foreign-policy(검색일: 2017. 5. 18).
Tziarras, Zenonas, "Clausewitz's Remarkable Trinity Today," *The GW Post*. https://thegwpost.com/2011/11/09/clausewitz%E2%80%99s-remarkable-trinity-today/(검색일: 2017. 5. 26).
US War Department, "Digests and Lessons of Recent Military Operations: The German Campaign in Poland: September 1 to October 5, 1939," United States Government Printing Office Washington, 1942. https://www.ibiblio.org/hyperwar/Germany/DA-Poland/DA-Poland.html(검색일: 2017. 2. 4).
Wikipedia, "Command of the Sea," https://en.wikipedia.org/wiki/Command_of_the _sea(검색일: 2017. 3. 30).
Wilgus, J. B., "Liddell Hart's theories applied to the Six Days War," *The Lessons of history Wdblog*, Aug 3, 2008. https://lessonsofhi story.wordpress.com/2008/08/03/liddell-harts-theories-applied-to-the-six-days-war/(검색일: 2017. 3. 24).
Wyke, Tom, Akbar, Jay, Anderson, Ulf, Fagge, Nick and Malm, Sara, "Migrant rape fears spread across Europe: Women told not to go out at night alone after assaults carried out in Sweden, Finland, Germany, Austria and Switzerland amid warnings gangs are co-ordinating attacks," MailOnline(Jan 8, 2016) 참조. http://www. dailymail.co.uk/news/article-3390168(검색일: 2017. 5. 20).

20세기 위대한 현자

레이몽 아롱의 전쟁 그리고 전략사상

- 클라우제비츠 전쟁론 분석과 미래전쟁 방향 -

발행일 2021년 10월 22일
지은이 도응조
표지 일러스트 이제희
펴낸이 이정수
책임 편집 최민서·신지항
펴낸곳 연경문화사
등록 1-995호
주소 서울시 강서구 양천로 551-24 한화비즈메트로 2차 807호
대표전화 02-332-3923
팩시밀리 02-332-3928
이메일 ykmedia@naver.com
값 20,000원
ISBN 978-89-8298-196-8 (93390)